高等学校应用型通信技术系列教材

接入网技术

李元元　主　编
张　婷　副主编

清华大学出版社
北京

内容简介

本书主要通过接入网技术原理、接入网系统组建及业务开通、接入网系统维护管理和接入网系统工程实践4个学习领域，详细介绍了接入网技术。本书主要包括宽带接入技术概述、铜缆宽带接入技术、光纤接入技术、无线接入技术、IP数据网络技术基础、PON接入网系统设备介绍、光接入网设备配置和管理、VoIP技术原理、语音业务融合接入方案、多媒体业务组播技术基础、组播业务融合接入方案、光接入网设备故障处理、光接入网设备日常维护、接入网系统设计案例共14章内容。

本书可作为高等院校应用型通信技术相关专业的教材，也可作为接入网技术的培训教材和自学参考用书。

图书在版编目(CIP)数据

接入网技术/李元元，张婷编著. --北京：清华大学出版社，2014（2017.7重印）
高等学校应用型通信技术系列教材
ISBN 978-7-302-34671-5

Ⅰ. ①接…　Ⅱ. ①李…②张…　Ⅲ. ①接入网－高等学校－教材　Ⅳ. ①TN915.6

中国版本图书馆CIP数据核字(2013)第290824号

责任编辑：田在儒
封面设计：傅瑞学
责任校对：李　梅
责任印制：沈　露

出版发行：清华大学出版社
　网　　址：http://www.tup.com.cn，http://www.wqbook.com
　地　　址：北京清华大学学研大厦A座　　**邮　　编**：100084
　社 总 机：010-62770175　　**邮　　购**：010-62786544
　投稿与读者服务：010-62776969，c-service@tup.tsinghua.edu.cn
　质 量 反 馈：010-62772015，zhiliang@tup.tsinghua.edu.cn
　课 件 下 载：http://www.tup.com.cn，010-62795764
印 装 者：北京嘉实印刷有限公司
经　　销：全国新华书店
开　　本：185mm×260mm　　**印　　张**：19.5　　**字　　数**：467千字
版　　次：2014年1月第1版　　**印　　次**：2017年7月第4次印刷
印　　数：4501～6000
定　　价：39.00元

产品编号：048805-01

Publication Elucidation

出版说明

随着我国国民经济的持续增长，信息化的全面推进，通信产业实现了跨越式发展。在未来几年内，通信技术的创新将为通信产业的良性、可持续发展注入新的活力。市场、业务、技术等的持续拉动，法制建设的不断深化，这些也都为通信产业创造了良好的发展环境。

通信产业的持续快速发展，有力地推动了我国信息化水平的不断提高和信息技术的广泛应用，同时刺激了市场需求和人才需求。通信业务量的持续增长和新业务的开通，通信网络融合及下一代网络的应用，新型通信终端设备的市场开发与应用等，对生产制造、技术支持和营销服务等岗位的应用型高技能人才在新技术适应能力上也提出了新的要求。为了培养适应现代通信技术发展的应用型、技术型高级专业人才，高等学校通信技术专业的教学改革和教材建设就显得尤为重要。为此，清华大学出版社组织了国内近 20 所优秀的高职高专院校，在认真分析、讨论国内通信技术的发展现状、从业人员应具备的行业知识体系与实践能力，以及对通信技术人才教育教学的要求等前提下，成立了系列教材编审委员会，研究和规划通信技术系列教材的出版。编审委员会根据教育部最新文件政策，以充分体现应用型人才培养目标为原则，对教材体系进行规划，同时对系列教材选题进行评审，并推荐各院校办学特色鲜明、内容质量优秀的教材选题。本系列教材涵盖了专业基础课、专业课，同时加强实训、实验环节，对部分重点课程将加强教学资源建设，以更贴近教学实际，更好地服务于院校教学。

教材的建设是一项艰巨、复杂的任务，出版高质量的教材一直是我们的宗旨。随着通信技术的不断进步和更新，教学改革的不断深入，新的课程和新的模式也将不断涌现，我们将密切关注技术和教学的发展，及时对教材体系进行完善和补充，吸纳优秀和特色教材，以满足教学需要。欢迎专家、教师对我们的教材出版提出宝贵意见，并积极参加教材的建设。

清华大学出版社

PREFACE 前言

宽带接入网是国家经济社会发展的重要基础，是国家工业化与信息化融合的重要纽带，也是三大电信运营商的各种业务的承载。“十二五”期间，“宽带中国·光网城市”工程在全国各地全面实施，构建“百兆进户、千兆进楼、T级出口”的智能宽带网络，将打造一个以宽带化、IP化、扁平化、融合化为核心特征的可管、可控的绿色高性能数据通信网。宽带接入网对国民经济和社会各领域的应用效果及辐射作用将日渐显著，为进一步推动社会信息化进程，实现国家“十二五”发展目标作出应有贡献。

宽带接入技术的发展日新月异，但传统的接入网方面的教材存在两大主要问题：首先，在内容上主要集中在理论部分，缺乏对相关设备和工程环境的介绍，与企业实际需求严重脱节；其次，在技术上比较陈旧，不能反映宽带接入技术的最新发展成果。故编写一本讲述接入网技术的教材是十分必要的，既可以使课程教学内容紧贴技术前沿，又能满足高职高专院校教学和职业岗位培训的需求。

本书由李元元担任主编，张婷担任副主编。其中第1章、第3章、第4章、第6～9章、第11章、第14章由李元元编写，第2章、第5章、第10章、第12章和第13章由张婷编写。

本书针对各个不同层级人才的技能要求，叙述内容由浅入深、循序渐进，选取案例贴近工程实际，是一部实用性很强的书籍。

本书在编写过程中得到了不少企业专家的协助，他们不仅根据企业对人才岗位技能的要求，对编写大纲提出了很多宝贵的意见，而且提供了大量丰富的工程案例、设计文档、图片，使本书的内容更加贴近工程实际，在此对提供了帮助的有关企业专家表示衷心的感谢。

编　者

2013年9月

CONTENTS

目录

学习领域一　接入网技术原理

学习领域二 接入网系统组建及业务开通

接入网技术原理

第1章

宽带接入技术概述

本章学习目标

(1) 掌握接入网概念；
(2) 掌握接入网的组成结构与功能；
(3) 掌握接入网的拓扑结构；
(4) 掌握接入网的特点。

从莫尔斯发明电报至今，现代通信已经走过了170年的历史，其技术发展日新月异。如今，通信技术早已经走进了千家万户，家庭中遍布的固定电话、手机、电视、计算机已经深深地改变了人们的生活。那么，家庭中的各种通信终端是如何工作的呢？这就离不开连接到每家每户的通信接入网，正是这样一个网络，支撑起了通信设备所需的各种信息的传输。

1.1 接入网的概念

1.1.1 什么是接入网

随着通信技术的进步、通信新技术的不断涌现，永远处于发展中的通信网络，其架构也在发生着变化，故通信网的分类法多种多样，无论哪种分类，都很难做到完全严格和完全清晰。从整个电信网的角度，可以将全网划分为公用电信网和用户驻地网(Customer Premises Network，CPN)两大块，其中CPN又称本地网，属用户所有，而通常电信网仅指公用电信网部分。通常而言，可以将公用电信网络分为核心层、汇聚层和接入层。

1. 核心层

核心层提供高速的核心交换功能和快速的路由处理功能，支持核心网复杂路由协议、策略分布等方面的需要。采用IP over DWDM/SDH/ATM方式，主流设备采用吉比特或太比特线速路由器，或大容量ATM交换机，或帧中继交换机。

2. 汇聚层

汇聚层完成业务汇聚和IP交换处理，是接入层各种接入方式的终结点和PVC聚合点，能够提供用户流量管理和账号管理等功能。典型的设备包括各类高中端路由器、L2/L3交换机，以及宽带接入服务器(BAS)。

3. 接入层

接入层将终端用户接入到Internet，从而享受ISP提供的网络服务。接入层包括各类接入设备和系统，典型的有 ADSL 接入系统（DSLAM 和 ATU-R）、HFC 接入系统（CMTS 和 Cable Modem）、以太网交换机，无线接入系统（MMDS、LMDS）以及方兴未艾的 HPNA 接入系统等。丰富多样的接入系统各有所长，相辅相成，为网络运营商和最终用户提供完备的解决方案。

可见，接入网是相对核心网和汇聚网而言的，接入网是公用电信网中最大和最重要的组成部分，其线路程度约占整个公用电信网的 80%。图 1-1 所示为电信网的基本组成，从图中可清楚地看出接入网在整个电信网中的位置。

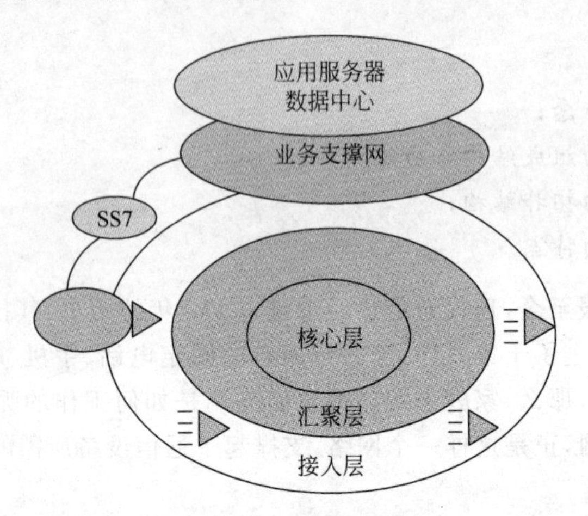

图 1-1 电信网的基本组成

接入网是指骨干网络到用户终端之间的所有设备，其长度一般为几百米到几公里，因而被形象地称为"最后一公里（last mile）"。由于骨干网一般采用光纤结构，传输速度快，因此，接入网便成为整个网络系统的瓶颈。接入网的传输媒质可以是传统的铜线，也可以是光纤，还可以是无线媒质；相应的传输技术可以是基于铜线的传输技术、基于光纤的传输技术及基于无线的传输技术等；除了传统的模拟技术，还可以采用数字技术。

1.1.2 接入网的发展历程

接入网技术的发展历程，很大程度上与数据业务的出现和发展有关，大致经历了窄带接入时代和宽带接入时代。

1. 窄带接入时代

传统的电信运营商，都是以经营语音业务起家的，故最早、最成熟、发展周期最长的通信网络就是 PSTN（Public Switched Telephone Network）——公共电话交换网。PSTN 为用户提供相互之间的语音通信，至今为止仍是最基础的通信服务，所以电话线是最早进入千家万户的接入网线路，我国大概在 1992—1998 年期间基本普及了家庭固定电话的接入。

随着 Internet 的出现和应用范围的扩展，越来越多的人使用计算机通过互联网进行通信，由于用户业务规模和业务类型的剧增，需要有一个综合话音、数据及未来交互式视频的综合接入网络，这就是接入网技术提出的缘由。

毫无疑问，借助于早已进入千家万户的电话线应该是一种低成本的方案，由于话音业务使用固定的64Kbps的带宽，故通常将接入带宽在64Kbps及以下的接入方案称为窄带接入方案。常见的窄带接入方案有：PSTN拨号接入、ISDN综合业务数字网。

(1) PSTN拨号接入

PSTN拨号接入是指利用普通电话线路在PSTN的普通电话线上进行数据信号传送，当上网用户发送数据信号时，利用Modem将个人计算机的数字信号转化为模拟信号，通过公用电话网的电话线发送出去；当上网用户接收数据信号时，利用Modem将经电话线送来的模拟信号转化为数字信号提供给个人计算机。在拨号上网的过程中，计算机多使用串口(DB9接口)接入Modem。

在中国互联网发展的早期(1998—2003年)，这种方式是国内接入互联网的最主要的实现方式。PSTN拨号接入方案网络结构如图1-2所示。

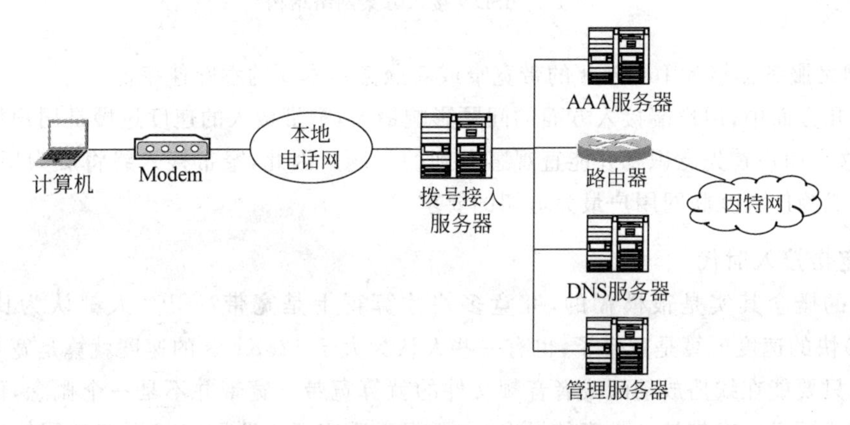

图1-2 PSTN拨号接入方案网络结构

(2) ISDN综合业务数字网

ISDN(Integrated Services Digital Network)是另一种更高速率的拨号上网手段，ISDN技术能够在一对电话线上提供两个数字信道，每个信道可提供64Kbps的话音或数据传输，可保证用户打电话与上网两不误。使用单信道上网时，速率可达64Kbps，若两个信道都用来上网，最高接入速率可达128Kbps。

传统的拨号接入不能同时提供话音业务和数据业务的连接通信，在拨号上网过程中，电话就处于占线状态，而ISDN接入通过一对电话线，就能为用户提供电话、数据、传真等多种业务，故俗称"一线通"。

这种接入方式在中国的应用时间非常短，大致在2003—2004年间比较流行，随着宽带接入技术的出现，ISDN迅速退出了历史舞台。ISDN接入方案网络结构如图1-3所示。

随着Internet的不断发展，各种丰富多彩的网络应用不断涌现，特别是音乐、视频等多媒体业务，使得窄带接入存在的各类问题日渐暴露出来，其中最大的问题就是绝大部分用户对上网速度不满意，WWW(World Wide Web)已被人戏称为World Wide Wait(全球等)。

制约Internet用户上网速度的因素很多，大致有以下几种。

① 用户的接入速度慢。

② 骨干网络带宽或者ISP(网络运营商)出口带宽窄。

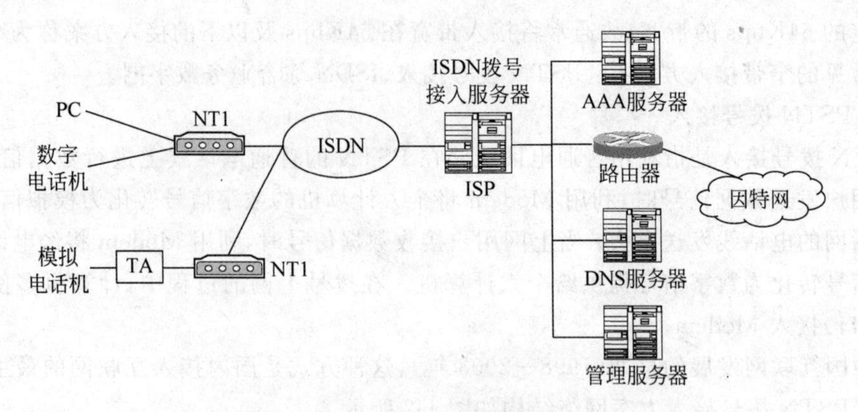

图 1-3 ISDN 接入方案网络结构

③ 网络服务器接入 Internet 的带宽窄或者服务器本身的吞吐速率低。

在这几方面中，用户端接入方面的问题影响最大，窄带接入的速度过慢是用户抱怨最多的，因为这是用户首先意识到并能直观感觉到的问题。因此，窄带接入终将成为历史，宽带上网已经成为广大互联网用户最为迫切的要求。

2. 宽带接入时代

宽带的概念其实是很模糊的，究竟多快才算得上是宽带？很多人都认为比电话线(56Kbps)快的速度就算是宽带了，也有一些人认为大于 128Kbps 的速度就算是宽带了。也有人说是只要能在线播放动画或者音频文件的就算宽带。宽带并不是一个概念，而是一个上网的方式而已。宽带接入方案的提出，主要用于适应于互联网时代更多的网络应用所需要的更高的数量流量，21 世纪的最初几年是我国互联网发展最快的几年，窄带接入的带宽过小已经不能适应于传输越来越精彩的网页，于是在 2003 年之后，宽带接入技术逐渐兴起。

由于接入网的线路规模庞大，直接把铜缆更换为光纤显然成本过高。为了控制成本，通信专家们仍然在传统电缆线上做文章，不断推出新的技术以充分利用这些铜缆。同时推出一些光电混合的接入方案，不断增加光纤的使用范围，逐步缩减铜缆的使用范围。这里最为著名的就是 xDSL 技术和 Cable Modem 技术。

(1) xDSL 技术

所谓 xDSL 技术就是用数字技术对现有的模拟电话用户线进行改造，使它能够承载宽带业务。DSL 是数字用户线(Digital Subscriber Line)的缩写。而字母 x 表示 DSL 的前缀可以是多种不同字母，用不同的前缀表示在数字用户线上实现的不同宽带方案。

xDSL 技术是采用不同调制方式将双绞线中未被电话占用的那部分高频带宽用作数据传输，这样极大地扩展了双绞线的传输带宽，当然由于高频部分信号存在较大的衰减，xDSL 的传输距离有限，一般只能接入到小区的局端设备中。

xDSL 的应用方案很多，包括非对称数字用户线(ADSL)、高比特数字用户线(HDSL)、甚高速数字用户线(VDSL)技术等。其中 ADSL 在因特网高速接入方面应用广泛、技术成熟；VDSL 在短距离(0.3～1.5km)内提供高达 52Kbps 的传输速率，大大高于 ADSL 和 Cable Modem。

ADSL是目前在我国得到普遍应用的xDSL技术之一，兴起于2003年左右，至今仍在我国得到广泛的应用。它的下行通信速率远远大于上行通信速率，最适用于因特网接入和视频点播(VOD)等业务。ADSL从局端到用户端的下行和用户端到局端的上行标准传输设计能力分别为8Mbps和640Kbps，但是实际上ADSL的传输速率受到传输距离的影响，处于比较理想的线路质量情况下，在2.7km传输距离时ADSL的下行速率能达到8.4Mbps左右，而在5.5km传输距离时ADSL的下行速率就会降到1.5Mbps左右。ADSL宽带接入网示意图如图1-4所示。

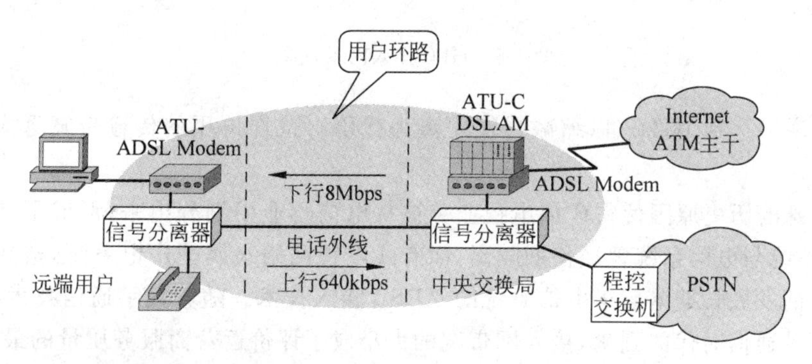

图1-4　ADSL接入方案网络结构

目前电信运营商提供的ADSL接入带宽普遍在1～4Mbps不等，随着光纤的逐步推进，小区的局端设备与用户端的距离越来越近，电话线的实际传输距离越来越短，相应的ADSL接入带宽也就可以不断增加。

(2) HFC技术

HFC即Hybrid Fiber-Coaxial的缩写，是光纤和同轴电缆相结合的混合网络，是借助于有线电视同轴电缆接入数据业务的宽带接入方案，HFC是一种经济实用的综合数字服务宽带网接入技术。

有线电视网目前在全世界已有超过9.4亿的用户，我国有线电视网自20世纪90年代初发展至今，全国覆盖面已达50%，电视家庭用户数有8000多万，成为世界上第一大有线电视网。随着计算机技术、通信技术、网络技术、有线电视技术及多媒体技术的飞速发展，尤其在Internet的推动下，用户对信息交换和网络传输都提出了新的要求，希望融合CATV网络、计算机网络和电信网为一体的呼声越来越高，利用HFC网络结构，建立一种经济实用的宽带综合信息服务网的方案也由此而生。我国在各地的CATV运营商大致在2003年开始试点同轴电缆接入技术，并逐步地推进光纤的使用范围，形成光纤和同轴电缆混合接入的模式。

HFC通常由光纤干线、同轴电缆支线和用户配线网络三部分组成，从有线电视台出来的节目信号先变成光信号在干线上传输；到用户区域后把光信号转换成电信号，经分配器分配后通过同轴电缆送到用户，如图1-5所示。

根据原邮电部1996年意见，同轴电缆的频带资源分配规则如下：其中5～42/65MHz频段为上行信号占用，5～550MHz频段用来传输传统的模拟电视节目和立体声广播，650～750MHz频段传送数字电视节目、VOD等，750MHz以后的频段留着以后技术发展用，故传输数据使用750MHz以后的频段资源。目前HFC网络能够传输的频带为750～860MHz，

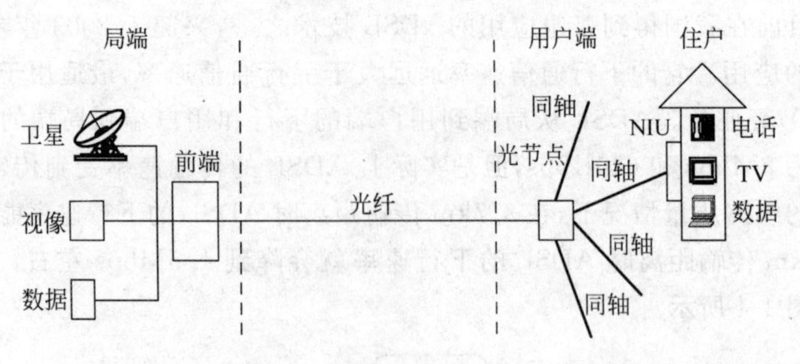

图 1-5 HFC 接入网示意图

少数最高频率可达到 1GHz(以缩减传输距离为代价)，这样可用的传输带宽远大于 ADSL 的传输带宽。

我国特殊的历史原因使得广播电视业务被从电信行业中划分出来，形成了独立的广电系统，广电系统与电信系统曾经长期隔离，而有线电视网络隶属于广电系统，造成了同轴电缆接入技术的发展长期落后于电信系统的 ADSL 接入技术。随着数字通信技术的发展，特别是高速宽带通信时代的到来，接入网带宽的大小成了评价运营商服务质量的最主要手段，采用 HFC 技术向居民住宅和小型商务机构提供融合了数据和视频服务的综合服务具有相当大的潜力，HFC 已成为一段时期内宽带接入的最佳选择之一。

3. 光接入时代

光纤所具有的巨大通信带宽是其他任何通信电缆所不能比拟的，随着互联网的进一步普及和扩展，特别是视频点播、云计算等互联网应用的兴起，人们对于数据接入的带宽需求越来越高，传统的电缆接入所能提供的接入带宽已接近极限。最近几年，伴随着光纤产量的逐年增加、价格逐步走低，实现光纤到户的全光接入网的条件已经成熟，2011 年在上海等地已经开始了“城市光网”的建设。

光接入网包括有源光网络和无源光网络(PON)，其中无源光网络在接入网中更具有诱人的前景。PON 设备主要有光网络单元、光网络终端、光纤线路终端、光分路器及光纤等。在网络结构上，PON 多采用树型结构，并使用特殊的点对多点多址协议，使得众多的光网络单元共享光纤线路终端、众多的用户共享光网络单元，以降低光接入网的初建成本。在传输方案上，PON 使用 1310nm 和 1550nm 波长区来传输信号，上、下行方向的信息传输都采用基于信元的传输方案，光网络单元到端局的距离可长达 20km。在复用技术上，上行方向采用时分复用(TDM)技术，执行 TDMA 协议，下行采用广播技术。无源光网络 PON 接入方案网络结构如图 1-6 所示。

根据 ONU 放置的位置不同，光纤接入网可分为光纤到大楼(FTTB)、光纤到路边(FTTC)或光纤到小区(FTTZ)、光纤到户(FTTH)或光纤到办公室(FTTO)等。FTTB 与 FTTC 的结构相似，区别在于 FTTC 的 ONU 放置在路边，而 FTTB 的 ONU 放置在大楼内，两者均是光电混合、从电缆接入到光缆接入的混合方案。FTTH 从端局连接到用户家中的 ONU 全程使用光纤，容量大，可以及时引入新业务，随着光纤价格的不断走低，将是未来的发展方向。

目前接入网技术正在经历着电缆接入到光缆接入的一场变革。大多数用户的接入网仍

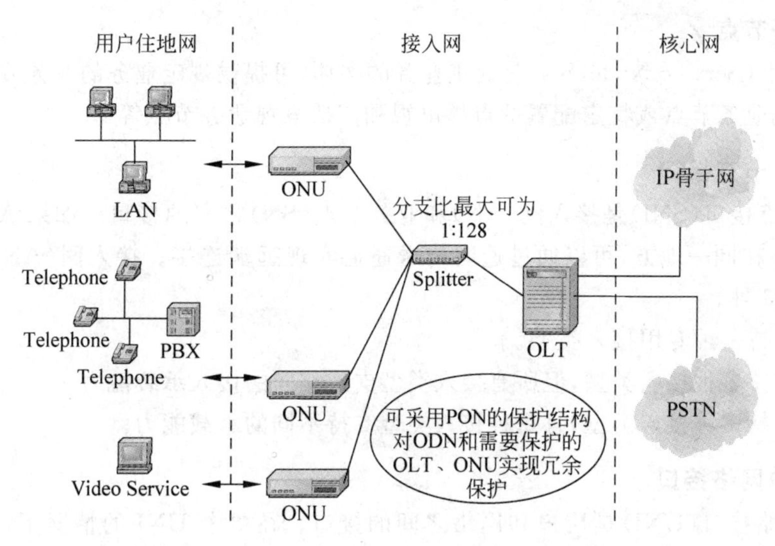

图 1-6　无源光网络 PON 接入方案网络结构

旧是以提供传统的模拟语音业务为主的用户双绞线环路，针对不同的用户逐步采用多种光电混合方案来暂时满足其要求。从未来的发展来看，在通信的速率、业务类型、通信质量的要求上，接入网必将进入光纤到户(FTTH)的全光网络时代。

1.2　接入网的结构与功能

1.2.1　组成结构

由于接入网的技术方案多种多样，故组成结构差别也很大，但在逻辑功能上存在共性。在 ITU-TG. 902 中做了如下的抽象定义：接入网(AN)由业务节点接口(Service Node Interface，SNI)和用户网络接口(User Network Interface，UNI)之间的一系列传送实体组成，它是一个为电信业务提供所需传送承载能力的实施系统，并可经由管理接口(Q3)配置和管理。这里的传送实体主要指传输、复用、集中和交叉连接，如线路设施和传输设施等。

图 1-7 所示为接入网界定示意图，其中各部分功能如下。

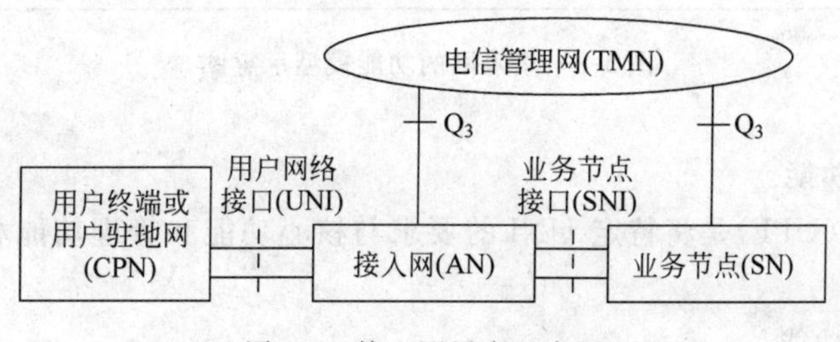

图 1-7　接入网界定示意图

1. 业务节点

业务节点(Service Node,SN)是提供业务的实体,可提供规定业务的业务节点有本地交换机、租用线业务节点或特定配置的点播电视和广播电视业务节点等。

2. 业务节点接口

业务节点接口(SNI)是接入网(AN)和业务节点(SN)之间的接口。如果 AN-SNI 侧和 SN-SNI 侧不在同一地方,可以通过透明传送通道实现远端连接。接入网(AN)支持的 SN 接入类型有 3 种。

① 仅支持一种专用接入类型。

② 可支持多种接入类型,但所有接入类型支持相同的接入承载能力。

③ 可支持多种接入类型,且每种接入类型支持不同的承载能力。

3. 用户网络接口

用户网络接口(UNI)是用户和网络之间的接口。在单个 UNI 的情况下,ITU-T 所规定的 UNI(包括各种类型的公用电话网和 ISDN 的 UNI)应该用于 AN 中,以便支持目前所提供的接入类型和业务。

接入网与用户间的 UNI 接口能够支持目前网络所能提供的各种接入类型和业务,但接入网的发展不应限制在现有的业务和接入类型。接入网的管理应纳入电信管理网(TMN)范畴,以便统一协调管理不同的网元。接入网的管理不但要完成接入网各功能块的管理,而且要完成用户线的测试和故障定位。

1.2.2 接入网的主要功能

接入网有 5 个基本功能,包括用户接口功能(UPF)、业务接口功能(SPF)、核心功能(CF)、传送功能(TF)和接入网系统管理功能(AN-SMF)。各个功能模块之间的关系如图 1-8 所示。

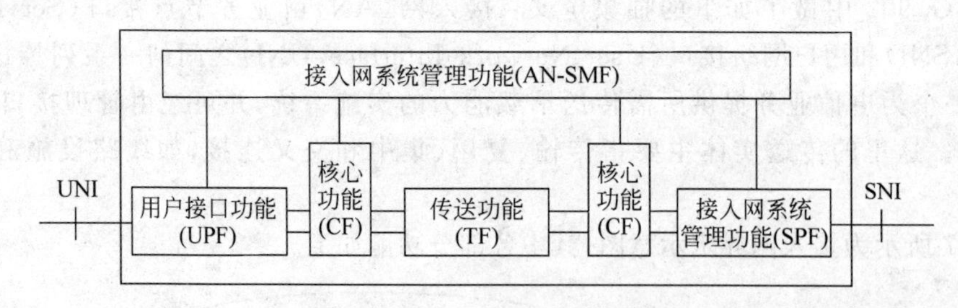

图 1-8 接入网的功能模型示意图

1. 用户接口功能

用户接口功能(UPF)是将特定 UNI 的要求与核心功能和管理功能相适配。具体功能如下。

① 终结 UNI 功能。

② A/D 变换和信令转换功能。

③ UNI 的激活与去激活功能。

④ UNI 承载通路/承载能力处理功能。

⑤ UNI 的测试和用户接口的维护、管理和控制功能。

2. 业务接口功能

业务接口功能(SPF)是将特定 SNI 的要求与公用承载通路相适配，以便核心功能处理，并选择有关的信息用于 AN-SMF 的处理。具体功能如下。

① 终结 SNI 功能。

② 把承载通路要求、时限管理和运行要求及时映射进核心功能。

③ 特定 SNI 所需的协议映射功能。

④ SNI 的测试和 SPF 的维护、管理和控制功能。

3. 核心功能

核心功能(CF)处于 UPF 和 SPF 之间，承担各个用户接口承载通路或业务接口承载通路的要求与公用承载通路相适配。核心功能可以分布在整个接入网内，具体功能如下。

① 接入承载通路处理功能。

② 承载通路的集中功能。

③ 信令和分组信息的复用功能。

④ ATM 传送承载通路的电路模拟功能。

⑤ 管理和控制功能。

4. 传送功能

传送功能(TF)为接入网中不同地点之间公用承载通路的传送提供通道，同时为相关传输媒质提供适配功能。主要功能如下。

① 复用功能。

② 交叉连接功能。

③ 物理媒质功能。

④ 管理功能。

5. 接入网系统管理功能

接入网系统管理功能(AN-SMF)通过 Q3 接口或中介设备与电信管理网接口，协调接入网各种功能的提供、运行和维护。具体功能如下。

① 配置和控制功能。

② 业务提供的协调功能。

③ 用户信息和性能数据收集功能。

④ 协调 UPF 和 SN 的时限管理功能。

⑤ 资源管理功能。

⑥ 故障检测和指示功能。

⑦ 安全控制功能。

1.3 接入网的特点与拓扑结构

1.3.1 接入网的拓扑结构

网络的拓扑结构是指组成网络的各个节点通过某种连接方式互连后形成的总体物理形态或逻辑形态，称为物理拓扑结构或逻辑拓扑结构。一般情况下，网络的拓扑结构是指物理拓扑结构。选择一种物理拓扑结构时，需要考虑以下因素。

① 安装难易程度。

② 重新配置难易程度，即适应性、灵活性如何。

③ 网络维护难易程度。

④ 系统可靠性。

⑤ 建设费用，即经济性。

电信网的基本结构形式主要有总线型网、星型网、环型网和树型网等类型，如图 1-9 所示。

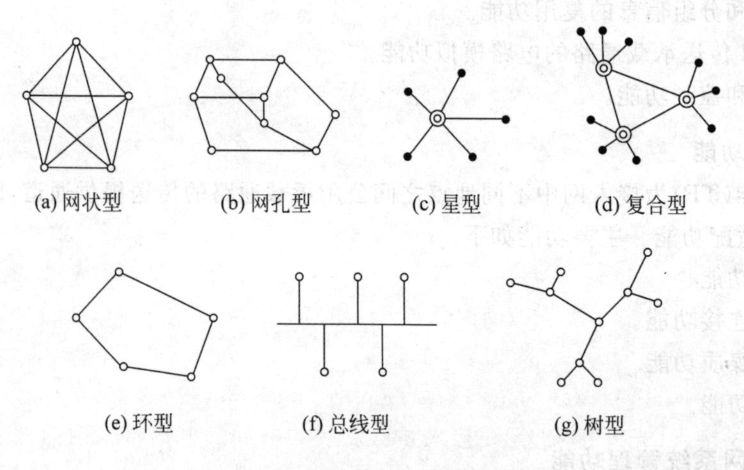

图 1-9　电信网基本拓扑结构示意图

1. 总线型

总线型拓扑是采用单根传输线作为公用的传输介质，将网络中所有的计算机通过相应的硬件接口和电缆直接连接到这根共享的总线上。通常这种局域网的传输速率在 100Mbps 以上，网络连接选用同轴电缆。

优点：结构简单，布线容易，可靠性较高，易于扩充，是局域网常采用的拓扑结构。

缺点：所有的数据都需要经过总线传送，总线成为整个网络的瓶颈；出现故障诊断较为困难。另外，由于信道共享，连接的节点不宜过多，总线自身的故障可以导致系统的崩溃。最著名的总线拓扑结构是以太网。

2. 星型

星型拓扑结构是用一个节点作为中心节点，其他节点直接与中心节点相连接的辐射式互联结构。中心节点可以是文件服务器，也可以是连接设备。这种结构使用于局域网，以双绞线或同轴电缆作为连接线路。

优点：结构简单、容易实现，通常以集线器(Hub)作为中央节点，便于维护和管理。

缺点：中心节点是全网络的可靠瓶颈，中心节点出现故障会导致网络的瘫痪。

3. 环型

环型拓扑结构是使用公用电缆组成的一个封闭的环，各节点直接连到环上，信息沿着环按一定方向从一个节点传送到另一个节点。环接口一般由传送器、接收器、控制器、线控制器和线接收器组成。在环型拓扑结构中，有一个控制发送数据的“令牌”，它在后边按一定的方向单向环绕传送，每经过一个节点都要被判断一次，是发给该节点的则接受，否则就将数据送回到环中继续往下传。信息在每台设备上的延时都是固定的。特别适合实时的局域网系统。

优点：结构简单，适合使用光纤，传输距离远，传输延迟确定。

缺点：环网中每个节点均成为网络可靠性的瓶颈，任意节点出现故障都会造成网络瘫痪，另外故障诊断困难。最著名的环型拓扑结构网络是令牌环网。

4. 树型

树型拓扑结构类似于树枝形状，呈分级结构，在交接箱和分线盒处采用多个分路器，将信号逐级向下分配，最高级的端局具有很强的控制协调能力。

优点：适用于广播业务。

缺点：功率损耗较大，双向通信难度较大。

1.3.2 接入网的特点

传统的接入网是以双绞线为主的铜缆接入网。近年来，接入网技术和接入手段不断更新，出现了铜线接入、光纤接入、无线接入并行发展的格局。电信接入网与核心网相比有非常明显的区别，具有以下特点。

1. 接入网结构变化大、网径大小不一

在结构上，核心网结构稳定、规模大、适应新业务的能力强，而接入网用户类型复杂、结构变化大、规模小、难以及时满足用户的新业务需求。由于各用户所在位置不同，造成接入网的网径大小不一。

2. 接入网支持各种不同的业务

在业务上，核心网的主要作用是比特的传送，而接入网的主要作用是实现各种业务的接入，如话音、数据、图像、多媒体等。

3. 接入网技术可选择性大、组网灵活

在技术上，核心网主要以光纤通信技术为主，传送速度高、技术可选择性小，而接入网可以选择多种技术，如铜线接入技术、光纤接入技术、无线接入技术，还可选择混合光纤同轴电

缆(HFC)接入技术等。接入网可根据实际情况提供环型、星型、总线型、树型、网状型、蜂窝型等灵活多样的组网方式。

4. 接入网成本与用户有关、与业务量基本无关

各用户传输距离的不同是造成接入网成本差异的主要原因,市内用户比偏远地区用户的接入成本要低得多。核心网的总成本对业务量很敏感,而接入网成本与业务量基本无关。

CHAPTER 2

第2章

铜缆宽带接入技术

本章学习目标

(1) 理解以太网接入技术的基本概念；

(2) 理解 xDSL 数字用户环路接入技术的基本概念；

(3) 理解 HFC 混合光纤/同轴电缆网接入技术的基本概念。

2.1 以太网接入技术

以太网技术指的是由 Xerox 公司创建并由 Xerox、Intel 和 DEC 公司联合开发的基带局域网规范。传统以太网络使用 CSMA/CD(Carrier Sense Multiple Access/Collision Detect，载波监听多路访问及冲突检测)技术，并以 10Mbps 的速率运行在多种类型的电缆上。以太网不是一种具体的网络，是一种技术规范，在 IEEE 802.3 中定义了以太网的标准协议。

以太网是目前使用最广泛的局域网技术。由于其简单、成本低、可扩展性强、与 IP 网能够很好结合等特点，以太网技术的应用正从企业内部网络向电信网领域迈进。以太网接入是指将以太网技术与综合布线相结合，作为电信网的接入网，直接向用户提供基于 IP 的多种业务的传送通道。

2.1.1 概述

以太网(Ethernet)是一种计算机局域网组网技术。IEEE 制定的 IEEE 802.3 标准给出了以太网的技术标准。它规定了包括物理层的连线、电信号和介质访问层协议的内容。以太网是当前应用最普遍的局域网技术。它很大程度上取代了其他局域网标准，如令牌环网(Token Ring)、FDDI 和 ARCNET。

以太网的标准拓扑结构为总线型拓扑，但目前的快速以太网(100BASE-T、1000BASE-T 标准)为了最大限度地减少冲突，最大限度地提高网络速度和使用效率，使用交换机(Switch hub)来进行网络连接和组织，这样，以太网的拓扑结构就成了星型，但在逻辑上，以太网仍然使用总线型拓扑和 CSMA/CD 的总线争用技术。其讨论网络上多个站点如何共享一个广播型的公共传输媒体问题。由于网络上每一站的发送都是随机发生的，不存在用任何控制来确定该轮到哪一站发送，故网上所有站都在时间上对媒体进行争用。

1. 媒体访问控制方式

CSMA/CD 的基本原理为：欲发送信息的工作站，首先要监听媒体，以确定是否有其他的站正在传送；若媒体空闲，该工作站则可发送。在同一时刻，经常发生两个或多个工作站都欲传输信息的情况，这将会引起冲突，双方传输的数据将受到破坏，导致网络无法正常工作。为此，当工作站发送信息后的一段时间内仍无确认，则假定为发生冲突并且重传，因此需要争用。

为了解决上述问题，CSMA/CD采用了监听算法和冲突监测。为减少同时抢占信道，监听算法使得监听站都后退一段时间再监听，以避免冲突。该方法不能完全避免冲突，但通过优化设计可把冲突概率减到最小。冲突检测的原理是在发送期间同时接收，并把接收的数据与站中存储的数据进行比较，若结果相同，表示无冲突，可继续；若结果不同，说明有冲突，立即停止发送，并发送一个简短的干扰信号令所有站都停止发送，等待一段随机长的时间重新监听，再尝试发送。CSMA/CD原理如图2-1所示。

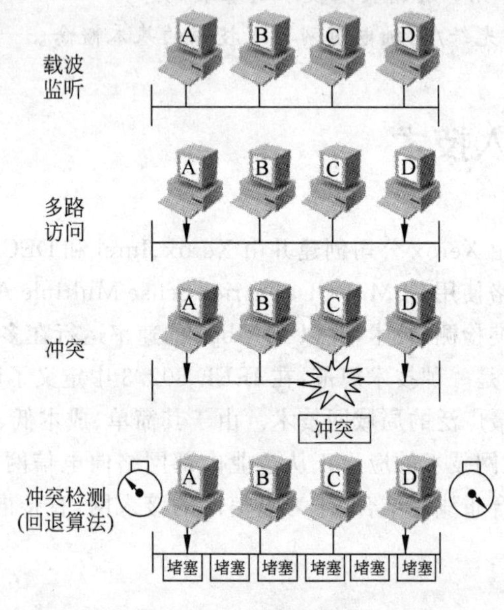

图2-1 CSMA/CD原理

2. 帧结构

802.3的帧结构以7字节的先导字段开头，每字节的内容为10101010。随后是内容为10101011的一字节，标志着帧本身的开始。接下来是目的地址和源地址，只使用6字节地址（目的地址的最高位为0时是普通地址，为1时是组播地址，全1时为广播地址）。然后是2字节长度字段（值为0～1500）和数据部分，如果帧的数据部分少于46字节，使用填充字段以达到要求的最短长度。最后一个字段是校验和，采用的算法是循环冗余校验。

在TCP/IP世界中，以太网IP数据报的封装是在RFC894（Hornig1984）中定义的，IEEE 802网络的IP数据报封装是在RFC1042（Posteland Reynolds 1988）中定义的。主机需求RFC要求每台Internet主机都与一个10Mbps的以太网电缆相连接。

① 必须能发送和接收采用RFC894（以太网）封装格式的分组。

② 应该能接收与RFC894混合的RFC1042（IEEE 802）封装格式的分组。

③ 也许能够发送采用RFC1042格式封装的分组。如果主机能同时发送两种类型的分组数据，那么发送的分组必须是可以设置的，而且默认条件下必须是RFC894分组。

最常使用的封装格式是 RFC894 定义的格式。图 2-2 显示了两种不同形式的封装格式。图中每个方框下面的数字是它们的字节长度。

两种帧格式都采用 48bit(比特)的目的地址和源地址(802.3 允许使用 16bit 的地址,但一般是 48bit 地址)。这就是我们在本书中所称的硬件地址。ARP 和 RARP 协议对 32bit 的 IP 地址和 48bit 的硬件地址进行映射。

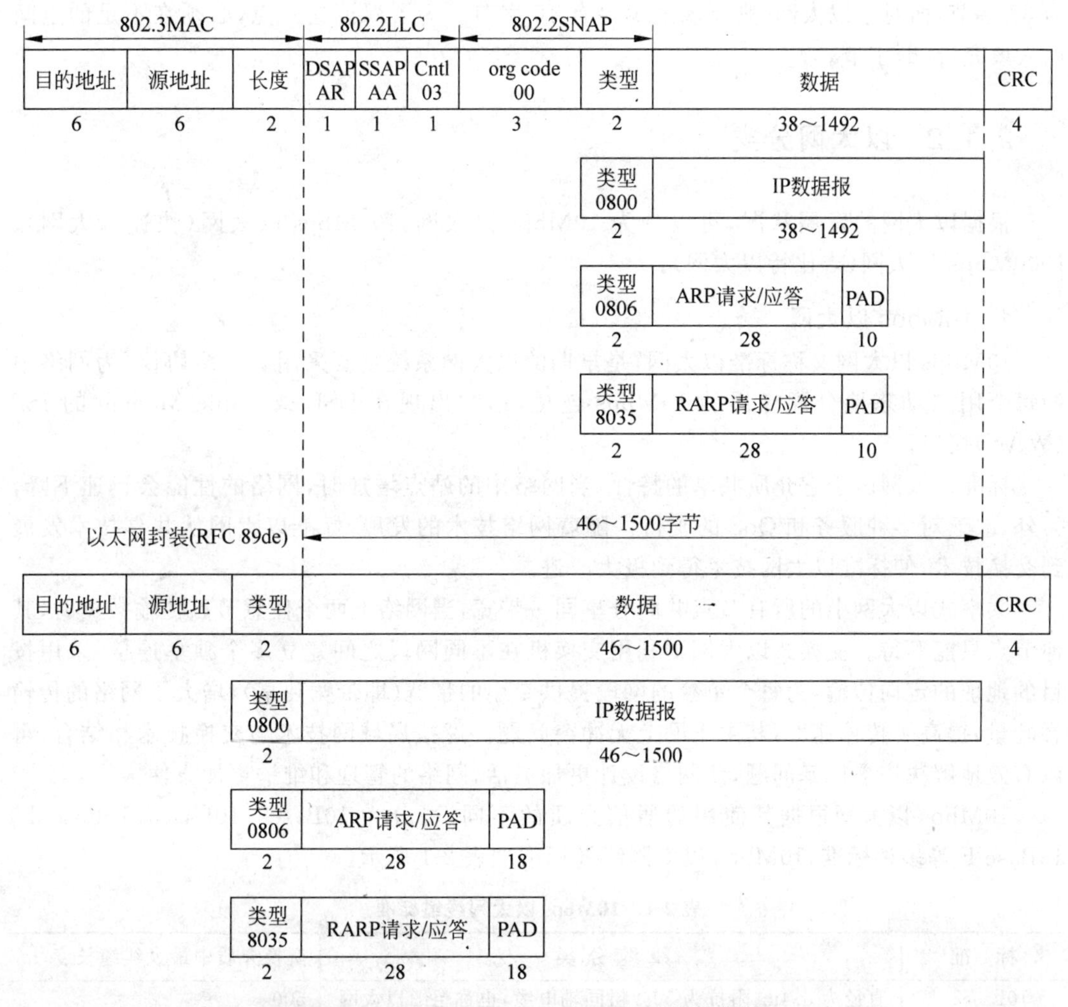

图 2-2　IEEE 802.2/802.3(RFC1042)和以太网的封装格式(RFC894)

接下来的 2 个字节在两种帧格式中互不相同。在 802 标准定义的帧格式中,长度字段是指它后续数据的字节长度,但不包括 CRC 检验码。以太网的类型字段定义了后续数据的类型。在 802 标准定义的帧格式中,类型字段则由后续的子网接入协议(Sub-Network Access Protocol,SNAP)的首部给出。幸运的是,802 定义的有效长度值与以太网的有效类型值无一相同,这样,就可以对两种帧格式进行区分。

在以太网帧格式中,类型字段之后就是数据;而在 802 帧格式中,跟随在后面的 3 字节是 802.2 LLC 和 5 字节的 802.2 SNAP。目的服务访问点(Destination Service Access Point,DSAP)和源服务访问点(Source Service Access Point,SSAP)的值都设为 0xaa。Ctrl

字段的值设为3。随后的3个字节org code都置为0。再接下来的2个字节类型字段和以太网帧格式一样，其他类型字段值可以参见RFC1340(Reynolds and Postel 1992)。

CRC字段用于帧内后续字节差错的循环冗余码检验(检验和)(它也被称为FCS或帧检验序列)。

802.3标准定义的帧和以太网的帧都有最小长度要求。802.3规定数据部分必须至少为38字节，而对于以太网，则要求最少要有46字节。为了保证这一点，必须在不足的空间插入填充(pad)字节。

2.1.2 以太网分类

根据以太网的发展状况，可以分为10Mbps以太网、100Mbps以太网(快速以太网)、1000Mbps以太网(吉比特以太网)。

1. 10Mbps以太网

10Mbps以太网又称标准以太网，是早期的以太网系统主要采用的网络协议，为网络中的每个用户动态地分配专用的10Mbps连接，通常出现在DSL或Cable Modem的ISP(WAN)接口。

标准以太网由于它介质共享的特性，当网络中的站点增加时，网络的性能会迅速下降，另外，缺乏对多种服务和QoS的支持。随着网络技术的发展，标准以太网从共享技术发展到交换技术，使标准以太网技术得到极大改进。

共享式以太网上的所有节点共同分享同一带宽，当网络上两个任意节点传输数据时，其他节点只能等待。交换式以太网则利用交换机在不同网段之间建立多个独享连接，采用按目的地址的定向传输，为每个单独的网段提供专用的带宽(即带宽独享)，增大了网络的传输吞吐量，提高了传输速率，其主干网上无冲突问题。虚拟局域网技术与交换技术相结合，可以有效地解决广播风暴问题，使网络设计更加灵活，网络的管理和维护更加方便。

10Mbps以太网根据其使用的通信介质的不同，可分为10Base2、10Base5、10Base-T、10Base-F等多种标准，10Mbps以太网线缆标准如表2-1所示。

表2-1 10Mbps以太网线缆标准

标 准	线缆分类	交换介质中最大线缆长度/m
10Base2	直径为0.4in、阻抗为50Ω粗同轴电缆，也称粗缆以太网	500
10Base5	直径为0.2in、阻抗为50Ω的细同轴电缆	185
10Base-T	双绞线电缆	100
10Base-F	多模光纤	未定义

对于10Mbps以太网的线缆安装，当安装UTP双绞线电缆的时候，大多数线缆安装人员建议遵从100Mbps规则。100Mbps规则为：从交换机到配线架的网络跳线为5m，从配线架到办公室信息模块插座的水平布线距离为90m，从办公室信息模块插座到桌面连接的工作区布线距离为5m。

2. 100Mbps以太网

从部署的观点出发，如今网络中的快速以太网提供基本的PC和工作站的网络接入，其速率为 100Mbps,通常称其为快速以太网。当工作速率是 100Mbps 的时候,快速以太网是传统以太网传送数据包速度的 10 倍,在不需要协议转换和不修改应用和网络软件的情况下,数据传输速率能够从 10Mbps 增加到 100Mbps。快速以太网最重要的方面就是向后兼容性,它保留了 10Base-T 标准的差错控制功能、帧格式和帧长度等,对于快速以太网接口,能够有选择地支持自动协商到 10Mbps 和 100Mbps。通过上述方式,对于保持向后兼容性的新部署,它们不仅能够简化安装,而且还能够扩展到芯的更高速的以太网技术。快速以太网设备通常支持全双工操作,可以将有效带宽加倍到 200Mbps。

根据规范的定义,快速以太网可以运行在 UTP 和光纤上,100Mbps 快速以太网标准可分为 100Base-TX、100Base-FX、100Base-T4 3 个子类, 100Mbps 以太网线缆标准如表 2-2 所示。

表 2-2 100Mbps 以太网线缆标准

标 准	线 缆 分 类	交换介质中最大线缆长度/m
100Base-TX	TIA/EIA 5 类非屏蔽双绞线(UTP)2 对	100
100Base-T4	TIA/EIA 3、4、5 类非屏蔽双绞线(UTP)4 对	100
100Base-FX	62.5μm 多模光纤	400(半双工) 2000(全双工)

(1) 100Base-TX

100Base-TX 是一种使用 5 类数据级无屏蔽双绞线或屏蔽双绞线的快速以太网技术。它使用 2 对双绞线,1 对用于发送数据,1 对用于接收数据。在传输中使用 4B/5B 编码方式,信号频率为 125MHz。符合 EIA586 的 5 类布线标准和 IBM 的 SPT1 类布线标准。使用与 10Base-T 相同的 RJ-45 连接器,的最大网段长度为 100m,支持全双工的数据传输。

(2) 100Base-FX

100Base-FX 是一种使用光缆的快速以太网技术,可使用单模和多模光纤。多模光纤连接的最大距离为 550m,单模光纤连接的最大距离为 3000m。在传输中使用 4B/5B 编码方式,信号频率为 125MHz。它使用 MIC/FDDI 连接器、ST 连接器或 SC 连接器,最大网段长度为 150m、412m、2000m 或更长至 10km,这与所使用的光纤类型和工作模式有关,支持全双工的数据传输。100Base-FX 特别适合于有电气干扰的环境、较大距离连接、高保密环境等情况下适用。

(3) 100Base-T4

100Base-T4 是一种可使用 3、4、5 类无屏蔽双绞线或屏蔽双绞线的快速以太网技术。100Base-T4 使用 4 对双绞线,其中的 3 对用于在 33MHz 的频率上传输数据,每一对均工作于半双工模式,第 4 对用于 CSMA/CD 冲突检测。在传输中使用 8B/6T 编码方式,信号频率为 25MHz,符合 EIA586 结构化布线标准。它使用与 10Base-T 相同的 RJ-45 连接器,最大网段长度为 100m。

3. 1000Mbps 以太网

在对建筑物群子系统、建筑物干线子系统和网络数据中心模块进行互联和设计的时候,1000Mbps 以太网是最有效的选择。

在当前的设计建议中,如果没有 10Gbps 高速通信线路,那么就要求采用多条

1000Mbps 以太网链路连接建筑物群子系统的接入交换机和建筑物干线子系统中的分布交换机。设计园区基础设施还存在另外一个准则，它要求在所有可能之处尽量采用多个1000Mbps 以太网接口进行冗余和负载均衡。

1000Mbps 以太网也非常适于将高性能服务器连接到网络中，高性能 UNIX、Windows 应用或视频服务器很容易同时占用 3 到 4 条快速以太网连接。随着服务器和服务器网卡处理能力和数据吞吐率的提高，以及在园区网内服务器集中化的趋势，1000Mbps 以太网已经成为数据中心模块内部的必备之选。尽管服务器已经可以利用 1000Mbps 以太网，由于网络传输系统的限制，即使高端服务器也很难完全获得 1000Mbps 的线网速度，故1000Mbps 以太网在服务器端的应用还有待进一步普及。

从构造基础的角度出发，1000Mbps 以太网升级了以太网的物理层，并且将快速以太网的数据传输速率增加 10 倍，可以运行在铜线或光纤介质上。1000Mbps 以太网可以最大限度地利用以太网规范，并且能够向后兼容快速以太网，所以用户能够利用现有知识和技术来安装、管理和维护 1000Mbps 以太网网络。为了将快速以太网的速度从 100Mbps 提升到1000Mbps，物理层接口需要进行一些改动。

1000Mbps 以太网的主要标准有 1000Base-CX、1000Base-T、1000Base-SX、1000Base-LX、1000Base-ZX 如表 2-3 所示。

表 2-3　1000Mbps 以太网线缆标准

标　准	线缆分类、光源选择		交换介质中最大线缆长度
1000Base-CX	铜质屏蔽双绞线		25m
1000Base-T	TIA/EIA 5 类屏蔽双绞线 4 对		100m
1000Base-SX	62.5μm 多模光纤	使用波长为 780nm 的激光	260m
	50μm 多模光纤		550m
1000Base-LX	10μm 单模光纤	使用波长为 1300nm 的激光	3km
1000Base-ZX	10μm 单模光纤	使用波长为 1550nm 的激光	70～100km（取决于是否使用色散位移光纤）

此外，1000Mbps 以太网默认采用全双工操作，进而能够有效地利用 2Gbps 带宽，全部1000Mbps 以太网技术都要求自动协商，其中自动协商包括检测链路完整性和双工协商的方法。基于上述原因，与快速以太网相比较，1000Mbps 以太网自动协商具有更大的兼容性和弹性。

4. 10Gbps 以太网

10Gbps 以太网能够为服务提供商和企业网络提供很多潜在的应用。10Gbps 以太网的主要作用就是汇集多个 1000Mbps 以太网网段，进而组建单个高速主干网络。某些技术也要求非常高的带宽，例如视频和海量数据存储，这些应用稳定地发展到 3～5Gbps 以太网速度，并且可能落入 10Gbps 以太网的范围。

在目前情况下，10Gbps 以太网有助于实施下列技术。

① 对于运行在 1000Mbps 以太网速度的服务器，能够实现集群服务器中的服务器互联。

② 将多个 1000Base-T 网段汇集到 10Gbps 以太网上行链路和下行链路。

③ 对于位于相同数据中心、企业主干或不同建筑物中的高速交换机，10Gbps 以太网能够实现交换机到交换机链路的高速连接。

④ 能够互联多个多层交换网络。

10Gbps 以太网主要运行在光纤介质上，主要使用的标准有 10GBase-CX4、10GBase-SR、10GBase-LX4、10GBase-LR、10GBase-ER、10GBase-ZR、DWDM 等，10Gbps 以太网线缆标准如表 2-4 所示。

表 2-4　10Gbps 以太网线缆标准

<table>
<tr><th>标　准</th><th colspan="2">线缆分类、光源选择</th><th>交换介质中最大线缆长度</th></tr>
<tr><td>10GBase-CX4</td><td colspan="2">5 类屏蔽双绞线</td><td>15m</td></tr>
<tr><td rowspan="2">10GBase-SR</td><td>62.5μm 多模光纤</td><td rowspan="2">850nm 波长光源</td><td>26～33m</td></tr>
<tr><td>50μm 多模光纤</td><td>66～300m</td></tr>
<tr><td rowspan="2">10GBase-LX4</td><td>62.5μm 多模光纤</td><td rowspan="2">1310nm 波长光源</td><td>300m</td></tr>
<tr><td>50μm 多模光纤</td><td>240～300m</td></tr>
<tr><td>10GBase-LR</td><td colspan="2">10μm 单模光纤，1310nm 波长光源</td><td>10km</td></tr>
<tr><td>10GBase-ER</td><td colspan="2">10μm 单模光纤，1550nm 波长光源</td><td>40km</td></tr>
<tr><td>10GBase-ZR</td><td colspan="2">10μm 单模光纤，1550nm 波长光源</td><td>80km</td></tr>
<tr><td>DWDM</td><td colspan="2">10μm 单模光纤，1550nm 波长 SMF 光源</td><td>80km</td></tr>
</table>

2.1.3　以太网接入

1. 以太网接入技术概述

以太网由于其具有使用简便、价格低、速率高等优点，已成为局域网的主流。随着吉比特以太网(GbE)的成熟和太比特以太网(10GbE)的出现，以及低成本地在光纤上直接架构 GbE 和 10GbE 技术的成熟，以太网开始进入城域网和广域网领域。

若接入网也采用以太网，将形成从局域网、接入网、城域网到广域网全部是以太网的结构，采用与 IP 一致的统一的以太网帧结构，各网之间无缝连接，中间不需要任何格式转换，将可以提高运行效率、方便管理、降低成本。

传统的以太网技术属于用户驻地网(CPN)领域，并不属于接入网的范畴。随着互联网的迅猛发展，IP 协议成为网络层的主导协议。在 IP 业务的传送方面，以太网技术具有应用支持广泛和成本低廉等显著特点。由于采用以太网接口和帧结构，无须适配即可与现有设备兼容，以太网技术将成为接入网的主导技术之一。

以太网技术的实质是一种媒介访问控制技术，可以在双绞线(5 类线或以上)上传送，也可与其他接入媒介相结合，形成多种宽带接入技术。

① 以太网与铜线接入的 VDSL 结合，形成 EoVDSL 技术。

② 以太网与光纤接入的 FTTB 结合，形成 FTTB+LAN 技术。

③ 以太网与无源光网络相结合，产生 EPON 技术。

④ 以太网在无线环境中，则发展为 WLAN 技术。

2. 接入的系统结构

用于接入网中的以太网技术与传统的以太网技术是有区别的，其仅借用了以太网的帧结构和接口的概念，网络结构和工作原理完全不同。

传统以太网技术主要是为局域网（私有网络环境）设计的，与接入网（公用网络环境）的特性要求有很大区别，主要反映在用户管理、业务管理、安全管理和计费管理等方面，因而传统以太网技术必须经过改进才能应用于公用电信网。

基于以太网技术的宽带接入网由局侧设备和用户侧设备组成。

局侧设备一般位于小区内或商业大楼内，局侧设备提供与IP骨干网的接口。局侧设备与路由器不同，路由器维护的是端口—网络地址映射表，而局侧设备维护的是端口—主机地址映射表。局侧设备支持对用户的认证、授权和计费以及用户IP地址的动态分配，还具有汇聚用户侧设备网管信息的功能。

用户侧设备一般位于住宅楼（或办公楼）内，提供与用户终端计算机相接的10/100 Base-T接口。用户侧设备与以太网交换机不同，以太网交换机隔离单播数据帧，不隔离广播地址的数据帧，而用户侧设备的功能仅仅是以太网帧的复用和解复用；用户侧设备只有链路层功能，工作在复用方式下，各用户之间在物理层和链路层相互隔离，从而保证用户数据的安全性。

图2-3给出了一种基于以太网技术的典型接入网系统结构，其由局侧设备和用户侧设备组成。

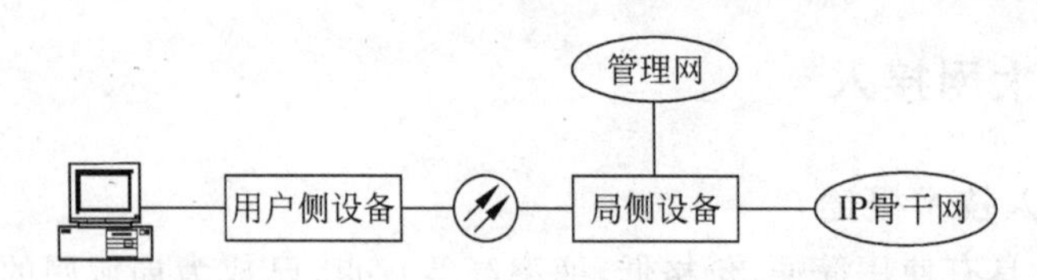

图2-3 基于以太网技术的接入网系统结构

局侧设备与IP骨干网相连，支持用户认证、授权、计费、IP地址动态分配及服务质量（QoS）保证等功能；并提供业务控制功能和对用户侧设备网管信息的汇聚功能。

用户侧设备通常与用户终端的计算机相连，采用以太网接口系列，工作于链路层，各用户间在物理层和链路层相互隔离，通过复用方式共享设备和线路，从而保证数据的安全性。

2.2 xDSL接入技术

DSL(Digital Subscriber Line)技术又称为数字用户环路，是一种利用普通铜质电话线路，实现高速数据传输的技术。数据传输的距离通常在300m～7km之间，数据传输的速率可达1.5～52Mbps。

DSL技术在同一铜线上分别传送数据和语音信号，但数据信号并不进入电话交换机设备，而是在本地端局进行分离。这样减轻了电话交换机的负载；并且意味接入不需要进行拨号，一直在线，属于专线上网方式。由于DSL充分利用了电话接入线路，不需要额外敷设接入线路，因而它是最现实、最经济的宽带接入技术。

xDSL 中的"x"代表了各种数字用户环路技术，包括 HDSL、ADSL、VDSL 等。各种 DSL 技术的区别主要体现在信号传输速率和距离的不同，以及上行速率和下行速率是否具有对称性两个方面。

2.2.1 HDSL 接入技术

1. HDSL 系统的基本构成

HDSL 技术是一种基于现有铜线的技术，它采用了先进的数字信号自适应均衡技术和回波抵消技术，以消除传输线路中近端串音、脉冲噪声和波形噪声，以及因线路阻抗不匹配而产生的回波对信号的干扰，从而能够在现有的电话双绞铜线（两对或 3 对）上提供准同步数字序列（PDH）一次群速率（E1 或 T1）的全双工数字连接。使用 0.4～0.5mm 线径的铜线时，无中继传输距离可达 3～5km。

HDSL 系统的基本构成如图 2-4 所示。图 2-4 中规定了一个与业务和应用无关的 HDSL 接入系统的基本功能配置。它由两台 HDSL 收发信机和两对（或 3 对）铜线构成。两台 HDSL 收发信机中的一台位于局端，另一台位于用户端，可提供 E1（或 T1）速率的透明传输能力。位于局端的两台 HDSL 收发信机通过 G.703 接口与交换机相连，提供系统网络侧与业务节点（交换机）的接口，并将来自交换机的 E1（或 T1）信号转变为两路或三路并行低速信号，再通过两对（或 3 对）铜线的信息透明地传送给位于远端（用户端）的 HDSL 收发信机。位于远端的 HDSL 收发信机，则将收到来自交换机的两路（或 3 路）并行低速信号并恢复成为 E1（或 T1）信号送给用户。

G.703 是 ITU 颁布的有关各种数字接口的物理和电气特性的标准，包括 64Kbps 和 2.048Mbps 的接口。G.703 接口通过四线物理接口进行通信，包括从 64Kbps 到 2048Kbps 的速率。G.703 也支持特殊数据恢复特征，这使它非常适合于高速串行通信。

在实际应用中，远端机可能提供分接复用、集中或交叉连接的功能。同样，该系统也能提供从用户到交换机的同样速率的反向传输。所以，HDSL 系统在用户与交换机之间建立起 PDH 一次群信号的透明传输信道。

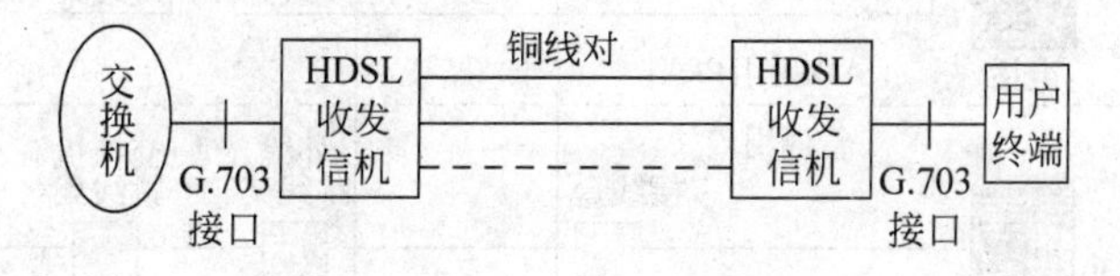

图 2-4　HDSL 系统的基本构成

2. HDSL 的特点及应用

HDSL 的特点如下。

① HDSL 技术能在两对双绞铜线上透明地传输 E1 信号达 3～5km。鉴于我国大中城市用户线平均长度为 3.4km 左右，因此，在接入网中可广泛地应用基于铜缆技术的 HDSL。

② HDSL 系统既适合点对点通信，也适合点对多点通信。其基本的应用是构成无中继的 E1 线路，它可充当用户的主干传输部分。

HDSL的主要应用有：访问Internet服务器、组建装有铜缆设备的大学校园网、将中心PBX延伸到其他办公场所、局域网扩展和连接光纤环、视频会议和远程教学应用、连接无线基站系统以及ISDN基群速率接入等方面。

3．HDSL局限性

尽管HDSL具备巨大的吸引力，有益于服务提供商以及用户，但仍有一些制约因素，因此，在有些情况下不能使用。

① HDSL必须使用两对线或3对线。另外，各个生产商的产品之间的特性不兼容，使得互操作性无法实现，这就限制了HDSL产品的推广。

② 用户无法得到更多的增值业务。HDSL在长度超过3.6km的用户线上运行时仍需要中继器。

③ 不论是用于T1还是E1，如果HDSL仍然使用2B1Q线路码，这就限制了带宽利用率和传输距离。

如果能制定出一对线上的HDSL标准，那么现有的同轴电缆设备将得到最大限度的利用。从目前看，HDSL设备价格虽然已经下降了很多，但使用两对铜线要考虑的最重要因素仍是价格。

2.2.2 ADSL接入技术

非对称数字用户环路技术(ADSL)是目前使用最多的一种接入方式，它是利用一对铜双绞线，实现上、下行速率不相等的非对称高速数据传输技术。ADSL系统示意图如图2-5所示。

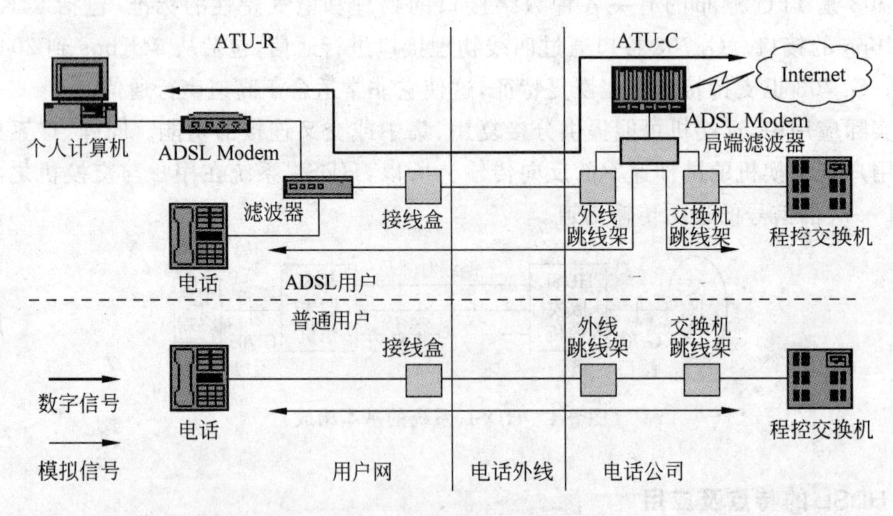

图2-5 ADSL系统示意图

1．ADSL系统的基本组成

ADSL采用先进的信号调制方式(包括正交调幅QAM、无载波幅度相位调制CAP和离散多频DMT技术)、数字相位均衡技术和回波抑制技术，从而达到信道频谱充分利用和信道传输的高质量。

ADSL 系统主要由局端收发机(ATU-C)和用户终端收发机(ATU-R)两部分组成。ATU-C 与 ATU-R 的作用主要是完成上、下行数据的调制解调处理，故 ATU-C 又称为局端 ADSL Modem(ADSL 调制解调器)，ATU-R 又称为远端 ADSL Modem。

局端向用户端传送信号的过程是：局端设备 ADSL Modem 首先对下行数据进行复用、编码、调制等处理，将其变换到规定的频带内，然后通过局端分路器与 POTS 信号混合，再通过主配线架连接到双绞线用户环路上；远端设备首先通过远端分离器将 POTS 信号取出，送给用户话机，然后再通过远端 ADSL Modem 对接收信号进行解码、解调、解复用等处理，恢复出各路下行数据，分别送给相应用户终端。从用户端向局端传送信号的过程与上相同。

收发机实际上是一种高速调制解调器。传统的调制解调器也使用电话线进行传输，但其使用 0～4kHz 的低频段。而电话铜线在理论上最大带宽接近 2MHz；通过利用 26kHz 以后的高频带，ADSL 提供了高速率。

2. ADSL 的频谱划分

ADSL 将用户的双绞线频谱分成低频、上行信道和下行信道三部分。由于采用频分复用(FDM)，因此 3 个信息通道可同时工作于一对电话线。ADSL 频谱划分如图 2-6 所示。

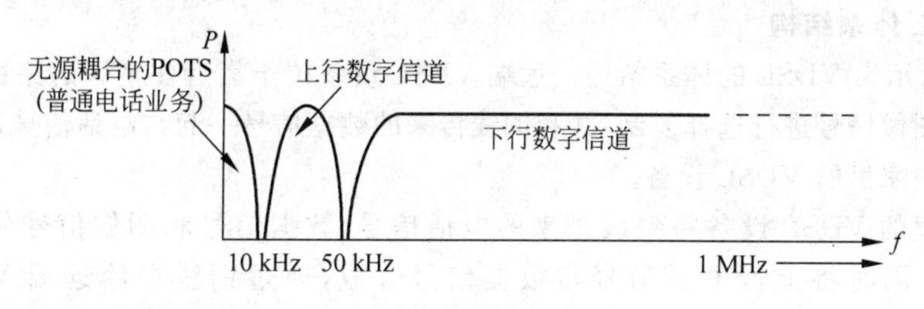

图 2-6　ADSL 的频谱划分

① 低频部分：提供普通电话业务(POTS)信道，通过无源滤波器使其与数字信道(含上行信道和下行信道)分开。

② 上行信道：是 640Kbps～1Mbps 的中速传输通道(占据 10～50kHz 的频带)，主要用于传送控制信息。

③ 下行信道：是速率为 1.5～9Mbps 的高速数字传输通道(占据 50kHz 以上的频带)。

3. ADSL 的应用特点

ADSL 的应用特点如下。

① 不需改动现有铜缆网络设施，就能提供视频点播、远程教学、可视电话、多媒体检索、局域网互联、互联网接入等业务。

② ADSL 高速数据不占用话音交换机的任何资源，故增加用户不会对传统话音交换机造成任何附加负荷，不需要改造现有用户的铜线环路。

③ ADSL 可在同一铜线上分别传送数据和话音信号，数据信号并不通过电话交换机设备，减轻了电话交换机的负载；其不需要拨号，属于专线上网方式，意味着使用 ADSL 上网并不需要缴付另外的电话费。

④ ADSL可以采用现有的双绞线从中心局端连接到用户端，也可以经过光缆到路边，再采用ADSL设备经适配电缆连接到用户。

⑤ ADSL作为由窄带接入网到宽带接入网过渡的主流技术，且潜在用户数量巨大，从而得到迅速发展。

2.2.3 VDSL接入技术

甚高速数字用户线(Very high speed Digital Subscriber Line，VDSL)系统是在ADSL基础上开发出来的，它克服了ADSL技术在提供图像业务方面带宽十分有限及成本偏高的缺点。VDSL可在对称或不对称速率下运行，支持如下的速率标准。每个方向上最高对称速率是26Mbps。

① 13Mbps的对称速率。

② 52Mbps的下行速率和6.4Mbps的上行速率。

③ 26Mbps的下行速率和3.2Mbps的上行速率。

④ 13Mbps的下行速率和1.6Mbps的上行速率。

与ADSL一样，VDSL可以和POTS运行在同一对双绞线上。

1. VDSL体系结构

图2-7所示为VDSL的体系结构。远端VDSL设备位于靠近住宅区的路边，它对光纤传来的宽带图像信号进行选择复制，并和铜线传来的数据信号一起与电话信号合成，通过铜线传送给用户家里的VDSL设备。

用户家里的VDSL设备将铜线送来的电话信号、数据信号和图像信号分离，送给不同终端设备；同时将上行电话信号与数据信号合成，通过铜线送给远端VDSL设备，远端VDSL设备将合成的上行信号送给交换局。在这种结构中，VDSL系统与FTTC结合实现了到达用户的宽带接入。值得注意的是，从某种形式上看VDSL是对称的，目前，VDSL的线路信号采用频分复用方式传输，同时通过回波抵消达到对称传输或非常高的传输速率。

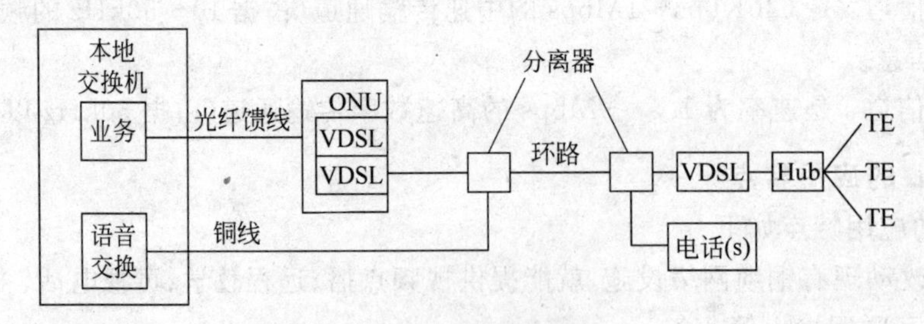

图2-7 VDSL的体系结构

2. VDSL的应用

(1) VDSL分布位置

与ADSL相同，VDSL能在基带上进行频率分离，以便为传统电话业务(POTS)留下空间。同时传送VDSL和POTS的双绞线需要每个终端使用分离器来分开这两种信号。超高速的 VDSL 需要在几种高速光纤网络中心点设置一排集中的 VDSL 解调器，该中心点可以是远距离光纤节点的中心局(CO)。从中心点出发，VDSL 的范围和延伸距离分为下面几种情况。

① 对于 26Mbps 对称或 52Mbps/6.4Mbps 非对称，所覆盖服务区半径约为 300m。

② 对于 13Mbps 对称或 26Mbps/3.4Mbps 非对称，所覆盖服务区半径为 800m。

③ 对于 6.5Mbps 对称或 13.5Mbps/1.6Mbps 非对称，所覆盖服务区半径为 1.2km。

VDSL 实际应用的区域或说覆盖区域，比中心局(CO)所提供服务区域(3km)小得多。VDSL 所覆盖的服务区域被限制在整个服务区域较小的比例上，这严重限制了 VDSL 的应用。

(2) VDSL 在 WAN 网络的应用

VDSL 技术完全可以提供传统的 xDSL 的所有通用业务。

① 通过高速数据接入业务功能，用户可以快速地浏览因特网上的信息、收发电子邮件、上传下载文件。

② 通过视频点播业务功能，用户可以在线收看影视、收听音乐，同时还可以进行交换式的在线游戏点播。

③ 通过家庭办公业务功能，用户可以高速接入公司的内部网络、查阅公司的信息、参加公司内部会议、完成工作。

④ 通过远程业务功能，用户可以通过网络接收异地实时教学，医院可以通过网络完成异地医疗会诊，用户也可以通过网络完成购物等。

2.3 HFC 接入技术

HFC 是指混合光纤/同轴电缆网，它是在有线电视(CATV)网的基础上发展起来的一种新型的宽带业务网，是美国 AT&T 公司于 1993 年提出的。它是一种城域网或局域网的结构模式，采用模拟频分复用技术实现。常见的拓扑结构与 CATV 的拓扑结构类似，也是树型分支结构，采用共享介质。HFC 和 CATV 不同之处主要有以下两点：一是在 HFC 网中，干线传输系统用光纤作传输介质，而在用户分配系统中仍然采用同轴电缆；二是 HFC 除可以提供原 CATV 网提供的业务外，还可以提供双向电话业务、高速数据业务和其他交互型业务，也被称为全业务网。

2.3.1 HFC 网络结构

一个双向 HFC 网络与 CATV 网类似，也是由馈线网、配线网和用户引入线三部分组成，如图 2-8 所示。

1. 馈线网

HFC 的馈线网是指前端至服务区的节点之间的部分，大致对应 CATV 网的干线段。其区别是：在 HFC 系统中从前端至每一光纤节点，都用一根单模光纤代替了传统的干线电

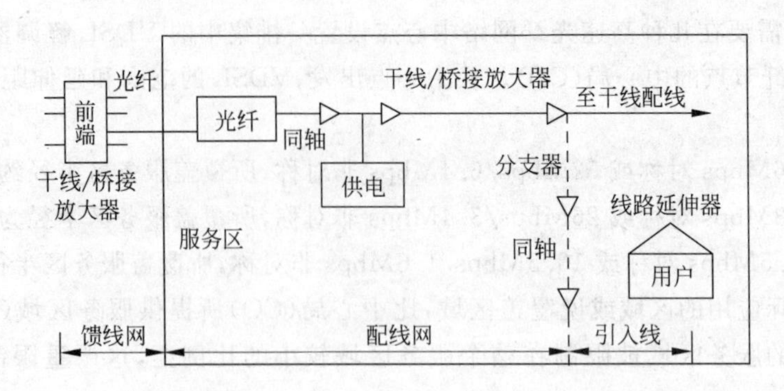

图 2-8 HFC 网络结构

缆和一连串的几十个有源干线放大器。

从结构上说则相当于用星型结构代替了树型——分支结构。HFC 的结构又称光纤到服务区(FSA)。一般一个光节点可以连接多个服务区,在一个服务区内,通过引入线接入的用户共享一根线缆,所以在 HFC 网络中,服务区越小,各个用户可用的双向通信带宽就越大,通信质量也越好。目前,一个典型的服务区用户数为 500 户,将来可进一步降至 125 户或更少。

前端设备负责完成信号收集、交换及信号调制与混合,并将混合信号传输至光纤。目前应用的主要设备有调制器、变频器、数据调制器、信号混合器和激光发射机。

调制器将模拟音频及视频信号调制成射频信号;变频器完成音频、视频和数据中频信号到射频信号的转换;数据调制器完成数据信号的 QPSK 或 QAM 调制,将数据信号转换成数据中频信号;信号混合器将不同频率的射频信号混合,形成宽带射频信号;激光发射机将宽带射频信号转换成光信号,并将光信号送入光纤传输。

光节点负责将光信号转换为电信号,并将电信号放大传输至同轴电缆网络。

2. 配线网

在传统 CATV 网中,配线网是指干线/桥接放大器与分支点之间的部分,典型距离为 1km～3km。而在 HFC 网中,配线网是指服务区光纤节点与分支点之间的部分,采用与传统 CATV 网相同的树型——分支同轴电缆网,但其覆盖范围已大大扩大,可达 5km～10km,因而仍需保留几个线路延长放大器,用以补偿同轴电缆对射频信号的衰减。这一部分设计的好坏往往决定了整个 HFC 网的业务量和业务类型,十分重要。

在设计配线网时采用服务区的概念是一个重要的革新。采用了服务区的概念以后,可以将一个大网分解为一个个物理上独立的基本相同的子网,每个子网服务于较少的用户,允许采用价格较低的上行通道设备。同时,每一个子网允许采用同一套频谱安排而互不影响,与蜂窝移动通信网十分类似,可最大限度地利用频谱资源。此时,每一个独立服务区可以接入全部上行通道带宽。若假设每一个电话占据 50kHz 带宽,则只需要 25MHz 上行通道带宽即可同时处理 500 个电话呼叫,多余的上行通道带宽还可以用来提供个人通信业务和其他各种交互式业务。

可见,服务区概念是 HFC 网得以提供除广播型 CATV 业务以外的双向通信业务和其他各种信息或娱乐业务的基础。当服务区的用户数目少于 100 户时,有可能省掉线路延长放大器而成为无源线路网。这样不但可以减少故障率和维护工作量，而且简化了更新升级至高带宽的程序。

3. 用户引入线

用户引入线指分支点至用户端设备之间的部分，与传统 CATV 相同，分支点的分支器是配线网与用户引入线的分界点。分支器是信号分路器和方向耦合器结合的无源器件，负责将配线网送来的信号分配给每一用户。在配线网上平均每隔 40～50m 就有一个分配器，单独住所区用 4 路分支器即可，高楼居民区常常使用多个 16 路或 32 路分支器结合使用。引入线负责将射频信号从分支器经引入线送给用户，传输距离仅几十米而已。与配线网使用的同轴电缆不同，引入线电缆采用灵活的软电缆形式以便适应住宅用户的线缆敷设条件及作为电视、录像机、机顶盒之间的跳线连接电缆。

2.3.2　HFC 网上常用几种业务

HFC 本身是一个 CATV 网络，视频信号可以直接进入用户的电视机，采用新的数字调制技术和数字压缩技术，可以向用户提供数字电视和 HDTV。同时，话音和高速的数据可以调制到不同的频段上传送，来提供电话和数据业务。这样，HFC 支持全部现存的和发展中的窄带和宽带业务，成为所谓的全业务宽带网络。而且，HFC 可以简单地过渡到 FTTH 网络，为光纤用户环路的建设提供了一种循序渐进的手段，采用 HFC 网络可实现三网合一。目前 HFC 网上可开通的业务有以下几种。

1. 视频点播(VOD)业务

VOD 是一种受用户控制的视频分配业务，它使每一用户可以交互地访问远端服务器所存储的丰富节目源。也就是说，在家里即可随时点播自己想看的有线电视台服务器存储的电影及各种文艺节目，实现人与电视系统的直接对话，选择电视节目的过程简单、方便；还可以提供图文信息和综合服务；也可以对各种播出节目进行控制和收费。

VOD 系统是由信源、信道及信宿组成的，它们分别对应于 CATV 系统的前端机房、传输网络和用户终端。用户根据电视机屏幕上的选单提示，利用机顶盒选择出自己所喜爱的节目，并向前端发出点播请求指令。在具有双向传输功能的 CATV 系统中，利用频道分割方式将用户点播的请求信息通过系统的上行通道传输到前端子系统的控制系统。控制系统将点播的节目和主系统的电视信号混合后，由 CATV 系统的下行通道传输到点播用户终端，经机顶盒解调后观看。

2. 电话业务

在 HFC 网上可开通电话业务，传统电话网的长途干线和局间中继线带宽比较大，但进入用户环路，由于使用的是双绞线，带宽很窄，因此只能传输 300～3400Hz 的窄带电话和低速数据。HFC 网上的电话则不同，其全网都具有宽带的电信业务，因此，不仅可以提供普通电话业务，也可以提供宽带的电信业务，包括 64Kbps 数字电话、ISDN、电视电话等。

由于传统 CATV 网所用分支器只允许通过射频信号，从而阻断了交流供电电流，而系统需要为用户话机提供振铃电流，因而 HFC 网的分支器需要重新设计以便允许交流供电电流通过引入线到达话机。此外在 HFC 网上传电话业务还需要增加 3 种设备：第一种是连接交换机和HFC网的前端接口单元；第二种是用户电话和HFC网的用户接口单元；第三种是计算机网络管理设备。

3. 双向数据通信业务

在HFC网上还可开通双向数据通信业务，只需在用户端和局端增加Cable Modem即可进行高速数据传送。Cable Modem采用先进的调制技术(如QPSK、64QAM/256QAM)，分为对称和非对称两种。其中，对称型可为每个用户提供10Mbps的上、下通道速率，可用在远程医疗、远程教学、电视会议等场合；非对称型可为每个用户提供的上行速率为784Kbps，下行通道速率可达30Mbps，因此特别适合网页浏览、视频、游戏等。

基于HFC网的基本结构具备了顺利引入新业务的能力，具有经济地提供双向通信业务的能力，因而不仅对住宅用户有吸引力，对企事业用户也有吸引力。

2.3.3 HFC频谱分配

在HFC网络中，由于同轴电缆分配网实现双向传输只能采用频分复用方式，故在频谱资源十分宝贵的情况下，必须考虑上、下行频率的分割问题。合理的划分频谱十分重要，既要考虑历史和现在，又要考虑未来的发展。HFC网必须具有灵活的、易管理的频段规划，载频必须由前端完全控制并由网络运营者分配。目前，虽然有关同轴电缆中各种信号的频谱划分尚无正式的国际标准，但已有多种建议方案。

1. "低分割"方案

过去，为了确保下行的频率资源得到充分利用，通常采用"低分割"方案，即5～30MHz为上行，30～48.5MHz为过渡带，48.5MHz以上全部用于下行传输。但近年来，随着各种综合业务的逐渐开展，低分割方案的上行带宽显得越来越不够用，且上行信道在频率低端存在严重的噪声积累现象，使该频段的利用也受到限制，进一步凸出了上行带宽的不足。

2. "中分割"方案

随着滤波器质量的改进，且考虑到点播电视的信令及电话数据等其他应用的需要，真正开展双向业务，可考虑采用"中分割"方案，即将上行通道进行扩展。如北美将上行通道扩展为5～42MHz，共37MHz。有些国家计划扩展至更高的频率。

以我国HFC频带划分为例，根据GY/T106—1999标准的最新规定，HFC网中频谱划分规则如下。

① 低端的5～65MHz频带为上行数字传输通道，通过QPSK和TDMA等技术提供非广播数据通信业务，65～87MHz为过渡带。

② 87～1000MHz频带均用于下行通道，其中，87～108MHz频段为FM广播频段，提供普通广播电视业务；108～550MHz用来传输现有的模拟电视信号，采用残留边带调制(VSB)技术，每一通路的带宽为6～8MHz，因而总共可以传输各种不同制式的电视信号60～80路。

③ 550～750MHz频段采用QAM和TDMA技术提供下行数据通信业务。允许用来传输附加的模拟电视信号或数字电视信号，但目前倾向用于双向交互型通信业务，特别是电视点播业务。

④ 高端的 750～1000MHz 频段已明确仅用于各种双向通信业务，其中，两个 50MHz 频带可用于个人通信业务，其他未分配的频段可以有各种应用以及应付未来可能出现的其他新业务。

实际 HFC 系统所用标称频带为 750MHz、860MHz 和 1000MHz，目前用得最多的是 750MHz 系统。

CHAPTER 3

第3章 光纤接入技术

本章学习目标

(1) 了解"铜退光进"的发展趋势；

(2) 了解光接入网(OAN)的基本概念；

(3) 理解有源光网络接入技术(AON)的基本概念；

(4) 理解无源光接入网技术(PON)的基本概念；

(5) 掌握APON技术、EPON技术、GPON技术的基本原理。

3.1 "铜退光进"的发展趋势

近年来，随着互联网中多媒体信息的极大丰富，网络带宽的需求量成倍增长。"宽带"已成为当今使用频率最高的词汇之一，宽带是通往信息社会的高速公路，人们利用宽带网络从互联网上搜寻信息，互相交流，其高效、便捷的特点也促进了信息社会的发展。然而，在接入网段现有的数字用户环路技术已经使得铜线资源为传输介质的接入网带宽发挥到了接近理论限制的程度(频率越高，所产生的干扰越大)，仍难以满足日益增长的需求，宽带瓶颈问题变得越来越突出。而光接入网的引入无疑是解决接入网带宽瓶颈的有效方式。

光接入网的概念和设想在20世纪80年代初就提出了，但当时由于技术复杂、成本过高和需求不大等原因，一直没有得到实质性的进展。一方面，随着需求的增加、技术的进步以及设备成本的降低，光接入网再次成为人们关注的焦点。另一方面，在网络融合日渐成为主流的今天，电视网、语音网和数据网"三网融合"已经引起人们极大的关注。而光纤到户网具有高带宽、承载业务种类多以及支持协议灵活等优势，成为实现"三网融合"的最佳途径。

随着光纤逐渐被人们所熟知，越来越多的企业或园区在布线时更倾向于选择光纤。光纤组网有着明显的优势，不仅传输速率更快、传输距离更远、不怕干扰、带宽高，还可以户外走线，安装相对便捷。而且相较于铜缆，光纤的能耗低、抗干扰性强。这些优点对于企业布线来说都具有强大的吸引力，尤其是在提倡创建低能耗的数据中心和办公环境的时代背景下，光纤的节能降耗水平远远优于铜缆。无论从哪个角度来看，铜缆都与光纤相差甚远，因此光纤化是接入网的发展方向。

与其他接入相比，光纤接入网具有如下优点。

① 具有高带宽、长距离的传送能力。

② 支持多业务接入，包括各种窄带业务、宽带业务和对未来业务的扩展支持能力，实现上述业务的同时接入。

③ 支持分组方式承载上层业务，可以作为下一代的接入层网络。

④ 支持接入网的平滑演进。

当然，与其他接入网技术相比，光纤接入网也存在一定的劣势，最大的问题是成本还是比较高，尤其是光节点离用户越近，每个用户分摊的接入设备成本就越高。故光接入网的发展必须分阶段地进行，仍需要合理利用现有的铜缆资源。在光接入网发展的过程中，业界人士正是考虑到了光纤成本较高以及对现有网络的铜线资源的合理利用等因素，提出了各种光、铜混合的接入网实现方案，统称为 FTTx，其中包括以下几种。

(1) FTTC

FTTC(Fiber To The Curb，光纤到路边)实现方案是指光纤仅接入到离家庭或办公室一公里以内的路边交接箱或户外配线架，利用电缆或其他介质把信号从路边交接箱或户外配线架传递到用户住宅或办公室里。

(2) FTTCab

FTTCab(Fiber To The Cable，光纤到同轴电缆)又称 HFC，即光纤接入部分到本地区域端局，利用本地区域内原有的线缆或其他介质把信号从本地区域端局传递到用户住宅或办公室里。

(3) FTTB

FTTB(Fiber To The Building，光纤到大楼)实现方案指光纤接入部分到楼宇中心机房，楼内网络采用铜线方案，通常根据接入铜线的种类，又可以分为 FTTB＋LAN，FTTB＋ADSL。FTTB＋LAN 指在楼内网络采用以太网标准的局域网接入方案，其接入铜线通常是超 5 类双绞线，FTTB＋ADSL 指在楼内网络采用 ADSL 接入方案，接入铜线为 1 类电话线。

(4) FTTO

FTTO(Fiber To The Office，光纤到办公室)实现方案指光纤接入部分到办公区域网关，办公区域网内部采用铜线或无线方案的局域网组网方案。

(5) FTTH

FTTH(Fiber To The Home，光纤到户)实现方案指仅利用光纤媒质连接核心网和用户住宅(家庭)的接入方式，即引入光纤由单个家庭独享，是俗称的光纤到户接入方案。

由图 3-1 所示的光接入网的应用类型不难看出，FTTH 是目前唯一一种在接入网段全部采用光纤作为传输介质的光接入网解决方案，其优势在于接入网段不再需要电—光—电的信号再生过程，降低了设备开通、管理和维护的复杂度。同时与其他的 FTTx 组网形式相比，FTTH 可以为用户提供更大的独享带宽，为新业务的开展预留了充足的资源。众所周知，评估接入网最为重要的指标就是接入网的接入能力，不仅表现在业务的接入能力上，同时还要满足接入用户数量的能力。故尽管目前光纤接入网的成本仍然太高，但是采用光

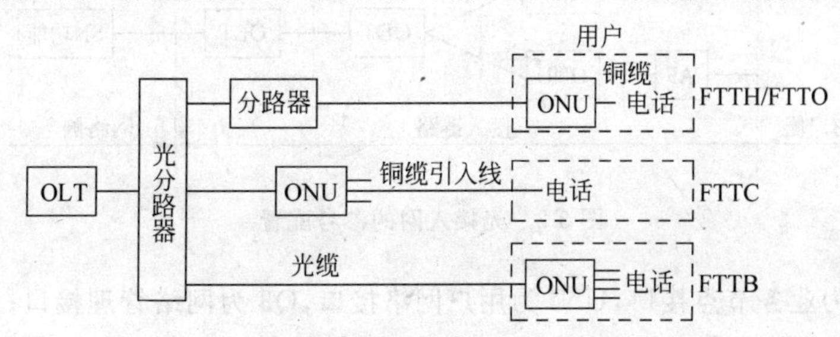

图 3-1　光接入网的应用类型

纤接入网 FTTH 是光接入技术发展的必然趋势，目前各国发展光纤接入网的步骤不相同，但光纤到户 FTTH 是公认的接入网的发展目标。

3.2 OAN光接入网概述

3.2.1 光接入网的定义

光接入网(Optical Access Network，OAN)，就是指在接入网中采用光纤作为主要传输媒质来实现信息传送的网络形式。接入网中的光区段可以是点到点、点到多点的结构。OAN 可以分为无源光网络(PON)和有源光网络(AON)。

PON(Passive Optical Network)主要采用无源光功率分配器(耦合器)将信息送至各客户端。由于采用了光功率分配器，使功率降低，因此较适合短距离使用；若传输距离较长，或用户较多，可采用光纤放大器(EDFA)来增加功率。PON 系统具有易于扩容和展开业务、组网灵活、设备简单、体积小、安装维护费用较低、初期投资不高等优点，但其对光器件要求较高，且需要较为复杂的多址接入协议。

AON(Active Optical Network)采用有源的电复用器分路，将信息送给用户。其主要优点是传输距离远、传输容量大、用户信息隔离度好、易于扩展带宽、网络规划和运行的灵活性大。不足之处是有源设备成本较高，且需要机房、供电和维护等。

3.2.2 光接入网的参考位置

如图 3-2 所示为光接入网的参考配置。

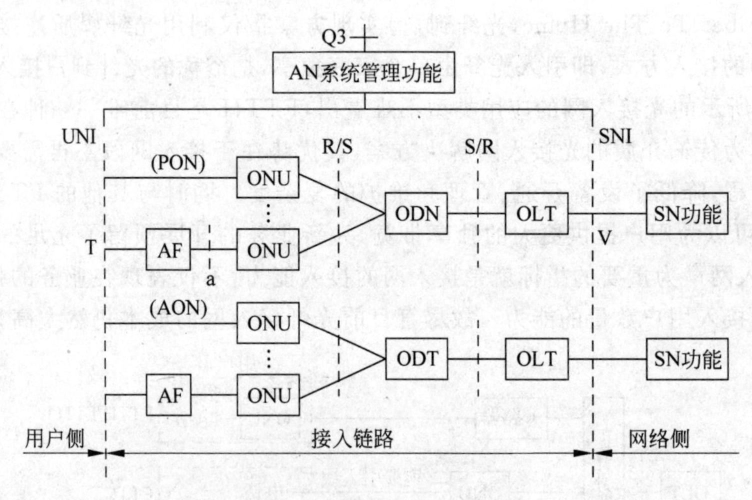

图 3-2 光接入网的参考配置

其中，SNI 为业务节点接口，UNI 为用户网络接口，Q3 为网络管理接口；S 为光发送参考点，与 ONU/OLT 光发送端相邻；R 为光接收参考点，与 ONU/OLT 光接入端相邻；

V 为业务网络接口参考点；T 为用户网络接口参考点；a 为 AF 与 ONU 间的参考点。

由图 3-2 所示的光接入网的参考配置图可知，光接入网一般是一个点到多点的光传输系统，主要由光网络单元（ONU）、光线路终端（OLT）、光配线网络（ODN）/光远程终端（ODT）和适配功能块（AF）等组成。

1. 光网络单元

ONU 位于用户和 ODN 之间，实现 OAN 的用户接入，为用户提供通往 ODN 的光接口。ONU 主要由核心部分、业务部分和公共部分组成。核心部分用于处理和分配与 ONU 相关的信息，提供一系列物理光接口与 ODN 相连，并完成光/电和电/光转换。业务部分主要是提供用户端口功能，将用户信息适配为 64Kbps 或 $n \times 64$Kbps 的形式，并提供信令转换。该部分可为一个或若干个用户提供用户端口。公共部分功能包括供电功能和 OAM 功能。供电功能用于将外部供电电源转变为内部所需的数值。OAM 功能是通过相应的接口实现对所有功能块的运行，管理及维护与上层网络管理的连接。

2. 光线路终端

OLT 位于 ODN 与核心网之间，实现核心网与用户间不同的业务的传递功能，它可以区分交换和非交换业务，管理来自 ONU 的信令和监控信息，同一个 OLT 可连接若干个 ODN。OLT 在分配侧提供与 ODN 相连的光口，在网络侧通过标准 SNI 接口连接到业务网络，可设置在本地交换局或远程。

3. 光配线网络

ODN 位于 ONU 和 OLT 之间，为多个 ONU 到 OLT 的物理连接提供光传输媒介，完成光信号的传输和功率分配任务。通常 ODN 是由光连接器、光分路器、波分复用器、光衰减器、光滤波器和光纤光缆等无源光器件组成的无源光分配网络。

4. 光远程终端

ODT 由光有源设备组成，用在有源光网络中，与 ODN 在网络中的位置、作用一样。

5. 适配功能块

AF 为 ONU 和用户设备提供适配功能。它可以包含在 ONU 中内，也可完全独立。

3.2.3　光接入网的拓扑结构

根据光纤网络的拓扑结构，宽带光接入技术主要分为点对点和点对多点两大类。

1. 点对点光接入

点对点光接入指在点对点的光纤网络上实现接入的方式，主要实现技术包括媒质转换器（MC，也可称为光纤收发器）方式和标准化点对点光接入两大类。

（1）媒质转换器

这种方式无统一标准，需要局端设备与用户端设备成对配套使用，可以提供以太网、E1 等多种类型的接口。

（2）标准化点对点

这种方式主要基于光纤以太网，目前 IEEE 和 ITU-T 分别制定了相关标准。

IEEE 802.3 规定的点对点光接入包括两种 100Mbps 速率的接口和两种 1Gbps 速率的接口，具体如下。

(1) 100Base-LX10：100Mbps，双纤双向。

(2) 100Base-BX10：100Mbps，单纤双向。

(3) 1000Base-LX10：1Gbps，双纤双向。

(4) 1000Base-BX10：1Gbps，单纤双向。

这些接口的传输距离均为 10km。标准中还规定了相关的操作、管理和维护功能。

ITU-T 的点对点光接入标准为 G.985 和 G.986。

① G.985 规定了速率为 100Mbps 的点对点光接口，在 IEEE 802.3 中 100Base-FX 的规定的基础上，定义了新的单纤双向的 PMD(Physical Medium Dependent)层，目前仅规定了传输距离为 10km 的光接口。

② G.986 规定了速率为 1Gbps 的点对点光接口，在 IEEE 802.3 1000Base-BX10 的基础上，增强了对 PMD 层的要求，规定了传输距离为 10km、20km 和 30km 的 3 种光接口。标准中还规定了相关的操作、管理和维护功能。

2. 点到多点光接入

点到多点光接入指在点到多点的光纤网络上实现多址接入的方案，主要采用无源光网络(PON)技术，包括 APON、BPON、EPON、GPON 等。

点到多点光接入网按照 ODN 连接方式不同，其拓扑结构进一步可分为星型、树型、总线型和环型 4 种基本拓扑结构，光接入网的拓扑结构如图 3-3 所示。

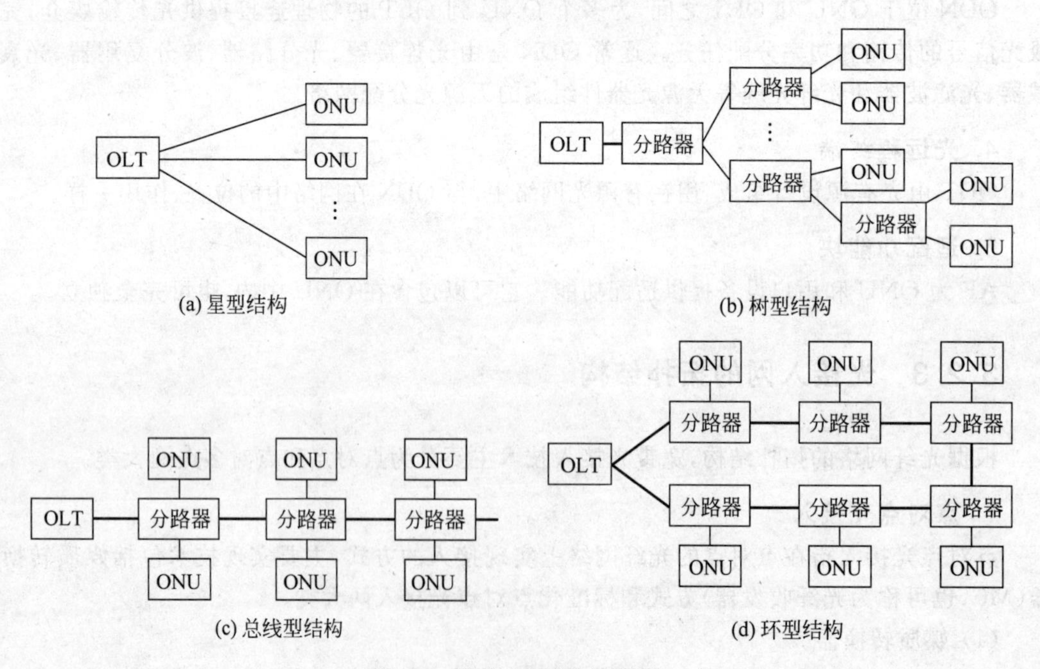

图 3-3　光接入网的拓扑结构

(1) 星型结构

星型结构是在 ONU 与 OLT 之间实现点到点配置的基本结构，即每个 ONU 经一根或一对光纤直接与OLT相连，中间没有光分路器。由于这种配置不存在光分路器引入的损耗，因此传输距离远大于点到多点配置。用户间互相独立，保密性好，易于升级扩容。缺点是光纤和光设备无法共享，初装成本高，可靠性差。星型结构仅适合大容量用户。

(2) 树型结构

树型结构是点到多点配置的基本结构，该结构用一系列级联的光分路器对下行信号进行分路，传给多个用户；同时利用分路器将上行信号结合在一起送给OLT。

(3) 总线型结构

总线型结构也是点到多点配置的基本结构，这种结构利用了一系列串联的非均匀光分路器，从总线上检出OLT发送的信号，同时又能将每个ONU发送的信号插入光总线送回给OLT。这种非均匀光分路器在光总线中只引入了少量损耗，且只从光总线中分出少量的光功率。其分路比由最大的ONU数量、ONU所需的最小输入光功率等具体要求确定。这种结构非常适合于街道、公路线状分布的用户环境。

(4) 环型结构

环型结构也是点到多点配置的基本结构。这种结构可看作是总线结构的一种特例，是一种闭合的总线结构，其信号传输方式和所用器件与总线型结构差不多。由于每个光分路器可从两个不同的方向通到OLT，因此其可靠性大大提高。

实际中，选择光接入网的拓扑结构时应考虑多种因素，上述的任何一种结构均不能完全适用于所有的实际情况，光接入网的拓扑结构一般是由几种基本结构组合而成的。

3.3 AON有源光网络接入技术

1. AON有源光网络接入技术简介

有源光网络(AON)由OLT、ODT、ONU和光纤传输线路构成。ODT可以是一个有源复用设备、远端集中器(HUB)，也可以是一个环网。一般有源光网络属于一点到多点光通信系统，按其传输体制可分为基于SDH的AON和基于PDH的AON。有源光网络的局端设备(CE)和远端设备(RE)通过有源光传输设备相连，传输技术是骨干网中已大量采用的SDH和PDH技术，但以SDH技术为主。

2. AON的组网模式

有源光网络通常可以采用星型、环型和树型网络拓扑结构，它将一些网络管理功能和高速复接(分接)功能在远端终端中完成，端局和远端之间通过光纤通信系统传输，然后再从远端将信号分配给用户。

图3-4所示为星型拓扑AON接入网示意图，图中OLT和有源分光器之间为馈线段，有源分光器和ONU之间为配线段，ONU到网络终端(NT)之间为引入线。在配线段中使用的双向光放大器多为掺铒光纤放大器，用于增加光网络的传输距离。在AON中，馈线段和配线段多已实现光纤化，而出于成本上的考虑，引入线大部分仍在使用原来的电话线，例如ADSL技术采用三类铜双绞线将数据信号送到用户家庭，完成“最后一公里”的接入。AON中的NT用于适配用户接入设备，而ODN可以由有源光设备和器件组成，也可能部

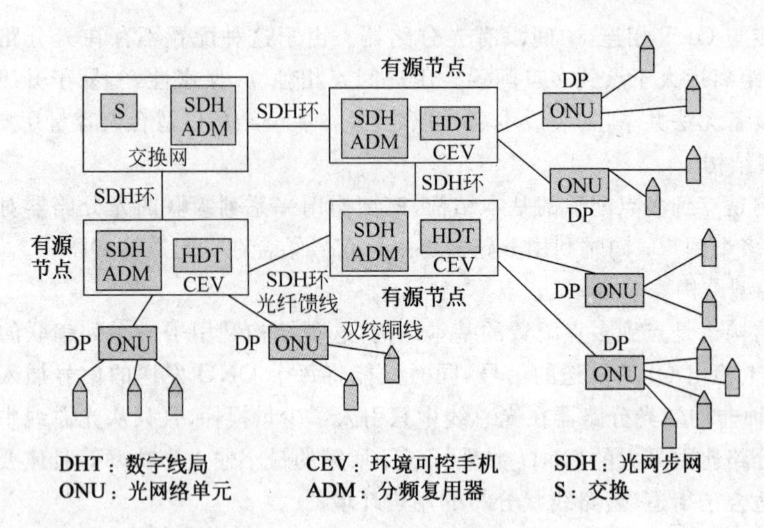

图 3-4 星型拓扑 AON 接入网示意图

分采用无源光器件。

3. AON 系统对 SDH 系统的简化

AON 技术的核心是 SDH 技术。SDH 技术是针对传送网形成的一种技术，SDH 的体制、标准、系统及设备等诸多方面都适合核心网。将目前的 SDH 系统应用在接入网中会造成系统复杂，且还会造成极大的浪费，因此必须从技术上对 SDH 系统、SDH 设备进行简化，以适应 AON 对 SDH 的要求，简化方案如下。

(1) 简化 SDH 系统

SDH 系统在干线网中，一个 PDH 信号作为支路装入 SDH 时，一般需要经历几次映射和一次(或多次)指针调整才装入 SDH 线路。采用 SDH 的接入网，一般只需经过一次映射且无须进行指针调整。由于接入网比干线简单，故可以简化目前的 SDH 系统，降低成本。

(2) 简化 SDH 设备

接入网中需要的 SDH 设备应是小型、低成本、易于安装和维护的。在提高传输效率、更便于组网的前提下，采取简化技术的措施来降低成本。目前，在接入网中的 SDH 已经靠近用户，对低速率接口的需求远远大于对高速率接口的需求，因此，接入网中的新型 SDH 设备应提供 STM-0 子速率接口。

SDH 设备用于接入网中时，通常会省去电源盘、交叉盘和连接盘，简化时钟盘，把两个一发一收的群路盘做成一个两发两收的群路盘，把 2Mbps 支路盘和 2Mbps 接口盘做成一个盘。这样的 SDH 设备可以满足 2B+D 和 30B+D 等业务的需要。

(3) 简化网管系统

SDH 的干线网的地域管理范围很宽，它采用管理面积很广的分布式管理和远端管理。接入网需要管理的地域范围比较小，在接入网中的 SDH 网管系统较少采用远端管理，虽然采用分布式管理，但它的管理范围也远远小于干线网。

由于对接入网中的 SDH 硬件系统进行了简化，故网管中对 SDH 设备的配置部分也可以进行简化。虽然接入网和干线网一样有性能管理、故障管理、配置管理、账目管理和安全管理五大功能，但是干线网中这五大功能的内部规定很全面，而接入网不需要这么全面的管理功能，故接入网不必照搬这些管理功能，可以在每种功能内部进行简化。

(4) 设立子速率

SDH的标准速率为155.520Mbps、622.080Mbps、2488.310Mbps和9953.280Mbps。在接入网中应用时，所需传输数据量比较小，过高的速率很容易造成浪费，因此需要规范低于STM-1的速率，便于在接入网中应用，可采用51.840Mbps和7.488Mbps。

(5) 其他简化

接入网采用最简单、最便宜的二纤单向通道保护方式来节省开支。各种传输指标要求低于核心网，不能进入环的节点采用点到点传输。

只要解决好以上问题，就可以将用于传输网络的SDH系统在接入网中广泛应用起来。

4. AON技术的优缺点

AON技术的优点如下。

① AON采用的技术，特别是PDH、SDH和ATM技术相对成熟(物理层为PDH或SDH，数据链路层为ATM)，标准化程度较高，有很多用于骨干传输网的技术可以借鉴。大容量、配置灵活、设计规划相对简单是其重要特点，因此在广域网和城域网领域AON得到广泛应用。

② 由于使用了有源设备，例如中继器、光双向放大器等，OLT与ONU之间的距离可超过100km，同时AON可以接入更多的用户。

但是AON的缺点也很突出。

① 设备成本较高。

② 需要解决有源设备的供电问题、设备间租赁问题、电磁干扰问题。

③ 相对无源设备，有源设备的稳定性和可靠性较差，维护和管理费用高。

④ PDH和SDH均为电路交换技术，是上一代电信骨干传输网技术，非常适合话音和传输E1类数据传输，用于普通用户登录互联网为主的IP分组数据传输显得力不从心。

在光接入网发展的早期，设备标准化处程度低，接入用户较为分散，故有源光接入技术AON是当时主要的选择。然而如今大规模推进FTTH光纤到户的时代，AON有源光网络所存在的缺陷已制约了其继续发展，而PON无源光网络技术的成熟、设备的丰富，加之用户数量的大幅增加，已经使得AON有源光网络技术曾经的优势不复存在。故在“城市光网”的建设中，PON无源光网络技术逐渐取代了AON有源光网络技术。

3.4 PON无源光网络接入技术

无源光网络(Passive Optical Network，PON)主要采用无源光功率分配器(耦合器)将信息送至各用户。由于采用了光功率分配器使功率降低，因此较适合于短距离使用，是实现FTTH的关键技术之一。

PON是指ODN(光配线网)中不含有任何电子器件及电子电源，ODN全部由光分路器(Splitter)等无源器件组成，无须贵重的有源电子设备的网络。PON是点到多点的光网，在源到宿的信号通路上全是无源光器件，如光纤、接头和分光器等，可最大限度地减少光收发信机、中心局终端和光纤的数量。基于单纤 PON 的接入网只需要 N+1 收发信机和数千米光纤。一个无源光网络包括一个安装于中心控制站的光线路终端(OLT)，以及配套的安装于用户场所的光网络单元(ONUs)。在 OLT 与 ONU 之间的光配线网(ODN)包含了光纤以及无源分光器或者耦合器。

目前最简单的网络拓扑是点到点连接；为减少光纤数量，可在社区附近放置一个远端交换机(或集线器)，同时需在中心局与远端交换机之间增加两对光收发信机，并需解决远端交换机供电和备用电源等维护问题，成本很高。因此，以低廉的无源光器件代替有源远端交换机的 PON 技术就应运而生。

PON 上的所有传输是在 OLT 和 ONU 之间进行的。OLT 设在中心局，把光接入网接至城域骨干网。ONU 位于路边或最终用户所在地，提供宽带语音、数据和视频服务。在下行方向(从 OLT 到 ONU)，PON 是点到多点网，在上行方向则是多点到点网。

在用户接入网中使用 PON 的优点很多：传输距离长(可超过 20km)；中心局和用户环路中的光纤装置可减至最少；带宽可高达吉比特量级；下行方向工作如同一个宽带网，允许作视频广播，利用波长复用既可传 IP 视频，又可传模拟视频；在光分路处不需要安装有源复用器，可使用小型无源分光器作为光缆设备的一部分，安装简便并避免了电力远程供应问题；具有端到端的光透明性，允许升级到更高速率或增加波长。

3.4.1 APON 接入技术

在 PON 中采用 ATM 技术，就成为 ATM 无源光网络(ATM-PON，APON)。PON 是实现宽带接入的一种常用网络形式，电信骨干网绝大部分采用 ATM 技术进行传输和交换，显然，无源光网络化的 ATM 是一种自然的做法。APON 将 ATM 的多业务、多比特速率能力和统计复用功能与无源光网络的透明宽带传送能力结合起来，从长远看，这是解决电信接入"瓶颈"的较佳方案。APON 实现用户与 4 个主要类型业务节点之一的连接，即 PSTN/ISDN 窄带业务、B-ISDN 宽带业务、非 ATM 业务(数字视频付费业务)和 Internet 的 IP 业务。

1. APON 系统结构及工作过程

PON 为多个用户提供廉价的共享传输介质；ATM 技术为从低速到高速的各种多媒体业务提供可靠且透明的接口。APON 将两者的特点结合起来，显示了它在各种光纤接入技术中的优势。APON 系统结构如图 3-5 所示。

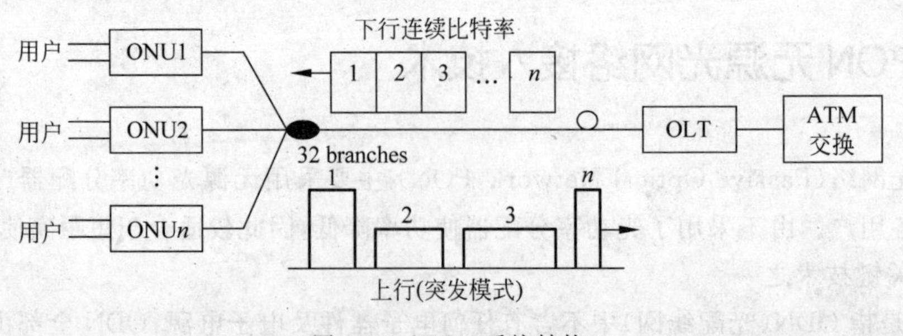

图 3-5 APON 系统结构

APON主传输介质PON采用无源双星拓扑，分路比为1∶32。从OLT往ONU传送下行信号时采用TDM技术；ONU传送到OLT的上行信号采用TDMA技术。在上行和下行信号传输时，ATM信元均被组装在一个APON包中。通过给每个包加入8个开销比特，提供同步及其他与网络传输相关的功能。APON系统所采用的双向传输方式主要有两种：其一，单向双纤的空分复用方式，即使用两根光纤，一根光纤传输上行信号，另一根光纤传输下行信号，工作波长限定在1310nm区；其二，单纤粗波分复用方式，即采用单根光纤，异波长双工，上下行波长分别工作在1310nm和1550nm区。在1310/1550nm的WDM器件和1310nm波长段的激光器价格逐渐下降的情况下，采用后者是可行的方案。

APON系统可以采用光纤到ONU，再采用短的铜缆到用户以代替传统的用户环路，当用户需要时能方便地升级为FTTH；APON系统也可以将ONU直接安放在用户处，即FTTH。

以下对APON系统中的主要设备进行介绍。

(1) 光线路终端。

APON的OLT通过VB5接口与外部网络连接(为了能够与现存的各类交换机实现互联，系统也具有向外部网络提供现存窄带接口的能力，如V5接口等)。OLT和ONU通过ODN在业务网络接口(SNI)和用户网络接口(UNI)之间提供透明的ATM传输业务。OLT功能块如图3-6所示。

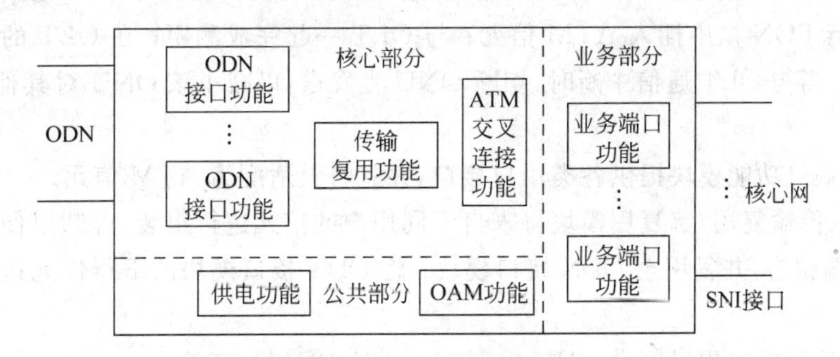

图3-6 OLT功能块

业务接口功能实现系统不同类型的业务节点接入，如PSTN、ATM交换机、VOD服务器及Internet服务器等。可将ATM信元插入上行的SDH净荷区，也可从下行的SDH净荷区中提取ATM信元。

ATM交叉连接功能是一个无阻塞的ATM信元交换模块，主要实现多个信道的交换、信元的路由、信元的复制及错误信元的丢弃等功能。

ODN接口功能是为ODN的每个接口模块驱动一个PON，接口模块数的多少由所支持用户数的多少来确定。ODN的主要功能有：和ONU一起实现测距功能，并且将测得的定距数据存储，以便在电源或者光中断后重新启动ONU时恢复正常工作；从电到光变换下行帧；从光到电变换上行帧；从突发的上行光信号数据中恢复时钟；提取上行帧中的ATM信元和插入ATM信元至下行帧；给用户信息提供一定的加密保护；通过MAC协议给用户动态地分配带宽。

OAM模块和供电模块OAM模块对OLT的所有功能块提供操作、管理和维护手段，如配置管理、故障管理、性能管理等；也提供标准接口(Q3接口)与TMN相连。

(2) 光分配网络

ODN为OLT和ONU之间的物理连接提供光传输介质,它主要包括单模光纤和光缆、光连接器、无源光分支器件、无源光衰减器、光纤接头等无源光器件。根据ITU-T的建议,一个ODN的分支比最高能达到1∶32,即一个ODN最多支持32个ONU；光纤的最大距离为20km；光功率衰减范围是B类10dB-25dB、C类10dB-30dB。

(3) 光网络单元

ONU通过PON专用接口与ODN相连,通过多种UNI接口与不同用户终端相连,支持多种用户终端接入,ONU功能块如图3-7所示。

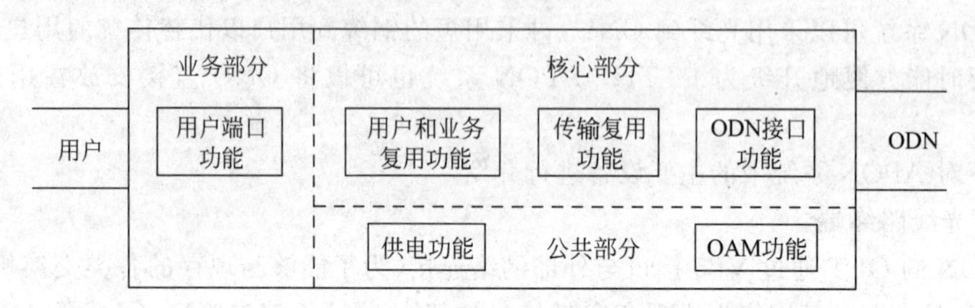

图3-7 ONU功能块

① ODN接口功能模块实现的功能是光/电、电/光变换；从下行PON帧中抽取ATM信元和向上行PON帧中插入ATM信元；与OLT一起完成测距；在OLT的控制下调整发送光功率；当与OLT通信中断时,切断ONU光发送,以减小该ONU对其他ONU通信的串扰。

② 用户端口功能模块提供各类用户接口,并且将其适配为ATM信元。

③ 业务、传输复用/解复用模块将来自不同用户的信元进行组装、拆卸以便和各种不同的业务接口端相连,并复用至ODN接口模块；将ODN接口模块的下行信元进行解复用至各个用户端。

④ 供电功能模块用以提供ONU电源(AC/DC、DC/AC变换)。

⑤ OAM功能模块对ONU所有的功能块提供操作、管理和维护(如线路接口板和用户环路维护、测试和告警,告警报告送给OLT等)。

2. APON系统帧结构

不论是上行方向还是下行方向,ATM信元都是以APON帧格式在APON系统中进行传输,APON系统下行帧结构如图3-8所示。

下行方向的APON帧结构是由连续的时隙流组成,每个时隙包含一个53字节的ATM信元或PLOAM信元,每隔27个时隙插入一个PLOAM信元。对于速率为155.52Mbps的下行信号,每帧共56个时隙,其中含两个PLOAM信元。对于速率为622.08Mbps的下行信号,每帧共224个时隙,其中含8个PLOAM信元。

PLOAM信元是物理层OAM信元,用来传送物理层OAM信息,同时携带ONU上行接入时所需的授权信号。通常,每个PLOAM信元有27个授权信号,而ONU上行接入时每帧只需53个授权信号,该53个授权信号被映像到下行帧前两个PLOAM信元中,第二个PLOAM信元的最后一个授权由一个空闲授权信号填充。在622.08Mbps的下行帧结构中,后面的 6 个 PLOAM 信元的授权信号区全部填充空闲授权信号,不被 ONU 使用,每个授权信号的长度是 8bit。

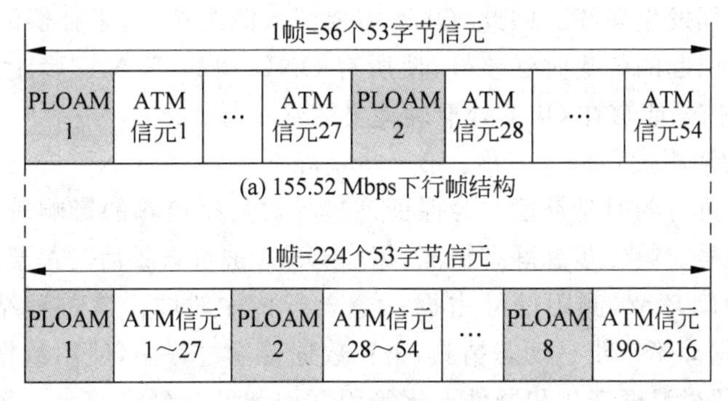

图 3-8　APON 系统下行帧结构

APON 系统上行帧结构如图 3-9 所示。上、下行方向的帧周期相同。

图 3-9　APON 系统上行帧结构

上行帧包含 53 个时隙,每个时隙包含 56 个字节,其中 53 个字节为 ATM 信元,3 个字节是开销字节。开销字节包含的域及主要用途如下。

① 保护时间:在两个连续信元或微时隙之间提供足够的距离,以避免冲突,最小长度是 4bit。

② 前置码:从到达的信元或与 OLT 的局内定时相关的微时隙中提取相位,获得比特同步和幅度恢复。

③ 定界符:一种用于指示 ATM 信元或微时隙开始的特殊码型,也可作字节同步。

开销的边界是不固定的,其中保护时间长度、前置码和定界符格式可由 OLT 编程决定,其内容由下行方向 PLOAM 信元中的控制上行开销信息决定。

3. APON 的关键技术

APON 系统是点到多点的结构,每个 ONU 与 OLT 直接相连,在下行方向以 TDM 方式工作,信号是连续脉冲串,采用标准 SDH 光接口,以广播方式传送,各个 ONU 会收到所有的帧,并从中取出属于自己的信元,所以在下行方向不需要 OLT 进行控制,实现起来很容易。而在上行方向以 TDMA 方式工作,信号是突发的、幅度不等、长度也不同的脉冲串,且间隔时间也不同。基于这种突发模式,为了保证各个 ONU 的上行信号完整地到达 OLT,需要适当的 MAC 协议进行控制,但实现相对难些,涉及的主要技术有:测距技术、快速比特同步技术、突发信元的收发技术、搅动技术等。

(1) 测距技术

由于各个 ONU 发出的 ATM 信元是沿不同路径传输到 OLT 的,其传输距离不同,并且其传输距离也会由于环境温度的变化和光电器件的老化等因素而发生动态改变，导致不同节点发出的 ATM 信元到达接入点的时延不同，造成各 ONU 间的上行时隙重叠，从而导致不同的 ATM 信元发生碰撞。因此，OLT 需要引入测距技术，来补偿因为 ONU 与 OLT 之间的距离不同而引起的传输时延差异，使所有 ONU 到 OLT 的逻辑距离相同，以确保不同 ONU 所发出的信号能够在 OLT 处准确地复用到一起。

APON 系统的测距过程分为三步：第一步是静态粗测，在 ONU 安装调测阶段进行，这是对物理距离差异进行的时延补偿。为保证该过程对数据传输的影响较小，采用低频低电平信号作为测距信号。第二步是静态精测，每当 ONU 被重新激活时都要进行一次，是达到所需测距精度的中间环节，测距信号占据一个上行传输时隙。该过程结束后，OLT 指示 ONU 可以发送数据。第三步是动态精测，是在数据传输过程中，使用数据信号进行的实时测距，以校正由于环境温度变化和器件老化等因素引起的时延漂移。一般测距方法有以下几种。

① 扩频法测距：粗测时 OLT 向 ONU 发出一条测距指令，通知 ONU 发送一个特定低幅值的伪随机码，OLT 利用相关技术检测出从发出指令到接收到伪随机码的时间差，并根据这个值分配给该 ONU 一个均衡时延 Td。精测需要开一个小窗口，通过监测相位变化实时调整时延值。这种测距的优点是不中断正常业务，精测时占用的通信带宽很窄，ONU 所需的缓存区较小，对业务质量 QoS 的影响不大。缺点是技术复杂，精度不高。

② 带外法测距：粗测时 OLT 向 ONU 发出一条测距指令，ONU 接到指令后将低频小幅的正弦波加到激光器的偏置电流中，正弦波的初始相位固定。OLT 通过检测正弦波的相位值计算出环路时延，并依据此值分配给 ONU 一个均衡时延。精测时需开一个信元的窗口。这种方法的优点是测距精度高，ONU 的缓存区较小，对 QoS 影响小；缺点是技术复杂，成本较高，测距信号是模拟信号。

③ 带内法测距：粗测时占用通信带宽，当一个 ONU 需要测距时，OLT 命令其他 ONU 暂停发送上行业务，形成一个测距窗口供这个 ONU 使用。OLT 向该 ONU 发出一条测距指令，ONU 接到指令后向 OLT 发送一个特定信号。OLT 接收到这个信号后，计算出均衡时延值。精测时采用实时监测上行信号，不需要另外开窗。这种测距方法的优点是利用了成熟的数字技术，实现简单，精度高，成本低。缺点是测距占用上行带宽，ONU 需要较大的缓存器，对业务的 QoS 影响较大。

接入网最敏感的是成本，所以 APON 应该采用带内开窗测距技术。为了克服其缺点，可采取减小开窗尺寸及设置优先级等措施。由于开窗测距是对新安装的 ONU 进行的，该 ONU 与 OLT 之间的距离可以有个估计值，根据估计值先分配给 ONU 一个预时延，这样可以大大减小开窗尺寸。如果估计距离精确度为 2km，则开窗尺寸可限制在 10 个信元以内。为了不中断其他 ONU 的正常通信，可以规定测距的优先级较信元传输的优先级低。这样只有在空闲带宽充足的情况下才允许静态开窗测距，使得测距仅对信元时延和信元时延变化有一定的影响，而不中断业务。

(2) 快速比特同步技术

由于测距精度有限，在采用测距机制控制 ONU 的上行发送后，各 ONU 到达 OLT 的上行比特流仍存在一定的相位漂移，因此必须采取快速同步技术，将 OLT 的接收时钟同步到当前接收的、来自某一 ONU 的比特流。

由APON的上行帧结构可知，在每个时隙的信元之前都有3个开销字节，用于同步定界，并提供保护时间。开销包含3个域，其中保护时间可用于防止微小的相位漂移损害信号；前置比特图案可用于同步获取，实现比特同步；定界图案则用于确定ATM信元的边界，完成字节同步。OLT必须在收到ONU上行突发信号的前几个比特内快速搜索同步图案，并以此获取码流的相位信息，达到比特同步，这样才能恢复ONU的信号。同步获取可以通过将收到的码流与特定的比特图案进行相关运算来实现。然而一般的滑动搜索方法时延太大，不适用于快速比特同步。因而可采用并行的滑动相关搜索方法，即将收到的信号用不同相位的时钟进行采样，采样结果同时与同步图案进行相关运算，比较运算结果，在相关系数大于某个门限时将最大值对应的采样信号作为输出，并把该相位的时钟作为最佳时钟源。如果若干相关值相等，则可以取相位居中的信号和时钟。这实际上是以电路的复杂为代价来换取时间上的收益。

(3) 突发信元的收发技术

APON系统上行信号采用TDMA的多址接入方式，各个ONU必须在指定的时间内完成光信号的发送，以免与其他信号发生冲突。突发信元的收发与快速比特同步密切相关。

为了实现突发模式，收发两端都要采用特殊技术。在发送端，光突发发送电路要求能够非常快速地开启和关断，迅速建立信号，因而传统的采用反馈式自动功率控制的激光器将不适用，需要使用响应速度很快的激光器。另外，由于APON系统是点对多点的光通信系统，以1∶16系统为例，上行方向正常情况下只有1个激光器发光，其他15个激光器都处于“0”状态。根据消光比定义，即使是“0”状态，仍会有一些激光发出来。15个激光器的光功率加起来，如果消光比不大的话，有可能远远大于信号光功率，使信号淹没在噪声中，因此用于APON系统的激光器要有很好的消光比。

在接收端，由于每个ONU到OLT的路径不同、距离不同、损耗不同，将使OLT接收到的上行光功率存在较大的变化范围。因此要求突发接收电路一方面必须有很大的动态范围，这可通过在OLT中采用具有自适应功能的光接收机来保证；另一方面在每次收到新的信号时，必须能快速调整接收门限电平。这可通过每个上行ATM信元流中开销字节的前置比特实现，突发模式前置放大器的阈值调整电路可以在几个比特内迅速建立起阈值，然后根据这个阈值正确恢复数据。

(4) 搅动技术

由于APON系统是共享媒质的网络，在下行方向上，所有的信元都是从OLT以广播方式传送到各个ONU的，只有符合目的地址的用户才能读取对应的信元。这就带来了用户信息的安全性和保密性等问题。为了保证用户信息有必要的安全性和保密性，APON系统采用了搅动技术。这是一种介于传输系统扰码和高层编码之间的保护措施，基于信息扰码实现，为用户信息提供较低水平的保护。具体实现可通过OLT通知ONU上报信息扰码，然后OLT对下行信元在传输汇聚层进行搅动，ONU处通过信息扰码取出属于自己的数据。信息扰码长度一般为3个字节，利用随机产生的3个字节和从上行用户信息中提取的3个字节进行异或运算得到。信息扰码可快速更新，以满足更高的保密要求。这种搅动技术比较简单，易于实现，且附加成本较低。

目前，由于光纤到户的实现还有一定距离，加之APON终端与ADSL、以太网等终端相比成本偏高等因素，因而APON主要应用在企业、商业大楼的宽带接入中，特别适合于ATM骨干交换机端口有限、光缆资源紧张、用户具有综合业务接入需求且对 QoS 要求较高的场合。

4. APON 技术特点

APON 是以 ATM 技术为基础的无源光网络，结合了 ATM 和 PON 的各自优点，代表了宽带光接入的发展方向。APON 系统主要有下述优点。

① 理想的光纤接入网：无源纯介质的 ODN 对传输技术体制的透明性，使 APON 成为未来光纤到家、光纤到办公室、光纤到大楼的最佳解决方案。

② 低成本：树型分支结构，多个 ONU 共享光纤介质使系统总成本降低；纯介质网络，彻底避免了电磁和雷电的影响，维护运营成本大为降低。

③ 高可靠性：局端至远端用户之间没有有源器件，可靠性较有源 OAN 大大提高。

④ 综合接入能力：能适应传统电信业务 PSTN/ISDN；可进行 Internet Web 浏览；同时具有分配视频和交互视频业务(CATV 和 VOD)能力。

APON 技术除上述优点外，还存在一些问题，如系统成本太高；系统容量和覆盖范围有限，未考虑对窄带业务的支持及与其他技术相结合时需解决引入线的宽带化等一系列问题。因此限制了 APON 的广泛应用。

3.4.2 EPON 接入技术

随着 IP 技术的不断完善，大多数运营商已经将 IP 技术作为数据网络的主要承载技术，由此衍生出大量以以太网技术为基础的接入技术。同时由于以太技术的高速发展，使得 ATM 技术完全退出了局域网。因此，把简单经济的以太技术与 PON 的传输结构结合起来的 Ethernet over PON 概念，自 2000 年开始引起技术界和网络运营商的广泛重视。

EPON 是几种最佳的技术和网络结构的结合。EPON 采用点到多点结构，无源光纤传输方式，在以太网之上提供多种业务。目前，IP/Ethernet 的应用，占整个局域网通信的 95%以上，EPON 由于使用上述经济而高效的结构，将成为连接接入网最终用户的一种最有效的通信方法。

EPON 不需要任何复杂的协议，光信号就能精确传送到终端用户，来自终端用户的数据也能被集中传送到中心网络。EPON 在现有 IEEE 802.3 协议的基础上，通过较小的修改实现在用户接入网络中传输以太网帧，是一种采用点到多点网络结构、无源光纤传输方式、基于高速以太网平台和 TDM(Time Division Multiplexing)时分 MAC(Media Access Control)媒体访问控制方式提供多种综合业务的宽带接入技术。

1. EPON 系统网络结构

EPON 网络采用一点至多点的拓扑结构，取代点到点结构，大大节省了光纤的用量和管理成本。无源网络设备代替了 ATM 和 SDH 网元，并且 OLT 由许多 ONU 用户分担，建设费用和维护费用低。EPON 利用以太网技术，采用标准以太帧，无须任何转换就可以承载目前的主流业务——IP 业务，十分简单、高效，最适合宽带接入网的需要。10GB 以太主干和城域环的出现也将使 EPON 成为未来全光网中最佳的“最后一公里”的解决方案。

一个典型的 EPON 系统也是由 OLT、ODN 和 ONU/ONT 三部分组成的，基本网络结构如图 3-10 所示。

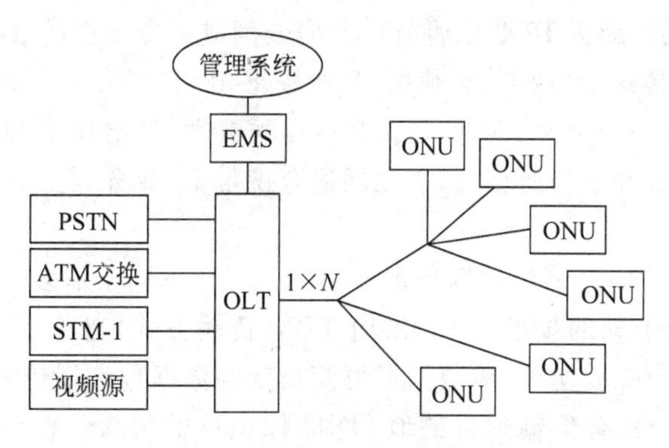

图 3-10　EPON 接入网结构

OLT 放在中心机房，既是一个交换机或路由器，又是一个多业务提供平台。在下行方向，OLT 提供面向无源光纤网络的光纤接口。在上行方向，OLT 提供多个 1Gbps 和 10Gbps 的高速以太接口，并支持 WDM 传输。为了支持其他流行的协议，OLT 还支持 ATM、FR 以及 OC3/12/48/192 等速率的 SDH/SONET 的接口标准。OLT 通过支持 T1/E1 接口来实现传统的 TDM 话音的接入。OLT 根据需要可以配置多块 OLC(Optical Line Card)，OLC 与多个 ONU 通过 ODN 连接。在 EPON 中，OLT 到 ONU 间的距离最大可达 20km，如果使用光纤放大器(有源中继器)，距离还可以扩展。

ODN 由无源光分路器和光纤构成，其功能是分发下行数据并集中上行数据。无源光分路器(POS)是一个简单设备，它不需要电源，可以置于全天候的环境中。一般一个 POS 的分线率为 2、4 或 8，并可以多级连接。

ONU/ONT 为用户端设备，为用户提供 EPON 接入的功能，选择接收 OLT 发送的广播数据；响应 OLT 发出的测距及功率控制命令，并作相应的调整；对用户的以太网数据进行缓存，并在 OLT 分配的发送窗口中向上行方向发送；实现其他相关的以太网功能。

EPON 中的 ONU 采用了技术成熟而又经济的以太网协议，在中带宽和高带宽的 ONU 中实现了成本低廉的以太网第 2 层和第 3 层交换功能。这种类型的 ONU 可以通过层叠来为多个终端用户提供很高的共享带宽。因为都使用以太协议，在通信的过程中，就不再需要协议转换，实现 ONU 对用户数据的透明传送。ONU 也支持其他传统的 TDM 协议，而且不会增加设计和操作的复杂性。在更高带宽的 ONU 中，将提供大量的以太接口和多个 T1/E1 接口。当然，对于光纤到家(FTTH)的接入方式，ONU 和 UNI 可以被集成在一个简单的设备中，不需要交换功能，从而可以在极低的成本下给终端用户分配所需的带宽。

在 EPON 的统一网管方面，OLT 是主要的控制中心，实现网络管理的主要功能。运营商可以通过中心管理系统对 OLT、ONU 等所有网络单元设备进行管理，同时可以很灵活地根据用户的需要来动态分配带宽。管理中心的远程业务分配控制功能可以让运营商通过对用户不同时段的不同业务需求作出响应，这样可以提高用户满意度。

2. EPON 传输原理及帧结构

EPON 和 APON 的主要区别是：在 EPON 中，根据 IEEE 802.3 以太网协议，传送的是可变长度的数据包，最长可为 1518 个字节；在 APON 中，根据 ATM 协议的规定，传送的是包含 48 个字节净负荷和 5 字节信头的 53 字节固定长度信元。显然，APON 系统不能直接用来传送 IP 业务信息。因为 IP 要求将待传数据分割成可变长度的数据包，最长可为65535个字节。APON 若要传送 IP 业务，必须把 IP 包按每 48 字节为一组拆分，然后在每组前附加 5 字节的信头，构成一个个 ATM 信元。此过程既费时，又增加了 OLT 和 ONU 的成本，且 5 字节信头浪费了带宽。与此相反，以太网适合携带 IP 业务，与 ATM 相比，极大地减小了开销。

在 EPON 中，OLT 传送下行数据到多个 ONU，完全不同于从多个 ONU 上下传送数据到 OLT。上下行采用不同的技术：下行采用 TDM 传输方式；上行采用 TDMA 传输方式。

OLT 根据 IEEE 802.3 协议，将数据以可变长度的数据包广播传输给所有在 PON 上的 ONU，每个包携带一个具有传输到目的地 ONU 标识符的信头。此外，有些包可能要传输给所有的 ONU，或指定的一组 ONU。当数据到达 ONU 时，它接收属于自己的数据包，丢弃其他的数据包。

EPON 下行传输帧结构如图 3-11 所示，它由一个被分割成固定长度帧的连续信息流组成，其传输速率为 1.250Gbps，每帧携带多个可变长度的数据包(时隙)。含有同步标识符的时钟信息位于每帧的开头，用于 ONU 与 OLT 的同步，每 2ms 发送一次，同步标识符占 1 个字节。

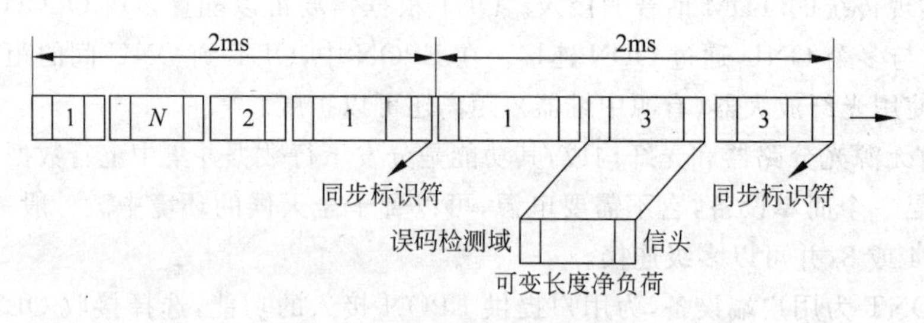

图 3-11 EPON 下行传输帧结构

按照 IEEE 802.3 组成可变长度的数据包，每个 ONU 分配一个数据包，每个数据包由信头、可变长度净负荷和误码检测域组成。

EPON 在上行传输时，采用 TDMA 技术将多个 ONU 的上行信息组织成一个 TDM 信息流传送到 OLT。TDMA 技术将合路时隙分配给每个 ONU，每个 ONU 的信号在经过不同长度的光纤传输后，进入光分配器的共用光纤，正好占据分配给它的一个指定时隙，以避免发生相互碰撞干扰。

EPON 上行传输帧结构如图 3-12 所示，其组成过程如图 3-13 所示。连接于光分配器的各 ONU 发送上行信息流，经过光分配器耦合到共用光纤，以 TDM 方式复合成一个连续的数据流。此数据流以帧的形式组成，其帧长与下行帧长一样，也是 2ms，每帧有一个帧头，表示该帧的开始。每帧进一步分割成可变长的时隙，每个时隙分配给一个 ONU，用于发送上行数据到 OLT。

每个 ONU 有一个 TDM 控制器，它与 OLT 的定时信息一起，控制上行数据包的发送时刻，以避免复合时相互间发生碰撞和冲突。图 3-12 所示的 EPON 上行传输帧结构中专门用时隙 3(第 3 个 ONU 的时隙)表示传送 ONU-3 的数据，该时隙含有 2 个可变长度的数据包和一些时隙开销。时隙开销包括保护字节、定时指示符和信号权限指示符。当 ONU 没有数据发送时，它就用空闲字节填充它自己的时隙。

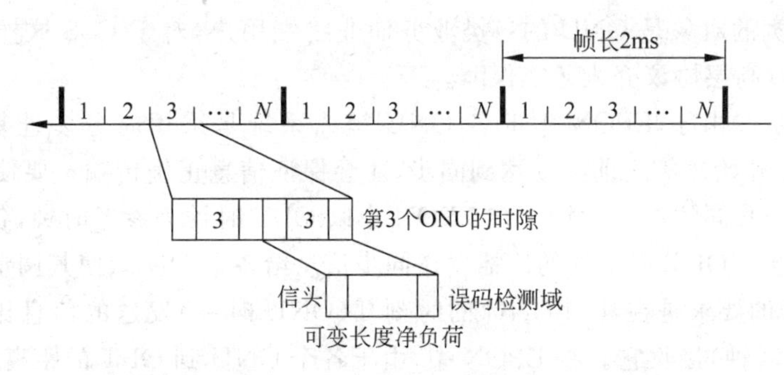

图 3-12　EPON上行传输帧结构

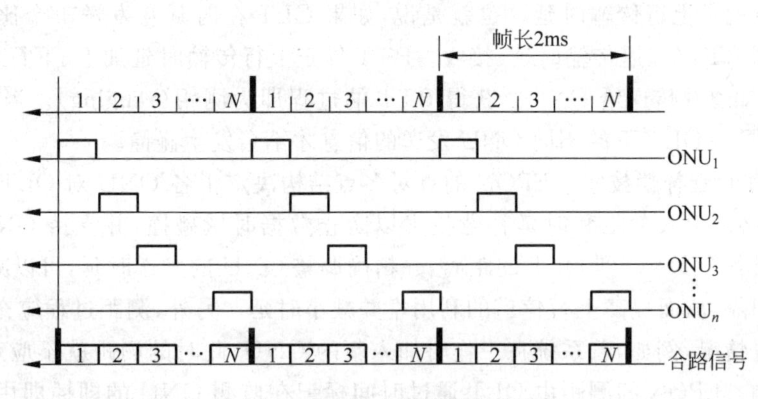

图 3-13　EPON上行帧的组成过程

3. EPON关键技术

在EPON系统的设计中引入了很多核心技术，由于这些核心技术的引入，才使得EPON在以太网中实现了光网络的接入和多业务的支持。这些技术主要包括数据链路层的关键技术和物理层的关键技术两大类。

(1) EPON数据链路层的关键技术

EPON采用TDMA方式时数据链路层的关键技术主要包括动态带宽分配技术、系统同步、测距和时延补偿技术、搅动技术等。

① 动态带宽分配(DBA)技术。目前MAC层争论的焦点在于DBA的算法及802.3ah标准中是否需要确定统一的DBA算法。由于直接关系到上行信道的利用率和数据时延，DBA技术是MAC层技术的关键。带宽分配分为静态和动态两种，静态带宽由打开的窗口尺寸决定，动态带宽则根据ONU的需要，由OLT分配。EPON中如果采用带宽静态分配，对数据通信这样的变速率业务很不适合，如按峰值速率静态分配带宽，则整个系统带宽很快就被耗尽，带宽利用率很低。而采用带宽动态分配，可以使系统带宽利用率大大提高，在带宽相同的情况下可以承载更多的终端用户，从而降低用户成本。另外，DBA所具有的灵活性为进行服务水平协商(SLA)提供了很好的实现途径。

目前一般采用的方案是基于轮询的带宽分配方案，即ONU实时地向OLT汇报当前的业务需求，如各类业务在ONU的缓存量级，OLT根据优先级和时延控制要求分配给ONU一个或多个时隙，各个ONU在分配的时隙中按业务优先级算法发送数据帧。由此可见，由于 OLT 分配带宽的对象是 ONU 的各类业务而非终端用户，对于 QoS 这样一个基于端到端的服务，必须有高层协议介入才能保障。

② 系统同步。由于 EPON 中的各 ONU 接入系统是采用时分多址复用方式，因此 OLT 和 ONU 在开始通信之前必须达到同步，才会保证信息正确传输。要使整个系统达到同步，必须有一个共同的参考时钟。在 EPON 中以 OLT 时钟为参考时钟，各个 ONU 时钟和 OLT 时钟同步。OLT 周期性的广播发送同步信息给各个 ONU，使其调整自己的时钟。

EPON 同步的要求是在某一 ONU 的时刻 T(ONU 时钟)发送的信息比特，OLT 必须在时刻 T(OLT 时钟)接收它。在 EPON 中，由于各个 ONU 到 OLT 的距离不同，因此传输时延各不相同。要达到系统同步，ONU 的时钟必须比 OLT 的时钟有一个时间提前量，这个时间提前量就是上行传输时延。也就是说，如果 OLT 在时刻 0 发送 1 个比特，ONU 必须在它的时刻 RTT(往返传输时延)接收。RTT 等于上行传输时延加上、下行传输时延，这个 RTT 必须知道并传递给 ONU。获得 RTT 的过程即为测距(ranging)。当 EPON 系统达到同步时，同一 OLT 下的不同 ONU 发送的信息才不会发生碰撞。

③ 测距和时延补偿技术。EPON 的点对多点结构决定了各 ONU 对 OLT 的数据帧时延不同，因此必须引入测距和时延补偿技术以防止数据时域碰撞，并支持 ONU 的即插即用。准确测量各个 ONU 到 OLT 的距离，并精确调整 ONU 的发送时延，可以减小 ONU 发送窗口间的间隔，从而提高上行信道的利用率并减小时延。另外，测距过程应充分考虑整个 EPON 的配置情况，例如，若系统在工作时加入新的 ONU，此时的测距就不应对其他 ONU 有太大的影响。EPON 的测距由 OLT 通过时间标记在监测 ONU 的即插即用的同时发起和完成。

④ 搅动技术。根据 EPON 的安全性需求和对实现代价的综合考虑，在 EPON 系统中采用搅动方案来实现信息安全保证。搅动方案分为下行搅动和上行搅动两种，搅动过程包括 OLT 和 ONU 间密钥的同步和更新。通过定义新的 OAM 帧来实现 OLT 与 ONU 之间密钥的握手动态交互。OAM 帧格式上包括了通用以太网帧格式中所有的域，通过唯一的类型标识符标识，并以 2 字节操控代码区分不同的 OAM 帧。OAM 帧包括：新密钥请求帧、新密钥确认帧、搅动失步通知帧。

在 EPON 的下行方向上，为了隔离用户数据信息，OLT 侧根据下行数据的目的地不同采用不同的密钥进行搅动。为了充分保密，除了保证搅动正常进行的前导码不搅动外，搅动区间为目的 MAC 地址到 FCS 域。在 ONU 侧，对接收到的数据的相应字段与 OLT 侧相一致的密钥进行解搅动处理，恢复搅动之前的数据。

在 EPON 的上行方向，为了防止用户假冒，ONU 侧对 MAC 控制帧和 OAM 帧进行搅动处理。由于要判断帧类型，搅动区间为帧类型标识符之后到 FCS 域，在 OLT 侧根据帧类型标识对控制帧和 OAM 帧的相应字段进行解搅动处理，然后进行 FCS 校验。如果正确，则表明这是合法的控制帧，进行相关处理；如果出现 FCS 错误，则表明这是用户伪造的控制帧或者控制帧在线路上传输错误，应当丢弃，从而防止了用户通过数据通道伪造 OAM 帧或控制帧，来更改系统配置或捣毁系统。

(2) EPON 物理层的关键技术

为降低 ONU 的成本，EPON 物理层的关键技术集中于 OLT，包括：突发信号的快速同步、网同步、光收发模块的功率控制和自适应接收。

在EPON系统中，由于OLT接收到的信号为各个ONU的突发信号，OLT必须在很短的时间（几个比特）内实现相位的同步，进而接收数据。此外，由于上行信道采用TDMA方式，而20km光纤传输时延可达0.1ms（105个比特的宽度），为避免OLT接收侧的数据碰撞，必须利用测距和时延补偿技术实现全网时隙同步，使数据包按DBA算法的确定时隙到达。另外，由于各个ONU相对于OLT的距离不同，对于OLT的接收模块，不同时隙的功率不同，在DBA应用中，甚至相同时隙的功率也不同（同一时隙可能对应不同的ONU），称为远近效应。因此，OLT必须能够快速调节其"0"、"1"电平的判决点。为解决"远近效应"，曾提出过功率控制方案，即OLT在测距后通过运行维护管理（OAM）数据包通知ONU的发送功率等级。由于该方案会增加ONU的造价和物理层协议的复杂度，并且使线路传输性能限定在离OLT最远的ONU等级，因而未被EFM工作组采纳。

4. EPON技术特点

EPON相对于现有类似技术的优势主要体现在以下三个方面。

① 与现有以太网的兼容性：以太网技术是迄今为止最成功和成熟的局域网技术，EPON只是对现有IEEE 802.3协议作一定的补充，基本上是与其兼容的。考虑到以太网的市场优势，EPON与以太网的兼容性是其最大的优势之一。

② 高带宽：根据目前的讨论，EPON的下行信道为百兆/千兆的广播方式，而上行信道为用户共享的百兆/千兆信道。这比目前的接入方式，如Modem、ISDN、ADSL甚至APON（下行622/155Mbps，上行共享155Mbps）都要高得多。

③ 低成本：首先，由于采用PON的结构，EPON网络中减少了大量的光纤和光器件以及维护的成本。其次，以太网本身的价格优势，如廉价的器件和安装维护使EPON具有APON所无法比拟的低成本。

3.4.3 GPON接入技术

APON是20世纪90年代中期就被ITU和全业务接入网论坛（FSAN）标准化的PON技术，因常被误解为只能提供ATM业务，故在2001年底将APON更名为BPON（宽带无源光网络），以表明这种系统能提供以太接入、视频分配、高速租用线等宽带业务。APON的最高速率为622Mbps。因二层采用的是ATM封装和传送技术，因此存在带宽不足、技术复杂、价格高、承载IP业务效率低等问题，未能取得市场上的成功。随后FSAN又推出了GPON系统，由于GPON是在APON基础上专门针对APON的缺点发展起来的，因此GPON保留了APON的许多优点，与APON有很多相同之处，但GPON更高效、高速，特别是以本色模式和极高的效率同时支持数据和TDM。ITU-T于2003—2004年相继批准了GPON的标准：G.984.1和G.984.2、G.984.3以及G.984.4，形成了G.984.x系列标准。

1. GPON系统结构

基于GPON技术的网络结构与已有的PON类似，也是由局端的OLT、用户端的ONT/ONU、用于连接两种设备的单模光纤和无源分光器及网络系统组成的。GPON系统结构如图3-14所示。

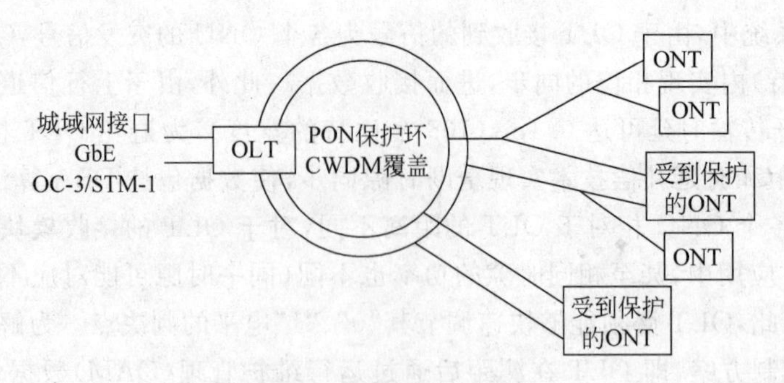

图 3-14 GPON 系统结构图

GPON 系统结构一般采用树型拓扑结构，在需要提供业务保护的情况下，可加上保护环，对某些 ONT 提供保护功能。

OLT 位于中心机房，向上提供广域网接口，包括 GbE、OC-3/STM-1、DS-3 等，向下提供 1.244Gbps 或 2.488Gbps 的光接口。ONU/ONT 放在用户侧，为用户提供 10/100Base-T、T1/E1、DS-3 等应用接口。面向 ODN 网可选择多种光接口速率：155.520Mbps、622.080Mbps、1.244Gbps 或 2.488Gbps。ONU 与 ONT 的区别在于 ONT 直接位于用户端，而 ONU 与用户间还有其他的网络，如以太网。

GPON 下行采用广播方式，上行方向采用基于统计复用的时分多址接入技术。GPON 通过 CWDM 覆盖实现数据流的全双工传输。

2. GPON 帧结构

为了克服 ATM 承载 IP 业务开销大的缺点，GPON 采用新的传输协议 GEM。该协议能完成对高层多样性业务的适配，包括 ATM 业务、TDM 业务及 IP/Ethernet 业务，对多样性业务的适配是高效透明的。同时，该协议支持多路复用、动态带宽分配等 OAM 机制。

(1) GEM 帧结构

GEM 帧结构如图 3-15 所示。图中，PLI 为有效负载长度指示符，用于确定净负荷长度。Port ID 为端口 ID，端口 ID 用于支持多端口复用，相当于 APON 技术中的 VPI。PTI 标记用作分段指示，10 表示第一个分段，00 表示中间分段，01 表示最后一个分段，若承载的是整帧，标记值为 11。标记的引入解决了由于剩余带宽不足以承载当前以太网帧时带来的带宽浪费问题，提高了系统的有效带宽。FFS 目前尚未定义。HFC 为头校验字节，采用自描述方式确定帧的边界，用于帧的同步与帧头保护。Fragment Payload L Bytes 为净负荷，是实际有效的传输数据。

PLI 12bits	Port ID 12bits	PTI 3bits	HEC 13bits	Fragment Payload L Bytes

图 3-15 GEM 帧结构

(2) GPON 帧结构

GPON 采用 125ms 时间长度的帧结构，可用于更好地适配 TDM 业务。同时，继续沿用 APON 中 PLOAM 信元的概念传送 OAM 信息，并加以补充丰富。GPON 帧的净负荷中分 ATM 信元段和 GEM 通用帧段，实现综合业务的接入。

① GPON 下行帧结构。GPON 下行帧结构如图 3-16 所示。其中，下行物理控制块字

段提供帧同步、定时及动态带宽分配等 OAM 功能；载荷字段透明承载 ATM 信元及 GEM 帧。

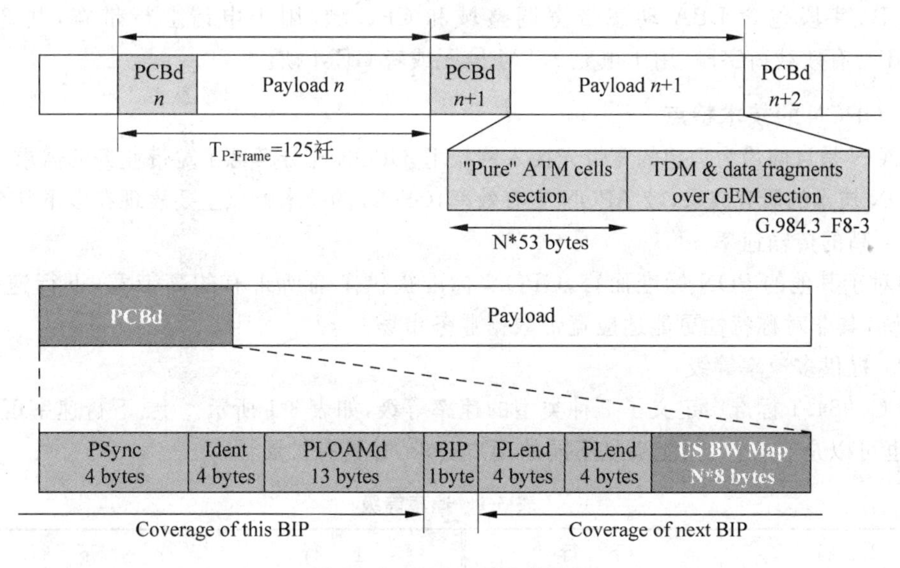

图 3-16　GPON 下行帧结构

ONU 依据物理层控制块 PCBd 获取同步等信息，并依据其中的 ATM 信元头的 VPI/VCI 过滤 ATM 信元，依据 GEM 帧头的端口 ID 过滤 GEM 帧。

物理层控制块中物理同步字段 PSync 用作 ONU 与 OLT 同步；超帧指示字段 Ident 为 0 时指示一个超帧的开始；PLOAM 信息字段用于承载下行 PLOAM 信息；BIP 字段是用于比特间插奇偶校验的 8 比特码，用作误码监测；Plend 字段为下行有效载荷长度字段，用于说明“US BW Map”字段长度及载荷中 ATM 信元的数目，为了增强空错性，Plend 出现两次；“US BW Map”字段用于上行带宽分配。

② GPON 上行帧结构。上行帧长也为 125μs，帧格式的组织由下行帧中“US BW Map”字段确定，如图 3-17 所示。

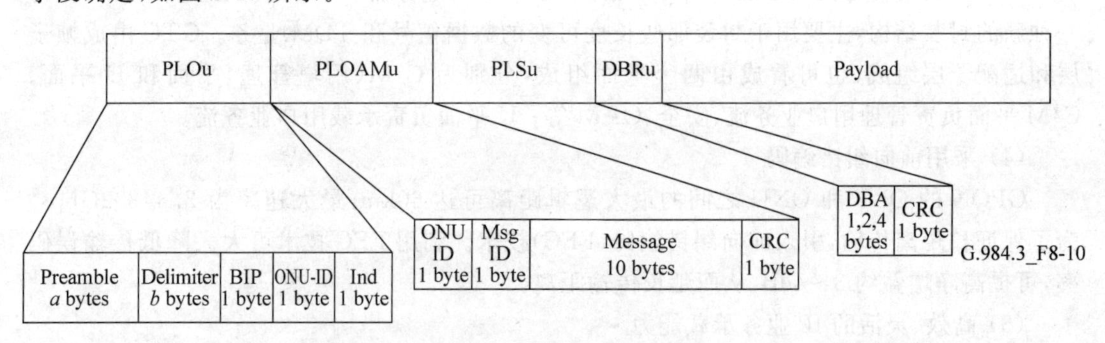

图 3-17　GPON 上行帧结构

其中，PLOu 为上行物理开销字段，用于突发同步，包含前导码、定界符、BIP、PLOAMu 指标及 FEC 指示，其长度由 OLT 在初始化 ONU 时设置。ONU 在占据上行信道后首先发送 PLOu 单元，以使 OLT 能够快速同步并正确接收 ONU 的数据。PLSu 字段为功率测量序列，长度为120字节，用于调整光功率。PLOAMu为上行操作、管理和维护字段，用于承载上行PLOAM信息，包含光网络单元ID、消息ID、消息及CRC循环校验码，长度为13字节。PCBu字段包含DBA动态带宽调整域和CRC域，用于申请上行带宽，共2字节。Payload为有效载荷字段，用于填充ATM信元或者GEM帧。

3. GPON的技术特点

GPON是目前最为理想的宽带光接入网技术，GPON充分考虑了宽带业务的需求，并借鉴了APON技术的研究成果，较APON更有效率，GPON的技术特点主要表现在以下几个方面。

(1) 高的传输速率

相对于其他的PON标准而言，GPON标准提供了前所未有的高带宽，下行速率高达2.5Gbps，其非对称特性更能适应宽带数据业务市场。

(2) 提供多速率等级

在G.984.1标准中定义了7种类型的速率等级，如表3-1所示。上、下行速率可以是对称的，也可以是非对称的，能满足不同的用户要求，并具有扩展性。

表3-1 速率等级

上 行	下 行	上 行	下 行
155.52Mbps	1.24416Gbps	622.08Mbps	2.44832Gbps
622.08Mbps	1.24416Gbps	1.24416Gbps	2.44832Gbps
1.24416Gbps	1.24416Gbps	2.44832Gbps	2.44832Gbps
155.52Mbps	2.44832Gbps		

对于FTTH、FTTC的应用，可采用非对称配置；对于FTTB、FTTO的应用，可采用对称配置。由于高速光突发发射、突发接收器件价格昂贵，且随速率上升显著增加，因此，这种灵活配置可使运营商有效控制光接入网的建设成本。

(3) 支持多种业务

GPON支持多种类型业务，具有丰富的用户网络接口和业务节点接口。另外，GPON引入了一种新的传输汇聚子层(GTC)，用于承载ATM业务流和GEM业务流。GEM作为一种新的封装结构，主要用于封装那些长度可变的数据信号和TDM业务。GTC由成帧子层和适配子层组成，也可看成由两个平面组成，分别为C/M(用户管理)平面和U平面。C/M平面负责管理用户业务流、安全、OAM等；U平面负责承载用户业务流。

(4) 采用前向纠错编码

GPON的OLT和ONU之间的最大逻辑距离可达60km，最大速率为2.44832Gbps。为了保证长距离传输，引入前向纠错编码(FEC)技术。利用FEC技术可大大降低传输误码率，可提高净增益约3～4dB，从而延长传输距离。

(5) 高效、灵活的IP业务承载能力

GEM帧的净负荷区范围为4～65535字节，解决了APON中ATM信元所带来的承载IP业务效率低的弊病；而以太网MAC帧中净负荷区的范围仅为46～1500字节，因此，GPON对于IP业务的承载能力相当强。GPON技术允许运营商根据各自的市场潜力和特定的管制环境，有针对性地提供其客户所需要提供的特定业务。

(6) 高的实时业务处理能力

GPON 所采用的标准 125μs 周期的帧结构能对 TDM 话音业务提供直接支持，无论是低速的 E1/T1 还是高速的 STM1/OC3，都能以它们的原有格式传输，这极大地减少了执行语音业务的时延拉动。

(7) OAM&P 功能强大

GPON 借鉴 APON 中 PLOAM 信元的概念，规定了在接入网层面上的保护机制和完整的 OAM 功能，实现全面的运行维护管理功能，使 GPON 作为宽带综合接入的解决方案，可运营性好。

(8) 良好的 QoS 支持

GPON 同时承载 ATM 信元和(或)GEM 帧，有很好的提供服务等级、提供 QoS 级保障和全业务接入的能力。

目前，GPON 技术相对复杂，设备成本高，在接入网中提供千兆位业务还找不到明确的市场定位，因此，无论在技术上还是在市场应用方面都还有继续发展完善的必要性和可行性。

3.4.4　3 种 PON 技术比较

1. APON 与 EPON 的比较

APON 有两个问题：一是传输速率不够高，下行为 622Mbps 或 155Mbps，上行为 155Mbps，带宽被 16～32 个 ONU 所分享，每个 ONU 只能得到 5～20Mbps；二是与以太网设备相比，ATM 交换机和 ATM 终端设备相当昂贵。而且，现在因特网工作于 TCP/IP 协议，用户终端设备都是 IP 设备，采用 ATM 技术必须将 IP 包拆分并重新封装为 ATM 信元，这就大大增加了网络的开销，造成网络资源的浪费。

而 EPON 融合了 PON 和以太网数据产品的优点，形成了许多独有的优势。EPON 系统能够提供高达 1Gbps 的上、下行带宽，这一带宽能够适应现在及将来 10 年内用户对带宽的需求。由于 EPON 采用复用技术，支持更多的用户，每个用户可以享受到更大的带宽。EPON 系统不采用昂贵的 ATM 设备和 SONET 设备，能与现有的以太网相兼容，大大简化了系统结构，成本低，易于升级。由于无源光器件有很长的寿命，户外线路的维护费用大为减少。标准的以太网接口可以利用现有的价格低廉的以太网络设备。而 PON 结构本身就决定了网络的可升级性比较强，只要更换终端设备，就可以使网络升级到 10Gbps 或者更高的速率。EPON 不仅能综合现有的有线电视、数据和话音业务，还能兼容未来业务，如数字电视、VoIP、电视会议和 VOD 等等，实现综合业务接入。

虽然 APON 对实时业务的支持性能优越，但随着多协议标签交换(MPLS)等新的 IP 服务质量(QoS)技术的采用，高层协议与 EPON MAC 协议相配合，EPON 已完全能以相对较低的成本提供足够的 QoS 保证。加之 EPON 的价格优势明显，因而被认为是解决电信接入瓶颈，最终实现光纤到家的优秀过渡方案。

2. GPON 与 EPON 的比较

GPON 是由运营商驱动的解决方案。在 GPON 标准制定初期，将 FSAN 中运营商成员的业务要求收集起来形成 GSR(GPON 业务要求)文件，并作为提交给 ITU-T 的标准之一，编号为 G. GPON. GSR，GSR 文件是 GPON 标准形成的基础。为了按照 GSR 中所描述的运营商业务需求定义一种传输速率更高、能高效支持多种业务，包括电路业务(TDM、PDH 和 SONET/SDH)、Ethernet(10/100Mbps)业务、ATM 业务、专线业务等，并具有强大 OAM 功能和扩展能力的宽带 PON 技术，GPON 引入了一个新的传输汇聚(TC)子层，采用 ITU-TG. 7041 定义的 GFP(通用成帧规程)协议用于多种业务的映射封装，将任何类型和任何速率的业务保持原有格式封装后由 PON 系统传输。根据帧封装格式，GPON 可以支持 622Mbps、1. 25Gbps 和 2. 5Gbps 上下行对称速率以及 2. 5/1. 25Gbps 非对称速率；支持的物理传输距离不低于 20km；支持的用户分支数不小于 64 路。GPON 技术类似于 MSTP 技术，试图通过一个平台解决多种信号的传送与 QoS 问题。

EPON 是在一些设备商的推动下产生的，旨在将目前最为简单和应用最为广泛的以太网技术与 PON 系统相结合，以点对多点的方式解决以太网接入问题。EPON 采用 8B/10B 码型、利用以太网控制帧来传送信息，是基于以太网帧结构、TDMA 方式的宽带 PON 技术。EPON 支持 1. 25Gbps 对称速率，支持 10km 和 20km 两种最大传输距离，支持的用户分支数为 32 到 128 路。

EPON 技术相对简单、速率高、可扩展性强，能够以较低成本高效率地传送 IP 业务。通过对 EPON 系统进行改造，通过类似 TDM 方式定时发送分组信号来传送实时性要求强的信号，从而很好地支持 TDM 业务。

目前 EPON 技术已经比较成熟，在国内外已有较多的厂商推出了 EPON 解决方案，并在国内外开展试验和获得了一些应用。而 GPON 技术仍不十分成熟，目前国内外宣称能提供 GPON 解决方案的厂家很少(约 3 家)。GPON 技术虽然是运营商所企盼的能高效综合各种业务的光纤接入技术，但是价格问题仍是运营商对这项技术感到困惑的关键要素。不管是 EPON 还是 GPON，价格是确定两种技术哪一种获得更好的应用的关键。

关于 APON、GPON、EPON 3 种技术的比较如表 3-2 所示。

表 3-2 各种 PON 效率比较

<table>
<tr><th colspan="2">类　别</th><th>APON</th><th>GPON</th><th>EPON</th></tr>
<tr><td colspan="2">线路编码</td><td colspan="2">NRZ</td><td>8B/10B 编码</td></tr>
<tr><td colspan="2">支持的 ODN 类型</td><td colspan="2">A 类、B 类、C 类</td><td>A 类和 B 类</td></tr>
<tr><td colspan="2">QoS</td><td colspan="2">可靠</td><td>不可靠</td></tr>
<tr><td colspan="2">波长/nm</td><td colspan="2">下行 1480～1500，上行 1260～1360</td><td>下行 1310，上行 1550</td></tr>
<tr><td colspan="2">相关标准</td><td>ITU-TG. 983</td><td>ITU-TG. 984</td><td>IEEE 802. 3ah</td></tr>
<tr><td rowspan="2">支持的速率</td><td>上行</td><td>155Mbps</td><td>155Mbps、 622Mbps、1. 25Gbps、2. 448Gbps</td><td>1. 25Gbps</td></tr>
<tr><td>下行</td><td>155Mbps、622Mbps</td><td>1. 25Gbps、2. 448Gbps</td><td>1. 25Gbps</td></tr>
<tr><td colspan="2">协议和封装格式</td><td>ATM</td><td>ATM 或 GFP</td><td>IEEE 802. 3 以太帧</td></tr>
<tr><td colspan="2">承载协议效率</td><td>90%</td><td>100%</td><td>97%</td></tr>
<tr><td colspan="2">总体效率(10% TDM，90%DATA)</td><td>71%</td><td>93%</td><td>49%</td></tr>
</table>

在所有 PON 系统中，光接口占系统成本的主要部分，其余部件的价格相差不大，所以不管哪种 PON 系统，系统成本都比较接近，这时关键就要看各自的接入效率了。假设系统的线路速率为 1. 25Gbps，那么 100%效率的网络将提供 1. 25Gbps 的吞吐量，而 50%效率的

网络只能提供 622Mbps 的吞吐量。因此，为了获得相同的吞吐量，后者的系统成本就要加倍。

(1) 线路编码方面

APON 和 GPON 均采用非归零码，效率达 100%，EPON 采用 8B/10B 编码，本身引入了 20%的损耗，效率为 80%。

(2) 支持的 ODN 类型方面

APON 和 GPON 都可以支持 A 类、B 类和 C 类，而 EPON 仅支持 A 类和 B 类 ODN。在相同的传输距离下，A、B、C 类 ODN 分别最多可连接 13、32、81 个 ONT，传输 20km 时，则分别为 6、15、39 个 ONT。

(3) QoS 方面

APON 和 GPON 均能提供可靠的 QoS，而 EPON 仅在数据传输方面有好的性能，在处理语音、视频业务等实时业务时先天不足，为实现综合业务，EPON 标准必须附加复杂的 QoS 保证机制。

(4) 支持速率方面

APON 支持下行 622Mbps、上行 155Mbps 的非对称速率，和上、下行均为 155Mbps 的对称速率。GPON 有多种速率的选择方案，服务提供商可根据实际需要进行配置，以满足不同用户的需求。而 EPON 仅支持上、下行均为 1.25Gbps 的对称速率。

(5) 处理多业务方面

APON 和 GPON 都可以支持多种业务，但 GPON 对数据和话音的总体效率比 APON 高一些，因为 GPON 采用的 GFP 帧可以对 TDM 业务提供直接支持，无论是低速的 E1/T1 还是高速的 STM-1/OC3，都能以它们的原有格式进行传输，极大地减少了执行语音业务的时延及抖动。而 EPON 仅对数据业务有一定优越性，如何确保实时业务的 QoS 还需探讨，在总体效率上最低。

CHAPTER 4

第4章 无线接入技术

本章学习目标

(1) 了解无线接入技术的基本概念；
(2) 理解无线个人域网(WPAN)接入技术的原理；
(3) 理解无线局域网(WLAN)接入技术的原理；
(4) 理解无线城域网(WMAN)接入技术的原理；
(5) 理解无线广域网(WWAN)接入技术的原理。

4.1 无线接入概述

无线接入的概念为：从公用电信网的交换节点到用户终端之间的传输设备采用无线方式、为用户提供固定或移动的接入服务的技术。无线接入以无线传播手段来补充或替代有线接入网的局部甚至全部，从而达到降低成本、改善系统灵活性和扩展传输距离的目的。

宽带无线接入技术是目前非常流行的一种接入技术，宽带无线接入技术代表了宽带接入技术一种新的发展趋势，不但建网开通快、维护简单、用户较密时成本低，而且改变了本地电信业务的传统观念。

与有线宽带接入方式相比，虽然无线接入技术的应用还面临着开发新频段、完善调制和多址技术、防止信元丢失、时延等方面的问题，但其以自身的无须铺设线路、建设速度快、初期投资小、受环境制约不大、安装灵活、维护方便等特点在接入网领域备受关注。

宽带无线接入技术一般包含无线个人域网(WPAN)、无线局域网(WLAN)、无线城域网(WMAN)和无线广域网(WWAN) 4 个大类，它们共同组成宽带无线接入技术的网络架构。

1. 无线个人域网

在网络构成上，WPAN 位于整个网络链的末端，用于解决同一地点的终端与终端之间的连接，即点到点的短距离连接，典型代表技术为 IEEE 802.15，又称蓝牙。WPAN 工作在个人操作环境，需要相互通信的装置构成一个网络，而无须任何中央管理装置，可以动态组网，从而实现各个设备间的无线动态连接和实时信息交换。WPAN 在 2.4GHz 频段，其新的标准将可以支持最高达 55Mbps 的多媒体通信。

2. 无线局域网

WLAN 是目前在全球重点应用的宽带无线接入技术之一，用于点对多点的无线连接，解决用户群内部的信息交流和网际接入，如企业网和驻地网。现在的大多数 WLAN 都在使用 2.4GHz 频段。典型的 WLAN 标准是 IEEE 802.11 系列,又称 WiFi。

3. 无线城域网

无线城域网的推出是为了满足日益增长的宽带无线接入(BWA)市场需求。虽然多年来 WiFi 等 WLAN 技术一直与许多其他专有技术一起被用于无线宽带接入,并获得很大成功,但是 WLAN 的总体设计及其提供的特点并不能很好地适用于室外的宽带接入应用。当其用于室外时,在带宽和用户数方面将受到限制,同时还存在着通信距离等其他一些问题。

而无线城域网标准应能同时解决物理层环境(室外射频传输)和 QoS 两方面的问题,以满足城域无线宽带接入市场的需要。目前主要使用的无线城域网技术是 IEEE 802.16,又称 WiMax。

4. 无线广域网

WWAN 满足超出一个城市范围的信息交流和网际接入需求。2G、3G、4G 蜂窝移动通信系统共同构成 WWAN 的无线接入,其中,2G、3G 蜂窝移动通信系统是目前最多应用无线广域网的接入技术,而 4G 标准拥有更高的数据传输速率。

4.2 无线个人域网接入技术

无线个人域网(WPAN)用于实现点到点的短距离无线接入,无线个人域网接入技术很多,主要有蓝牙技术、超宽带无线电技术。

4.2.1 蓝牙技术

1. 蓝牙技术的定义

蓝牙是一种短距离无线通信技术,是实现语音和数据无线传输的全球开放性标准。其使用跳频(FH/SS)、时分多址(TDMA)和码分多址(CDMA)等先进技术,在小范围内建立多种通信与信息系统之间的信息传输。

蓝牙技术是涉及现代通信网络终端的一种无线互联技术,其研究开发的目标是使移动电话、笔记本电脑、掌上电脑等信息设备都能用一种低功率低成本的无线通信技术连接起来,而不再用电缆连接。各种移动便携式信息设备在无线网络覆盖范围之内,都能无缝地实现资源共享。嵌入了蓝牙技术的设备相互之间都能自动进行联络与确认,利用相应的控制软件,无须用户干预就可自动建立连接并传输数据。

2. 蓝牙技术的主要特点

(1) 工作频段与信道

蓝牙技术使用全球通行(无需申请许可证即可使用)的 2.4GHz ISM 频段(ISM 频段指对工业、科学、医疗范围内所有无线电系统的开放频段)。其收发信机采用跳频技术,可有效避免各种干扰。在发射带宽(载频间隔)为 1MHz 时,其数据速率为 1Mbps,并采用低功率时分复用(TDD)双工方式发射。

(2) 抗干扰技术

跳频技术是蓝牙使用的关键技术之一。对应单时隙分组，蓝牙的跳频速率为1600跳/s；在建立链路时，提高为3200跳/s的高跳频速率，具有足够高的抗干扰能力。蓝牙技术通过快跳频和短分组来减少同频干扰，以保证传输的可靠性。

(3) 低功耗无线传输

蓝牙是一种低功耗的无线技术。采用低功率时分复用方式发射时，其有效传输距离约为10m，加上功率放大器后，传输距离可扩大为100m。当检测到距离小于10m时，接收设备可动态调节功率。当业务量减小或停止时，蓝牙设备可进入到低功率工作模式。

(4) 连接方式

蓝牙技术支持点到点以及点到多点的连接，可以采用无线方式将若干个蓝牙设备连成一个微微网；若干相互独立的微微网以特定的链接方式又可互连成分布式网络，从而实现各类设备间的快速通信。

蓝牙能在一个微微网内寻址8个设备(其中只有1个为主设备，7个为从设备)。不同的主从设备可以采用不同的链接方式，在一次通信中，链接方式也可以任意改变。在蓝牙中没有基站的概念，所有的蓝牙设备都是对等的。

(5) 业务支持

蓝牙支持电路交换和分组交换业务。其支持实时的同步定向连接(SCO链路)和非实时的异步不定向连接(ACL链路)，前者主要传送语音等实时性强的信息，后者以数据包为主。语音和数据可以单独或同时传输。

蓝牙支持一个异步数据通道，或3个并发的同步语音通道，或同时传送异步数据和同步语音的通道。

(6) 基本组成

蓝牙系统一般由天线单元、链路控制(固件)单元、链路管理(软件)单元和蓝牙软件(协议栈)单元等4个功能单元组成。蓝牙协议可以固化为一个芯片，安置于各种各样的智能终端中。

(7) 技术标准

蓝牙技术具有全球统一开放的技术标准。

在蓝牙技术标准1.0A的版本中，蓝牙的工作频段为2.4GHz ISM频段，其采用每秒1600跳的快速跳频技术，传输速率为1Mbps，标准的有效传输距离为10m，添加放大器后可以将传输距离增加到100m。蓝牙未来的工作频段可以在5.8GHz的ISM频段，传输速率将更高。

蓝牙协议有多层结构，分别负责实现数据比特流的过滤和传输、跳频和数据帧传输、连接的建立和拆除、链路控制、数据包的拆装、服务质量和复用等功能。协议采用前向纠错编码及自动重传等机制，以保证链路的可靠性。蓝牙技术可以同时支持语音、多媒体和一般的分组数据的传输。

IEEE对蓝牙技术标准成立了802.15 WPAN工作组，其中IEEE 802.15.1讨论建立与蓝牙技术1.0版本相一致的标准；IEEE 802.15.2主要探讨蓝牙如何与IEEE 802.11b无线局域网技术共存的问题。802.15.3(高速率WPAN任务组)专门研究蓝牙技术向更高速率(如10～20Mbps)发展的问题。其针对消费类图像和多媒体应用，为低功率低成本的短距离无线通信制定标准，并形成IEEE 802.15.3高速率WPAN标准的最终版本。

4.2.2　超宽带无线电技术

1. 超宽带无线电技术

超宽带(Ultra Wideband, UWB)作为新一代无线通信技术,是实现高速无线个域网(WPAN)多媒体传输的关键技术。UWB可为消费类电子设备提供无线连接解决方案,其使多种应用能在通用射频平台上运行,例如数字家庭多媒体的视频连接(数码摄像、音频流、机顶盒到电视的高清晰度视频流)和桌面应用(手机、个人数字助理PDA、数码相机与PC的同步以及在PC上实现视频编辑等),实现高速、互操作性的无线多媒体通信。

UWB系统被定义为相对带宽(信号带宽与中心频率的比)大于25%或者带宽大于500MHz的信号系统。UWB的数据传输速率很高,在10m范围内可达100～500Mbps。同时,UWB还具有频谱利用率高、抗多径衰落能力强、发送功率极小、系统安全性好、结构简单、成本低等特点;其低功耗也利于开发低成本的CMOS集成电路。

UWB的主流技术方案目前集中于多频带正交频分复用(Multi-Band Orthogonal Frequency Division Multiplexing,MB-OFDM)和直接序列码分多址(Direct-Sequence Code Division Multiple Access,D-SCDMA),两种方案均处于UWB完整架构的最底层(相当于物理层),但各有特点。

2. 超宽带无线电技术的主要特点

(1) 冲激脉冲技术

一般的无线通信技术是把信号从基带调制到载波上,而UWB则是通过对具有很陡的上升和下降时间的冲激脉冲进行直接调制,从而具有GHz数量级的带宽,该带宽使其能量被分散,平均功率只有毫瓦级甚至于几微瓦。

(2) 跳时码调制

跳时技术是扩频技术的一个要组成部分,在超宽带无线电系统中起着重要的作用。跳时技术可视为一种时分系统,是由跳频序列控制的按一定规律跳变位置的时片,而不是在一帧中固定分配一定位置的时片。

(3) UWB信道模型

UWB信道不同于一般的无线衰落信道。传统无线衰落信道常用瑞利分布来描述单个多径分量幅度的统计特性,前提是每个分量可视为多个同时到达的路径合成。在典型的室内环境下.每个多径分量包含的路径数目是有限的,不符合瑞利分布的假定条件。UWB可分离的不同多径到达时间之差可短至纳秒级,且频率选择性衰落要比一般窄带信号严重得多,接收波形会产生严重失真,且时延扩展极大。

(4) UWB的信号检测技术

UWB中信号检测技术的目的是提高信号的接收质量。实现UWB接收的主要方法如下。

① 相关分集接收机法(PAKE接收机法)。由一组相关器或匹配滤波器组成,根据接收端所获信道信息对信号的多径成分做分集接收,从而提高接收端的信噪比。接收端的信道估计和相关器(或匹配滤波器)的个数会影响PAKE接收机的性能。相关器个数越多,PAKE接收机的效果越好,但设备的复杂度也越高。

② 自相关接收机法。自相关接收机将接收信号和前一时刻的信号进行相关运算,在慢

衰落信道中，不用进行信道估计就能捕获到全部的信号能量。但该接收机以带噪信号作为参考信号，接收机的性能会随着信号质量的恶化而恶化。

③ 多用户检测接收机法。采用自适应最小均方误差算法。

3. UWB技术的发展现状和趋势

UWB技术的应用场景主要包括家庭和办公室。在“数字化家庭”或“数字家庭网络”的概念日益广泛普及的今天，关注这一概念的消费电子厂商试图用无线网络将消费者家居中的电器连接起来，使各种大带宽的Video信息可以在这些电器之间传递和交换。

在数字化办公室的应用表现为用无线方式代替传统有线连接，使办公环境更加方便灵活。早期的蓝牙技术已经使某些设备的无线互联成为可能。但由于传输速率过低(1Mbps以下)，只能用于某些计算机外设(如鼠标、键盘、耳机等)与主机的连接。而UWB技术的高传输带宽可以实现主机和显示屏、摄像头、会议设备、终端设备与投影仪之间的无线互联。同样，UWB技术在个人便携设备上也将会有规模应用。由于UWB技术已经可以提供相当于计算机总线的传输速率，这样个人终端就可以从互联网或局域网上即时下载大量的数据，从而将大部分数据存放在网络服务器的存储空间中，而不是保存在个人终端中。携带具有UWB功能的小巧终端，在任何地点都可以接入当地的UWB网络，利用当地的设备(如大屏幕电视、计算机、摄像头、打印机等)随时构成一台属于自己的多媒体计算机。

从上面的分析可以看出，取代现有USB接口和1394接口的线缆连接，即无线USB和无线1394将成为UWB技术最有前途的应用。无线USB联盟已经宣布物理层使用MB-OFDM方案，这对于UWB的应用将是较好的推动。

2006年，已经有多家公司可以提供UWB芯片，例如Alereon、Artimi、Staccato、Wisair、Intel、英飞凌等均有各自的UWB芯片解决方案，包括基带芯片、MAC芯片、RF收发芯片或集成基带、MAC和RF的芯片等。同时，很多芯片公司均宣布在2007年将推出符合WiMedia认证的UWB芯片，并将拓展UWB在消费电子类产品中的应用。在笔记本芯片市场占有绝对领导地位的Intel公司，致力于将UWB的主要应用无线USB2.0作为笔记本电脑的标准配置接口。

4. UWB技术发展中的问题

超宽带通信应用中存在的一个重要问题是与其他通信系统的共存和兼容。由于超宽带系统使用很宽的频带，所以和很多其他的无线通信系统频段重叠。虽然从理论上说超宽带系统的发射功率谱密度很低，应能和其他系统“安静地共存”，但实际应用中超宽带系统对其他系统的兼容性需要用实验证明。特别是超宽带系统的工作机理和特性还有很多不清楚的地方，比如超宽带系统的带外干扰问题，即超宽带设备也有可能对在其工作频段之外的无线系统产生一定的干扰，这部分干扰还很难用理论计算的方法准确估计。因此虽然UWB工作频段定为3.1GHz以上，但超宽带设备对3.1GHz以下频段系统(如2G/3G蜂窝移动通信系统、PHS、无线局域网系统)的干扰也需要考虑。

在UWB概念最早提出之日，WLAN的物理层理论速率最高为54Mbps，有效速率最高约为20Mbps，很难满足视频信号传输的需求。但是，随着物理层可以支持100Mbps以上802.11n标准的逐步推进，2006年，很多公司纷纷推出了支持100Mbps以上物理层速率的pre-802.11nWLAN设备。相比UWB，WLAN存在几个明显的技术优势。WLAN工作在免许可频段，标准化程度较高，且 WLAN 产品已经非常成熟，随着 802.11n 在未来几年的大规模应用，设备成本也将会下降到现有 802.11g 产品的水平。因此，在未来支持高速视频流传输上，如家庭网络中设备的无线互联，WLAN 和 UWB 存在一定程度的应用和定位重叠。当然 WLAN 技术是为支持 PC 之间的无线连接开发的，因此在消费电子领域环境下的应用存在耗电和带宽的局限性。

尽管目前 UWB 的发展中存在着频率管制、标准化等难题，也还必须面对其他无线技术的竞争，但是可以预见，随着无线多媒体应用越来越普及，UWB 将在消费电子领域、通信领域获得大规模应用。物理层方案虽然没有融合的迹象，但是双方都没有放弃产业化的脚步，谁最终占领市场，谁将成为事实标准。

4.3　无线局域网接入技术

无线局域网(Wireless Local Area Networks，WLAN)是利用射频(RF)无线信道或红外信道取代有线传输媒介而构成的局域网络，是计算机网络与无线通信技术相结合的产物。WLAN 以无线多址信道作为传输媒介，提供传统有线局域网 LAN 的功能，使用户实现不限时间地点的宽带网络接入。WLAN 正逐渐从传统意义上的局域网技术发展成为互联网的宽带接入手段。

1. WLAN 概述

WLAN 一般用于宽带家庭、大楼内部以及园区内部，典型距离覆盖几十米至几百米，目前采用的技术主要是 IEEE 802.11a/b/g 系列。

WLAN 利用无线技术在空中传输数据、语音和视频信号，作为传统布线网络的一种替代方案或延伸，无线局域网的出现使得原来有线网络所遇到的问题迎刃而解，它可以使用户对有线网络进行任意扩展和延伸。

WLAN 把个人从办公桌边解放了出来，使他们可以随时随地获取信息，提高了员工的办公效率。一般而言，对比于传统的有线网络，无线局域网的应用价值体现在以下几方面。

(1) 可移动性

由于没有线缆的限制，用户可以在不同的地方移动工作，网络用户不管在任何地方都可以实时地访问信息。

(2) 布线容易

由于不需要布线，消除了穿墙或过天花板布线的烦琐工作，因此安装容易，建网时间可大大缩短。

(3) 组网灵活

无线局域网可以组成多种拓扑结构，可以十分容易地从少数用户的点对点模式扩展到上千用户的基础架构网络。

(4) 成本优势

这种优势体现在用户网络需要租用大量的电信专线进行通信的时候，自行组建的 WLAN 会为用户节约大量的租用费用。在需要频繁移动和变化的动态环境中，无线局域网的投资更有回报。

另外，无线网络通信范围不受环境条件的限制，室外可以传输几万米，室内可以传输数十、几百米。在网络数据传输方面也有与有线网络等效的安全加密措施。

2. WLAN协议

无线局域网与有线局域网的区别是标准不统一，不同的标准有不同的应用，目前，最具代表性的 WLAN 协议是美国 IEEE 的 802.11 系列标准，又称 WiFi。

(1) IEEE 802.11

IEEE 802.11 工作在 2.4GHz 频段，支持数据传输速率为 1Mbps、2Mbps，用于短距离无线接入，支持数据业务。该标准是 IEEE 于 1997 年提出的第一个无线局域网标准，主要定义物理层和媒体访问控制(MAC)规范，允许无线局域网及无线设备制造商建立互操作网络设备。

(2) IEEE 802.11a

IEEE 802.11a 工作在 5GHz 频段，数据传输速率为 6～54Mbps，动态可调，支持语音、数据和图像业务，适用室内、室外无线接入。该标准在 IEEE 802.11 基础上扩充了标准的物理层，可采用正交频分复用(OFDM)、BPSK、DQPSK、16QAM、64QAM 调制方式，可提供无线 ATM 接口、以太网无线帧结构接口、TDD/TDMA 空中接口，一个扇区可接入多个用户，每个用户可带多个用户终端。

(3) IEEE 802.11b

WiFi(Wireless Fidelity)又称 802.11b 标准，工作在 2.4GHz 频段，数据传输速率可在 1Mbps、2Mbps、5.5Mbps 以及 11Mbps 之间自动切换，支持数据和图像业务，适用于在一定范围内移动办公的要求。该标准在 IEEE 802.11 基础上扩充了标准的物理层，可采用直接序列扩频(DSSS)和补码键控(CCK)调制方法。在网络安全机制上，IEEE 802.11b 提供了 MAC 层的接入控制和加密机制，达到与有线局域网相同的安全级别。

(4) IEEE 802.11g

IEEE 802.11g 是一个能够前后兼容的混合标准，在调制方法上可采用 802.11b 中的补码键控(CCK)调制方式和 802.11a 中的正交频分复用(OFDM)调制方式；在数据传输速率上，既适应 802.11b 在 2.4GHz 频段提供 11Mbps、22Mbps，也能适应 802.11a 在 5GHz 频段提供 54Mbps。

(5) IEEE 802.11n

该标准为下一代的无线局域网标准，采用智能天线技术，其传播范围更广，且能以不低于 108Mbps 的传输速率保持通信。IEEE 802.11n 可作为蜂窝移动通信的宽带接入部分，与无线广域网更紧密地结合，为用户提供高数据率的通信服务和更好的移动性。

3. WLAN主要技术特点

(1) 扩频技术

WLAN 采用的扩频技术是跳频扩频(FHSS)和直接序列扩频(DSSS)，其中直接序列扩频技术因发射功率低于自然的背景噪声，具有很强的抗干扰和抗衰落能力，同时它将传输信号与伪随机码进行异或运算，信号本身就有加密功能，即使能捕捉到信号，也很难打开数据，具有很高的安全性，基本避免了通信信号的偷听和窃取，因此直接序列扩频技术在 WLAN

中具有很高的可用性。

(2) 无线频谱规划

WLAN 使用的无线传输介质是红外线和位于工业、科学、医学(ISM)频段的无线电波，前者一般用于室内环境，以视距进行点对点传播；后者用于室内环境和室外环境，具有一定的穿透能力。

红外线不受无线电管理部门的管制，ISM 频段是非注册使用频段，用户不用申请即可使用，该频段在美国不受联邦通信委员会(FCC)的限制，属于工业自由辐射频段，不会对人体健康造成伤害。因此构建 WLAN 不需要申请无线电频率，但是为了防止对同频段的其他系统造成干扰，仍按发放电台执照的方式进行有序发展管理，若低于国家规定，则无须该许可证，国家无线电管理委员会规定无线 AP 的辐射功率＜20dBm(100mW)。

(3) 安全技术

WLAN 采用直接序列扩频技术，它将传输信号与伪随机码进行异或运算，信号本身就有加密功能，即使能捕捉到信号，也很难打开数据。同时 WLAN 还具有扩展服务集标识号(ESSID)、MAC 地址过滤、有线对等加密(WEP)以及用户认证等安全技术。

(4) 覆盖与天线技术

WLAN 主要面向个人用户和移动办公，一般部署在人口密集且数据业务需求较大的公共场合，如机场、会议室、宾馆、咖啡屋或大学校园等，覆盖形式呈岛形覆盖。WLAN 覆盖包括室外覆盖和室内覆盖。AP 的无线覆盖能力与发射功率、应用环境和传输速率有关。在国家无线电管理委员会规定无线 AP 的发射功率小于 100mW 条件下，要求无线 AP 的室外覆盖范围达到 100～300m，室内覆盖范围达到 30～80m。

(5) 无线漫游技术

WLAN 中的无线漫游是指在不同的无线 AP(SSID)之间，用户站与新的无线 AP 建立新的连接，并切断与原来无线 AP 连接的接续过程。由于无线电波在空中传播过程中会不断衰减，无线信号的有效范围取决于发射的电波功率的大小，当电波功率额定时，无线 AP 的服务对象被限定在一定的范围之内，当 WLAN 环境存在多个 AP，且它们的覆盖范围有一定的重合时，无线用户站可以在整个 WLAN 覆盖区内移动，无线网卡能够自动发现附近信号强度最大的无线 AP，并通过这个无线 AP 收发数据，保持不间断的网络连接。

4. 无线局域网的应用

WLAN 在应用方面比较成熟，但需求的增加也引发了一些新的研究热点。

① VoWALAN。运营商和设备商希望将蜂窝电话和 WLAN 结合在一起，使用户通话时能方便地在蜂窝网络和 WLAN 网络之间无缝切换。

② 提高速率。很多设备厂家正在研制 100Mbps 以上传输速率的 WLAN 产品，如 Netgeear 等，但产品性能尚不稳定，缺乏统一标准。更高速率的 WLAN 产品要等到2006 年 802.11n 标准批准后才能商用。

③ 增强移动性。以往的 WLAN 产品只能支持小范围、低速的游牧移动，随着技术的发展，很多厂家正在努力寻求通过 WLAN 实现更高的移动性。

4.4 无线城域网接入技术

目前主要使用的无线城域网(WMAN)接入技术标准主要是 WiMax。

1. WiMax 概述

WiMax(Worldwide Interoperability for Microwave Access),即全球微波互联接入,WiMax 的另一个名字是 802.16。WiMax 是一项新兴的宽带无线接入技术,能提供面向互联网的高速连接,覆盖范围可达 50km,最大数据速率达 75Mbps;其频段范围为 2~11GHz。WiMax 还具有 QoS 保障、传输速率高、业务丰富多样等优点。WiMax 的技术起点较高,采用了代表未来通信技术发展方向的 OFDM/OFDMA、AAS、MIMO 等先进技术,随着技术标准的发展,WiMax 逐步实现宽带业务的移动化。WiMax 将提供固定、移动、便携形式的无线宽带连接,并最终能够在不需要直接视距基站的情况下提供移动无线宽带连接。

目前,WiMax 不仅在北美、欧洲迅猛发展,而且这股热浪已经推进到亚洲,是又一种为企业和家庭用户提供"最后一公里"的宽带无线连接方案。因在数据通信领域的高覆盖范围,以及对 3G 可能构成的威胁,WiMax 备受业界关注。

2. WiMax 技术标准

WiMax 系列标准目前分别为:IEEE 802.16a(针对固定宽带无线接入)、IEEE 802.16d(增强了对室内客户端设备 CPE 的支持)、IEEE 802.16e(面向移动终端设备)、IEEE 802.16f(支持漫游以及无线保真 WiFi 和 WiMax 之间的切换)。WiMax 的主要技术特点如下。

(1) 链路层技术

TCP/IP 协议的特点之一是对信道的传输质量有较高的要求。无线宽带接入技术面对日益增长的 IP 数据业务,必须适应 TCP/IP 协议对信道传输质量的要求。在 WiMax 技术的应用条件下(室外远距离),无线信道的衰落现象非常显着,在质量不稳定的无线信道上运用 TCP/IP 协议,其效率将十分低下。WiMax 技术在链路层加入了 ARQ 机制,减少到达网络层的信息差错,可大大提高系统的业务吞吐量。同时 WiMax 采用天线阵、天线极化方式等天线分集技术来应对无线信道的衰落。这些措施都提高了 WiMax 的无线数据传输的性能。

(2) QoS 性能

WiMax 可以向用户提供具有 QoS 性能的数据、视频、话音(VoIP)业务。WiMax 可以提供 3 种等级的服务:CBR(Constant Bit Rate,固定带宽)、CIR(Committed Rate,承诺带宽)、BE(Best Effort,尽力而为)。CBR 的优先级最高,任何情况下网络操作者与服务提供商以高优先级、高速率及低延时为用户提供服务,保证用户订购的带宽。CIR 的优先级次之,网络操作者以约定的速率来提供,但速率超过规定的峰值时,优先级会降低,还可以根据设备带宽资源情况向用户提供更多的传输带宽。BE 则具有更低的优先级,这种服务类似于传统 IP 网络的尽力而为的服务,网络不提供优先级与速率的保证。在系统满足其他用户较高优先级业务的条件下,尽力为用户提供传输带宽。

(3) 工作频段

整体来说，802.16工作的频段采用的是无须授权频段，范围在2GHz至66GHz之间，而802.16a则是一种采用2GHz至11GHz无须授权频段的宽带无线接入系统，其频道带宽可根据需求在1.5MHz至20MHz范围进行调整。因此，802.16所使用的频谱将比其他任何无线技术更丰富，具有以下优点。

① 对于已知的干扰，窄的信道带宽有利于避开干扰。

② 当信息带宽需求不大时，窄的信道带宽有利于节省频谱资源。

③ 灵活的带宽调整能力，有利于运营商或用户协调频谱资源。

(4) 接入模式

WiMax的基本接入模式为256点的正交频分复用OFDM。OFDM技术可以减小早期微波接入技术中存在的多径和视距传输问题，且用户可使用室内天线或简单的室外天线。WiMax的最大传输范围约为50km，基站和用户设备两端均可以进行功率控制，优化每个用户的信号质量。系统也兼容更新的扇区化、自适应波束成型天线。

3. WiMax的特点

WiMax之所以能掀起大风大浪，显然是有自身的许多优势。而各厂商也正是看到了WiMax的优势所可能引发的强大市场需求才对其抱有浓厚的兴趣。

(1) 实现更远的传输距离

WiMax所能实现的50km的无线信号传输距离是无线局域网所不能比拟的，网络覆盖面积是3G发射塔的10倍，只要少数基站建设就能实现全城覆盖，这样就使得无线网络应用的范围大大扩展。

(2) 提供更高速的宽带接入

据悉，WiMax所能提供的最高接入速度是70Mbps，这个速度是3G所能提供的宽带速度的30倍。对无线网络来说，这的确是一个惊人的进步。

(3) 提供优良的最后一公里网络接入服务

作为一种无线城域网技术，它可以将WiFi热点连接到互联网，也可作为DSL等有线接入方式的无线扩展，实现最后1km的宽带接入。WiMax可为50km线性区域内提供服务，用户无须线缆即可与基站建立宽带连接。

(4) 提供多媒体通信服务

由于WiMax较之WiFi具有更好的可扩展性和安全性，从而能够实现电信级的多媒体通信服务。

4.5 无线广域网接入技术

目前主要使用的无线广域网技术(WWAN)有属于2G系统的EDGE，属于3G系统的WCDMA、TD-SCDMA、CDMA2000，以及属于4G的LTE。

4.5.1 EDGE 接入技术

1. EDGE 概述

GSM 演进的增强型数据速率(Enhanced Data rate for GSM Evolution,EDGE)是一种标准的空中接口。EDGE 接入技术是 1997 年由爱立信公司向 ETSI(欧洲电信标准委员会)提出的可行性研究方案,是一种有效提高 GPRS 信道编码效率的高速移动数据标准,它允许高达 384Kbps 的数据传输速率,可以充分满足未来无线多媒体应用的带宽需求。

EDGE 提供了一个从 GPRS 到第三代移动通信的过渡性方案,从而使现有的网络运营商可以最大限度地利用现有的无线网络设备,在第三代移动网络商业化之前提前为用户提供个人多媒体通信业务。由于 EDGE 是一种介于现有的第二代移动网络与第三代移动网络之间过渡的技术,因此也有人把它称为"二代半"技术。EDGE 同样充分利用了现有的 GSM 资源,保护了对 GSM 作出的投资,目前已有的大部分 GSM 设备可以继续在 EDGE 中使用。EDGE 提供三组业务:最高速率≥384Kbps/BP 的增强型 GPRS 业务;最高速率≥32Kbps/BP 的透明增强型电路交换业务;最高速率≥28.8Kbps/BP 的非透明增强型电路交换业务。

EDGE 技术主要影响现有 GSM 网络的无线访问部分,即收发基站(BTS)和 GSM 中的基站控制器(BSC),而对基于电路交换和分组交换的应用和接口并没有太大的影响。因此,网络运营商可最大限度地利用现有的无线网络设备,只需少量的投资就可以部署 EDGE,并且通过移动交换中心(MSC)和服务 GPRS 支持节点(SGSN)还可以保留使用现有的网络接口。事实上,EDGE 改进了这些现有 GSM 应用的性能和效率并且为将来的宽带服务提供了可能。EDGE 技术有效地提高了 GPRS 信道编码效率及其高速移动数据标准,它的最高速率可达 384Kbps,在一定程度上节约了网络投资,可以充分满足未来无线多媒体应用的带宽需求。从长远观点看,它将会逐步取代 GPRS 成为与第三代移动通信系统最接近的一项技术。

2. EDGE 的特性

EDGE 是一种能够进一步提高移动数据业务传输速率和从 GSM 向 3G 过渡的重要技术。它在接入业务和网络建设方面具有以下特性。

(1) 接入业务性能方面

① 带宽得到明显提高,单点接入速率峰值为 2Mbps,单时隙信道的速率可达到 48Kbps,从而使移动数据业务的传输速率的峰值可以达到 384Kbps,这为移动多媒体业务的实现提供了基础。

② 为精准的网络层提供位置服务。

(2) 网络建设方面

① EDGE 是一种调制编码技术,它改变了空中接口的速率。

② EDGE 的空中信道分配方式、TDMA 的帧结构等空中接口特性与 GSM 相同。

③ EDGE 不改变 GSM 或 GPRS 网的结构,也不引入新的网络单元,只是对 BTS 进行升级。

④ 核心网络采用 3 层模型:业务应用层、通信控制层和通信连接层,各层之间的接口应

是标准化的。采用层次化结构可以使呼叫控制与通信连接相对独立，这可充分发挥分组交换网络的优势，使业务量与带宽分配更紧密，尤其适应 VoIP 业务。

⑤ 引入了媒体网关(MGW)。MGW 具有 STP 功能，可以在 IP 网中实现信令网的组建(需 VPN 支持)。此外，MGW 既是 GSM 的电路交换业务与 PSTN 的接口，也是无线接入网(RAN)与 3G 核心网的接口。

⑥ EDGE 的速率高，现有的 GSM 网络主要采用高斯最小移频键控(GMSK)调制技术，而 EDGE 采用了八进制移相键控(8PSK)调制，在移动环境中可以稳定达到 384Kbps，在静止环境中甚至可以达到 2Mbps，基本上能够满足各种无线应用的需求。

⑦ EDGE 同时支持分组交换和电路交换两种数据传输方式。它支持的分组数据服务可以实现每时隙高达 11.2～69.2Kbps 的速率。EDGE 可以用 28.8Kbps 的速率支持电路交换服务，它支持对称和非对称两种数据传输，这对于移动设备上网是非常重要的。比如在 EDGE 系统中，用户可以在下行链路中采用比上行链路更高的速率。

3. EDGE 承载的业务

EDGE 的承载业务包括分组交换业务(非实时业务)和电路交换业务(实时业务)。这些业务的承载者包括如下两种。

(1) 分组交换业务承载者

GPRS 网络能够提供从移动台到固定 IP 网的 IP 连接。对每个 IP 连接承载者，都定义了一个 QoS 参数空间，如优先权、可靠性、延时、最大和平均比特率，等等。通过对这些参数进行不同的组合就定义了不同的承载者，以满足不同应用的需要。

而对 EDGE 需要定义新的 QoS 参数空间。例如，对于移动速度为 250km/h 的移动台，最大码率为 144Kbps，对移动速度为 100km/h 的移动台，其最大码率为 384Kbps。此外，EDGE 的平均比特率和延迟等级也与 GPRS 的不同。

由于不同应用、不同用户的要求不同，因此 EDGE 必须能够支持更多的 QoS。

(2) 电路交换业务承载

现有的 GSM 系统能够支持透明和非透明业务。它定义了 8 种透明业务承载者，所提供的比特率范围为 9.6～64Kbps。

非透明业务承载者用无线链路协议来保证无差错数据传输。对于这种情况，有 8 种承载者，所提供的比特率为 4.8～57.6Kbps。实际的用户数据比特率随信道质量而变化。

电路交换业务承载者的定义并不因 EDGE 的引入而改变，其比特率不变，不同的只是编码方式。例如，57.6Kbps 的非透明业务在 EDGE 中可以用编码方式 TCS-1 通过占用 2 个时隙来实现。而同样的业务，标准 GSM 系统用 TCH/F14.4 需要占用 4 个时隙。

可见，EDGE 的电路交换方式可以利用较少的时隙占用来实现较高速的数据业务，这可降低移动终端实现的复杂度。同时，由于各个用户占用的时隙数比标准 GSM 系统的少，从而可以增加系统的容量。

EDGE 技术作为 GSM 向 3G 过渡的一种移动数据通信技术，以其数据服务速率高、能节约网络投资、可以充分满足未来无线多媒体应用的带宽需求等特点，成为与第三代移动通信系统最接近的一项数据通信技术。

4.5.2 3G通信技术

在上述无线接入技术的基础之上,无线接入技术将迈向3G(第三代)通信技术时代。

1. 3G通信的基本概念

3G移动通信业务是指利用第三代移动通信网络提供的语音、数据和视频图像等业务。3G移动通信业务的主要特征是可提供移动宽带多媒体业务,其中高速移动环境下支持144Kbps速率,步行和慢速移动环境下支持384Kbps速率,室内环境支持2Mbps速率的数据传输,并保证高可靠的服务质量(QoS)。

3G与2G的主要区别在于传输声音和数据的速度的提升,它能够在全球范围内更好地实现无线漫游,并处理图像、音乐、视频流等多种媒体形式,提供包括网页浏览、电话会议、电子商务等多种信息服务,同时也要考虑与已有2G系统的良好兼容性。为了提供这种服务,无线网络必须能够支持不同的数据传输速度,也就是说在室内、室外和行车的环境中能够分别支持至少2Mbps、384Kbps及144Kbps的传输速度。

2. 3G接入系统的主要标准

业界将CDMA技术作为3G的主流技术,而CDMA使用码分扩频技术,先进功率和语音激活至少可提供大于3倍GSM网络容量,国际电联确定3个无线接口标准,分别是美国CDMA2000,欧洲WCDMA,中国TD-SCDMA。

(1) WCDM

WCDM也称为WCDMA,全称为Wideband CDMA,也称为CDMA Direct Spread,意为宽频分码多重存取,这是基于GSM网发展出来的3G技术规范,是欧洲提出的宽带CDMA技术,它与日本提出的宽带CDMA技术基本相同,目前正在进一步融合。WCDMA的支持者主要是以GSM系统为主的欧洲厂商,日本公司也或多或少参与其中,包括欧美的爱立信、阿尔卡特、诺基亚、朗讯、北电,以及日本的NTT、富士通、夏普等厂商。该标准提出了GSM(2G)-GPRS-EDGE-WCDMA(3G)的演进策略。这套系统能够架设在现有的GSM网络上,对于系统提供商而言可以较轻易地过渡。预计在GSM系统相当普及的亚洲,对这套新技术的接受度会相当高。因此WCDMA具有先天的市场优势。WCDMA已是当前世界上采用的国家及地区最广泛、终端种类最丰富的一种3G标准,占据全球80%以上市场份额。

(2) CDMA2000

CDMA2000是由窄带CDMA(CDMA IS95)技术发展而来的宽带CDMA技术,也称为CDMA Multi-Carrier,它是由美国高通北美公司为主导提出,摩托罗拉、Lucent和后来加入的韩国三星都有参与,韩国现在成为该标准的主导者。这套系统由窄频CDMAOne数字标准衍生出来,可以从原有的CDMAOne结构直接升级到3G,建设成本低廉。但目前使用CDMA的地区只有日、韩和北美,所以CDMA2000的支持者不如WCDMA的多。不过CDMA2000技术的研发进度却是目前各标准中最快的,许多3G手机已经率先面世。该标准提出了从CDMA IS95(2G)-CDMA20001x-CDMA20003x(3G)的演进策略。CDMA20001x被称为2.5代移动通信技术。CDMA20003x与CDMA20001x的主要区别在于应用了多路载波技术，通过采用三载波使带宽提高。目前中国电信也正在采用这一方案向 3G 过渡，并已建成了 CDMA IS95 网络。

(3) TD-SCDMA

TD-SCDMA 全称为 Time Division-Synchronous CDMA（时分同步 CDMA），该标准是由中国内地独自制定的 3G 标准，1999 年 6 月 29 日，中国原邮电部电信科学技术研究院（大唐电信）向 ITU 提出，但技术发明始于西门子公司，TD-SCDMA 具有辐射低的特点，被誉为绿色 3G。该标准将智能无线、同步 CDMA 和软件无线电等当今国际领先技术融于其中，在频谱利用率、对业务支持具有灵活性、频率灵活性及成本等方面具有独特优势。另外，由于中国内地庞大的市场，该标准受到各大主要电信设备厂商的重视，全球一半以上的设备厂商都宣布可以支持 TD-SCDMA 标准。该标准提出不经过 2.5 代的中间环节，直接向 3G 过渡，非常适用于 GSM 系统向 3G 升级。军用通信网也是 TD-SCDMA 的核心任务。相对于另两个主要 3G 标准 CDMA2000 和 WCDMA，它的起步较晚，技术不够成熟。

4.5.3　4G 接入技术

就在 3G 通信技术正处于酝酿之中时，更高的技术应用已经在实验室进行研发。因此在人们期待第三代移动通信系统所带来的优质服务的同时，第四代移动通信系统的最新技术也在实验室悄然进行。

1. 4G 接入技术概述

到目前为止人们还无法对 4G 通信进行精确地定义，有人说 4G 通信的概念来自其他无线服务的技术，从无线应用协定、全球袖珍型无线服务到 3G；有人说 4G 通信是一个超越 2010 年以外的研究主题，4G 通信是系统中的系统，可利用各种不同的无线技术；但不管人们对 4G 通信怎样进行定义，有一点能够肯定的是 4G 通信可能是一个比 3G 通信更完美的新无线世界，它可创造出许多消费者难以想象的应用。4G 最大的数据传输速率超过 100Mbps，这个速率是移动电话数据传输速率的 1 万倍，也是 3G 移动电话速率的 50 倍。4G 手机可以提供高性能的汇流媒体内容，并通过 ID 应用程序成为个人身份鉴定设备。它也可以接受高分辨率的电影和电视节目，从而成为合并广播和通信的新基础设施中的一个纽带。此外，4G 的无线即时连接等某些服务费用会比 3G 便宜。此外，4G 还有望集成不同模式的无线通信——从无线局域网和蓝牙等室内网络、蜂窝信号、广播电视到卫星通信，移动用户可以自由地从一个标准漫游到另一个标准。

4G 通信技术并没有脱离以前的通信技术，而是以传统通信技术为基础，并利用了一些新的通信技术，来不断提高无线通信的网络效率和功能。如果 3G 能为人们提供一个高速传输的无线通信环境，那么 4G 通信会是一种超高速无线网络，一种不需要电缆的信息超级高速公路，这种新网络可使电话用户以无线及三维空间虚拟实境连线。

与传统的通信技术相比，4G 通信技术最明显的优势在于通话质量及数据通信速度。然而，在通话品质方面，移动电话消费者还是能接受的。随着技术的发展与应用，现有移动电话网中手机的通话质量还在进一步提高。数据通信速度的高速化的确是一个很大优点，它的最大数据传输速率达到 100Mbps，简直是不可思议的事情。另外由于技术的先进性确保了成本投资的大大减少，未来的4G通信费用也要比2009年的通信费用低。

4G通信技术是继第三代以后的又一次无线通信技术的演进，其开发更加具有明确的目标性：提高移动装置无线访问互联网的速度——据3G市场分3个阶段推进的发展计划，3G的多媒体服务在10年后进入第三个发展阶段，此时覆盖全球的3G网络已经基本建成，全球25%以上人口使用第三代移动通信系统。在发达国家，3G服务的普及率更超过60%，那么这时就需要有更新一代的系统来进一步提升服务质量。

为了充分利用4G通信给人们带来的先进服务，人们还必须借助各种各样的4G终端才能实现，而不少通信营运商正是看到了未来通信的巨大市场潜力，他们已经开始把目光瞄准到生产4G通信终端产品上，例如生产具有高速分组通信功能的小型终端、生产对应配备摄像机的可视电话以及电影电视的影像发送服务的终端，或者是生产与计算机相匹配的卡式数据通信专用终端。有了这些通信终端后，手机用户就可以随心所欲地漫游，随时随地地享受高质量的通信。

2. 4G系统网络结构及其关键技术

4G移动系统网络结构可分为三层：物理网络层、中间环境层和应用网络层。

物理网络层提供接入和路由选择功能，它们由无线接入网和核心网结合构成。中间环境层的功能有QoS映射、地址变换和完全性管理等。物理网络层与中间环境层及其应用环境之间的接口是开放的，它使发展和提供新的应用及服务变得更为容易，提供无缝高数据率的无线服务，并运行于多个频带。这一服务能自适应多个无线标准及多模终端能力，跨越多个运营者和服务，提供大范围服务。

第四代移动通信系统的关键技术包括信道传输；抗干扰性强的高速接入技术，调制和信息传输技术；高性能、小型化和低成本的自适应阵列智能天线；大容量、低成本的无线接口和光接口；系统管理资源；软件无线电、网络结构协议等。

第四代移动通信系统主要是以正交频分复用(OFDM)为技术核心。OFDM技术的特点是网络结构高度可扩展，具有良好的抗噪声性能和抗多信道干扰能力，可以提供无线数据技术质量更高(速率高、时延小)的服务和更好的性能价格比，能为4G无线网提供更好的方案。例如无线区域环路(WLL)、数字音讯广播(DAB)等，预计都采用OFDM技术。

4G移动通信对加速增长的广带无线连接的要求提供技术上的回应，对跨越公众的和专用的、室内和室外的多种无线系统和网络保证提供无缝的服务。通过对最适合的可用网络提供用户所需求的最佳服务，能应付基于因特网通信所期望的增长，增添新的频段，使频谱资源大大扩展，提供不同类型的通信接口，运用路由技术为主的网络架构，以傅里叶变换来发展硬件架构实现第四代网络架构。移动通信会向数据化、高速化、宽带化、频段更高化方向发展，移动数据、移动IP预计会成为未来移动网的主流业务。

3. 4G通信主要优势

如果说2G、3G通信对于人类信息化的发展是微不足道的，那么未来的4G通信会给予人们真正的沟通自由，并彻底改变人们的生活方式甚至社会形态。2009年构思中的4G通信具有下面的特征。

(1) 通信速度更快

由于人们研究4G通信的最初目的就是提高蜂窝电话和其他移动装置无线访问

Internet 的速率，因此 4G 通信给人印象最深刻的特征莫过于它具有更快的无线通信速度。从移动通信系统数据传输速率来看，第一代模拟式移动通信系统仅提供语音服务；第二代数位式移动通信系统传输速率也只有 9.6Kbps，最高可达 32Kbps，如 PHS；而第三代移动通信系统数据传输速率可达到 2Mbps；专家则预估，第四代移动通信系统的数据传输速率可以达到 10～20Mbps，甚至最高可以达到 100Mbps，这种速度会相当于 2009 年最新手机的传输速度的 1 万倍左右。

(2) 网络频谱更宽

要想使 4G 通信达到 100Mbps 的传输速率，通信运营商必须在 3G 通信网络的基础上，进行大幅度的改造和研究，以便使 4G 网络在通信带宽上比 3G 网络的蜂窝系统的带宽高出许多。据研究 4G 通信的 AT&T 的执行官们说，估计每个 4G 信道会占用 100MHz 的频谱，相当于 WCDMA 3G 网络的 20 倍。

(3) 通信更加灵活

从严格意义上说，4G 手机的功能，已不能简单划归"电话机"的范畴，毕竟语音资料的传输只是 4G 移动电话的功能之一而已，因此未来 4G 手机更应该算得上是一台小型计算机了，而且 4G 手机从外观和式样上，会有更惊人的突破，人们可以想象的是，眼镜、手表、化妆盒、旅游鞋，以方便和个性为前提，任何一件能看到的物品都有可能成为 4G 终端，只是人们还不知道应该怎么称呼它。未来的 4G 通信使人们不仅可以随时随地通信，更可以双向下载传递资料、图画、影像，当然更可以和从未谋面的陌生人网上联线对打游戏。也许有被网上定位系统永远锁定无处遁形的苦恼，但是与它据此提供的地图带来的便利和安全相比，这点苦恼简直可以忽略不计。

(4) 智能性能更高

第四代移动通信的智能性更高，不仅表现于 4G 通信的终端设备的设计和操作具有智能化，例如对菜单和滚动操作的依赖程度会大大降低，更重要的是，4G 手机可以实现许多难以想象的功能。例如 4G 手机能根据环境、时间以及其他设定的因素来适时地提醒手机的主人此时该做什么事，或者不该做什么事，4G 手机可以把电影院票房资料直接下载到 PDA 上，这些资料能够把售票情况、座位情况显示得清清楚楚，用户可以根据这些信息在线购买自己满意的电影票；4G 手机可以被看做是一台手提电视，用来观看体育比赛的各种现场直播。

(5) 兼容性能更平滑

要使 4G 通信尽快地被人们接受，除了考虑到它的功能强大外，还应该考虑到现有通信的基础，以便让更多的现有通信用户在投资最少的情况下就能很轻易地过渡到 4G 通信。因此，从这个角度来看，未来的第四代移动通信系统应当具备全球漫游、接口开放、能跟多种网络互联、终端多样化以及能从第二代平稳过渡等特点。

(6) 提供各种增值服务

4G 通信并不是从 3G 通信的基础上经过简单的升级而演变过来的，它们的核心建设技术根本就是不同的，3G 移动通信系统主要是以 CDMA 为核心技术，而 4G 移动通信系统技术则以正交多任务分频技术(OFDM)最受瞩目，利用这种技术人们可以实现例如无线区域环路(WLL)、数字音讯广播(DAB)等方面的无线通信增值服务；不过考虑到与 3G 通信的过渡性，第四代移动通信系统不会在未来仅仅只采用 OFDM 一种技术，CDMA 技术会在第四代移动通信系统中，与 OFDM 技术相互配合以便发挥出更大的作用，甚至未来的第四代移动通信系统也会有新的整合技术如 OFDM/CDMA 产生，前文所提到的数字音讯广播，其实它真正运用的技术是 OFDM/FDMA 的整合技术，同样是利用两种技术的结合。因此未来以 OFDM 为核心技术的第四代移动通信系统，也会结合两项技术的优点，一部分会是 CDMA 的延伸技术。

(7) 实现高质量通信

尽管第三代移动通信系统也能实现各种多媒体通信，但未来的 4G 通信能满足第三代移动通信尚不能达到的在覆盖范围、通信质量、造价上支持的高速数据和高分辨率多媒体服务的需要，第四代移动通信系统提供的无线多媒体通信服务包括语音、数据、影像等大量信息透过宽频的信道传送出去，为此未来的第四代移动通信系统也称为"多媒体移动通信"。第四代移动通信不仅仅是为了应对用户数的增加，更重要的是，必须要满足多媒体的传输需求，当然还包括通信品质的要求。总结来说，必须可以容纳市场庞大的用户数，改善现有通信品质不良，以及达到高速数据传输的要求。

(8) 频率使用效率更高

相比第三代移动通信技术来说，第四代移动通信技术在开发研制过程中使用和引入许多功能强大的突破性技术，例如一些光纤通信产品公司为了进一步提高无线因特网的主干带宽，引入了交换层级技术，这种技术能同时涵盖不同类型的通信接口，也就是说第四代移动通信系统主要是运用路由技术(Routing)为主的网络架构。由于利用了几项不同的技术，所以无线频率的使用比第二代和第三代系统有效得多。按照最乐观的情况估计，这种有效性可以让更多的人使用与以前相同数量的无线频谱做更多的事情，而且做这些事情的时候速度相当快。研究人员说，下载速率有可能达到 5Mbps 到 10Mbps。

(9) 通信费用更加便宜

由于 4G 通信不仅解决了与 3G 通信的兼容性问题，让更多的现有通信用户能轻易地升级到 4G 通信，而且 4G 通信引入了许多尖端的通信技术，这些技术保证了 4G 通信能提供一种灵活性非常高的系统操作方式，因此相对其他技术来说，4G 通信部署起来就容易、迅速得多；同时在建设 4G 通信网络系统时，通信运营商们会考虑直接在 3G 通信网络的基础设施之上，采用逐步引入的方法，这样就能够有效地降低运营商和用户的费用。据研究人员声称，4G 通信的无线即时连接等某些服务费用会比 3G 通信更加便宜。

接入网系统组建及业务开通

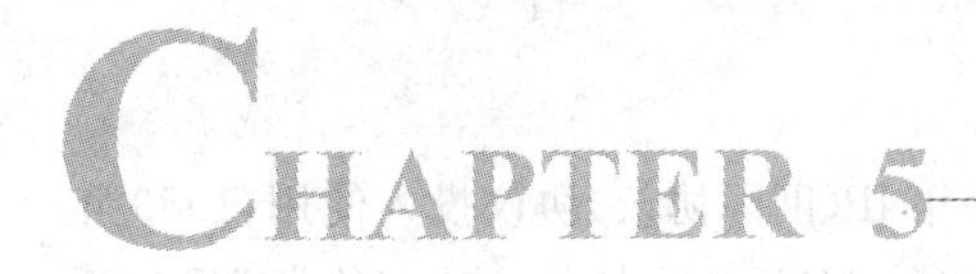

第5章

IP 数据网络技术基础

本章学习目标

(1) 掌握 TCP/IP 网络的协议的原理；
(2) 掌握 VLAN 基本概念、功能及划分方法；
(3) 掌握 VLAN 数据帧的转发流程；
(4) 掌握 VLAN 工作原理与实现。

5.1 TCP/IP 网络协议

5.1.1 TCP/IP 协议族简介

1. OSI 网络模型的由来

ISO/IEC 是国际标准化组织和国际电工委员会的英文缩写，它是致力于国际标准的、自愿和非营利的专门机构。OSI 模型就是基于 ISO 的建议，作为各种网络层上使用的协议国际标准化。这一模型被称为 ISO OSI 开放系统互联参考模型，简称 OSI 模型。OSI 模型有七层，其分层原则为根据不同层次的抽象的分层，每层都可以实现一个明确的功能，每层功能的制定都有利于明确网络协议的国际标准，层次明确避免各层的功能混乱。

分层的好处是利用层次结构可以把开放系统的信息交换问题分解到一系列容易控制的软硬件模块——层中，而各层可以根据需要独立进行修改或扩充功能，同时，有利于个不同制造厂家的设备互连，也有利于我们学习、理解数据通信网络。

OSI 参考模型中不同层完成不同的功能，各层相互配合通过标准的接口进行通信。

其中，应用层提供网络应用程序通信接口；表示层处理数据格式、数据加密等；会话层建立、维护和管理会话；传输层建立主机端到端连接；网络层负责寻址和路由选择；数据链路层提供介质访问、链路管理等；物理层提供比特流传输。

应用层、表示层和会话层合在一起常称为高层或应用层，其功能通常是由应用程序软件实现的；物理层、数据链路层、网络层、传输层合在一起常称为数据流层，其功能大部分是通过软硬件结合共同实现的。

2. TCP/IP 协议族的起源

TCP/IP 起源于 1969 年美国国防部(United States Department of Defense，DOD)高级研究项目管理局(Advanced Research Projects Agency，ARPA)对有关分组交换的广域网(Packet-Switched Wide-Area Network)科研项目，因此起初的网络称为 ARPANET。

1973 年 TCP(传输控制协议)正式投入使用,1981 年 IP(网际协议)协议投入使用,1983 年 TCP/IP 协议正式被集成到美国加州大学伯克利分校的 UNIX 版本中,该"网络版"操作系统适应了当时各大学、机关、企业旺盛的联网需求,因而随着该免费分发的操作系统的广泛使用,TCP/IP 协议得到了流传。

TCP/IP 技术得到了众多厂商的支持,不久就有了很多分散的网络。所有这些单个的 TCP/IP 网络都互联起来称为 INTERNET。基于 TCP/IP 协议的 Internet 已逐步发展成为当今世界上规模最大、拥有用户和资源最多的一个超大型计算机网络,TCP/IP 协议也因此成为事实上的工业标准。IP 网络正逐步成为当代乃至未来计算机网络的主流。

3. TCP/IP 与 OSI 参考模型比较

与 OSI 参考模型一样,TCP(Transfer Control Protocol)/IP(Internet Protocol)协议(传输控制协议/网际协议)也分为不同的层次开发,每一层负责不同的通信功能。但是,TCP/IP 协议简化了层次设计,将原来的七层模型合并为四层协议的体系结构,自顶向下分别是应用层、传输层、网络层和数据链路层,没有 OSI 参考模型的会话层和表示层。如图 5-1 所示,TCP/IP 协议栈与 OSI 参考模型有清晰的对应关系,覆盖了 OSI 参考模型的所有层次。应用层包含了 OSI 参考模型所有高层协议。

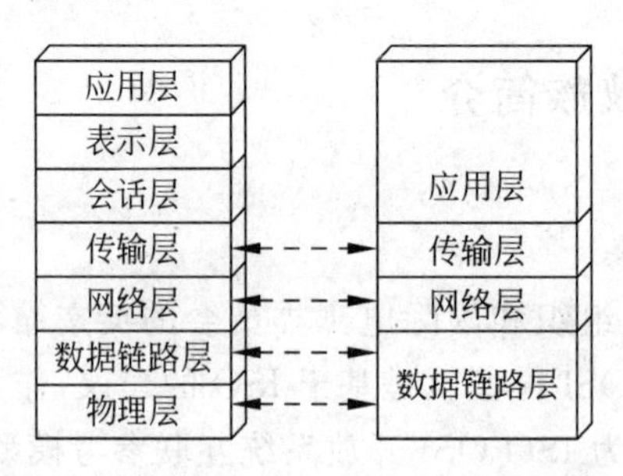

图 5-1 TCP/IP 与 OSI 参考模型比较

5.1.2 报文的封装与解封装

1. OSI 的数据封装过程

OSI 参考模型中每个层次接收到上层传递过来的数据后都要将本层次的控制信息加入数据单元的头部,一些层次还要将校验和等信息附加到数据单元的尾部,这个过程叫作封装。每层封装后的数据单元的叫法不同,在应用层、表示层、会话层的协议数据单元统称为 Data(数据),在传输层协议数据单元称为 Segment(数据段),在网络层称为 Packet(数据包),数据链路层协议数据单元称为 Frame(数据帧),在物理层叫作 Bits(比特流),如图 5-2 所示。

当数据到达接收端时,每一层读取相应的控制信息,根据控制信息中的内容向上层传递数据单元,在向上层传递之前去掉本层的控制头部信息和尾部信息(如果有)。此过程叫作解封装。

这个过程逐层执行直至将对端应用层产生的数据发送给本端的相应的应用进程。

下面以用户浏览网站为例说明数据的封装、解封装过程,如图 5-3 所示。

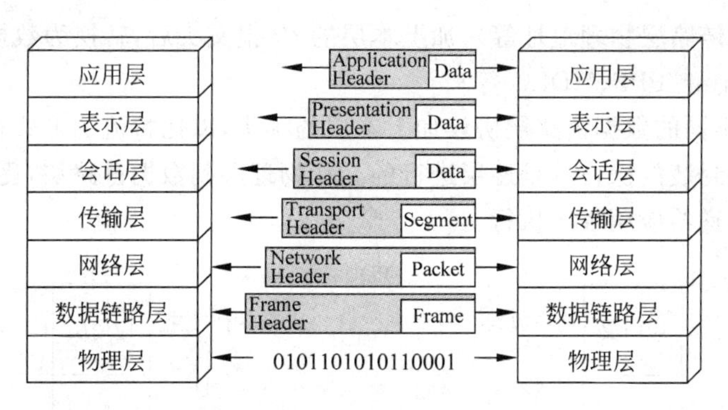

图 5-2　OSI 的数据封装

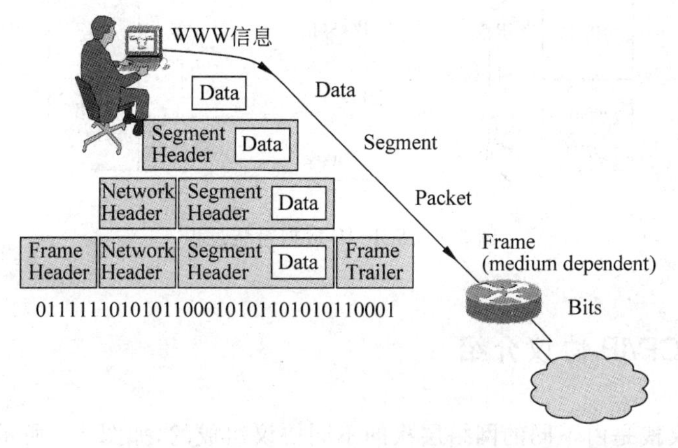

图 5-3　数据封装示例

当用户输入要浏览的网站信息后就由应用层产生相关的数据，通过表示层转换成为计算机可识别的 ASCII 码，再由会话层产生相应的主机进程传给传输层。传输层将以上信息作为数据并加上相应的端口号信息以便目的主机辨别此报文，得知具体应由本机的哪个任务来处理；在网络层加上 IP 地址使报文能确认应到达具体某个主机，再在数据链路层加上 MAC 地址，转成比特流信息，从而在网络上传输。报文在网络上被各主机接收，通过检查报文的目的 MAC 地址判断是否是自己需要处理的报文，如果发现 MAC 地址与自己的不一致，则丢弃该报文，一致就去掉 MAC 信息送给网络层判断其 IP 地址；然后根据报文的目的端口号确定是由本机的哪个进程来处理。这就是报文的解封装过程。

2. TCP/IP 的数据封装过程

同 OSI 参考模型数据封装过程一样，TCP/IP 协议在报文转发过程中，封装和去封装也发生在各层之间，如图 5-4 所示。

发送方加封装的操作是逐层进行的。各个应用程序将要发送的数据送给传输层；传输层(TCP/UDP)对数据分段为大小一定的数据段，加上本层的报文头发送给网络层。在传输层报文头中，包含接收它所携带的数据的上层协议或应用程序的端口号，例如，Telnet 的端口号是 23。传输层协议利用端口号来调用和区别应用层各种应用程序。

网络层对来自传输层的数据段进行一定的处理(利用协议号区分传输层协议、寻找下一跳地址、解析数据链路层物理地址等)，加上本层的 IP 报文头后，转换为数据包，再发送给链路层(以太网、帧中继、PPP、HDLC 等)。

链路层依据不同的数据链路层协议加上本层的帧头，以比特流的形式将报文发送出去。在接收方，这种去封装的操作也是逐层进行的。从物理层到数据链路层，逐层去掉各层的报文头部，将数据传递给应用程序执行。

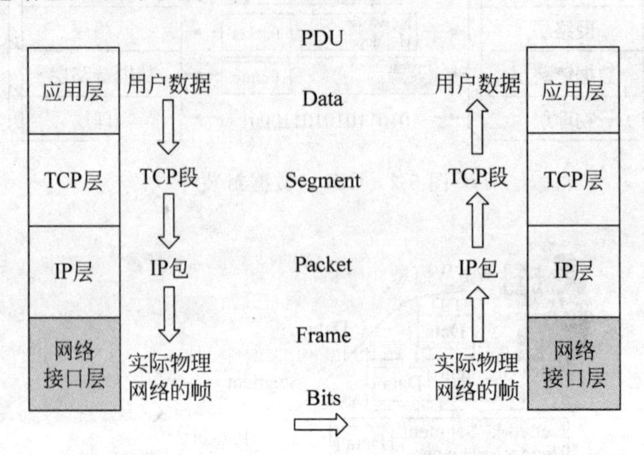

图 5-4 TCP/IP 数据封装过程

5.1.3 TCP/IP 协议介绍

TCP/IP 协议栈是由不同的网络层次的不同协议组成的，如图 5-5 所示。

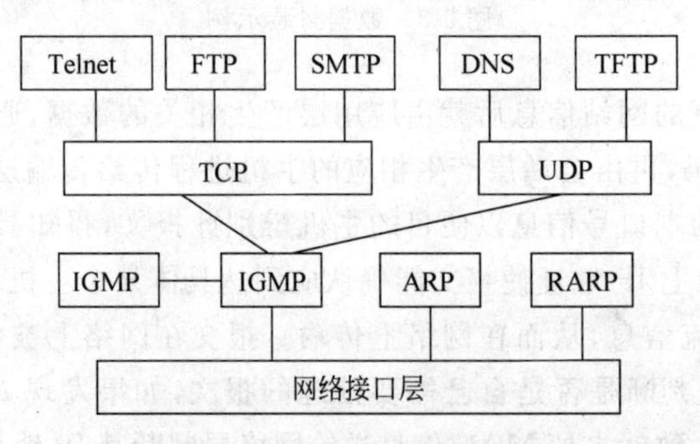

图 5-5 TCP/IP 协议族

网络接口层涉及在通信信道上传输的原始比特流，它实现传输数据所需要的机械、电气、功能性及过程等手段，提供检错、纠错、同步等措施，使之对网络层显现一条无错线路，并且进行流量调控。网络层检查网络拓扑，以决定传输报文的最佳路由，执行数据转发。其关键问题是确定数据包从源端到目的端如何选择路由。网络层的主要协议有 IP、ICMP (Internet Control Message Protocol，互联网控制报文协议)、IGMP(Internet Group Management Protocol，互联网组管理协议)、ARP(Address Resolution Protocol，地址解析协议)和 RARP(Reverse Address Resolution Protocol，反向地址解析协议)等。

传输层的基本功能是为两台主机间的应用程序提供端到端的通信。传输层从应用层接收数据，并且在必要的时候把它分成较小的单元，传递给网络层，并确保到达对方的各段信息正确无误。传输层的主要协议有TCP、UDP(User Datagram Protocol，用户数据报协议)。应用层负责处理特定的应用程序细节。应用层显示接收到的信息，把用户的数据发送到低层，为应用软件提供网络接口。应用层包含大量常用的应用程序，例如HTTP(Hyper Text Transfer Protocol，文本传输协议)、Telnet(远程登录)、FTP(File Transfer Protocol，文件传输协议)等。

1. 应用层协议

应用层为用户的各种网络应用开发了许多网络应用程序，例如文件传输、网络管理等，甚至包括路由选择。这里我们重点介绍常用的几种应用层协议。

(1) FTP

FTP是用于文件传输的Internet标准。FTP支持一些文本文件(例如ASCII、二进制等)和面向字节流的文件结构。FTP使用传输层协议TCP在支持FTP的终端系统间执行文件传输，因此，FTP被认为提供了可靠的面向连接的服务，适合于远距离、可靠性较差线路上的文件传输。

(2) TFTP

TFTP(Trivial File Transfer Protocol，简单文件传输协议)也是用于文件传输，但TFTP使用UDP提供服务，被认为是不可靠的、无连接的。TFTP通常用于可靠的局域网内部的文件传输。

(3) SMTP

SMTP(Simple Mail Transfer Protocol，简单邮件传输协议)支持文本邮件的Internet传输。

(4) Telnet协议

Telnet协议是客户机使用的与远端服务器建立连接的标准终端仿真协议。

(5) SNMP

SNMP(Simple Network Management Protocol，简单网络管理协议)负责网络设备监控和维护，支持安全管理、性能管理等。

(6) Ping命令

Ping命令是一个诊断网络设备是否正确连接的有效工具。

(7) Tracert命令

Tracert命令和Ping命令类似，Tracert命令可以显示数据包经过的每一台网络设备信息，是一个很好的诊断命令。

(8) DNS

DNS(Domain Name System，域名系统)把网络节点的易于记忆的名字转化为网络地址。

2. 传输层协议介绍

传输层的协议包括TCP、UDP。TCP协议提供可靠的服务，UDP协议提供不可靠但是高效的服务。

（1）传输层的功能

传输层位于应用层和网络层之间，为终端主机提供端到端的连接，以及流量控制（由窗口机制实现）、可靠性（由序列号和确认技术实现）、支持全双工传输等。传输层协议有两种：TCP 和 UDP。虽然 TCP 和 UDP 都使用相同的网络层协议 IP，但是 TCP 和 UDP 却为应用层提供完全不同的服务。

传输控制协议 TCP：为应用程序提供可靠的面向连接的通信服务，适用于要求得到响应的应用程序。目前，许多流行的应用程序都使用 TCP。

用户数据报协议 UDP：提供了无连接通信，且不对传送数据包进行可靠的保证。适合于一次传输小量数据，可靠性则由应用层来负责。

（2）端口号

TCP 协议和 UDP 协议使用 16bits 端口号来表示和区别网络中的不同应用程序，网络层协议 IP 使用特定的协议号（TCP 6、UDP 17）来表示和区别传输层协议。

任何 TCP/IP 实现所提供的服务都是 1～1023 之间的端口号，这些端口号由 IANA（Internet Assigned Numbers Authority，Internet 号码分配机构）分配管理。其中，低于 255 的端口号保留用于公共应用；255～1023 的端口号分配给各个公司，用于特殊应用；对于高于 1023 的端口号，称为临时端口号，IANA 未作规定。

常用的 TCP 端口号有：HTTP 80、FTP 20/21、Telnet 23、SMTP 25、DNS 53 等；常用的保留 UDP 端口号有：DNS 53、BootP 67（Server）/ 68（Client）、TFTP 69、SNMP 161 等。

（3）TCP 协议

TCP 协议（Transmission Control Protocol，传输控制协议）是面向连接的传输协议。当一台计算机需要与另一台远程计算机连接时，TCP 协议会让它们建立一个连接、发送和接收数据以及终止连接。

TCP 协议在正式收发数据前，必须通过 3 次握手和对方建立可靠的连接。这里只作简单、形象的介绍，读者只要理解这个过程即可。以下是 3 次对话的简单过程：主机 A 向主机 B 发出连接请求数据包："我想给你发数据，可以吗？"，这是第一次对话；主机 B 向主机 A 发送同意连接和要求同步（同步就是两台主机一个在发送，一个在接收，协调工作）的数据包："可以，你什么时候发？"，这是第二次对话；主机 A 再发出一个数据包确认主机 B 的要求同步："我现在就发，你接收吧！"，这是第三次对话。3 次"对话"的目的是使数据包的发送和接收同步，经过 3 次"对话"之后，主机 A 才向主机 B 正式发送数据。

在数据传输的过程中 TCP 协议利用确认重传和拥塞控制机制，向应用程序提供可靠的通信连接，使它能够自动适应网上的各种变化。

TCP 协议能为应用程序提供可靠的通信连接，使一台计算机发出的字节流无差错地发往网络上的其他计算机，对可靠性要求高的数据通信系统往往使用 TCP 协议传输数据。

（4）UDP 协议

UDP 协议是面向无连接的传输协议，没有建立连接和确认重传的过程。相对于 IP 协议，它唯一增加的功能是提供协议端口以保证进程通信。

许多基于 UDP 的应用程序在局域网上运行得很好，而一旦到了通信质量较低的互联网环境下，可能根本无法运行，原因就在于 UDP 不可靠。因此，基于 UDP 的应用程序必须自己解决可靠性。

UDP 的优点在于其高效率。因为 UDP 没有连接过程，对传输不作确认，因此一些对效率要求较高，或者传输数据量特别小的应用，UDP 使用得较多。

3. 网络层协议介绍

网络层位于 TCP/IP 协议栈数据链路层和传输层中间，网络层接收传输层的数据报文，分段为合适的大小，用 IP 报文头部封装，交给数据链路层。网络层为了保证数据包的成功转发，主要定义了以下协议。

① IP(Internet Protocol)协议：IP 协议和路由协议协同工作，寻找能够将数据包传送到目的端的最优路径。IP 协议不关心数据报文的内容，提供无连接的、不可靠的服务。

② ARP 协议(Address Resolution Protocol，地址解析协议)：把已知的 IP 地址解析为 MAC 地址。

③ RARP(Reverse Address Resolution Protocol，反向地址解析协议)：用于数据链路层地址已知时，解析 IP 地址。

④ ICMP(Internet Control Message Protocol，网际控制消息协议)：定义了网络层控制和传递消息的功能。

(1) IP 协议

IP 协议(网际协议)是 Internet 上使用的一个关键的底层协议，人们利用一个共同遵守的通信协议，从而使 Internet 成为一个允许连接不同类型的计算机和不同操作系统使用的网络。要使两台计算机彼此之间进行通信，必须使两台计算机使用同一种"语言"。通信协议正像两台计算机交换信息所使用的共同语言，它规定了通信双方在通信中所应共同遵守的约定。

计算机的通信协议精确地定义了计算机在彼此通信过程的所有细节。例如，每台计算机发送的信息格式和含义，在什么情况下应发送规定的特殊信息，以及接收方的计算机应作出哪些应答等。

网际协议 IP 协议提供了能适应各种各样网络硬件的灵活性，对底层网络硬件几乎没有任何要求，任何一个网络只要可以从一个地点向另一个地点传送二进制数据，就可以使用 IP 协议加入 Internet 了。

如果希望能在 Internet 上进行交流和通信，则每台连上 Internet 的计算机都必须遵守 IP 协议。为此使用 Internet 的每台计算机都必须运行 IP 软件，以便时刻准备发送或接收信息。

IP 协议对于网络通信有着重要的意义：网络中的计算机通过安装 IP 软件，使许许多多的局域网络构成了一个庞大而又严密的通信系统。从而使 Internet 看起来好像是真实存在的，但实际上它是一种并不存在的虚拟网络，只不过是利用 IP 协议把全世界上所有愿意接入 Internet 的计算机局域网络连接起来，使得它们彼此之间都能够通信。

(2) ARP 协议

数据链路层协议如以太网或令牌环网都有自己的寻址机制(常为 48bit 地址)，这是使用数据链路的任何网络层都必须遵从的。当一台主机把以太网数据帧发送到位于同一局域网上的另一台主机时，是根据 48bit 的以太网地址来确定目的接口的。设备驱动程序从不检查 IP 数据报中的目的 IP 地址。ARP 协议的工作过程如图 5-6 所示。

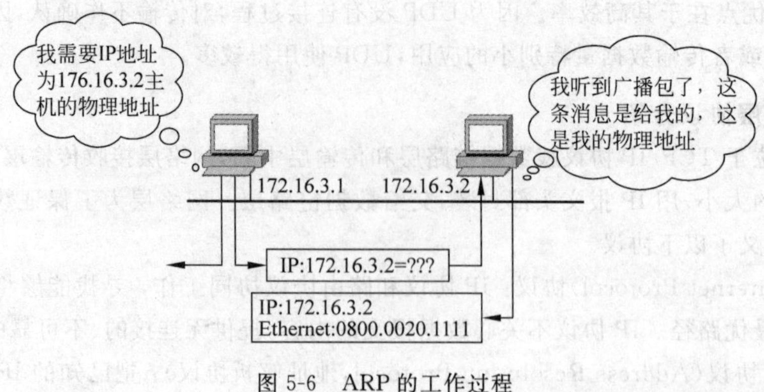

图 5-6　ARP 的工作过程

ARP 协议需要为 IP 地址和 MAC 地址这两种不同的地址形式提供对应关系。

ARP 过程如下：ARP 发送一份称作 ARP 请求的以太网数据帧给以太网上的每个主机。这个过程称作广播，ARP 请求数据帧中包含目的主机的 IP 地址，其意思是“如果你是这个 IP 地址的拥有者，请回答你的硬件地址”。

连接到同一 LAN 的所有主机都接收并处理 ARP 广播，目的主机的 ARP 层收到这份广播报文后，根据目的 IP 地址判断出这是发送端在询问它的 MAC 地址。于是发送一个单播 ARP 应答。这个 ARP 应答包含 IP 地址及对应的硬件地址。收到 ARP 应答后，发送端就知道接收端的 MAC 地址了。

ARP 高效运行的关键是由于每个主机上都有一个 ARP 高速缓存。这个高速缓存存放了最近 IP 地址到硬件地址之间的映射记录。当主机查找某个 IP 地址与 MAC 地址的对应关系时首先在本机的 ARP 缓存表中查找，只有在找不到时才进行 ARP 广播。

5.1.4　IP 地址

1. IP 地址简介

网际协议(IP)的规范是在 1982 年由 RFC791 建立的。这些规范的部分内容规定了 IP 地址的结构。这个结构为每个主机和路由器接口提供了 32 位二进制逻辑地址，其中包括网络部分与主机部分。

为方便书写及记忆，一个 IP 地址通常采用 0～255 之内的 4 个十进制数表示，数之间用句点分开。这些十进制数中的每一个都代表 32 位地址的其中 8 位，即所谓的 8 位位组，称为点分表示法。

2. IP 地址分类

按照原来的定义，IP 寻址标准并没有提供地址类，为了便于管理，后来加入了地址类的定义。地址类的实现将地址空间分解为数量有限的特大型网络(A 类)，数量较多的中等网络(B 类)和数量非常多的小型网络(C 类)。IP 地址的常用分类如图 5-7 所示。

另外，还定义了特殊的地址类，包括 D 类(用于多点传送)和 E 类，通常指试验或研究类。

IP 地址的类别可以通过查看地址中的前 8 位位组(最重要的)而确定。最高位的数值

Bits:	1　　　8	9　　　16	17　　　24	25　　　32
A类:	0NNNNNNN	主机	主机	主机

范围(1～126)

Bits:	1　　　8	9　　　16	17　　　24	25　　　32
B类:	10NNNNNN	网络	主机	主机

范围(128～191)

Bits:	1　　　8	9　　　16	17　　　24	25　　　32
C类:	110NNNNN	网络	网络	主机

范围(192～223)

图 5-7　IP 地址的常用分类

决定了地址类。位格式也定义了和每个地址类相关的 8 位位组的十进制的范围。

(1) A 类地址

8 位分配给网络地址,24 位分配给主机地址。如果第 1 个 8 位位组中的最高位是 0,则地址是 A 类地址。

这对应于 0～127 的可能的 8 位位组。在这些地址中,0 和 127 具有保留功能,所以实际的范围是 1～ 126。A 类中仅仅有 126 个网络可以使用。因为仅仅为网络地址保留了 8 位,第 1 位必须是 0。然而,主机数字可以有 24 位,所以每个网络可以有 16777214 台主机。

(2) B 类地址

B 类地址中,为网络地址分配了 16 位,为主机地址分配了 16 位,一个 B 类地址可以用第 1 个 8 位位组的头两位为 10 来识别。这对应的值为 128～191。既然头两位已经预先定义,则实际上为网络地址留下了 14 位,所以可能的组合产生了 16384 个网络,而每个网络包含 65534 台主机。

(3) C 类地址

C 类为网络地址分了 24 位,为主机地址留下了 8 位。C 类地址的前 8 位位组的头 3 位为 110,这对应的十进制数为 192 ～ 223。在 C 类地址中,仅仅最后的 8 位位组用于主机地址,这限制了每个网络最多仅仅能有 254 台主机。既然网络编号有 21 位可以使用(3 位已经预先设置为 110),则共有 2097152 个可能的网络。

(4) D 类地址

D 类地址以 1110 开始。这代表的 8 位位组为 224～239。这些地址并不用于标准的 IP 地址。相反,D 类地址指一组主机,它们作为多点传送小组的成员而注册。多点传送小组和电子邮件分配列表类似。正如可以使用分配列表名单来将一个消息发布给一群人一样,可以通过多点传送地址将数据发送给一些主机。多点传送需要特殊的路由配置,在默认情况下,它不会转发。

(5) E 类地址

如果第 1 个 8 位位组的前 4 位都设置为 1111,则地址是一个 E 类地址。这些地址的范围为 240～ 254,这类地址并不用于传统的 IP 地址。这个地址类有时候用于实验室或研究。

这里大部分讨论内容的重点是 A 类、B 类和 C 类,因为它们是用于常规 IP 寻址类别。

3. 保留的 IP 地址

IP 地址用于唯一地标识一台网络设备，但并不是每一个 IP 地址都是可用的，一些特殊的 IP 地址被用于各种各样的用途，不能用于标识网络设备。

对于主机部分全为 0 的 IP 地址，称为网络地址，网络地址用来标识一个网段。例如，A 类地址 1.0.0.0，私有地址 10.0.0.0 、192.168.1.0 等。

对于主机部分全为 1 的 IP 地址，称为网段广播地址，广播地址用于标识一个网络的所有主机。例如，10.255.255.255、192.168.1.255 等，路由器可以在 10.0.0.0 或者 192.168.1.0 等网段转发广播包。广播地址用于向本网段的所有节点发送数据包。

对于网络部分为 127 的 IP 地址，例如 127.0.0.1 往往用于环路测试目的。

全 0 的 IP 地址 0.0.0.0 代表所有的主机，在路由器上用 0.0.0.0 地址指定默认路由。

全 1 的 IP 地址 255.255.255.255 也是广播地址，但 255.255.255.255 代表所有主机，用于向网络的所有节点发送数据包。这样的广播不能被路由器转发。

5.2 VLAN 概述

VLAN(Virtual Local Area Network)即为“虚拟局域网”。VLAN 是一种将局域网设备从逻辑上划分成一个个网段，从而实现虚拟工作组的新兴数据交换技术。这一新兴技术主要应用于交换机和路由器中，但主流应用还是在交换机之中。但又不是所有交换机都具有此功能，只有 VLAN 协议的第三层以上交换机才具有此功能。

5.2.1 VLAN 的基本概念

IEEE 于 1999 年颁布了用以标准化 VLAN 实现方案的 802.1Q 协议标准草案。VLAN 技术的出现，使得管理员根据实际应用需求，把同一物理局域网内的不同用户逻辑地划分成不同的广播域，每一个 VLAN 都包含一组有着相同需求的计算机工作站，与物理上形成的 LAN 有着相同的属性。由于它是从逻辑上划分，而不是从物理上划分，所以同一个 VLAN 内的各个工作站没有限制在同一个物理范围中，即这些工作站可以在不同物理 LAN 网段。由 VLAN 的特点可知，一个 VLAN 内部的广播和单播流量都不会转发到其他 VLAN 中，从而有助于控制流量、减少设备投资、简化网络管理、提高网络的安全性。

通过将企业网络划分为虚拟网络 VLAN 网段，可以强化网络管理和网络安全，控制不必要的数据广播。在共享网络中，一个物理的网段就是一个广播域。而在交换网络中，广播域可以是由一组任意选定的第二层网络地址(MAC 地址)组成的虚拟网段。这样，网络中工作组可以突破共享网络中的地理位置限制，而完全根据管理功能来划分。这种基于工作流的分组模式，大大提高了网络规划和重组的管理功能。在同一个 VLAN 中的工作站，不论它们实际与哪个交换机连接，它们之间的通信就好像在独立的交换机上一样。同一个 VLAN 中的广播只有 VLAN 中的成员才能听到，而不会传输到其他的 VLAN 中去，这样可以很好地控制不必要的广播风暴的产生。同时，若没有路由的话，不同 VLAN 之间不能相互通信，这样增加了企业网络中不同部门之间的安全性。网络管理员可以通过配置 VLAN 之间的路由来全面管理企业内部不同管理单元之间的信息互访。交换机是根据用户工作站的 MAC 地址来划分 VLAN 的。所以，用户可以自由地在企业网络中移动办公，不论他在何处接入交换网络，他都可以与 VLAN 内其他用户自如通信。

VLAN 网络可以由混合的网络类型设备组成，比如：10Mbps 以太网、100Mbps 以太网、令牌网、FDDI、CDDI 等等，可以是工作站、服务器、集线器、网络上行主干等。

VLAN 除了能将网络划分为多个广播域，从而有效地控制广播风暴的发生，以及使网络的拓扑结构变得非常灵活等优点外，还可以用于控制网络中不同部门、不同站点之间的互相访问。

VLAN 是为解决以太网的广播问题和安全性而提出的一种协议，它在以太网帧的基础上增加了 VLAN 头，用 VLAN ID 把用户划分为更小的工作组，限制不同工作组间的用户互访，每个工作组就是一个虚拟局域网。虚拟局域网的好处是可以限制广播范围，并能够形成虚拟工作组，动态管理网络。

5.2.2 VLAN 的特点

1. 广播风暴防范

限制网络上的广播，将网络划分为多个 VLAN 可减少参与广播风暴的设备数量。LAN 分段可以防止广播风暴波及整个网络。VLAN 可以提供建立防火墙的机制，防止交换网络的过量广播。使用 VLAN，可以将某个交换端口或用户赋予某一个特定的 VLAN 组，该 VLAN 组可以在一个交换网中或跨接多个交换机，在一个 VLAN 中的广播不会送到 VLAN 之外。同样，相邻的端口不会收到其他 VLAN 产生的广播。这样可以减少广播流量，释放带宽给用户应用，减少广播的产生。

2. 安全

增强局域网的安全性，含有敏感数据的用户组可与网络的其余部分隔离，从而降低泄露机密信息的可能性。不同 VLAN 内的报文在传输时是相互隔离的，即一个 VLAN 内的用户不能和其他 VLAN 内的用户直接通信，如果不同 VLAN 要进行通信，则需要通过路由器或三层交换机等三层设备。

3. 成本降低

成本高昂的网络升级需求减少，现有带宽和上行链路的利用率更高，因此可节约成本。

4. 性能提高

将第二层平面网络划分为多个逻辑工作组(广播域)可以减少网络上不必要的流量并提高性能。

5. 提高 IT 员工效率

VLAN 为网络管理带来了方便，因为有相似网络需求的用户将共享同一个 VLAN。

6. 简化项目管理或应用管理

VLAN 将用户和网络设备聚合到一起，以支持商业需求或地域上的需求。通过职能划分，项目管理或特殊应用的处理都变得十分方便，例如可以轻松管理教师的电子教学开发平台。此外，也很容易确定升级网络服务的影响范围。

7. 增加网络连接的灵活性

借助 VLAN 技术，能将不同地点、不同网络、不同用户组合在一起，形成一个虚拟的网络环境，就像使用本地 LAN 一样方便、灵活、有效。VLAN 可以降低移动或变更工作站地理位置的管理费用，特别是一些业务情况有经常性变动的公司使用了 VLAN 后，这部分管理费用大大降低。

5.2.3 VLAN 的划分

1. 根据端口划分 VLAN

许多 VLAN 厂商都利用交换机的端口来划分 VLAN 成员。被设定的端口都在同一个广播域中。例如，一个交换机的 1、2、3、4、5 端口被定义为虚拟网 AAA，同一交换机的 6、7、8 端口组成虚拟网 BBB。这样做允许各端口之间的通信，并允许共享型网络的升级。但是，这种划分模式将虚拟网限制在了一台交换机上。

第二代端口 VLAN 技术允许跨越多个交换机的多个不同端口划分 VLAN，不同交换机上的若干个端口可以组成同一个虚拟网。

以交换机端口来划分网络成员，其配置过程简单明了。因此，从目前来看，这种根据端口来划分 VLAN 的方式仍然是最常用的。

2. 根据 MAC 地址划分 VLAN

这种划分 VLAN 的方法是根据每个主机的 MAC 地址来划分，即对每个 MAC 地址的主机都配置它属于哪个组。这种划分 VLAN 方法的最大优点就是当用户物理位置移动时，即从一个交换机换到其他的交换机时，VLAN 不用重新配置，所以，可以认为这种根据 MAC 地址的划分方法是基于用户的 VLAN，但其缺点是初始化时，所有的用户都必须进行配置，如果有几百个甚至上千个用户，配置是非常烦琐的。而且这种划分的方法也导致了交换机执行效率的降低，因为在每一个交换机的端口都可能存在很多个 VLAN 组的成员，这样就无法限制广播包了。另外，对于使用笔记本电脑的用户来说，他们的网卡可能经常更换，这样，VLAN 就必须不停地配置。

3. 根据网络层划分 VLAN

这种划分 VLAN 的方法是根据每个主机的网络层地址或协议类型（如果支持多协议）划分的，虽然这种划分方法是根据网络地址，比如 IP 地址，但它不是路由，与网络层的路由毫无关系。

其优点是用户的物理位置改变了，不需要重新配置所属的 VLAN，而且可以根据协议类型来划分 VLAN，这对网络管理者来说很重要，还有，这种方法不需要附加的帧标签来识别 VLAN，这样可以减少网络的通信量。

其缺点是效率低，因为检查每一个数据包的网络层地址是需要消耗处理时间的（相对于前面两种方法），一般的交换机芯片都可以自动检查网络上数据包的以太网帧头，但要让芯片能检查 IP 帧头，需要更高的技术，同时也更费时。当然，这与各个厂商的实现方法有关。

4. 根据 IP 组播划分 VLAN

IP 组播实际上也是一种 VLAN 的定义，即认为一个组播组就是一个 VLAN，这种划分的方法将 VLAN 扩大到了广域网，因此这种方法具有更大的灵活性，而且也很容易通过路由器进行扩展，当然这种方法不适合局域网，主要是效率不高。

5. 基于规则的 VLAN

基于规则的 VLAN 也称为基于策略的 VLAN。这是最灵活的 VLAN 划分方法，具有自动配置的能力，能够把相关的用户连成一体，在逻辑划分上称为"关系网络"。网络管理员只需在网管软件中确定划分 VLAN 的规则(或属性)，那么当一个站点加入网络中时，将会被"感知"，并被自动地包含进正确的 VLAN 中。同时，对站点的移动和改变也可自动识别和跟踪。

采用这种方法，整个网络可以非常方便地通过路由器扩展网络规模。有的产品还支持一个端口上的主机分别属于不同的 VLAN，这在交换机与共享式 Hub 共存的环境中显得尤为重要。自动配置 VLAN 时，交换机中软件自动检查进入交换机端口的广播信息的 IP 源地址，然后软件自动将这个端口分配给一个由 IP 子网映射成的 VLAN。

6. 按用户定义、非用户授权划分 VLAN

基于用户定义、非用户授权来划分 VLAN，是指为了适应特别的 VLAN 网络，根据具体的网络用户的特别要求来定义和设计 VLAN，而且可以让非 VLAN 群体用户访问 VLAN，但是需要提供用户密码，在得到 VLAN 管理的认证后才可以加入一个 VLAN。

以上划分 VLAN 的方式中，基于端口的方式建立在物理层上；基于 MAC 地址的方式建立在数据链路层上；基于网络层和 IP 广播的方式建立在第三层上。

5.2.4 VLAN 通信协议

在 VLAN 技术应用的早期，由于各个厂商采用不同的 VLAN 通信协议，导致不同品牌的交换机之间无法互连。故局域网协议的主要制定组织 IEEE 制定了 802.1Q 协议，用于定义基于接口的 VLAN 模型规范，使第二层交换具有以优先级区分信息流的能力，逐渐成为了各大交换机生产厂商均支持的主要 VLAN 接口通信协议。

802.1Q 协议定义了基于端口的 VLAN 模型，这是使用得最多的一种方式。802.1Q 定义了帧标记的标准。规范制定者希望 802.1Q 能够消除 VLAN 中的专有性，使之能与不支持 VLAN 的许多厂商和网络设备集成。标准简化了构建 VLAN 的方案，使得企业之间能够实现交互操作。

IEEE 802.1Q 所附加的 VLAN 识别信息，位于数据帧中"发送源 MAC 地址"与"类别域(Type Field)"之间。具体内容为 2 字节的 TPID 和 2 字节的 TCI，共计 4 字节，如图 5-8 所示。

在数据帧中添加了 4 字节的内容，那么 CRC 值自然也会有所变化。这时数据帧上的 CRC 是插入 TPID、TCI 后，对包括它们在内的整个数据帧重新计算后所得的值。

而当数据帧离开汇聚链路时，TPID 和 TCI 会被去除，这时还会进行一次 CRC 的重新计算。

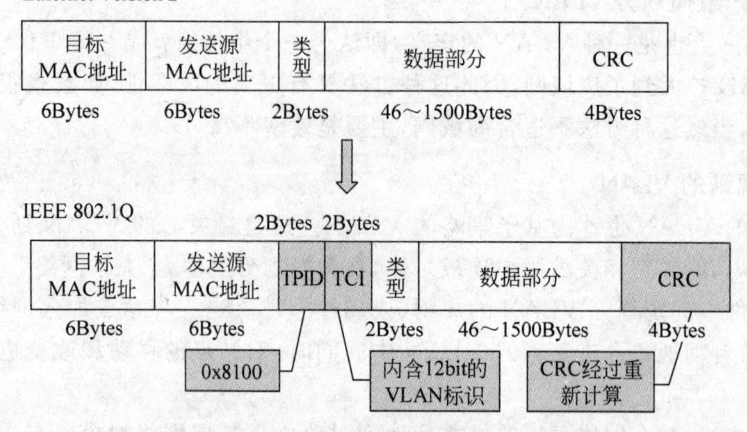

图 5-8 带有 802.1Q 标签头的以太网帧

TPID 的值固定为 0x8100。交换机通过 TPID 来确定数据帧内附加了基于 IEEE 802.1Q 的 VLAN 信息。而实质上的 VLAN ID 是 TCI 中的 12 位元。由于总共有 12 位，因此最多可供识别 4096 个 VLAN。

基于 IEEE 802.1Q 附加的 VLAN 信息，就像在传递物品时附加的标签。因此，它也被称作"标签型 VLAN(Tagging VLAN)"。

其中 TCI 由以下部分组成。

① 用户优先权(user priority)(用 3 位表示，取值范围从 0 至 7)表明帧的优先权。

② 一位令牌环封装标记(Token Ring encapsulation flag)用于指明该帧是否采用 IEEE 802.5 令牌的帧格式(该标记在帧转换过程中非常重要)。

③ VLAN 标识符(VLAN Identifier)(VLAN ID 用 12 位表示)在帧与 VLAN 成员关系之间建立的关联。

网桥可以根据以上信息将帧仅转发到与特定 VLAN ID 相关的端口，能够依据优先权决定转发帧的顺序。更重要的是交换机会保留该标记；即使桥接仍然是点到点的，该标记中的信息仍然能够帮助帧在非路由网络中"路由"。

5.2.5 VLAN 链路类型

1. VLAN 标签

在 VLAN 通信协议中，将传输的以太网报文分为不带标签的报文 untag 和带标签的报文 tag，如图 5-9 和图 5-10 所示。

图 5-9 untag 报文结构　　图 5-10 tag 报文结构

untag 报文就是普通的 Ethernet 报文，普通 PC 的网卡是可以识别这样的报文的，但不具有 VLAN 标识，通常在网卡和交换机端口之间进行通信时使用。而 tag 报文即带有 802.1Q 标签头的以太网帧，一般来说这样的报文普通的 PC 网卡是不能识别的，但是在以太网交换机内部可以通过 tag 标签识别。

2. 以太网端口链路类型

以太网交换机的端口可以配置为 3 种链路类型：Access、Trunk、Hybrid。

(1) Access 链路

Access 类型的端口只能属于一个 VLAN，一般用于连接计算机的端口。

(2) Trunk

Trunk 类型的端口可以允许多个 VLAN 通过，可以接收和发送多个 VLAN 的报文，一般用于交换机之间连接的端口。

(3) Hybrid

Hybrid 类型的端口可以允许多个 VLAN 通过，可以接收和发送多个 VLAN 的报文，可以用于交换机之间连接，也可以用于连接用户的计算机。

Hybrid 端口和 Trunk 端口在接收数据时，处理方法是一样的，唯一不同之处在于发送数据时：Hybrid 端口可以允许多个 VLAN 的报文发送时不打标签，而 Trunk 端口只允许缺省 VLAN 的报文发送时不打标签。

3. 缺省 VLAN

Access 端口只属于一个 VLAN，所以它的默认 VLAN 就是它所在的 VLAN，不用设置；Hybrid 端口和 Trunk 端口属于多个 VLAN，所以需要设置默认 VLAN ID。默认情况下，Hybrid 端口和 Trunk 端口的默认 VLAN 为 VLAN 1。

如果设置了端口的默认 VLAN ID，当端口接收到不带 VLAN 标识的报文后，则将报文转发到属于默认 VLAN 的端口；当端口发送带有 VLAN 标识的报文时，如果该报文的 VLAN ID 与端口默认的 VLAN ID 相同，则系统将去掉报文的 VLAN 标识，然后再发送该报文。

4. 交换机接口出入数据处理过程

(1) 端口接收报文时的处理

端口接收报文时的处理如图 5-11 所示。

交换机端口工作模式	报文帧结构中携带VLAN标识	报文帧结构中不携带VLAN标识
Access	丢弃该报文	为该报文打上VLAN标识为本端口的PVID
Trunk	判断本端口是否允许携带该VLAN标识的报文通过，如果允许则报文携带原有VLAN标识进行转发，否则丢弃该报文	为该报文打上VLAN标识为本端口的PVID
Hybrid	判断本端口是否允许携带该VLAN标识的报文通过，如果允许则报文携带原有VLAN标识进行转发，否则丢弃该报文	为该报文打上VLAN标识为本端口的PVID

Access端口 tag × tag untag
Trunk端口 tag × tag 是 否 tag untag
Hybrid端口 tag × tag 是 否 tag untag

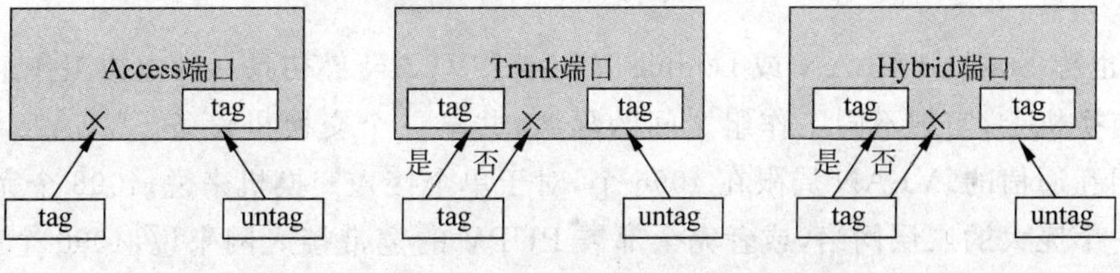

图 5-11 端口接收报文时的处理

① Access 端口收报文：收到一个报文，判断是否有 VLAN 标识：如果没有则打上端口的 PVID(端口的默认 ID)，并进行交换转发，如果有则直接丢弃(默认)。

② Trunk 端口收报文：收到一个报文，判断是否有 VLAN 标识：如果没有则打上端口的 PVID，并进行交换转发，如果有则判断该 Trunk 端口是否允许该 VLAN 的数据进入：如果可以则转发，否则丢弃。

③ Hybrid 端口收报文：收到一个报文，判断是否有 VLAN 标识：如果没有则打上端口的 PVID，并进行交换转发，如果有则判断该 Hybrid 端口是否允许该 VLAN 的数据进入：如果可以则转发，否则丢弃(此时端口上的 untag 配置是不用考虑的，untag 配置只在发送报文时起作用)。

(2) 端口发送报文时的处理

端口发送报文时的处理如图 5-12 所示。

Access	剥掉报文所携带的VLAN标识进行转发
Trunk	首先判断报文所携带的VLAN标识是否和端口的PVID相等。如果相等，则剥掉报文所携带的VLAN标识进行转发；否则报文将携带原有的VLAN标识进行转发
Hybrid	首先判断报文所携带的VLAN标识在本端口需要做怎样的处理。如果是untag方式转发，则处理方式同Access端口；如果是tag方式转发，则处理方式同Trunk端口

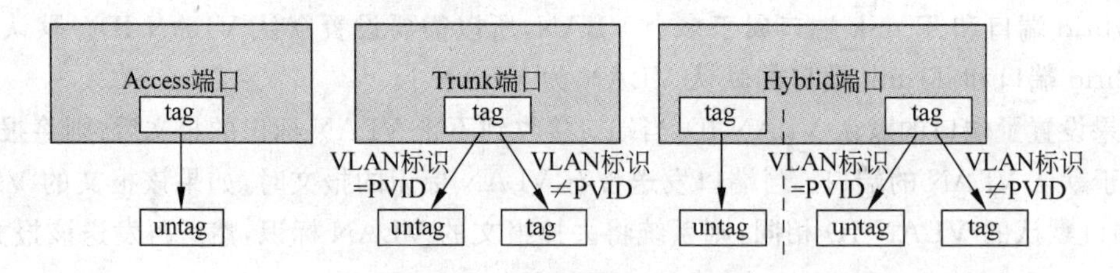

图 5-12 端口发送报文时的处理

① Access 端口发报文：将报文的 VLAN 标识剥离，直接发送出去。

② Trunk 端口发报文：比较端口的 PVID 和将要发送报文的 VLAN 标识，如果两者相等则剥离 VLAN 标识，再发送，如果不相等则直接发送。

③ Hybrid 端口发报文：首先判断该 VLAN 在本端口的属性(disp interface 即可看到该端口对哪些 VLAN 是 untag，哪些 VLAN 是 tag)。如果是 untag 则剥离 VLAN 标识再发送，如果是 tag 则直接发送。

5.2.6 QinQ 技术

QinQ 也称 Stacked VLAN 或 Double VLAN。VLAN 最初是一种虚拟工作组概念，是在同一个交换机上，实现不同工作组之间的隔离，共享一个交换机设备。VLAN 内的所有用户是可相互通信的，VLAN 局限在 4096 个，对于单个接入交换机来说，4096 个完全够用，但是对于一个庞大的二层网络，或者完全部署 PUPV 的宽带接入网来说，4096 个就显得捉襟见肘，而 QinQ 就正是为解决 VLAN 局限提出来的。

其实现为在 802.1Q 协议标签前再次封装 802.1Q 协议标签，其中一层标识用户系统网络(Customer Network),一层标识网络运营网络(Service Provider Network),将其扩展实现用户线路标识。目前部分交换机可以支持 QinQ 功能。QinQ 允许运营商为每个用户分配最大到 4000 的第二个 VLAN ID。运营商 VLAN 标识在 IPDSLAM 网络侧插入,在用户侧删除。BAS 通过识别用户的第二个 VLAN 确定用户线路标识。QinQ 也较好地解决了 VLAN(最大 4000)数量不足问题。

QinQ 报文结构如图 5-13 所示。

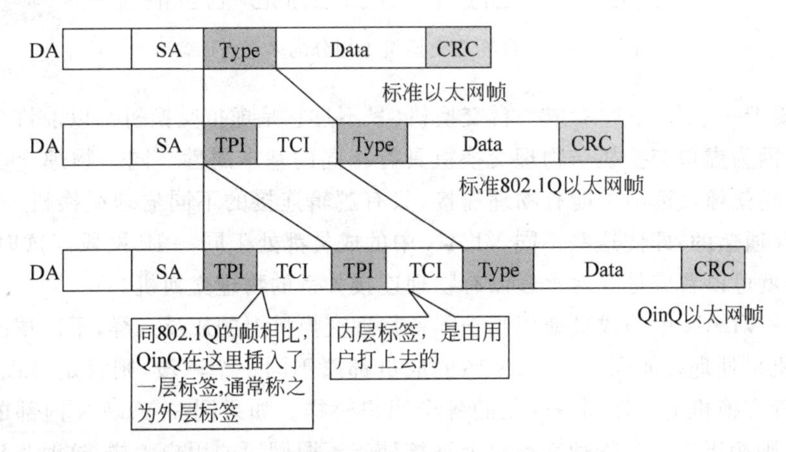

图 5-13　QinQ 报文结构

相对基于 MPLS 的二层 VPN,QinQ 具有如下特点:①为用户提供了一种更为简单的二层 VPN 隧道;②不需要信令协议的支持,可以通过纯静态配置实现;③由于 QinQ 的实现是基于 802.1Q 协议中的 Trunk 端口概念,要求隧道上的设备都必须支持 802.1Q 协议。QinQ 主要可以解决如下几个问题:①缓解日益紧缺的公网 VLAN ID 资源问题;②用户可以规划自己的私网 VLAN ID,不会导致和公网 VLAN ID 冲突;③为小型城域网或企业网提供一种较为简单的二层 VPN 解决方案。

5.3 VLAN 工作原理

VLAN 是交换网络按照功能、项目组、IP 子网或者应用策略等方式划分的逻辑分段,而不考虑用户的物理位置。VLAN 具有与物理网络相同的属性,但是可以聚合即使不在同一个物理网段中的终端站点。任一交换机端口可以配置为 VLAN 接口,负责整个 VLAN 的单播、广播和多播包转发。在 VLAN 的配置与使用中,由于并没有真正了解 VLAN 的形成原理,导致在出现一些 VLAN 配置和 VLAN 路由、桥接故障时无法理解。

5.3.1 同一物理交换机中的 VLAN

其实理解 VLAN 这个技术术语的关键就是要理解“虚拟”这两个字。“虚拟”表示 VLAN 所组成的是一个虚拟 LAN,或者说是逻辑 LAN,并不是一个物理 LAN。交换机内部中的各个 VLAN 可以理解为一个个虚拟交换机,如图 5-14 所示。

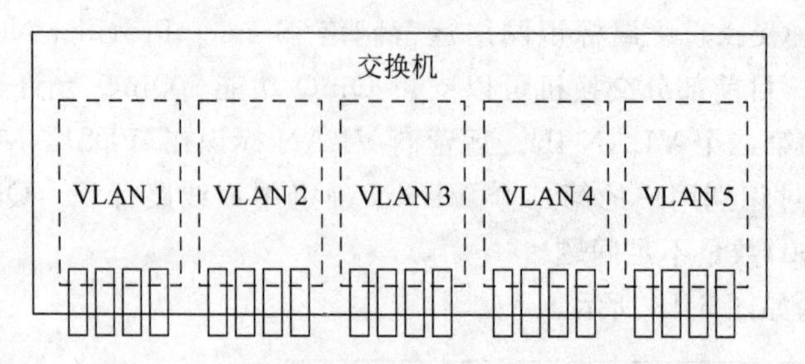

图 5-14　一台物理交换机中划分的多个 VLAN

其实只要把一个 VLAN 看成一台交换机(只不过它是虚拟交换机),以前许多问题就比较好理解了,因为虚拟交换机与物理交换机具有相同的基本属性。同一物理交换机上的不同 VLAN 之间就像永远不可能有物理连接,只有逻辑连接的不同物理交换机一样,是肯定不能直接相互通信的,即使这些不同 VLAN 中的成员都处于同一 IP 网段。这时图 5-14 所示的 VLAN 就可以看成是 5 台永远没有物理连接关系的物理交换机。

位于同一 VLAN 中的成员就相当于同一物理交换机上的成员一样,不同情况仍可以按照物理交换机来处理。如同一 VLAN 中的成员都属于同一个网段,则肯定可以相互通信,就像同一物理交换机上连接同一网段的各个用户一样。如果同一 VLAN 内部的成员是处于不同网段,则相当于一台物理交换机上连接处于不同网段的用户一样,这时肯定得通过路由,或者网关配置来实现相互通信,这个网关就是 VLAN 的 SVI 接口。

5.3.2　不同物理交换机中的 VLAN

因为一个 VLAN 中的成员不是依据成员的物理位置来划分的,所以通常是位于网络中的不同交换机上,也就是说一个 VLAN 可以跨越多台物理交换机,这就是 VLAN 的中继(Trunk)功能,如图 5-15 所示。这时不要总按照物理交换机来看待用户的分布,而是要从 VLAN 角度来看待。在图 5-15 中,不要把它当成两台物理交换机,而是要把它当成是 5 台相互有物理连接关系(就是两台物理交换机间的那个连接)的物理交换机。

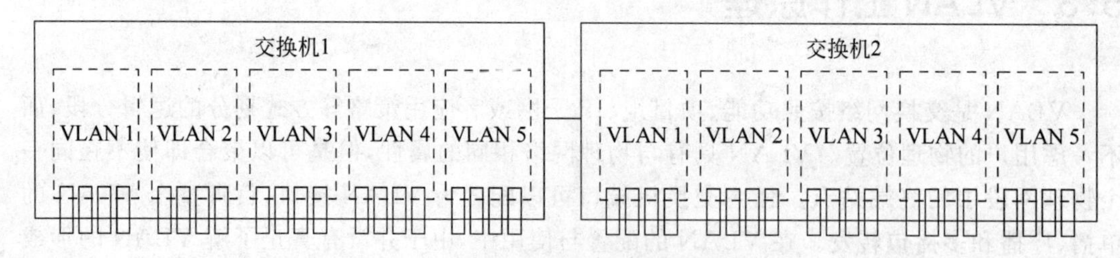

图 5-15　不同物理交换机上的相同 VLAN

在不同交换机上可以有相同的 VLAN,而且这些不同物理交换机上的相同 VLAN 间是相通的,可以相互访问(当然这得在物理交换机连接的端口允许这些 VLAN 数据包通过,这就是前面所介绍的 Trunk 端口的功能)。

在同一物理交换机上不可能存在两个相同的 VLAN,但在不同交换机上可以存在多个相同的 VLAN,而默认情况下只有相同 VLAN 中的成员才可以直接通信(不需要路由和桥接)，所以在同一物理交换机上默认情况下各 VLAN 间是不能直接通信的，即使它们都位于同一 IP 网段。但在不同物理交换机上的相同 VLAN 却是可以直接通信的，只要物理交换机间的连接端口允许相应 VLAN 数据包通过学习即可，因为位于不同物理交换机上的相同 VLAN 的连接就是利用物理交换机间的物理连接。

5.3.3　VLAN 间的互访

VLAN 是二层协议，VLAN 的虚拟，或者逻辑属性决定了这些 VLAN 之间没有物理二层连接(只有逻辑连接)，各自彼此独立，相当于一个个独立的二层交换网络。在不可能进行二层互访的情况下，我们只能通过三层来解决它们之间的连接问题。我们知道一个独立交换网络要与另一个独立交换网络进行三层连接，有两种方式：一种通过网关，另一种就是通过路由。在不同 VLAN 间的逻辑连接也有这两种方式，其中每个 VLAN 的交换机虚拟接口(SVI)就是对应 VLAN 成员的网关。为每个 SVI 配置好 IP 地址，这个 IP 地址就是对应 VLAN 成员的网关 IP 地址。这种通过 SVI 进行的 VLAN 间成员互访的基本结构如图 5-16 所示。每个 VLAN 成员与其他 VLAN 中的成员进行通信都必须通过双方作为各自 VLAN 成员网关的 SVI。而每个 VLAN 中的成员端口一般都是二层访问端口，直接连接用户 PC 的。

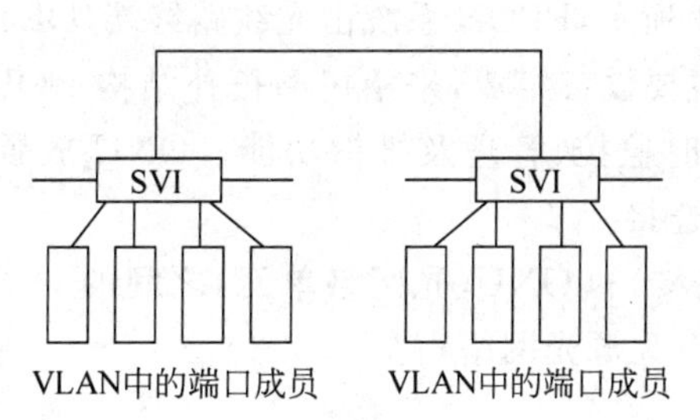

图 5-16　不同 VLAN 间通过 SVI 进行的逻辑连接示意图

通过路由方式来实现不同 VLAN 间的连接可以理解为在图 5-16 中两个 SVI 间加了一个提供路由功能的设备，可以是路由器(通过静态路由或各种路由协议实现)，也可以是有三层交换模块的三层交换机(通过开启 IP 路由功能实现)。但各个 VLAN 对外以各自的 SVI 呈现，各 VLAN 内部以二层的 MAC 地址进行寻址。当然这是在假设相同 VLAN 中的成员都是在同一网段的情况下，如果这些成员不在同一网段，则需要像一台物理交换机上连接了多个网段的主机一样配置路由来实现 VLAN 内部各成员之间的相互通信。

CHAPTER 6

第6章

PON 接入网系统设备介绍

本章学习目标

(1) 了解 PON 接入网系统的组成结构;
(2) 理解 PON 接入网系统中 OLT、ONU 的主要功能和形态;
(3) 掌握中兴平台下的常见 PON 接入网设备;
(4) 掌握华为平台下的常见 PON 接入网设备。

6.1 PON 接入网系统平台结构

PON 组成结构如图 6-1 所示,EPON 系统由光线路终端(OLT)、光合/分路器(Splitter)和光网络单元(ONU)3 种主要设备组成,采用树型拓扑结构。OLT 放置在中心局端,分配和控制信道的连接,并有实时监控、管理及维护功能。ONU 放置在用户侧,OLT 与 ONU 之间通过无源光合/分路器连接。

由于在 OLT(光线路终端)和 ONU(光网络单元)之间的 ODN(光分配网络)没有任何有源电子设备,故称为 PON(无源光网络)。

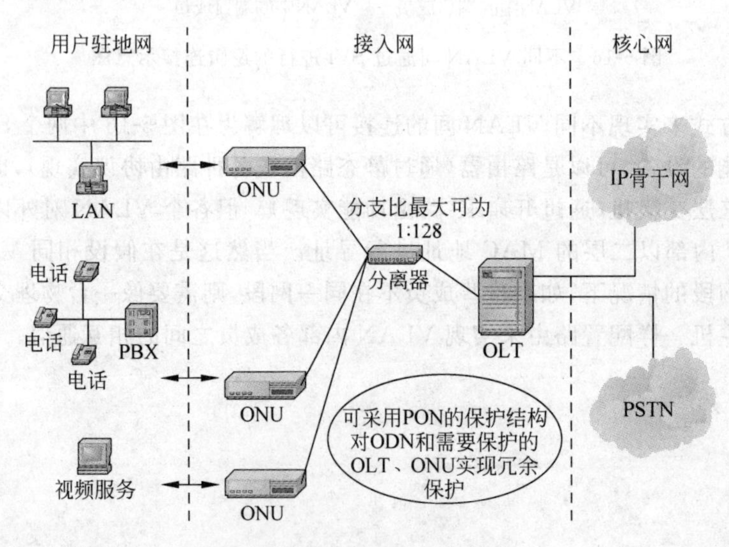

图 6-1 PON 组成结构

PON 使用波分复用(WDM)技术,同时处理双向信号传输,上、下行信号分别用不同的波长,但在同一根光纤中传送。OLT 到 ONU 的方向为下行方向,反之为上行方向。下行方向采用 1490nm，上行方向采用 1310nm，PON 系统波分复用如图 6-2 所示。

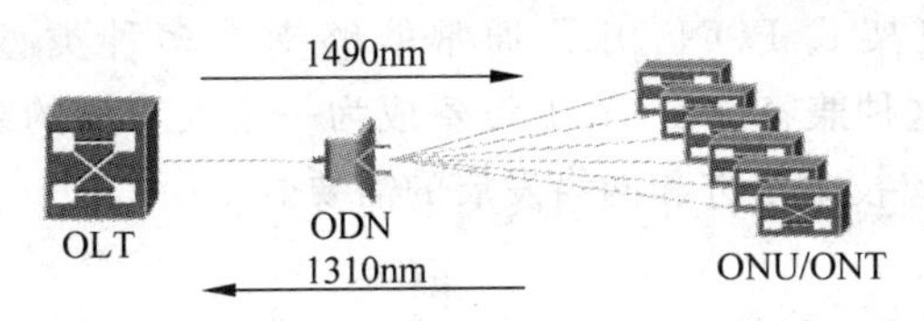

图 6-2　PON 系统波分复用

6.1.1　OLT

1. OLT 的基本概念

OLT(Optical Line Terminal)是 PON 系统中一体化大规格的局端接入产品。提供了高速率、高带宽、高质量、宽窄带合一的光接入业务。在 FTTx 光接入网方案中，作为 GPON/EPON 系统中的 OLT 设备，通过和终端 ONT 设备或 ONU 设备配合使用，实现多业务承载。

2. OLT 的功能

OLT 的具体功能如下。

① 数据业务的汇聚。具体包括：向 ONU(光网络分配单元)以广播方式发送以太网数据；发起并控制测距过程，并记录测距信息；为 ONU 分配带宽；控制 ONU 发送数据的起始时间和发送窗口大小。

② 远程集中网络管理平台。在 OLT 上可以远程实现基于 ONU 设备的网元管理和基于业务的配置和安全管理，不仅可以监测、管理设备及端口，还可以进行业务开通和用户状态监测。

3. OLT 的特点

OLT 作为 FTTx 光接入网系统的核心部件，具备如下特点。

① 支持良好的管理、维护和监控功能，便于日常管理和故障诊断。

② 电信级可靠性设计，在系统设计、硬件设计和软件设计各个环节均考虑了系统可靠性，充分保证了设备的正常运行。

③ 丰富的接口类型，提供多种类型的上行接口、业务接口、维护接口，以适应不同的组网环境。

④ 具备强大的 QoS 能力，为各种业务管理的开展提供了基础。

⑤ 全面的安全保障措施：提供了完善的系统安全、用户安全与操作维护安全的方案。

⑥ 灵活的组网方式，作为多业务接入平台，可以提供多种接入方式，并且支持多种组网方式，以满足用户不同环境和业务的组网需求。

4. OLT 的形态

OLT 设备主要有较大容量的机架式及较小容量的盒式两种形态。

(1) 机架式

一般而言，机架式设备是指高度大于 2U 的、模块化(插板式)结构的 OLT 设备。机架式OLT的容量较大、可扩展性强，单位接口的成本较低，对其性能要求也较高，是应用较广的OLT设备形态。机架式PON OLT通常能够支持多种类型PON接口板(EPON、GPON)的灵活混插。这种兼容性使OLT设备成为一个大容量的综合接入平台，在应用上更具灵活性，更好地适应技术演进和网络发展的需要。

(2) 盒式

盒式设备通常指高度小于等于2U的小容量OLT设备。盒式OLT设备一般采用固定式设计，不支持模块化。盒式OLT设备接口数量少、可扩展性不强，在用户数较少的场合具有初期投资小的优势，其功能和特点也相对较弱。盒式OLT设备也可以通过巧妙设计，成为一个通用硬件平台，既可以作为OLT，也可以作为ONU，从而大大提高部署的灵活性和资料的使用效率。

6.1.2 ONU

1. ONU的概念

ONU(Optical Network Unit)又称光节点，一般装有包括光接收机、上行光发射机、多个桥接放大器、网络监控等设备。ONU可分为有源光网络单元和无源光网络单元，在PON系统中采用的均是无源光网络单元。

ONU是PON系统的用户侧设备，用于终结从OLT传送来的业务。与OLT配合，ONU可向相连的用户提供各种宽带服务。如Internet数据业务、VoIP语音业务、高清IPTV业务、视频会议系统等业务。ONU作为FTTx应用的用户侧设备，是“铜缆时代”过渡到“光纤时代”所必备的高带宽、高性价比的终端设备。ONU作为用户有线接入的终极解决方案，在下一代光接入网络建设中具有举足轻重的作用。

2. ONU的应用形式

根据FTTx解决方案的不同，ONU在光接入网系统的放置位置可能有多种模式，ONU自身的功能和硬件结构也会有所不同。

(1) FTTC

FTTC(Fiber To The Curb)是光纤到路边的解决方案，ONU放置在路边，OLT通过光纤连接到放置于路边的人孔或电线杆上的分线盒处的ONU设备，ONU再通过双绞线连接到各个用户，为区内用户提供语音、数据和视频业务。这种方案适用于分散的公寓住宅和工业园区的应用。

(2) FTTB

FTTB(Fiber To The Building)是光纤到大楼的解决方案，ONU放置在楼道中，OLT通过光纤连接到放置于楼道内的ONU，ONU再通过双绞线连接到各个用户，为楼内用户提供语音、数据和视频业务。这种方案适用于中高密度人口的公寓住宅或办公楼。

(3) FTTH

FTTH(Fiber To The Home)是光纤到用户的解决方案，ONU放置在家庭内，给用户提供接入服务。根据用户的业务需求可分为桥接ONU、多业务ONU和具备三层功能的ONU。

① 桥接ONU只提供二层转发功能，接口类型单一，具有业务模式简单的优点。

② 多业务 ONU 除了提供 GE/FE 接口外，一般还提供语音业务接口，满足家庭多业务接入需求。

③ 具备三层功能的 ONU 自身又集成了家庭网关的功能，提供丰富的用户侧接口，某些 ONU 甚至可能自带 WiFi 接口，可满足多个终端(包括 PC、IPTV)共享接入、多业务应用的需求。

FTTC、FTTB 解决方案中的 ONU 如图 6-3 所示，FTTH 解决方案中的 ONU 如图 6-4 所示。

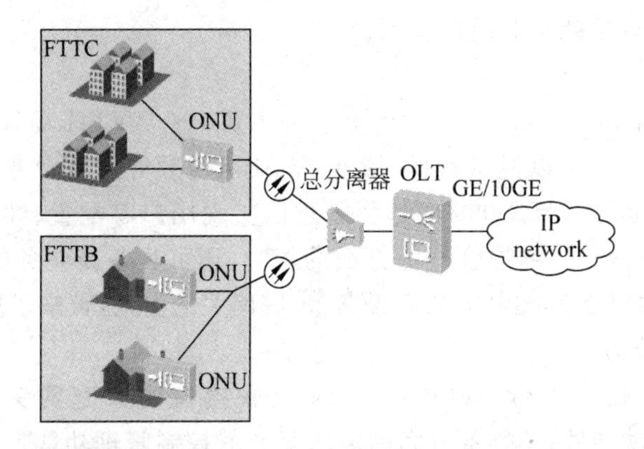

图 6-3　FTTC、FTTB 解决方案中的 ONU(MDU)

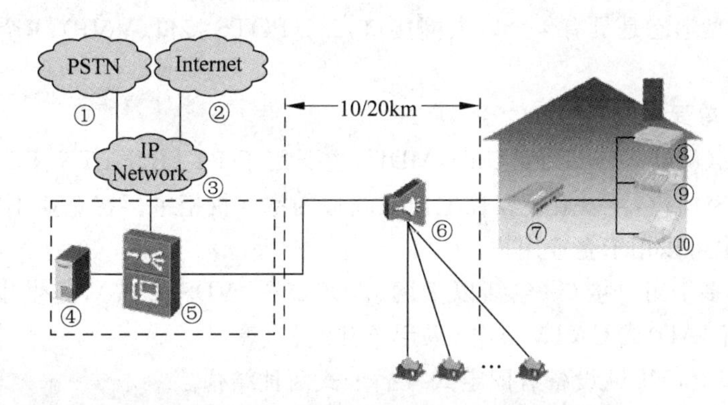

图 6-4　FTTH 解决方案中的 ONU(ONT)

3. ONU 的主要类型和形态

ONU 设备的种类很丰富。从用户类型看，可以包括家庭(住宅)用户和企业(特别是中小企业)用户。从 ONU 接入的用户数量来看，可以包括单用户独享和多用户共享。从用户接口的数量看，可以是单个，也可以是多个，如 4、16、24、48，甚至更多。从放置位置看，可以包括家庭用户室内、家庭用户室外、家庭用户楼内(室外)、企业内部(如机房、桌面)等。从用户接口类型看，可以包括以太网、ADSL2＋、VDSL2、POTS，甚至 WLAN。参照国际通信方式，主要根据用户类型、接入网用户数量等级等维度，可以将 ONU 设备分为以下 5 种主要类型。

(1) 单住户单元

单住户单元(Single Family Unit，SFU)主要用于 FTTH、FTTP 场景，仅提供宽带接入终端功能，而不具备复杂的家庭网关功能。SFU 通常具有 1、2 或 4 个以太网接口（FE/GE），提供以太网/IP 业务，也可以根据需要提供 VoIP 业务（内置 IAD）或 CATV 业务（采用单独波长）。SFU 可以放置在用户家庭内部（室内），也可以放置在室外。

SFU 的典型形态为以下两种。

① 仅提供以太网接口的，接口数一般为 1、2、4。

② 同时提供以太网和 POTS 接口的，为 4 个以太网接口和 2 个 POTS 接口。

SFU 可与家庭网关配合使用，提供更强的业务能力。如果企业不需要 TDM 等业务，也可以将 SFU 用于单独的企业用户接入。

(2) 家庭网关单元

家庭网关单元（Home Gateway Unit，HGU）主要用于 FTTH 场景，是家庭网络与外部网络联系的关口和桥梁，可以提供数据、话音（VoIP）、视频等多种业务，能够实现家庭内部有线和无线联网，支持基于 TR-069 的远程管理以实现用户零配置、性能监视、远程软件升级等，能够增强 QoS、安全、维护管理等方面的能力，还可具备新业务的扩展能力。家庭网关是家庭网络中各种业务和控制的核心设备，家庭网关的引入，带来了更强的控制管理能力和更强的业务支持能力。

HGU 型 ONU 相当于带 EPON/GPON 上联接口的家庭网关，除了具备 SFU 的 EPON/GPON 接口功能外，还具备家庭网关的复杂的控制管理功能。HGU 主要用于单独家庭用户的 FTTH 场合。

HGU 的典型形态是具有 4 个以太网接口，2 个 POTS 接口（VoIP）、1 个 WLAN 接口和 1 个 USB 接口。

(3) 多住户单元

多住户单元（Multi-Dwelling Unit，MDU）主要用于 FTTB、FTTN、FTTC、FTTZ 等场景，用于多个住宅用户，可以放置在住宅内或路边的室外机柜中。在企业不需要 TDM 专线业务时，MDU 也可以用于企业用户。

MDU 具有多个用户接口（包括以太网、ADSL2＋、VDSL2 等），提供以太网/IP 业务、VoIP 业务（内置 IAD）或 CATV 业务（采用单独波长）等。

在设备实现上，MDU 设备有固定式及插卡式两种结构。

① 固定式。通常为 1U 高的盒式设备，提供固定数量（8、16 或 24 个）的用户接口。典型形态为仅提供以太网接口，或者同时提供以太网接口和 POTS 接口。

② 插卡式。一般为 2U 高度的中小型机框，提供多个业务槽位，并支持不同类型板卡（以太网、DSL、POTS）的灵活混插，以太网接口板的规格一般为 8、16、24、32 个端口、POTS 接口板的规格通常为 24、32、48、64 个端口，ADSL2＋接口板的规格一般为 16、24、32、48、64、96 个端口，VDSL2 接口板的规格通常为 12、16、24、32 个端口；ADSL2＋、VDSL2 接口板一般包含分离器。

上述两种形态中还可以提供同轴电缆接口，以支持 CATV 业务。

MDU 的上连接口可具备模块化能力，实现 GE、EPON、GPON、10G-EPON、XG-PON 等接口模块的可更换，以更好地适应不同的网络结构（点对点、点对多点）、不同的技术选择（EPON、GPON）以及技术自身的发展演进。

(4) 单商户单元

单商户单元(Sing Business Unit,SBU)适用于 FTTO 等场景,主要用于单独企业用户或企业里的单个办公室,构成 FTTO 的应用模式。SBU 支持宽带接入终端功能,可以提供以太网接口(通常 4 个以上)、E1 接口、POTS 接口(VoIP),能够满足企业用户的数据、语音和 TDM 专线业务等多样化的业务需求。

SBU 的典型形态为:具有 4 个以太网接口、4 个 E1 接口,另外还有具备若干个 POTS 接口。

(5) 多商户单元

多商户单元(Multi-Tenant Unit,MTU)适用于 FTTB、FTTO 等场景,主要用于多个企业用户,也可用于同一个企业内部的多个员工用户。MTU 具有多个以太网接口(通常 8 个以上),一般具有 E1 接口、POTS 接口(VoIP),能够满足企业用户的数据、语音、TDM 专线业务等多样化的业务需求。

对于应用于商务楼的 MTU 通常采用插卡式结构,一般为不小于 2U 高度的机框,提供多个业务槽位,支持以太网、POTS、TDM 等接口板的灵活混插,可以满足不同企业的多样化业务需求。以太网接口板的规格一般为 8、16、24 个端口,POTS 接口板的规格一般为 8、16、24、32、48、64 个端口,TDM 板的规格一般为 4、8 个 E1 端口。

虽然 SBU 也可能有多个用户接口,但 MTU 与 SBU 在某些功能要求上是有差异的。例如,由于 MTU 用于接入多个企业用户,因此需要保证用于不同接口之间的二层隔离,需要支持对每个用户接口进行独立的宽带控制,而对于 SBU,由于其用于同一企业,则不需要上述要求。

(6) 基站回传单元

基站回传单元(Cellular Backhaul Unit,CBU)适用于移动基站的回传。CBU 可根据基站上联口的类型,通过以太网接口或 E1 接口,接入基站的数据流量;同时具有 1PPS+ToD 时钟接口,为基站提供时钟和时间同步信号。

CBU 的典型形态包括以下三种。

① 4 个以太网接口(FE/GE)、4 个 E1 接口、2 个 1PPS+ToD 接口。

② 4 个以太网接口(FE/GE)、8 个 E1 接口、2 个 1PPS+ToD 接口。

③ 4 个以太网接口(FE/GE)、2 个 1PPS+ToD 接口。

目前在国内三大电信运营商所建设的 PON 接入网系统中,主要采用中兴和华为两个公司所提供的设备产品,以下对这两个系列的产品进行介绍。

6.2 中兴平台接入网设备

6.2.1 OLT

1. 设备介绍

常用的中兴 OLT 设备型号有 ZXA10 C200 和 ZXA10 C220,其中 C200 为中小容量 OLT 设备,C220 为大容量 OLT 设备,在本书中主要针对 C200 的使用进行介绍。ZXA10

C200 设备外观如图 6-5 所示，ZXA10 C220 设备外观如图 6-6 所示。

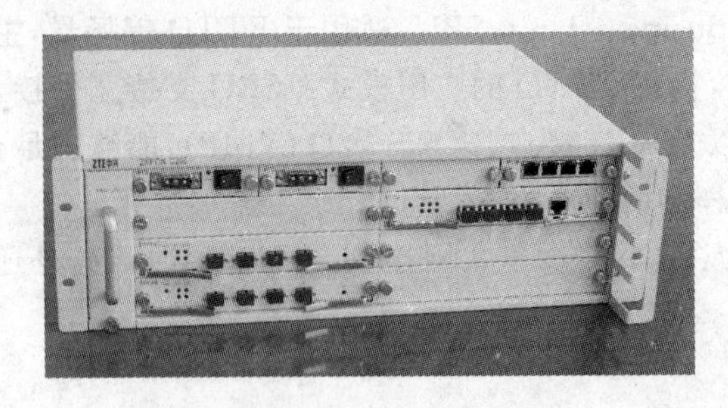

图 6-5　ZXA10 C200 设备外观

图 6-6　ZXA10 C220 设备外观

系统的主要功能如下。

① 支持语音业务、数据业务和视频业务的三网合一业务的开展，语音业务以 VoIP 方式提供，数据业务提供大带宽的上下行数据业务流量的能力，视频业务支持基于 IP 数据的 VOD/IPTV 和基于第三波长 CATV 两种方式。

② 对于商业用户，与上层网络配合支持大带宽的 VPLS 业务，满足企业安全、可靠的大带宽互联的需求，解决传统租用线业务带宽低、业务扩展性差的缺陷。

③ 支持 EPON 线卡，后续开发的 GPON 线卡可以插入现有的机框。

④ 提供完善的 IPTV 业务解决方案，设备提供对 IPTV 业务的支持，同时能够提供对模拟和数字 CATV 第三波长业务的支持，可以构建具有持续扩展能力的视频业务平台。

⑤ 完善的 QoS 控制，采用动态带宽分配、优先级控制、多种流量分类机制、多队列调度等技术，支持 SLA，能够满足 VoIP 业务、VPN 业务和上网业务等不同业务的 QoS 需求，系统关键部件支持包括核心交换、电源以及管理等主备的冗余热备份。

⑥ 丰富的用户系列终端，将 EPON 技术与 xDSL、WLAN、以太网和 VoIP 技术有机融合，提供满足各种应用场景的终端设备。

⑦ 电源采用全分布式供电，每个单板有自己的供电模块，外部电源两路冗余输入，确保供电可靠。

⑧ NetNuMen 网管系统支持对 ZXA10 C200 系列的局端和用户端设备的统一管理维护，支持图形化界面、SNMP 的管理接口，支持 Telnet 管理方式，网管支持故障隔离、告警和性能监测、各种环回控制功能和 PON 连接视图。

2. 设备硬件结构

(1) 机框结构

ZXA10 C200 是一款中小容量、体积紧凑的高密度无源光接入局端设备，支持 IEEE 802.3ah EPON 标准。3U 标准插箱外形尺寸为 132.6mm×482.6mm×374.7mm(高×宽×深)，ZXA10 C200 设备外观如图 6-5 所示。

(2) 机框配置

ZXA10 C200 机框配置见表 6-1。

表 6-1　ZXA10 C200 机框配置

<table>
<tr><td rowspan="4">FAN</td><td>I1</td><td>I2</td><td>I3</td><td>I4</td></tr>
<tr><td colspan="2">A1</td><td colspan="2">B1</td></tr>
<tr><td colspan="2">A2</td><td colspan="2">B2</td></tr>
<tr><td colspan="2">A3</td><td colspan="2">B3</td></tr>
</table>

槽位与单板的配置关系见表 6-2。

表 6-2　槽位与单板的配置关系

槽位名	功　能
I1	电源接口板 1
I2	电源接口板 2
I3	保留作扩展用
I4	管理接口板
B1	主用主控交换板
B2	EPON 线卡/备用主控交换板
B3	除主控交换板外，其他所有板都通用
A1	除主控交换板外，其他所有板都通用
A2	除主控交换板外，其他所有板都通用
A3	除主控交换板外，其他所有板都通用

为提高系统的可靠性，系统可配置两块主控交换板，这两块交换板可工作在 1∶1 模式。电源接口板有两块，这两块电源板工作在 1∶1 方式。

ZXA10 C200 系统有一个－48V 电源插座，作为系统后连线的电源入口。

(3) 系统电路板

ZXA10 C200 设备的电路板包括主控交换板、上联板、用户板、背板、电源板、管理接口板和风扇板，ZXA10 C200 单板类型见表 6-3。

各电路板的主要功能如下。

① 主控交换板。为系统必须配置的单板，支持主备。主控交换板具有 68Gbps 的交换能力，用于交换、汇聚各线卡的以太网数据业务，对系统中各个 PON 线卡的数据进行无阻塞交换；该板可同时承担系统控制功能，完成整个系统的管理；该板也可同时承担 4GE 光接口或 2GE 光接口＋2GE 电接口的上联接口板作用。

表 6-3 ZXA10 C200 单板类型

分 类	英文名称	中 文 名 称
主控交换板	EC4G	4GE 光口交换板
	EC4GM	2GE+2 GE 电接口交换板
上联板	EIG	光以太网接口板
	EIGM	光电混合千兆以太网接口板
	EIGMF	光电混合以太网接口板
	EIT1F	单端口 10GE 光接口板
	CE1B	32 路 E1 非平衡接口电路仿真板
	CL1A	单端口 STM-1 光接口电路仿真板
用户板	EPFC	4 路 EPON 板
背板	MBE3U	3U 背板
电源板	PFB	B 型电源接口板
管理接口板	MCIB	管理控制接口板
风扇板	FIB3U	风扇接口板

② 上联板。提供各种类型的上联接口，包括 FE 以太(电口)网、GE 以太网(光口、电口)、E1、STM-1 等类型。由于主控板本身包含上联接口，故在网络出口有限的情况下，上联板并非必需的。

③ 用户板。为系统必须配置的单板，提供下联 PON 光接口，主要完成 EPON 系统中下联侧的相关功能，支持与多种类型的 ONU 对接。

④ 背板。为系统必须配置的单板，主要实现系统中的各功能单板的电气互连，并同时提供安装定位和各功能单板的机械支撑。为了提高系统配置的灵活性和方便性，背板设计支持线路板最大限度的混插。

⑤ 电源板。为系统必须配置的单板，主要实现过滤和保护功能，主要功能包括：防雷击保护；防反接保护；过压检测；低压检测；缓启动。

⑥ 管理接口板。为系统必须配置的单板，提供 4 种类型网管接口：Q 接口、A 接口、STC1 接口和 STC2 接口。网管管理 Q 接口用来与网管互联，接受网管的配置、维护、性能查询等管理，接口形式为 10/100Mbps 自适应；A 功能网口是为了今后的扩展功能，例如接 radius 服务器、软交换设备，或视频认证服务器等；STC 用作预留接口。

⑦ 风扇板。为系统必须配置的单板，主要功能包括：对风扇的进电部分进行滤波控制；控制风扇运转和停止；对风扇的运行状态进行检测。风扇板可根据环境情况自动开关风扇，并能自动检测风扇状态，该单板支持带电插拔。

3. 设备工作原理

C200 系统包括交换核心和线路接口两大模块，ZXA10 C200 原理结构如图 6-7 所示。

系统提供 3 种总线类型。

① n×GE/10GE 总线。完成系统的业务数据互通，将交换核心和线卡连接在一起。

② 时钟总线。为系统中各功能单板提供工作所需的时钟。

③ 控制总线。提供各功能单板的相互通信的通道，主控交换核心通过控制总线完成对各线卡控制信息的处理。

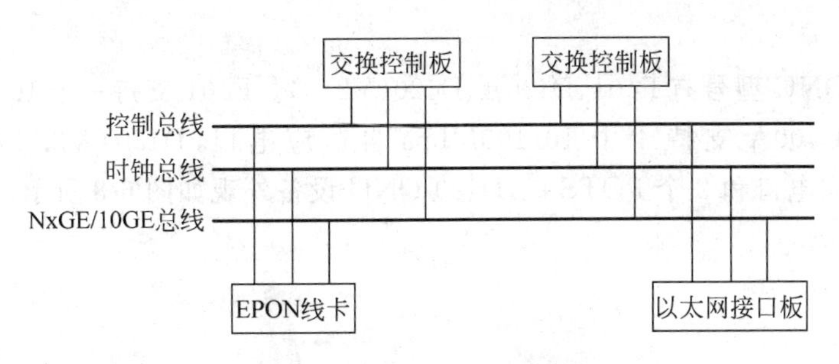

图 6-7　ZXA10 C200 原理结构

线路接口板完成线路接口功能,线路接口板包括以下两类。

① PON 接口类,完成 PON 有关的协议处理,包括以太无源光网络(EPON)的 MPCP 协议、DBA 算法等,把点对多点共享介质转换成串行 GE 接口。

② 以太网接口类,把交换板送来的 GE 串行信号转换成适合光纤或电缆上传送的信号;一般作为上联或下联带其他网络设备。

交换板是整个系统的核心,其完成的功能包括以下几方面。

① 各线卡间业务汇聚与交换,完成 EPON 板间、EPON 板同上联以太网板间的业务 L2 交换。

② L2 层协议处理,其中比较重要的协议有生成树、IGMP 组播协议。

③ 组播功能实现,C200 的组播在交换板上实现,由交换芯片组播到各 PONC 板,由 PONC 板上的 OLT MAC 芯片打上相应的广播 LLID 字段,广播给 ONU,由 ONU 侧的 EPON ONU MAC 芯片根据本 ONU 配置的组播 MAC 地址,决定是否把该组播业务送给用户。

④ 单播业务,同一 EPON OLT 光口下的不同 ONU 间的业务不直接互通,通过交换板进行 L2 的转发。

⑤ 系统的管理控制,包括告警、维护、配置等功能以及用户接入控制功能。

系统的主要接口与开关如下。

① 板间通信 S 接口。提供主控交换板与各线卡之间的通信通道,完成整个系统的管理、控制。

② 网管管理 Q 接口。用来接网管台,用于网管台的配置、维护、性能查询等管理。

③ A 功能网口。这一接口是为了今后的扩展功能,如接 Radius 服务器、软交换设备或视频认证服务器等。

④ CLI 接口。CLI 接口物理上是串口,可用作调试串口或 CLI 命令行接口。

⑤ 拨码设置开关。MCIB 板上有-4 位拨码开关,交换板主控 CPU 通过读取拨码开关值就能知道交换板所在的 C200 是堆叠系统中的主框还是从框。

6.2.2　ONU

1. 设备介绍

ONU 终端放在最终用户处,分为小型和大型两个系列。小型设备主要用于 FTTH 应用方案,放置在最终用户终端;大型设备主要用于 FTTC、FTTB 应用方案,放置于局端或大客户终端。

常用小型ONU型号有F401、D400A、D420(V2.0)。F401支持一个10/100/1000Mbps自适应电口，D400A支持4个10/100Mbps自适应电口，D420(V2.0)支持4个10/100Mbps自适应电口和2个POTS口，D420 ONU设备外观如图6-8所示。

图6-8 D420 ONU设备外观

常用的大型ONU型号主要为F820，这是一种模块化的用户端接入网关，可以根据用户需要在槽位上安插不同型号的板块，构成不同的终端配置，F820 ONU设备外观如图6-9所示。

图6-9 F820 ONU设备外观

2. 设备机柜

机柜一般是冷轧钢板或合金制作的用来存放相关通信设备的物件，可以提供对存放设备的保护，屏蔽电磁干扰，有序、整齐地排列设备，方便以后维护设备。一个好的机柜意味着通信设备可以在良好的环境里运行，所以机柜所起到的作用非常重要。机柜系统性地解决了通信设备应用中的高密度散热、大量线缆附设和管理、大容量配电及全面兼容不同厂商机架式设备的难题，从而使数据中心能够在高可用的环境下运行。

目前，机柜已经成为通信行业中不可缺少的用品，在各大机房都能看到各种款式的机柜，随着通信网络规模的不断扩大，机柜所体现的功能也越来越大。机柜一般用在网络布线间、楼层配线间、中心机房、数据机房、网络机柜、控制中心、监控室、监控中心等。

在中兴平台下，设备的机柜有以下两种：19D06H22机柜、19D06H20机柜。19D06H22机柜尺寸：2200mm×600mm×600mm(高×宽×深)。19D06H20机柜尺寸：2000mm×600mm×600mm(高×宽×深)。机柜外观如图6-10所示。

3. ZXA10 F820 ONU设备结构与工作原理

(1) 系统原理

ZXA10 F820主要分为主控模块/数据业务处理模块、用户接入模块、风扇模块、电源模块。各模块通过背板与主控模块通信，ZXA10 F820系统功能如图6-11所示。

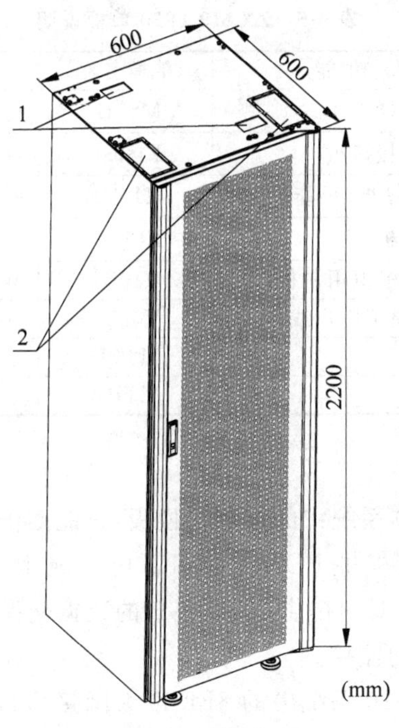

图 6-10 机柜外观

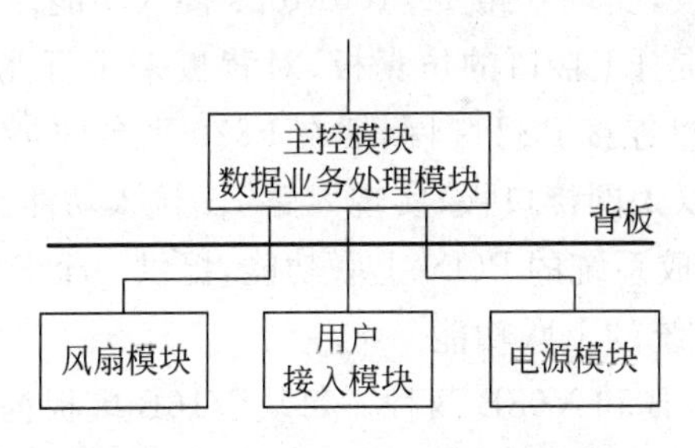

图 6-11 ZXA10 F820 系统功能

(2) 系统硬件结构

ZXA10 F820 机框配置见表 6-4，满配置为：1 背板＋1 电源板＋1 主控板＋2 用户板＋2PON 卡。

表 6-4 ZXA10 F820 机框配置

<table>
<tr><td rowspan="2">风扇</td><td rowspan="2">电源板</td><td>用户板(E1、以太网、VoIP)</td><td colspan="2">用户板(E1、以太网、VoIP)</td></tr>
<tr><td>主控交换板</td><td>EPON 接口板</td><td>EPON 接口板</td></tr>
</table>

(3) 系统电路板

ZXA10 F820(V1.0)插箱为 1U(1U＝44.45mm)高的 19 英寸标准插箱，外形尺寸：44.1mm×438mm×230mm(高×宽×深)。ZXA10 F820 设备由单板、背板、风扇组成，单板包括主控板、接口板、电源板，ZXA10 F820 单板说明见表 6-5。

表 6-5 ZXA10 F820 单板说明

单板种类	单 板 功 能	单板名称	业务接口类型	端口数量
主控交换板	主控交换板(8 口)	MS8E	百兆以太网电接口	8
8FE 以太网接口板	8FE 以太网接口板	EI8E	百兆以太网电接口	8
8E1/T1 CES 板	8E1/T1 CES 板(平衡)	ETC8B	RJ-45	8
EPON 接口板	EPON 接口板	EPUA	SC/APC 光接口	1
VoIP 板	16 路 VoIP 模拟用户板	V16B	50 芯 PCB 针式孔	1
	8 路 VoIP 模拟用户线接入	V08B	50 芯 PCB 针式孔	1
直流电源板	直流电源板	MTPD	—	—
交流电源板	交流电源板	MTPA	—	—

各电路板的主要功能如下。

① 主控交换板。是 F820 系统中的控制交换板,只能插于系统 0 号槽位,完成系统的控制、数据交换功能。同时对外提供 POE 支持、FE 电口或 10/100/1000Mbps 电口、RS-232 串口的管理、UPS 监控接口。对内提供 FE 和 GE 的数据交换通道和 FE、RS-232 串口的板间通信通道以及对设备风扇的监控。

② 以太网接口板。是 F820 系统中的 8FE 以太网接口板,可插于系统 4、5 号槽位,完成系统 8 路以太网信号的接入功能。每块 EI8E 板提供 8 路 10/100Mbps 自适应电接口,最多可插入两块以太网接口板,实现 8 路 10/100Mbps 接入功能。

③ 8E1/T1 CES 板。是 E1 接口的仿真板,对背板采用百兆串行接口连接数据交换平面,对面板提供 8 路 E1 接口连接 PSTN 网,插在 F820 平台的 4/5 线卡槽位。每板提供8 路 E1 接口,最多可插入两块以太网接口板,实现 8 路 E1 接入功能。

④ EPON 接口板。完成系统的 PON 上联功能,提供一个 PON 端口与 OLT 相连,与控制交换板通过对接,完成系统的上联功能。

⑤ VoIP 板。包括 V16B 和 V08B 两种。每块 V16B 单板提供 16 路 VoIP 模拟用户线接入,V08B 则提供 8 路 VoIP 模拟用户接入。F820 最多可以插入两块 VoIP 单板,因此可以实现 8 路至 32 路的 VoIP 用户接入功能。

⑥ 电源板。采用－48V 直流输入,电压范围－36 ～－72VDC。提供 3.3V DC-DC 转换输出,并提供－48V 输出。在系统支持 POE 的情况下,必须配置直流电源板。交流电源板 MTPA 采用 110V/220V 交流输入,电压范围 85～264VAC。提供 3.3V 输出和－48VDC 输出。

⑦ 风扇板。整个风扇模块非常紧凑,采用一块钣金整体折弯打孔而成,4 个风扇直接通过钣金件固定在插箱上。

4. ZXA10 D420 ONU 设备结构与工作原理

(1) 产品特性参数

① 接口特性。PON 接口：1 个,满足 PON 标准,SC/UPC。以太网接口：4 个,RJ-45 接口,10/100Mbps,遵从 IEEE802.3 和 IEEEE802.3u 标准。VOIP 接口：2 个,RJ-11 接口。WLAN 接口：遵循 IEEE 802.11g/b 规范,天线内置。

② 技术特性。主要完成的功能是数据接入和 IP 语音两部分。数据接入实现二层的数

据交换和转发功能，IP 语音功能根据采用的两种信令协议 MGCP 和 SIP 与相关网络设备协同实现。

(2) 产品硬件外观

D420 前面板外观如图 6-12 所示，设置有 4 个指示灯，面板指示灯见表 6-6。

后面板设置有 RJ-45 LAN 网络端口、RJ-11 电话接口、断电逃生电话接口、SC/UPC 单模光纤插口、RST 复位按键、WLAN 按键、电源插孔以及 PHONE 和 LAN 状态指示灯，D420 后面板外观如图 6-13 所示，端口、按钮功能描述见表 6-7。

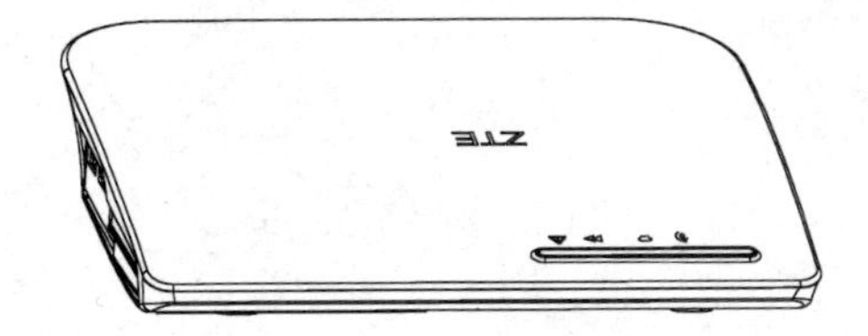

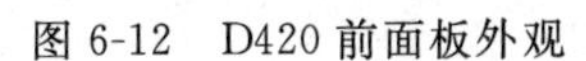

图 6-12　D420 前面板外观

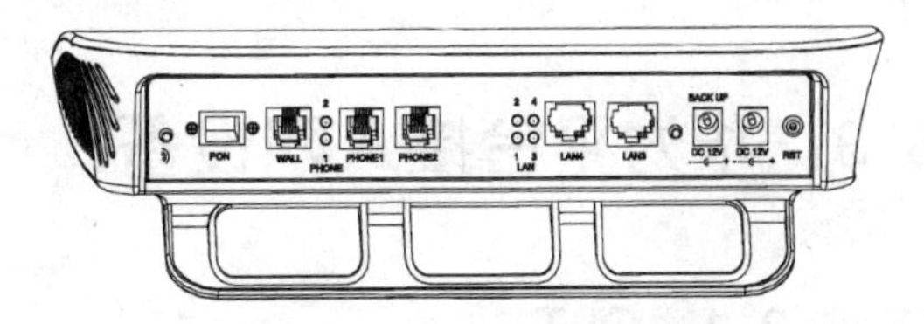

图 6-13　D420 后面板外观

表 6-6　面板指示灯

指示灯	状　态	描　述
故障指示灯	红灯常亮	上电自检失败/故障
	闪烁	待定
运行指示灯	绿灯常亮	设备加电启动，版本加载中/升级版本时
	灭	电源未通
	闪烁	设备正常运行
PON LINK 指示灯	绿灯常亮	PON 链路连接正常
	灭	链路未建立
WLAN 指示灯	绿灯常亮	工作(被 WLAN 按键打开)
	灭	不工作(被 WLAN 按键关闭)
	闪烁	根据网络流量闪烁
1 2 3 4 LAN	绿灯常亮	物理链路连接正常
	灭	电源未开启/网线未连接
	闪烁	根据网络流量闪烁
1 2 PHONE	绿灯常亮	连接正常
	灭	未连接

表 6-7　端口、按钮功能描述

端口、按钮	描　述
	WLAN 按键，进行 WiFi 的开启/关闭功能
PON	SC/UPC 单模光纤插口
WALL	断电逃生电话接口，用 RJ-11 电话线接入 PSTN 电话网，在断电的情况下，VoIP 电话可以直接接入 PSTN 电话网络

续表

端口、按钮	描　述
PHONE1 PHONE2	RJ-11 电话接口，通过 RJ-11 电话线连接至电话机
LAN1～LAN4	RJ-45LAN 网络端口，通过 RJ-45 网线连接至本地网络
DC 12V	电源插孔，连接至所附的电源适配器
RST	复位按键，设备处于上电激活状态，用细针按住孔内按键 5 秒以上，设备将恢复出厂默认值

6.3 华为平台接入网设备

6.3.1 OLT

1. 设备介绍

最常见的华为 OLT 设备有 MA5680T 和 MA5683T，MA5680T 是大型设备，MA5683T 是中小型设备。SmartAX MA5680T 设备外观如图 6-14 所示，SmartAX MA5683T 型机柜外观如图 6-15 所示。

图 6-14　SmartAX MA5680T 设备外观

图 6-15　SmartAX MA5683T 型机柜外观

华为 OLT 设备是 GPON/EPON 一体化接入产品，提供大容量、高速率和高带宽的语音、数据和视频业务接入。满足 FTTH 光纤到户、FTTB 光纤到楼、基站传输、IP 专线互联、批发等组网需求；同时也支持 P2P FE 光接入等宽带接入业务，通过与光接入终端配合，为用户提供点对点的 FTTH 接入。

华为 OLT 的产品特点如下。

① 良好的管理维护功能：支持良好的管理、维护和监控功能，便于日常管理和故障诊断。

② 电信级的可靠性设计：在系统设计、硬件设计和软件设计各个环节均考虑了系统可靠性，充分保证了设备的正常运行。

③ 强大的 GPON/EPON 一体化接入能力：支持 GPON/EPON 接入，可以有效解决双绞线接入的带宽瓶颈问题，满足用户对高带宽业务的需求。

④ 丰富的接口类型：提供多种类型的上行接口、业务接口、维护接口，以适应不同的组网环境。

⑤ 强大的 QoS 能力：具备强大的 QoS 能力，为各种业务管理的开展提供了基础。

⑥ 大容量的共享平台：提供了大容量的共享平台。

⑦ 全面的安全保障措施：适应电信业务的安全性要求，对安全性方面的协议进行了深入研究和应用，充分保障了系统安全和用户接入安全。

⑧ 灵活的组网方式：作为多业务接入平台，可以提供多种接入方式，并且支持多种组网方式，以满足用户不同环境和业务的组网需求。

⑨ 可运营的 IPTV 业务：强大的业务交换容量、系统包转发率以及高集成度（数据交换和用户管理），使其具有电信级的组播运营能力。

2. 设备系统功能结构

华为 OLT 设备的功能模块包括业务接口模块、以太网交换模块和业务控制模块，MA5680T 功能结构如图 6-16 所示。

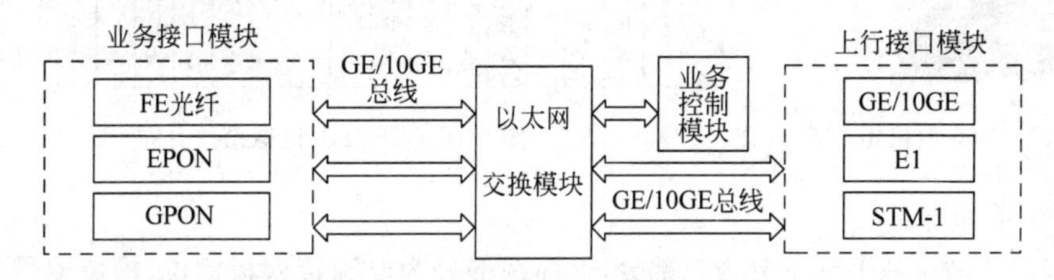

图 6-16　MA5680T 功能结构

业务接口模块由业务板以及相关软件组成。

① 实现 PON 接入和汇聚，与主控板配合，实现对 ONU/ONT 的管理。

② 实现点对点的以太网光纤接入，提供高带宽的接入业务。

③ 主控板提供以太网交换模块，完成基于 10GE 总线架构的以太网汇聚和交换功能。

主控板提供业务控制模块，包括以下主要功能。

① 负责系统的控制和业务管理。

② 提供维护串口与网口，方便维护终端和网管客户端登录系统。

③ 支持主控板主备倒换功能。

上行接口模块提供以下上行接口上行至上层网络设备。

① GE 光/电接口。

② 10GE 光接口。

③ E1 接口。

④ STM-1 接口。

3. MA5680T 硬件介绍

（1）设备机柜与机框

MA5680T 设备采用的机柜型号为 N66，尺寸为 600mm×600mm×2200mm，N66 型机柜如图 6-17 所示。

MA5680T 设备可采用的机框有 2 种，分别为 ETSI 型业务框和 19 英寸机框。ETSI 机框的尺寸为 490mm×275.8mm×447.2mm（不带挂耳），支持 23 个槽位，19 英寸机框的尺寸为 442mm×275.8mm×441.7mm（不带挂耳），支持 21 个槽位。ESTI 型机框槽位分布如图 6-18 所示。

图 6-17 N66 型机柜

风扇框																			
21 电源	1	2	3	4	5	6	7	8	9	10	11	12	13	14	15	16	17	18	19
22 电源	EPBD/OPFA	EPBD/OPFA	EPBD/OPFA	EPBD/OPFA	GPBC/OPFA	GPBC/OPFA	GPBC/OPFA	GPBC/OPFA	SCUL	SCUL	GPBC/OPFA	GPBC/OPFA	GPBC/OPFA	GPBC/OPFA	EPBD/OPFA	EPBD/OPFA	EPBD/OPFA	EPBD/OPFA	GIU
0 GPIO																			20 GIU

图 6-18 ESTI 型机框槽位分布

槽位说明如下。

① 最左边槽位从上到下分为三部分,上面两部分为电源接入板槽位,槽位编号为 21、22,固定配置两块电源板,电源板为双路输入,互为备份。下面为通用接口板,槽位编号为 0。

② 1～8 和 11～18 槽位为业务板槽位。

③ 9～10 槽位为主控板槽位。一个机框可以配置两块主控板,实现业务控制、主备功能。

④ 最右边槽位分为上、下两个部分,为 GIU(通用接口单元)槽位,槽位编号为 19 和 20。支持上行板,提供上行接口。可以双配,实现业务保护。

⑤ 所有单板支持热插拔。

19 英寸型机框槽位分布如图 6-19 所示。

风扇框																	
19 电源	1	2	3	4	5	6	7	8	9	10	11	12	13	14	15	16	17
20 电源	EPBD/OPFA	EPBD/OPFA	EPBD/OPFA	EPBD/OPFA	GPBC/OPFA	GPBC/OPFA	SCUL	SCUL	GPBC/OPFA	GPBC/OPFA	GPBC/OPFA	GPBC/OPFA	GPBC/OPFA	GPBC/OPFA	EPBD/OPFA	EPBD/OPFA	GIU
0 GPIO																	18 GIU

图 6-19 19 英寸型机框槽位分布

槽位说明如下。

① 最左边槽位从上到下分为三部分,上面两部分为电源接入板槽位,固定配置两块电源板,电源板为双路输入,互为备份,槽位编号为 19、20。下面为通用接口板,槽位编号为 0。

② 1～6 槽位为业务板槽位。

③ 7、8 槽位为主控板槽位。一个机框可以配两块主控板，实现业务控制、主备功能。9～16 槽位为业务板槽位。

④ 最右边槽位分为上、下两个部分，为 GIU(通用接口单元)槽位，槽位编号为 17、18。支持上行板，提供上行接口。可以双配，实现业务保护。

(2) 系统电路板

MA5680T 单板分为主控板、业务板和其他单板，MA5680T 单板及相关接口见表 6-8。

表 6-8　MA5680T 单板及相关接口

分　类	单板名称	中文名称	基本功能	对外接口
主控板	SCUL	超级控制单元板	系统主控板，主要功能是系统控制	1 个维护网口 1 个串口 1 个环境监控口
业务板	GPBC	GPON 光业务接入板	提供 GPON 接入功能	4 个 GPON 接口
	GPBD			8 个 GPON 接口
	EPBA	EPON 光业务接入板	提供 EPON 接入功能	4 个 EPON 接口
	EPBC			4 个 EPON 接口
	EPBD			8 个 EPON 接口
	OPFA	FE 光业务接入板	提供 16 路 FE 光接入	16 个 FE 光接口
上行接口板	GICF	GE 上行光接口板	提供 GE 上行功能	2 个 GE 光接口
	GICG			
	X1CA	10GE 上行光接口板	提供 10GE 上行功能	1 个 10GE 光接口
	X2CA			
	X2CS	10GE 同步以太网接口板	提供 10GE 上行功能，支持 10GE 的同步以太网功能	2 个 10GE 光接口
级联板	ETHA ETHB	以太网级联板	提供 GE 级联光接口	8 个 GE 光接口
电源板	PRTE	电源接口板	为业务框供电	1 个电源连接器
TDM 接口板	TOPA	TDM 接口板	提供 E1/STM-1 上行功能	16 个 E1 接口 2 个 STM-1 接口
其他功能板	BIUA	BITS 接口板	提供时钟处理功能	2 路 BITS 时钟输入接口 1 路 BITS 时钟输出接口

4. MA5683T 硬件介绍

MA5683T 可同样采用 N66 型机架，但机框结构有很大不同。MA5683T 的机框提供 13 个槽位，包括：6 个业务板槽位；2 个主控板槽位；2 个 GIU 上行板槽位；2 个电源板槽位；1 个通用接口板槽位，机框尺寸为 442mm×283.2mm×263.9mm(不带挂耳)。

MA5683T 的 0～5 槽位配置业务板，6～7 槽位为主控板槽位。可以配两块主控板，实现主备功能，8、9 槽位配置 GIU 上行板，10、11 槽位配置电源板，12 槽位配置通用接口板。MA5683T 槽位结构如图 6-20 所示。

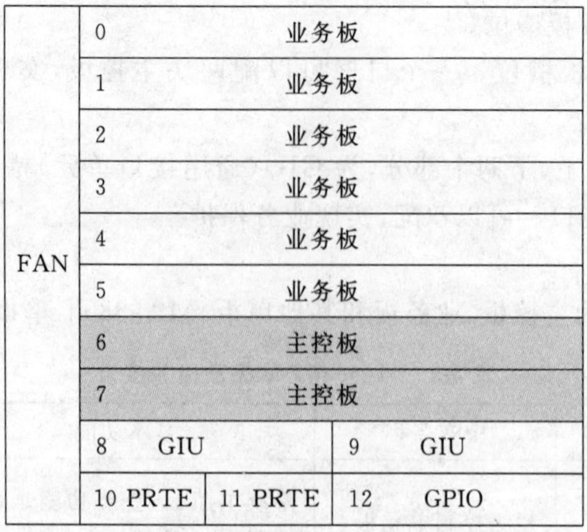

<table>
<tr><td rowspan="10">FAN</td><td colspan="3">0 业务板</td></tr>
<tr><td colspan="3">1 业务板</td></tr>
<tr><td colspan="3">2 业务板</td></tr>
<tr><td colspan="3">3 业务板</td></tr>
<tr><td colspan="3">4 业务板</td></tr>
<tr><td colspan="3">5 业务板</td></tr>
<tr><td colspan="3">6 主控板</td></tr>
<tr><td colspan="3">7 主控板</td></tr>
<tr><td colspan="2">8 GIU</td><td>9 GIU</td></tr>
<tr><td>10 PRTE</td><td>11 PRTE</td><td>12 GPIO</td></tr>
</table>

图 6-20 MA5683T 槽位结构

MA5683T 单板分为主控板、业务板和其他单板，MA5683T 单板及相关接口见表 6-9。

表 6-9 MA5683T 单板及相关接口

分 类	单板名称	中文名称	基 本 功 能	对外接口
主控板	SCUL	超级控制单元板	系统主控板，主要功能是系统控制	1 个维护网口 1 个串口 1 个环境监控口
业务板	GPBC	GPON 光业务接入板	提供 GPON 接入功能	4 个 GPON 接口
	GPBD	GPON 光业务接入板	提供 GPON 接入功能	8 个 GPON 接口
	EPBC	EPON 光业务接入板	提供 EPON 接入功能	4 个 EPON 接口
	EPBD	EPON 光业务接入板	提供 EPON 接入功能	8 个 EPON 接口
	OPFA	FE 光业务接入板	提供 16 路 FE 光接入	16 个 FE 光口
上行接口板	GICF	GE 上行光接口板	提供 GE 上行功能	2 个 GE 光接口
	GICG	GE 上行电接口板	提供 GE 上行功能	2 个 GE 电接口
	X1CA	10GE 上行光接口板	提供 10GE 上行功能	1 个 10GE 光接口
	X2CA	10GE 上行光接口板	提供 10GE 上行功能	2 个 10GE 光接口
电源板	PRTE	电源接口板	为业务框供电	1 个电源连接器
TDM 接口板	TOPA	TDM 接口板	提供 E1 上行功能	16 个 E1 接口 2 个 STM-1 接口
监控板	PMIA	电源监控接口板	提供风扇监控、环境监控和 100MB 网口上行功能	1 个 GE 电口，1 个调试串口

6.3.2 ONU

1. 设备介绍

最常见的华为 ONU 设备的型号很多，根据 FTTx 的解决方案，可以分为 FTTH、FTTB＋LAN、FTTB＋DSL、MSAN 等多个系列，华为 ONU 型号与数量见表 6-10。

表 6-10　华为 ONU 型号与数量

ONU 类型	ONU 型号	典型接口和数量
FTTH	HG810e	1×FE/GE
	HG813e	4×FE
	HG850e	4×FE+2×POTS
	HG866e	4×FE+2×POTS+WLAN+1×USB
	HG8240	4×FE+2×POTS
	HG8245	4×FE+2×POTS+WLAN+1×USB
	HG810	1×FE
	HG813	4×FE
	HG850a	4×FE+2×POTS
	HG861	1×GE+RF
	HG863	4×GE
	HG8500	4×FE+2×POTS(室外型)
FTTB+LAN	MA5610	插卡式,4 个业务槽位 16×FE/32×POTS/64×POTS 单板选配
	MA5612	插卡式,固定最小配置 8×FE 或者 8×FE+16×POTS,2 个业务槽位 8×FE/16×POTS 单板选配
	MA5620	固定式 8/16/24×FE+8/16/24×POTS
	MA5626	固定式 8/16/24×FE
FTTB+DSL	MA5616	插卡式,4 个业务槽位 32×ADSL2+/24VDSL2/32×POTS/64×POTS/ 16×SHDSL/8×ISDN 单板选配
	MA5603T	插卡式,6 个业务槽位 64×ADSL2+/48VDSL2/64×POTS/ 16×SHDSL/16×ISDN 单板选配
MSAN	UA5000	大容量设备,30 个业务槽位 32×POTS/32×ADSL2+/16VDSL2/16×POTS/ 8×ISDN 单板选配

这里我们主要对 MA5616 和 HG813e 作介绍,因为 MA5616 是在 FTTB 中应用较多的一种 ONU 设备,而 HG813e 是目前在 FTTH 中应用较多的一种 ONU 设备。

2. MA5616 产品介绍

(1) 产品特性

MA5616 是 FTTB 组网中常见的一种 ONU 设备,支持 GPON/EPON/GE 上行和 ADSL2+、VDSL2 和 POTS 接入,作为 MDU 使用,常见于小区的 ADSL 接入建设。

MA5616 的设备外观如图 6-21 所示。

MA5616 的主要特点如下。

① 高密度用户线接入:MA5616 通过高密度的结构设计和集成系统设计,实现了高密度的用户线接入。

② 多业务板灵活配比:MA5616 支持灵活配比(语音和 xDSL),可扩容,提高实装率,

图 6-21 MA5616 设备外观

满足不同的客户需求。

③ 即插即用的业务发放模式：MA5616 支持远程配置下发，设备上电注册成功之后即可建立管理通道和业务通道，无需人工现场配置，即插即用。

④ 良好的管理维护功能：MA5616 支持良好的管理、维护和监控功能，便于日常管理和故障诊断。

⑤ 节能降噪：MA5616 通过节省电源消耗、减少整机系统功耗和风扇控制，实现节能降噪。

⑥ 电信级可靠性设计：MA5616 在硬件设计、软件设计和系统设计各个环节均考虑了系统可靠性指标，充分保证了设备的正常运行。

⑦ 强大的 QoS 能力：MA5616 具有强大的 QoS 能力，为各种业务管理的开展提供了基础。

⑧ 周密的安全措施：MA5616 适应电信业务的安全性要求，对安全性方面的协议进行了深入研究和应用，充分保障了系统安全和用户接入安全。

⑨ 完善的语音特性：MA5616 支持语音业务、传真业务和 Modem 业务等基本业务，三方通话、呼叫等待、呼叫转移、主叫号码显示、主叫号码限制等补充业务。

⑩ 可运营的 IPTV 业务：MA5616 强大的业务交换容量、系统包转发率以及高集成度(数据交换和用户管理)，使其具有电信级的组播运营能力。

(2) 硬件结构

MA5616 的外形尺寸为 442mm×245mm×88.1mm，支持 6 个槽位，MA5616 的 0 槽位配置主控板，1～4 槽位为业务板槽位，5 号槽位为电源板，业务板槽位中不可同时配置 ADSL 和 VDSL，MA5616 的设备槽位如图 6-22 所示。

<table>
<tr><td rowspan="4">风扇框</td><td rowspan="2">0 主控板</td><td>1 业务板</td></tr>
<tr><td>2 业务板</td></tr>
<tr><td rowspan="2">5 电源板</td><td>3 业务板</td></tr>
<tr><td>4 业务板</td></tr>
</table>

图 6-22 MA5616 设备槽位

(3) 单板结构与种类

MA5616 单板分为主控板、业务板和其他单板，MA5616 单板见表 6-11。

表 6-11 MA5616 单板

简称	全　称	功能简介
CCUB	主控板	主要完成上行业务汇聚、设备管理及对各个接口模块的业务管理等功能、支持热插拔
ASRB	32 路 VoIP POTS 业务接入板	支持 VoIP 业务，提供 POTS 用户接入，支持热插拔

续表

简称	全　称	功能简介
ADLE	32 路 ADSL2＋业务接入板	支持 32 路 ADSL/ADSL2/ADSL2＋接入，内置分离器，支持热插拔
VDGE	16 路 VDSL2 业务接入板	支持 16 路 VDSL2 接入，支持热插拔
PAIA	交流输入电源板	支持交流输入电压转换，输出－48V DC、＋12V DC 和＋3.3VDC，并支持蓄电池接入
PDIA	直流电源转接板	支持转接－48V 直流输入，实现机箱对－48V DC、＋12V DC 和＋3.3VDC 的供电需求
FCBA	风扇控制板	支持对风扇的控制与监测，实现系统的通风冷却功能、风扇框的缓启动、风扇转速的上报

3. HG813e 产品介绍

(1) 产品特性

① 高速率，上、下行数据传输速率高达 1.25Gbps。

② 可维护性强，提供多种指示灯状态，便于定位故障。

③ Web 配置管理界面友好，操作简便。

④ 传输距离远，可达 20km。

(2) 产品硬件外观

HG813e 的硬件外观如图 6-23 所示，HG813e 的硬件接口和按钮见表 6-12，HG813e 的指示灯说明见表 6-13。

图 6-23　HG813e 硬件外观

表 6-12　HG813e 硬件接口和按钮

接口/按钮	功　能
LAN4～LAN1	以太网接口，用于连接计算机或者交换机的以太网接口
EPON	EPON 光接入接口
POWER	电源接口，用于连接电源适配器
ON/OFF	电源开关，接通或断开 HG813e 的电源

表 6-13　HG813e 指示灯说明

指示灯名称	颜色	状态	含　义
POWER	绿色	常亮	电源接通
		熄灭	电源断开，或者电源故障
PON	绿色	常亮	EPON 连接正常
		闪烁	正在建立 EPON 连接
		熄灭	没有建立 EPON 连接
LOS	红色	闪烁	接收光功率低于光接收机灵敏度
		熄灭	接收光功率正常
LAN1～LAN4	绿色	常亮	以太网接口连接正常
		闪烁	以太网接口有数据传输
		熄灭	没有建立以太网接口连接

CHAPTER 7

第7章 光接入网设备配置和管理

本章学习目标

(1) 掌握中兴接入网设备配置与管理;

(2) 掌握华为接入网设备配置与管理。

7.1 中兴平台接入网设备配置和管理

ZXA10 C200 光接入局端设备是一个全业务光接入平台,支持的业务包括:视频、数据、语音和 TDM 业务,还支持第三波长承载 CATV 业务。可以通过各种组网技术,连接中等以上容量的 ONU。

ZXA10 C200 的操作功能主要包括系统配置、物理配置、业务开通以及 VLAN 配置等。

7.1.1 系统配置

ZXA10 C200 可以采用两种操作维护方式进行配置:一是命令行配置方式,此种方式又包括超级终端和 Telnet 两种具体配置;二是图形化网管配置方式。本书以下各章主要介绍通过命令行界面进行配置的方法。

1. 命令行配置方式一:超级终端

使用超级终端登录一般是在连接到 console 口配置时采用的方法,即一头是网线水晶头,另一头是 9 针接头。

(1) 准备

事先准备如下。

① 设备安装、电缆连接完毕。

② 用本地维护串口线连接维护台 PC 串口至 ZXA10 C200 的主控板 EC4G 板的 CONSOLE 口。

③ 对 ZXA10 C200 系统加电。

(2) 步骤

连接步骤如下。

① 在 Windows 环境下,选择"开始"→"程序"→"附件"→"通信"→"超级终端"命令后,系统弹出"连接描述"对话框,如图 7-1 所示。

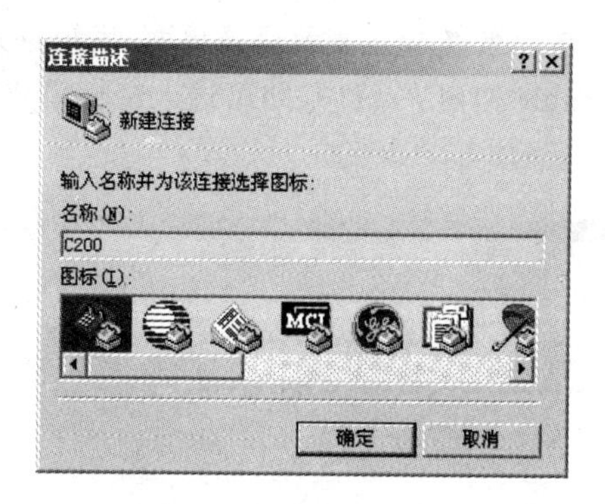

图 7-1　“连接描述”对话框

② 输入连接名称后，单击“确定”按钮，系统弹出“连接到”对话框，如图 7-2 所示。

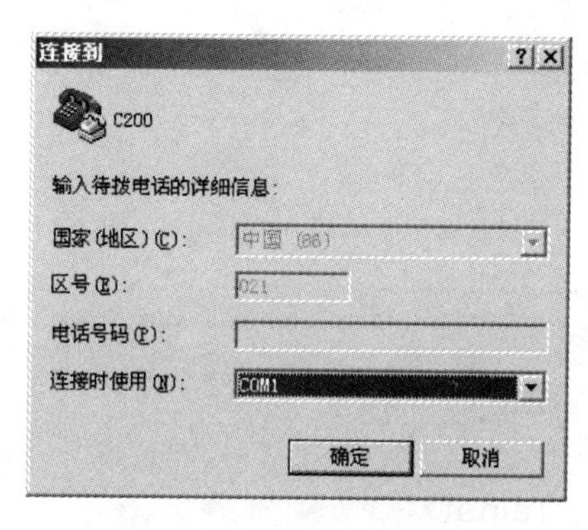

图 7-2　“连接到”对话框

③ 根据串口电缆的连接情况选择 COM1 或 COM2 端口，单击“确定”按钮后系统弹出“COM1 属性”对话框，如图 7-3 所示。选择每秒位数为 9600，数据位为 8，奇偶校验为无，停止位为 1，数据流控制为无；或直接单击“还原为默认值”按钮进行设置。设置完成后单击“确定”按钮即可。

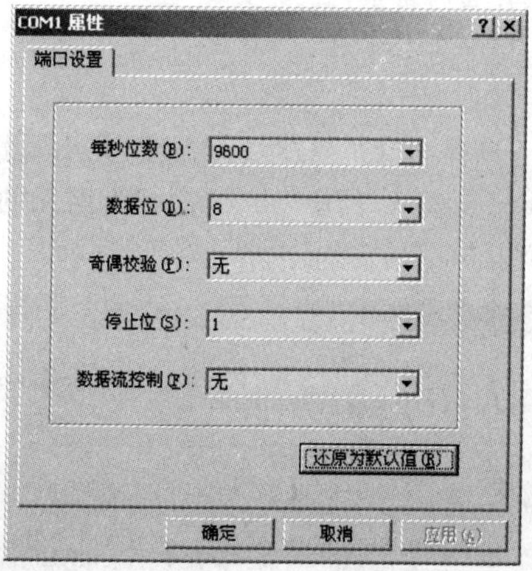

图 7-3　“COM1 属性”对话框

④ 如果系统运行正常，在超级终端会显示登录界面，系统进入命令行(CLI)“ZXAN>”模式，输入 enable 命令及 enable 密码：zxr10，即可进入特权模式“ZXAN#”进行各种配置。超级终端登录界面如图 7-4 所示。

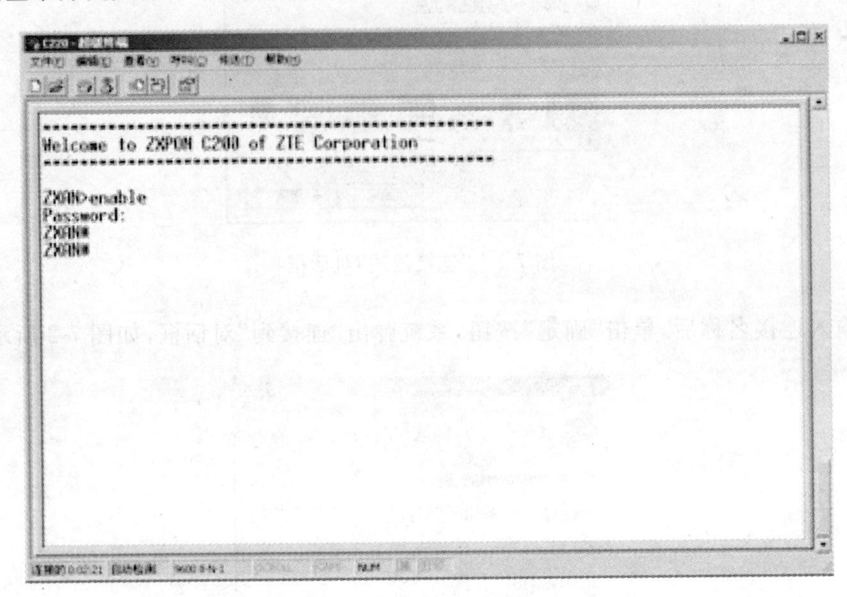

图 7-4 超级终端登录界面

2. 命令行配置方式二：Telnet

此种配置方式用于 Internet 的远程登录，它可以使用户在已上网的计算机上通过网络进入另一台已上网的计算机，使它们互联。

(1) 准备

事先准备如下。

① 已配置设备带内或带外网管 IP 地址。

② Telnet 计算机能 Ping 通设备带内/带外 IP 地址。

(2) 步骤

连接步骤如下。

① 在 Windows 环境下，选择“开始”→“运行”命令，弹出“运行”对话框，如图 7-5 所示。在对话框中输入命令 telnet x. x. x. x，其中“x. x. x. x”为网元的 IP 地址。完成后单击“确定”按钮，启动 Telnet 客户端。

图 7-5 “运行”对话框

② 如果网络连接正常，会弹出登录界面，正确地输入用户名和密码（初始用户名和密码均为 zte）后，系统进入命令行（CLI）模式，在该模式下可以进行各种配置管理操作。Telnet 的登录界面如图 7-6 所示。

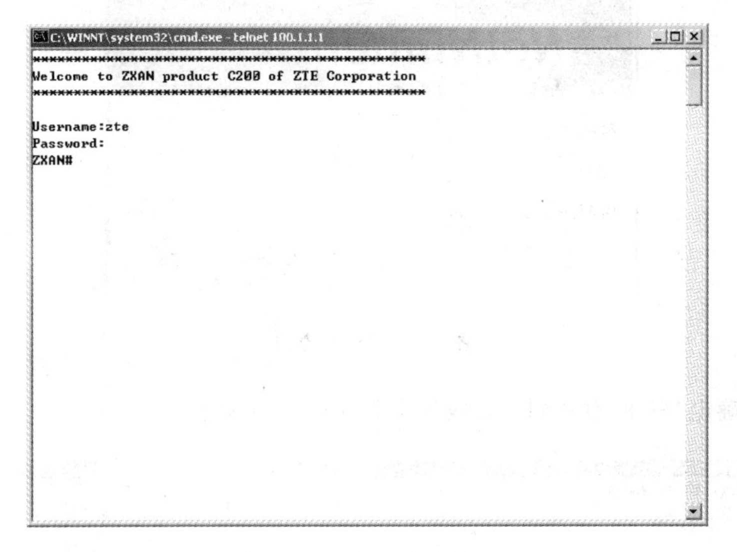

图 7-6　Telnet 登录界面

3. 图形化网管方式

图形化网管方式需要安装专门的数据库以及 NetNumenN31 网管软件。这种配置方式具有友好的人机互操作性，使用者只需具备基础网络知识，而不必像命令行配置人员那样具备专业计算机知识和技能，配置步骤如下。

① 启动图形化网管服务器，启动界面如图 7-7 所示，请注意圈中的 3 个进程都要保证“成功”。

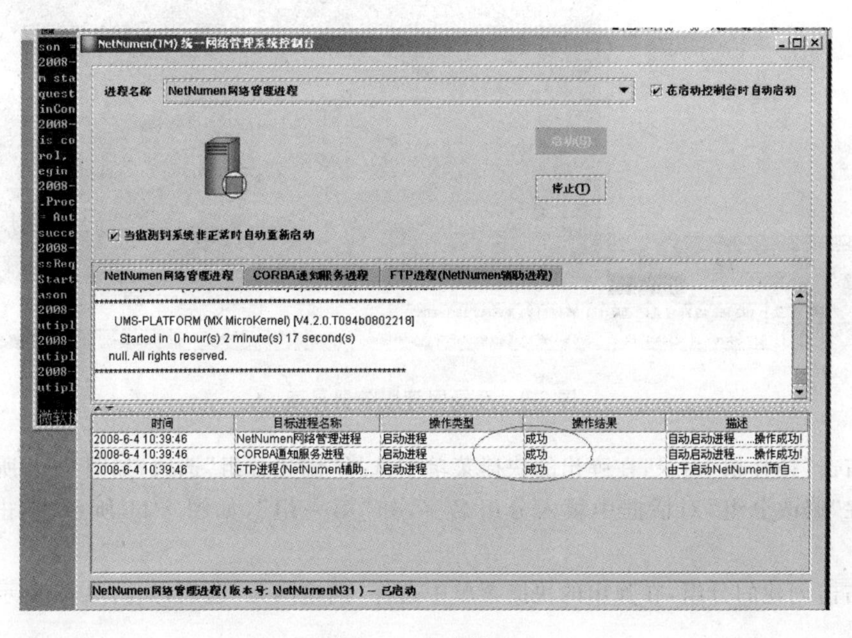

图 7-7　启动界面

② 启动网管客户端程序，如图 7-8 所示。

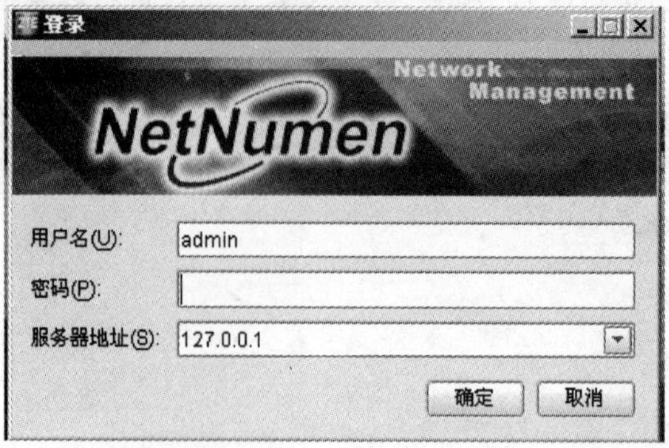

图 7-8 “登录”窗口

③ 单击“确定”按钮，登录到网管服务器上，如图 7-9 所示。

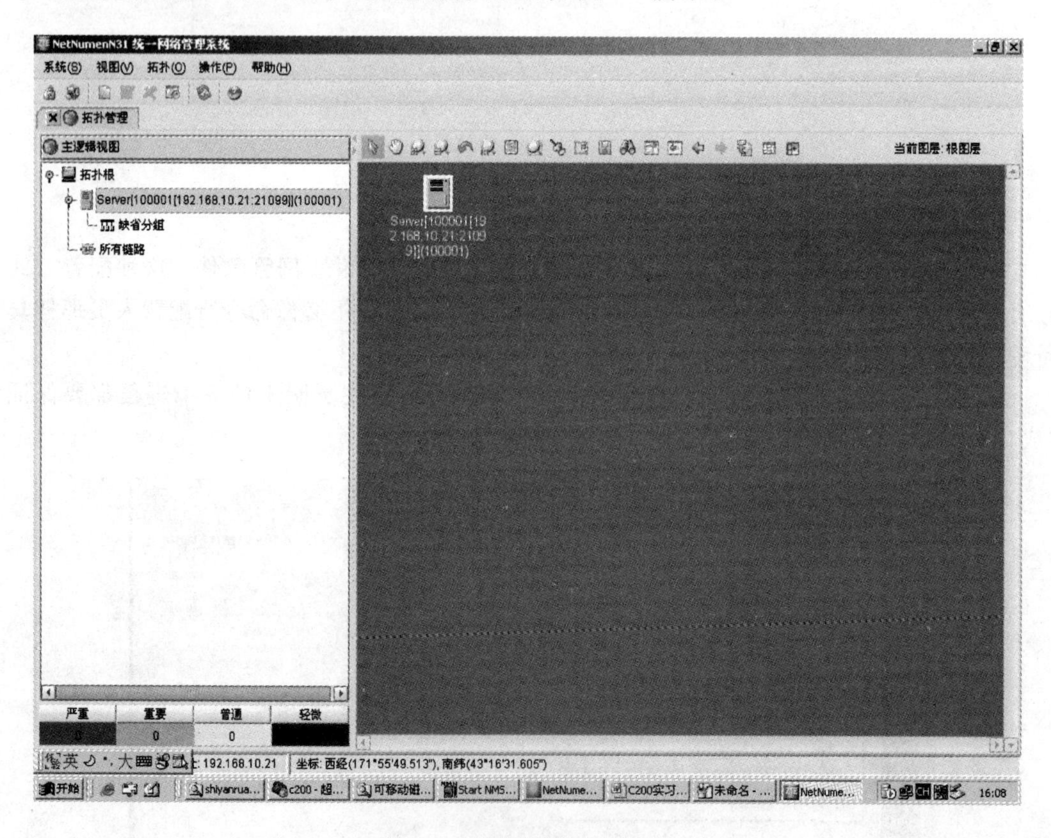

图 7-9 登录网管服务器界面

④ 右击“拓扑根”目录，在弹出的快捷菜单中选择“创建分组”选项，如图 7-10 所示。

⑤ 在“修改分组”对话框中填入分组名字，如“第一组”，如图 7-11 所示，单击“确定”按钮。

⑥ 右击创建的分组，在弹出的快捷菜单中选择“创建网元”选项，如图 7-12 所示。

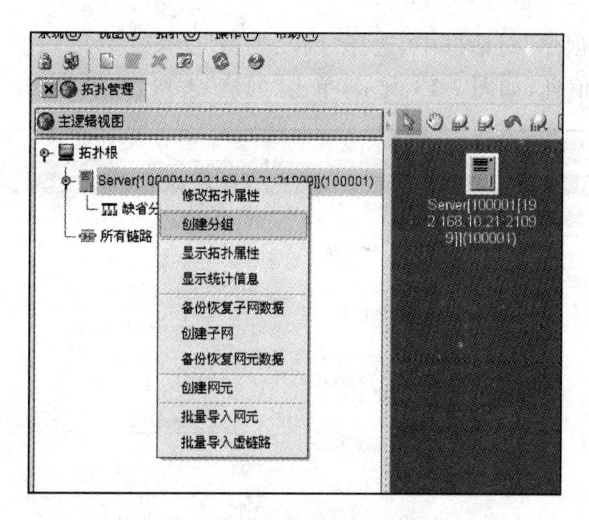

图 7-10　选择"创建分组"选项

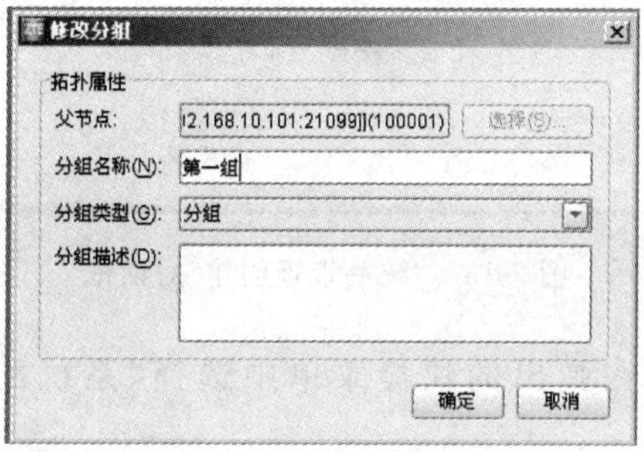

图 7-11　"修改分组"对话框

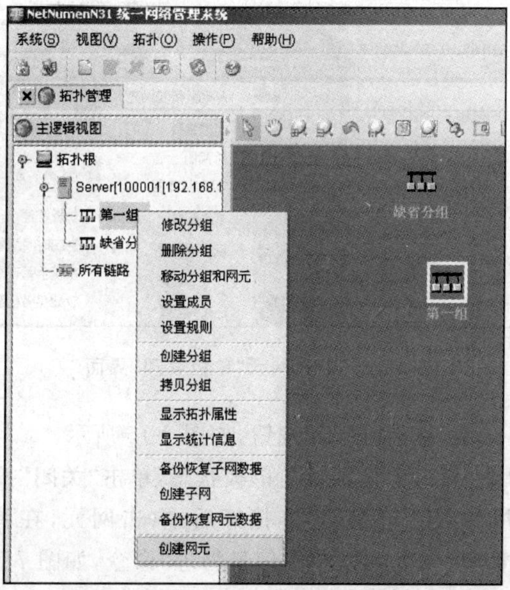

图 7-12　选择"创建网元"选项

⑦ 在“统一管理创建”对话框中，选择“网元类型”为 C200v1.1，填入网元名称、正确的网元 IP、子网掩码等信息，如图 7-13 所示，单击“创建”按钮，如果成功，会有成功提示信息。

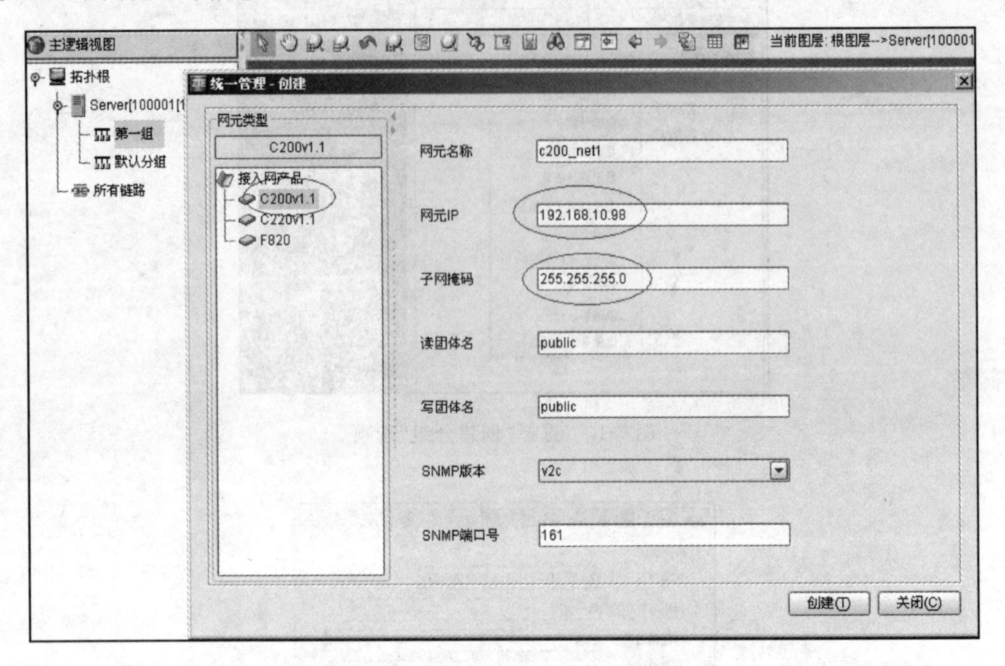

图 7-13 “统一管理创建”对话框

⑧ 右击创建的网元，在弹出的快捷菜单中选择“系统配置”→“单板管理”命令，如图 7-14 所示。

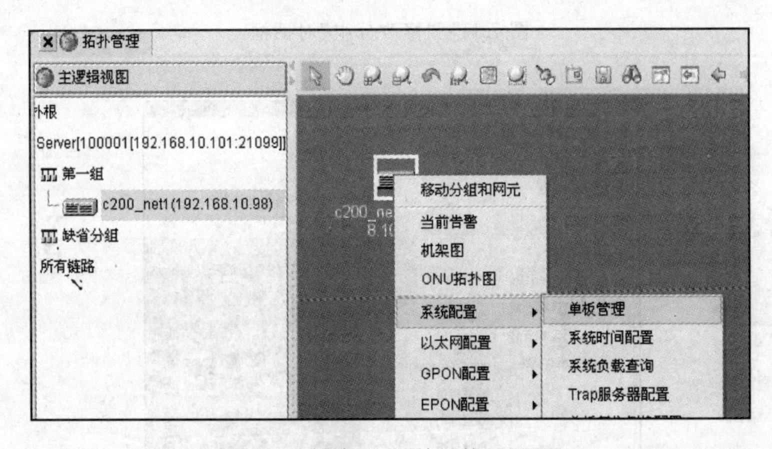

图 7-14 创建网元“单板管理”界面

⑨ 在“单板管理”窗口中，单击“同步”按钮，如图 7-15 所示。

⑩ 同步后，“单板管理”窗口会显示目前单板状态，单击“关闭”按钮，如图 7-16 所示。

⑪ 给 ONU 加电，并和 OLT 用光纤连接好后，右击网元，在弹出的快捷菜单中选择“EPON 配置”→“ONU 管理”→“ONU 基本信息管理”命令，如图 7-17 所示。

⑫ 在弹出的“选择单板”对话框中双击 1/EPFC 选项，如图 7-18 所示。

⑬ 在 PON OLT ID 下拉菜单中选择端口(表示你用的是哪一个 EPFC 单板光口连接

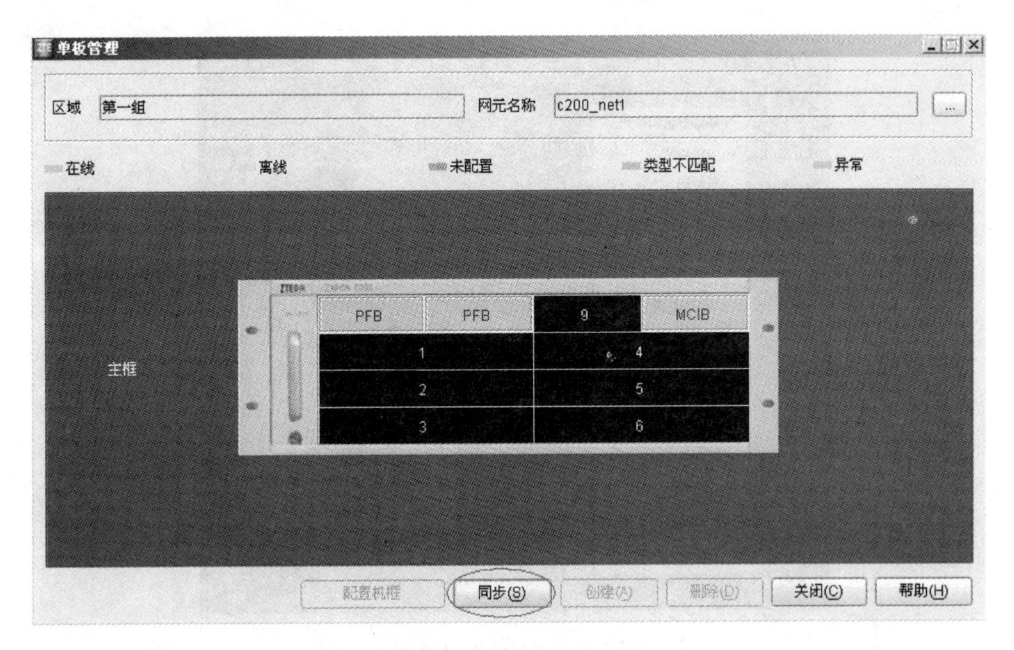

图 7-15 网元同步界面

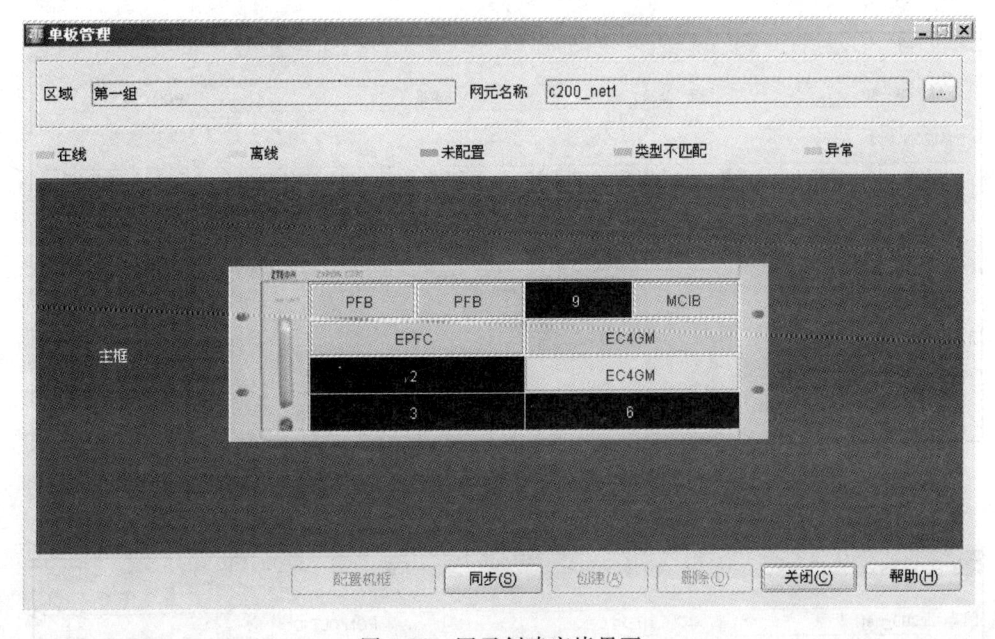

图 7-16 网元创建完毕界面

到 ONU)，此处使用 1 口，如图 7-19 所示。

⑭ 此时 ONU 基本信息管理页面中就会显示 ONU 的信息，如图 7-20 所示。如果没有，可以单击“刷新”按钮，然后单击“添加到”按钮。

⑮ 在弹出的“ONU 基本属性”对话框中，选择 ONU 类型，这里选择的是 ZTE-D420，如果 ONU 是 F820，则要作相应的选择。选择管理状态为“使能”，并填入其他一些信息。然后单击“确定”按钮，完成 ONU 注册，如图 7-21 所示。

⑯ ONU 注册后，可以看到在 ONU 认证列表中有显示，如图 7-22 所示。

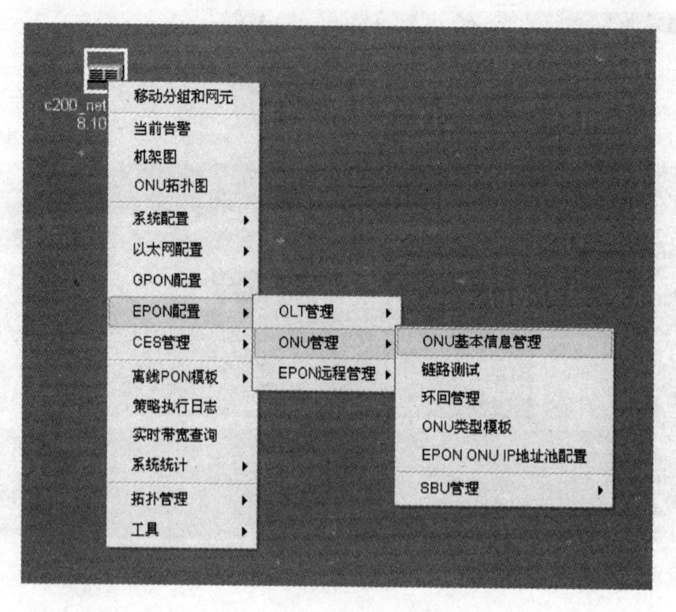

图 7-17 ONU 登录界面

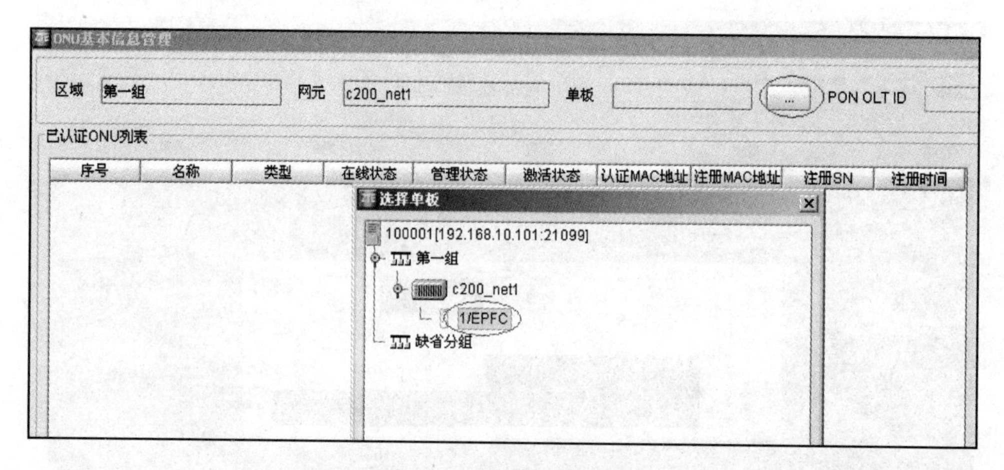

图 7-18 OUN 管理界面

图 7-19 选用 PON OLT ID 端口界面

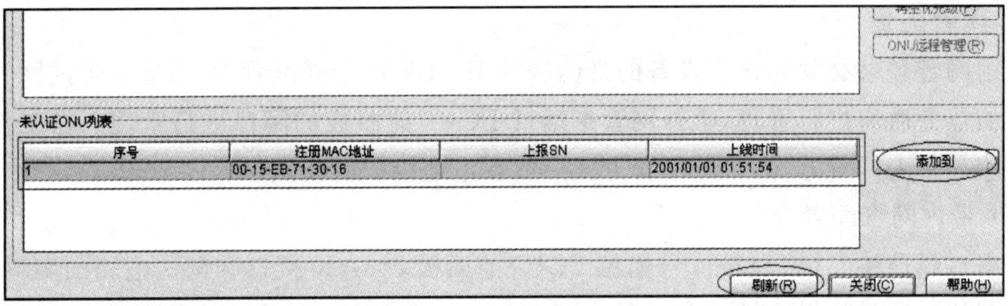

再生优先级(P)
ONU远程管理(R)

未认证ONU列表

序号	注册MAC地址	上报SN	上线时间
1	00-15-EB-71-30-16		2001/01/01 01:51:54

添加到

刷新(R)　关闭(C)　帮助(H)

图 7-20　ONU 显示信息界面

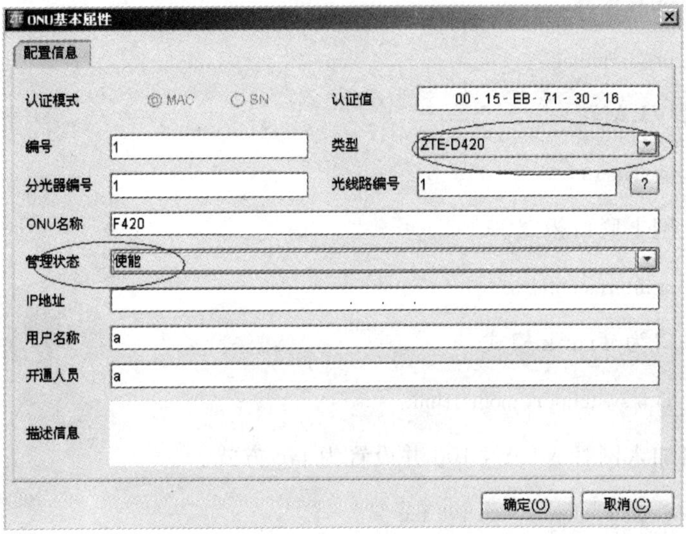

ONU基本属性

配置信息

认证模式　MAC　SN　认证值　00-15-EB-71-30-16

编号　1　类型　ZTE-D420

分光器编号　1　光线路编号　1　?

ONU名称　F420

管理状态　使能

IP地址　. . .

用户名称　a

开通人员　a

描述信息

确定(O)　取消(C)

图 7-21　“ONU 基本属性”对话框

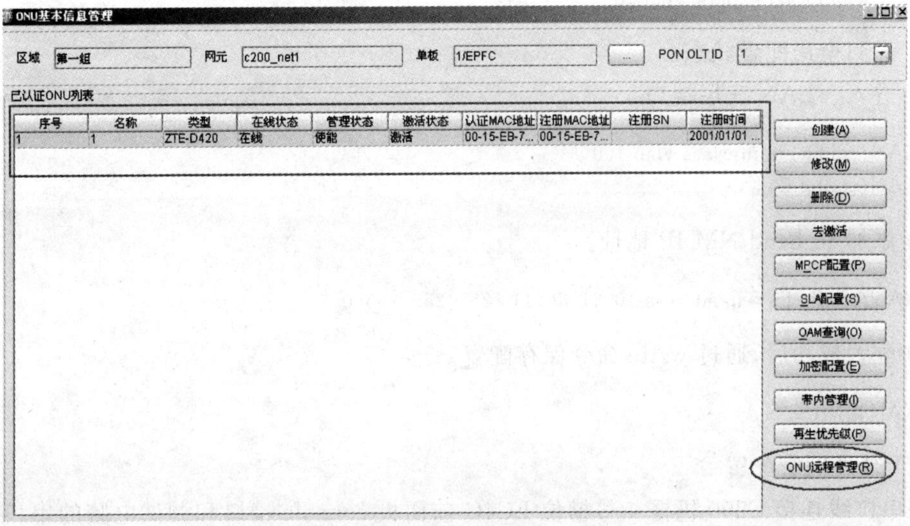

ONU基本信息管理

区域　第一组　网元　c200_net1　单板　1/EPFC　...　PON OLT ID　1

已认证ONU列表

序号	名称	类型	在线状态	管理状态	激活状态	认证MAC地址	注册MAC地址	注册SN	注册时间
1	1	ZTE-D420	在线	使能	激活	00-15-EB-7...	00-15-EB-7...		2001/01/01 ...

创建(A)
修改(M)
删除(D)
去激活
MPCP配置(P)
SLA配置(S)
OAM查询(O)
加密配置(E)
带内管理(I)
再生优先级(P)
ONU远程管理(R)

图 7-22　ONU 注册成功界面

4. 网管配置

采用网管登录必须先设定设备的带内网管 IP 地址或带外网管 IP 地址。带内网管指通过上联的业务通道进行管理，带外网管指通过 EC4G 前面板的网口进行管理。在工程中使用较多的是带内网管方式，带外网管方式一般在本地维护时使用。

(1) 带内网管配置

用串口线连接 C200 机框 4 号槽位 EC4G 前面板 console 接口和调试电脑的串口，串口配置为默认。通过超级终端正常登录人机界面后，可通过人机命令设置带内网管的 IP 地址。例如：将网元的带内网管 IP 地址设为 10.61.86.113，命令如下。

① 进入全局配置模式。

```
ZXAN# configure terminal
```

② 创建网管 VLAN。

```
ZXAN(config)# vlan 100
```

③ 进入以太网上联口模式。

```
ZXAN(config)# interface gei_0/6/1
```

④ 设置上联口为 Trunk 模式。

```
ZXAN(config-if)# switchport mode trunk
```

⑤ 将上联口加入网管 VLAN 100 并设置为 tag 方式。

```
ZXAN(config-if)# switchport vlan 100 tag
```

⑥ 检查 VLAN 配置。

```
ZXAN(config-if)# show vlan 100
```

⑦ 退回全局配置状态。
⑧ 进入 VLAN 三层端口。

```
ZXAN(config)# interface vlan 100
ZXAN(config-if)#
```

⑨ 添加 In-band NM IP 地址。

```
ZXAN(config-if)# ip address 10.61.86.113 255.255.255.0
```

⑩ 配置成功后，通过 write 命令保存配置。

```
ZXAN# write
```

(2) 带外网管配置

用串口线连接 C200 机框 4 号槽位 EC4G 前面板 console 接口和调试电脑的串口，串口配置为默认。用交叉网线连接 C200 机框 4 号槽位 EC4G 前面板 Q 接口和调试计算机的网口，连接步骤如下。

① 超级终端连接正常后，重启系统，在串口消息中看到提示"press any key to stop auto-boot..."信息后，按任意键停止系统版本的自动加载，进入 boot 状态。

② 在 boot 模式下使用 c 命令修改系统参数。

③ 通过"p"命令查看配置。

7.1.2 物理配置

ZXA10 C200 开局时需要添加机架、机框、单板。

① ZXA10 C200 支持添加的机架为：C220 PON Control rack。

② ZXA10 C200 支持添加的机框有：ZXA10 C200 type A。

③ ZXA10 C200 可添加的单板见表 7-1。

表 7-1　ZXA10 C200 支持的单板类型

单板名称	中文名称	对外接口
EC4G	交换主控处理板	4×GE 光接口、时钟信号、维护网口
EC4GM	交换主控处理板	2×GE(光口)、2×GE(电口)、时钟信号、维护网口
CL1A	单端口 STM-1 光接口电路仿真板	1×STM-1
EPFC	4 路 EPON 单板	4×EPON
EIGM	光电混合千兆以太网接口板	2×GE(光口)，4×GE(电口)
EIGMF	光电混合以太网接口板	2×FE(光口)，4×GE(电口)
EIG	4 光以太网接口板	4×GE
CE1B	32 路 E1 非平衡接口电路仿真板	32×E1
EIT1F	单端口 10GE 光接口板	1×10GE

1. 机架配置

① 进入全局配置模式。

② 在第一次配置系统时用 add-rack 命令添加机架。

```
ZXAN(config)#add-rack rackno 0 racktype C220-PON
```

目前只能增加 1 个机架，因此"rackno"只能选 0。

2. 增加机框

① 进入全局配置模式。

② 在第一次配置系统时用 add-shelf 命令添加机框。

```
ZXAN(config)#add-shelf shelfno 0 shelftype ZXA10C200-A
```

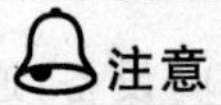

目前只能增加 1 个机框，因此"shelfno"只能选 0。

3. 增加单板

① 进入全局配置模式。

② 用“add-card”命令添加用户单板。根据单板所在的槽位号、单板类型进行添加。例如：在6号槽位添加EIGM单板。

```
ZXAN(config)#add-card slotno 6 EIGM
```

4. 显示单板

(1) 显示单板命令

用show card命令显示C200系统当前的所有单板配置和状态。

例如：ZXAN#show card

(2) 单板状态

单板状态如下。

① DISABLE：系统已经增加其单板，单板硬件上线，但是没有收到单板的信息。

② INSERVICE：单板正常工作。

③ STB：单板处于备用工作状态。

④ OFFLINE：系统已经增加该单板，但是该单板硬件离线。

⑤ CONFIG：单板处于业务配置中。

⑥ CONFIGFAILED：单板业务配置失败。

⑦ TYPEMISMATCH：单板实际类型和配置类型不一致。

5. 删除备用主控板

① 进入全局配置模式。

② 用master-backup命令删除C200系统的用户单板。

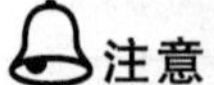注意　主用主控板不能被删除。

6. 删除单板

① 进入全局配置模式。

② 用del-card命令删除C200系统的用户单板。

7. 复位单板

① 进入特权配置模式

② 用reset-card命令复位C200系统的用户单板。

8. 主备倒换

① 进入特权配置模式。

② 用swap命令倒换C200系统指定的主用和备用单板。

7.1.3 EPON业务开通

EPON基本业务组网如图7-23所示，EPON用户(PC)通过ONU连接到C200设备，通过 EIGM 单板上联，上联端口通过 ES 交换机连接到服务器。要求开通 EPON 用户业务。保证 EPON 用户和服务器互通。

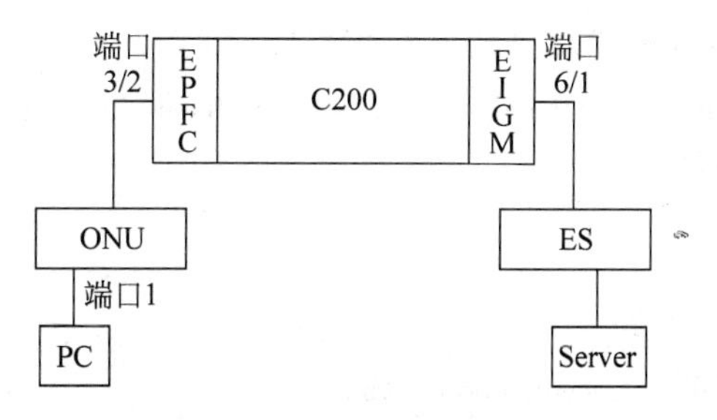

图 7-23　EPON 基本业务组网

(1) 准备

事先准备如下。

① 用串口线连接 C200 机框 4 号槽位 EC4G 前面板 console 接口和调试电脑的串口，串口配置为默认。

② 连接好 EPON 用户，保证“EPON 用户”→ONU→C200→Server 整个网络物理连接正常。

a. 用网线连接 EPON 用户和 ONU。

b. 用光纤连接 ONU 和 C200 的 PON 口(由 EPFC 板提供)。

c. 用网线或光纤连接 C200 的上联口(由 EIG/EIGM/EIGMF 板提供)和服务器。

③ 确认连接端口，进行数据规划。

a. 连接端口确认如下。ONU 和 EPFC 单板通过 EPFC 上的端口 0/3/2 连接；EIGM 单板通过端口 0/6/1 上联。

b. 设置业务 VLAN。VLAN 号为 100，需要包括用户端口 0/3/2 和上联端口 0/6/1。

c. 设置用户速率。设置用户(PC)速率为上行 5Mbps，下行 10Mbps。

d. C200 系统正常运行，ES 设备上的 VLAN 相关配置完成。

(2) 步骤

开通步骤如下。

① 进入 EPON 的 OLT 接口模式。

例如：
```
ZXAN# configure terminal
ZXAN(config)# interface epon-olt_0/3/2
ZXAN(config-if)#
```

② 用 show onu unauthentication 命令显示端口下未注册的 ONU 信息。

例如：
```
ZXAN(config-if)# show onu unauthentication epon-olt_0/3/2
```

③ 用 onu 命令注册 ONU 的 MAC 地址信息。

例如：
```
ZXAN(config-if)# onu 2 type ZTE-F401 mac 000c.0000.0001
```

④ 显示端口下已经注册的 ONU 信息，查看注册是否成功。

例如：
```
ZXAN(config-if)# show onu authentication epon-olt_0/3/2
```

⑤ 进入相应的 ONU 接口模式。

例如：ZXAN(config)#interface epon-onu_0/3/2:2

⑥ 用 bandwidth 命令设置用户的上下行流量。

例如：ZXAN(config-if)# bandwidth upstream fixed 5120 assured 5120 maximum 10240 maxburst 10240

ZXAN(config-if)#bandwidth downstream assured 10240 maximum 20480 maxburst 20480

ZXAN(config-if)#

⑦ 启用接口的认证协议。

例如：ZXAN(config-if)#authentication enable

⑧ 用 switchport 命令设置接口的 VLAN 模式和 VLAN ID 号。

例如：ZXAN(config)#vlan 100

ZXAN(config-vlan)#exit

ZXAN(config)#interface epon-onu_0/3/2:2

ZXAN(config-if)#switchport mode access

ZXAN(config-if)#switchport default vlan 100

ZXAN(config-if)#exit

⑨ 将上联接口也放入 VLAN 中。

例如：ZXAN(config)#interface gei_0/6/1

ZXAN(config-if)#hybrid-attribute copper

ZXAN(config-if)#switchport mode trunk

ZXAN(config-if)#switchport vlan 100 tag

ZXAN(config-if)#exit

ZXAN(config)#

⑩ 进入 pon-onu-mng 接口。

例如：ZXAN(config)#pon-onu-mng epon-onu_0/3/2:2

ZXAN(epon-onu-mng)#

⑪ 用 interface 命令打开相应的协议。

例如：ZXAN(epon-onu-mng)#interface eth eth_0/1 phy-state enable

ZXAN(epon-onu-mng)#interface eth eth_0/1 auto-neg enable

ZXAN(epon-onu-mng)#exit

⑫ 可以用 show onu running config 命令查看 ONU 远程配置命令。

例如：ZXAN#show onu running config epon-onu_0/3/2:2

⑬ 用 write 命令保存配置。

例如：ZXAN#write

7.1.4 VLAN 配置

VLAN 协议中的接口可以分为以下 3 种。

① Access 接口：只接收 untag 数据包，且只能以 untag 形式加入一个 VLAN 中。

② Trunk 接口：只接收 tag 的数据包，可以以 tag 形式加入多个 VLAN 中。

③ Hybrid 接口：能同时接收 untag 或 tag 的数据包，可以以 untag 或者 tag 形式加入多个 VLAN 中。

（1）准备

准备工作如下。

① 用串口线连接 C200 机框 4 号槽位 EC4G 前面板 console 接口和调试电脑的串口，串口配置为默认。

② 连接好 EPON 用户，保证“EPON 用户”→ONU→C200→Server 整个网络物理连接正常。

③ EPON 业务配置完成。

（2）步骤

连接步骤如下。

① 创建用户 VLAN。

```
ZXAN(config) # vlan 200
```

② 配置用户端口的模式。

```
ZXAN(config-if) # switchport mode access vport 1
```

③ 添加用户端口到用户 VLAN 中，并设置为 tag 或 untag 形式。

```
ZXAN(config-if) # switchport default vlan 200
```

④ 配置网络侧端口模式。

```
ZXAN(config-if) # switchport mode trunk
```

⑤ 添加网络侧端口到用户 VLAN 中，并设置为 tag 或 untag 形式。

```
ZXAN(config-if) # switchport vlan 200 tag
```

⑥ 查看 VLAN 配置。

```
ZXAN(config) # show vlan 200
```

⑦ 保存配置。

7.2 华为平台接入网设备配置和管理

MA5680T 通过 EPBA 业务板支持 EPON 接入业务。MA5680T 每块单板可提供 4 个 EPON 端口，支持 1∶64 分光比，每块单板最多可提供 256 路 ONU 接入。

7.2.1 EPON 接入业务配置流程图

EPON 接入业务配置流程如图 7-24 所示。

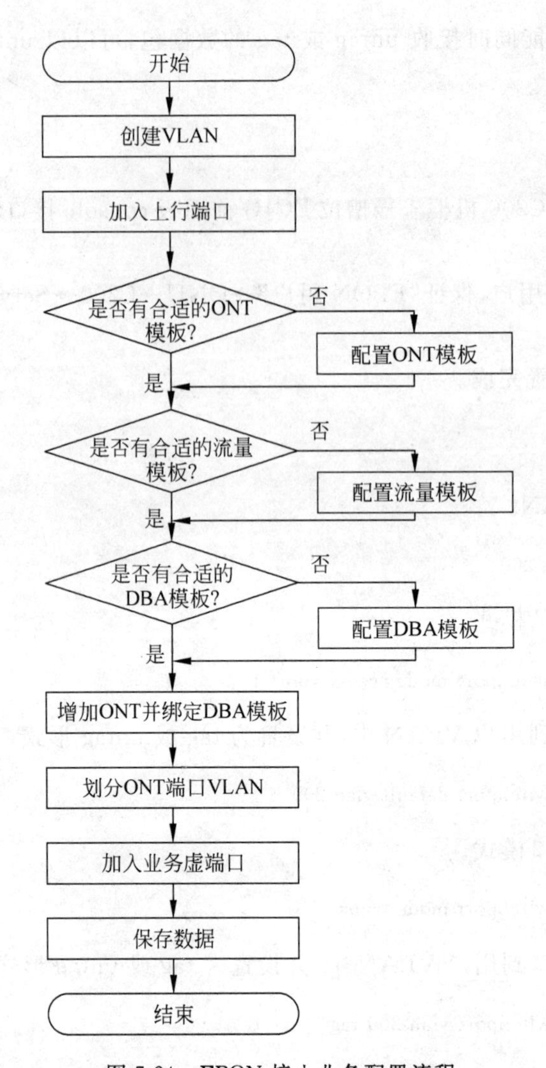

图 7-24　EPON 接入业务配置流程

7.2.2　EPON 业务配置——ONT 终端管理

MA5680T 通过 ONT 为最终用户提供业务，MA5680T 与 ONT 的通道打通后，MA5680T 才能对 ONT 进行管理，ONT 才能正常工作。

MA5680T 通过 OAM（Operation, Administration and Maintenance）协议对 EPON ONT 进行管理和配置，并支持对 ONT 的离线配置、ONT 上线后的配置恢复。通过这种机制，ONT 本地不需要保存配置信息，便于业务发放和终端维护。

在模板模式下，EPON ONT 的相关配置集成到业务模板和线路模板中，在增加 ONT 时，只需要直接与匹配的业务模板和线路模板绑定即可。

1. 增加 EPON ONT

步骤如下。

① 使用 interface epon 命令进入 EPON 模式。

② 使用 port portid ont-auto-find 命令使能 ONT 自动发现功能。使能自动发现 ONT 功能后，系统会上报自动发现的 ONT 的 MAC 地址和密码，可根据系统上报的信息增加 ONT。默认情况下，EPON 端口的 ONT 自动发现功能为去使能。

③ 使用 ont add 命令离线增加 ONT；或使用 ont confirm 命令确认自动发现的 ONT。

如果 ONU 是作为独立网元，由网管通过 SNMP 管理模式直接管理，选择 SNMP 管理模式。这种模式下，只需要在 OLT 上配置 EPON 线路参数和管理通道参数。只需要绑定线路模板。

如果 ONU 不作为独立网元管理，它的所有配置都由 OLT 通过 OAM 协议进行管理，选择 OAM 管理模式。这种模式下，需要在 OLT 上配置 ONU 需要的所有参数。需要绑定线路模板和业务模板。

对于 ONT 管理模式一般配置为 OAM 模式。

④ 使用 ont ipconfig 命令配置 ONT 的 IP 地址。不能与别的 VLAN 接口 IP 地址在同一网段。对于作为独立网元管理的 ONU，配置 ONT 的 IP 地址时需要同时配置管理 VLAN；对于支持语音业务的 ONT，需要配置 ONT 的 IP 地址用于语音业务，此时不需要配置管理 VLAN。

⑤ 当 ONT 管理模式为 SNMP 时，需要配置 ONT 的 SNMP 管理参数，步骤如下。

a. 使用 ont snmp-profile 命令为 ONT 绑定 SNMP 模板。配置前需要保证已经使用 snmp-profile add 命令增加了 SNMP 模板。

b. 使用 ont snmp-route 命令配置网管服务器的静态路由，即配置下一跳 IP 地址。

2. 配置 ONT 端口的缺省 VLAN

使用 ont port native-vlan 命令配置 ONT 端口的缺省 VLAN(Native VLAN)。默认情况下，ONT 端口的 VLAN 为 1。

如果用户(例如 PC)上报到 ONT 的报文为 untag，则在 ONT 上打上端口的默认 VLAN，再上报到 OLT。如果用户上报到 ONT 的报文为 tag，需要配置 ONT 的端口 VLAN 与用户的 tag 一致，在 ONT 上不会打上端口的默认 VLAN，报文带着用户 tag 上报到 OLT。

7.2.3 EPON 业务配置——配置 EPON ONT 模板

EPON 模板模式对 EPON ONT 配置参数进行分类重组，分为线路模板和业务模板。线路模板主要用于配置 DBA 相关信息，业务模板主要用于配置 ONT 的实际能力和与业务相关的参数。

线路模板必须配置，业务模板根据实际业务需求进行选配。相关属性分别在线路模板模式和业务模板模式下进行配置，ONT 直接绑定线路模板和业务模板即可。

配置 xPON 模板是配置 xPON 接入业务的预置条件，DBA 模板描述了 xPON 的流量参数，通过绑定 DBA 模板进行动态分配带宽，提高上行带宽利用率。DBA 模板可以同时供 EPON 和 GPON 使用。

1. 配置 DBA 模版

配置步骤如下。

① 增加 DBA 模版。使用 dba-profile add 命令增加 DBA 模板。系统默认有 1～9 号 DBA 模板，给出了典型的流量参数值，不能增加或删除。

② 查询 DBA 模版信息。使用 display dba-profile 命令查询 DBA 模板信息。

2. 配置 EPON ONT 线路模板

配置 EPON ONT 线路模板，在增加 ONT 时引用。ONT 管理模式为 OAM 和 SNMP，都需要绑定 EPON ONT 线路模板。

操作步骤如下。

① 使用 ont-lineprofile epon 命令增加 EPON 线路模板，并进入 EPON ONT 线路模板模式。

② 绑定 DBA 模板。使用 llid 命令绑定 DBA 模板，在配置前，需要保证已经创建了 DBA 模板。

③ 配置 DBA 队列集的队列阈值。使用 dba-threshold 命令配置 DBA 队列集的队列阈值。OAM 管理的队列阈值，终端会有自己的默认值，采用默认值即可，一般不需要配置。

④ 配置上行 FEC 功能开关。使用 fec enable 命令使能 EPON ONT 的上行 FEC 功能。缺省情况下，ONT FEC 开关状态为去使能。

FEC 校验是在正常报文中插入冗余数据，使线路具有一定的容错功能，但是会浪费部分带宽资源。使能 FEC 会增强线路的纠错能力，但是会占用部分带宽，根据实际线路规划确定是否使能 FEC 功能。

⑤ 使用 commit 命令使模板配置参数生效。必须执行此操作线路模板相关配置才能生效。

⑥ 使用 quit 命令退回到全局配置模式。

例如：增加一个 EPON 线路模板，ID 为 5。llid 绑定 DBA 模板 1。

```
huawei(config)#ont-lineprofile epon profile-id 5
huawei(config-epon-lineprofile-5)#llid dba-profile-id 1
huawei(config-epon-lineprofile-5)#commit
huawei(config-epon-lineprofile-5)#quit
```

3. EPON ONT 业务模板

EPON ONT 业务模板为采用 OAM 方式管理的 ONT 提供了业务配置渠道，采用 SNMP 管理的 ONT(如 MDU)的业务配置需要登录到 ONT 上配置。

操作步骤如下。

① 使用 ont-srvprofile epon 命令增加 EPON 业务模板，并进入 EPON ONT 业务模板模式。

② 上网业务相关配置。使用 ont-port eth 命令配置 ONT 的端口能力集。能力集规划 ONT 支持的各种类型的端口数，ONT 的端口能力集必须与 ONT 实际的能力集保持一致。

使用 port vlan 命令配置 ONT 的端口 VLAN。

③ 语音业务相关配置。

a. 使用 ont-port pots 命令配置 ONT 的端口能力集。能力集规划 ONT 支持的各种类型的端口数，ONT 的端口能力集模板必须与 ONT 实际的能力集保持一致。

b. 使用 port vlan 命令配置 ONT 的端口 VLAN。

④ 组播业务相关配置。

a. 使用 ont-port eth 命令配置 ONT 的端口能力集。能力集规划 ONT 支持的各种类型的端口数，ONT 的端口能力集模板必须与 ONT 实际的能力集保持一致。

b. 使用 port vlan 命令配置 ONT 的端口 VLAN。

c. 使用 multicast mode 命令配置 ONT 端口的组播模式和快速离开模式。默认情况下，组播模式为 CTC 模式，快速离开模式为不关注。

CTC 为中国电信标准。ONT 点组播是基于组播用户索引号的，假设 ONT 的组播用户索引号为 0，如果使用这个组播用户点组播节目时，组播用户的组播报文从 ONT 发出时就切换为 VLAN1(组播用户索引+1)。

igmp-snooping 模式是通过侦听用户与组播路由器之间通信的 IGMP 报文获取相关信息维护组播转发表项。

transparent 模式是对组播业务流不进行任何处理，直接透传。

⑤ 使用命令 port eth ont-portid multicast-tagstripe { untag | tag }配置组播数据报文的 VLAN Tag 处理方式。

a. untag：剥掉下行组播数据报文的 VLAN Tag。

b. tag：对下行组播数据报文进行透传。

例 1：增加一个 DBA 模板，模板类型为 type3。规划模板名称为“DBA_带宽”，用户要求带宽为 10Mbps。

```
huawei(config)# dba-profile add profile-name DBA_10M type3 assure 10240 max 10240
huawei(config)# display dba-profile profile-name DBA_10M
-----------------------------------------------------------------
  Profile-name :                  DBA_10M
  Profile-ID:                     10
  type:                           3
  Bandwidth compensation:         No
  Fix(Kbps):                      0
  Assure(Kbps):                   10240
  Max(Kbps):                      10240
  bind-times:                     0
-----------------------------------------------------------------
```

例 2：增加一个 EPON 业务模板，ID 为 200。用于上网业务，ONT 支持 4 个 ETH 端口，ONT 端口号 1 的端口 VLAN 为 10。

```
huawei(config)# ont-srvprofile epon profile-id 200
huawei(config-epon-srvprofile-200)# ont-port eth 4
huawei(config-epon-srvprofile-200)# port vlan eth 1 10
huawei(config-epon-srvprofile-200)# commit
huawei(config-epon-srvprofile-200)# quit
```

例 3：增加一个 EPON 业务模板，ID 为 20。用于组播业务，ONT 支持 4 个 ETH 端口，ONT 端口号 1 的端口 VLAN 为 100。ONT 支持 IGMP snooping 模式，透传组播报文的 VLAN Tag，组播 VLAN 为 10。

```
huawei(config) # ont-srvprofile epon profile-id 20
huawei(config-epon-srvprofile-20) # ont-port eth 4
huawei(config-epon-srvprofile-20) # port vlan eth 1 100
huawei(config-epon-srvprofile-20) # multicast mode igmp-snooping
huawei(config-epon-srvprofile-20) # port eth 1 multicast-tagstripe tag
huawei(config-epon-srvprofile-20) # port multicast-vlan eth 1 10
huawei(config-epon-srvprofile-20) # commit
huawei(config-epon-srvprofile-20) # quit
```

7.2.4 EPON 业务配置——VLAN 的应用

配置 VLAN 为配置业务的基础，在进行业务配置前需要保证 VLAN 已经按照实际规划完成配置。

1. 创建 VLAN

使用 VLAN 命令，在华为 EPON 平台中，对于各种不同的应用背景使用不同类型的 VLAN，VLAN 的类型、配置方法及应用场景见表 7-2。

表 7-2 VLAN 类型及应用场景

VLAN 类型	配置命令	VLAN 描述	应用场景
Standard VLAN	单个增加 VLAN：vlan vlanid standard	标准 VLAN。VLAN 中的以太网端口可相互通信，VLAN 间的以太网端口相互隔离	只适用于以太网端口。应用于网管、级联等
Smart VLAN	单个增加 VLAN：vlan vlanid smart	一个 VLAN 中可包含多个 GPON 业务虚端口，且同一个 Smart VLAN 包含的业务虚端口相互隔离。VLAN 间的业务虚端口也相互隔离。一个 VLAN 可接入多个用户，减少了对 VLAN 数量的占用	应用于 xPON 接入业务，适用于小区接入
MUX VLAN	单个增加 VLAN：vlan vlanid mux	一个 VLAN 只包含一个 GPON 业务虚端口，VLAN 间的业务虚端口相互隔离。VLAN 与接入用户存在一对一的映射关系，因此可根据 VLAN 区分不同的接入用户	应用于 xPON 接入业务，适用于用 VLAN 来区分用户的情况

续表

VLAN类型	配置命令	VLAN描述	应用场景
Super VLAN	单个增加VLAN：vlan vlanid super	基于三层的VLAN。一个Super VLAN中可包含多个Sub VLAN。通过ARP Proxy实现Sub VLAN三层的互通	能够实现三层互通，应用于需要节省IP地址、提高IP地址使用效率的场合。 Super VLAN需要配置Sub VLAN，使用supervlan命令将Sub VLAN加入到指定的Super VLAN中，Sub VLAN的类型只能为Smart VLAN或MUX VLAN

2. VLAN属性

VLAN创建后，默认属性为Common，使用vlan attrib命令配置VLAN属性。根据VLAN的规划情况进行选配，VLAN属性的含义见表7-3。本步骤为可选步骤。

表7-3　VLAN属性及应用场景

VLAN属性	配置命令	VLAN类型	VLAN描述	应用场景
Common	创建VLAN后默认属性为Common	可以是Standard VLAN、Smart VLAN、MUX VLAN和Super VLAN	具有Common属性的VLAN可作为普通的二层VLAN或创建三层虚接口使用	用于N∶1接入场景
QinQ VLAN	配置单个VLAN的属性：vlan attrib vlanid q-in-q	只能为Smart VLAN或MUX VLAN。Sub VLAN、已创建三层接口的VLAN及系统默认VLAN都不能设其属性为QinQ VLAN。	具有QinQ属性的VLAN报文包含来自用户私网的内层VLAN以及MA5680T分配的外层VLAN，可以通过外层VLAN在用户私网间形成二层VPN隧道，实现私网间业务的透明传输	用于企业专线业务
VLAN Stacking	配置单个VLAN的属性：vlan attrib vlanid stacking	只能为Smart VLAN或MUX VLAN。Sub VLAN、已创建三层接口的VLAN及系统默认VLAN都不能设其属性为VLAN Stacking	具有Stacking属性的VLAN报文包含MA5680T分配的内、外两层VLAN标签。上层BRAS设备可根据两层标签进行双VLAN认证，增加接入用户的数量。在二层工作模式的上层网络中，还可以直接通过外层VLAN+MAC进行报文转发，为ISP提供批发业务功能	用于1∶1接入场景，可用于批发业务或VLAN ID扩展。VLAN Stacking需要使用stacking label命令配置业务虚端口的内层标签

3. 配置 VLAN 的描述信息

使用 vlan desc 命令配置 VLAN 的描述信息。为了方便维护，可以增加 VLAN 的描述信息，VLAN 描述信息一般为 VLAN 的用途、相关业务信息等。本步骤为可选步骤。

不同类型的用户对 VLAN 的应用不一样，具体应用情况见表 7-4。

表 7-4　VLAN 应用及规划

用户类型	应用场景	VLAN 规划
住宅用户、商业用户的上网业务	N∶1 场景，即单层 VLAN 上行，多个用户的业务汇聚到同一个 VLAN	VLAN 类型：Smart VLAN 属性：Common VLAN 转发模式：VLAN＋MAC
	1∶1 场景，即双层 VLAN 上行，外层 VLAN 用于标识业务，内层 VLAN 用于标识用户，每个用户的业务用唯一的 S＋C 表示	VLAN 类型：Smart VLAN 属性：Stacking VLAN 转发模式：S＋C
商业用户的透传业务	只适用于商业用户的透传业务	VLAN 类型：Smart VLAN 属性：QinQ VLAN 转发模式：可以为 VLAN＋MAC，也可以为 S＋C

4. 配置 VLAN 转发策略

vlan-connect 对应 S＋C 转发策略，解决 MAC 地址空间有限、MAC 地址老化的问题和 MAC 地址欺骗和攻击问题，更安全。

有两种配置方式，两者可以二选一。

① 在全局配置模式下，使用 vlan forwarding 配置 VLAN 转发策略。系统默认的转发模式为 VLAN＋MAC。

② 在 VLAN 业务模板中配置。

a. 使用 vlan service-profile 命令创建 VLAN 业务模板并进入 VLAN 业务模板模式。

b. 使用 forwarding 命令配置 VLAN 转发策略，系统默认的转发模式为 VLAN＋MAC。

c. 使用 commit 命令使模板配置参数生效。必须执行此操作 VLAN 业务模板相关配置才能生效。

d. 使用 quit 命令退出 VLAN 业务模板模式。

e. 使用 vlan bind service-profile 命令为 VLAN 绑定步骤配置好的 VLAN 业务模板。本步骤为可选步骤。

5. 配置 VLAN 的上行端口

使用 port vlan 命令将上行端口加入到 VLAN 中。

例 4：创建 VLAN 50，VLAN 属性为 Stacking，用于 VLAN ID 扩展。为 VLAN 50 增加业务虚端口。VLAN Stacking 的外层 VLAN Tag 50 用于标识接入设备，内层 VLAN Tag 10 用于标识该设备接入的用户。增加 VLAN 的描述信息以方便维护。将上行口

0/19/0和0/19/1加入到VLAN 50中。

配置命令如下：

```
huawei(config) # vlan 50 smart
huawei(config) # vlan attrib 50 stacking
huawei(config) # service-port vlan 50 gpon 0/2/0 gemport 128
huawei(config) # stacking label vlan 50 baselabel 10
huawei(config) # vlan desc 50 description stackingvlan/label10
huawei(config) # port vlan 50 0/19 0
huawei(config) # port vlan 50 0/19 1
```

例5：创建VLAN 100，VLAN属性为QinQ，用于企业用户。为了提高安全性，VLAN转发策略采用S+C。增加VLAN的描述信息以方便维护。将上行口0/18/0和0/18/1加入到VLAN 100中。

```
huawei(config) # vlan 100 smart
huawei(config) # vlan attrib 100 q-in-q
huawei(config) # vlan desc 100 description qinqvlan/forhuawei
huawei(config) # vlan forwarding 100 vlan-connect
huawei(config) # port vlan 100 0/18 0
huawei(config) # port vlan 100 0/18 1
```

7.2.5 创建EPON业务流

业务流用于打通用户侧与网络侧的业务通道，要开通业务，必须配置业务流。业务虚端口可以承载单业务也可以承载多业务。承载多种业务时，MA5680T支持以下流分类技术。

① 基于用户侧VLAN。

② 基于用户侧业务封装类型。

③ 基于VLAN+用户侧报文优先级。

④ 基于VLAN+用户侧业务封装类型。

⑤ 基于业务流Bundle+用户侧CoS(Class of Service)。

1. 创建流量模板

使用traffic table ip命令创建流量模板。系统中存在7个默认的流量模板，模板ID为0～6。

创建业务流之前，先使用display traffic table确认系统中是否有已经满足需求的业务流。如果没有，必须先根据应用需求创建流量模板。

2. 创建业务流

可以创建单个业务流，也可以批量创建业务流，根据需要进行二选一，可使用service-port命令创建单个业务流，也可使用multi-service-port命令批量增加业务流。

业务流分为单业务和多业务，多业务一般用于Triple play。

① 单业务流：不输入multi-service则默认是单业务。

② 基于用户侧VLAN的多业务流：multi-service user-vlan { untagged | user-vlanid |

priority-tagged | other-all }。

a. untagged：用户侧报文不带 tag。

b. user-vlanid：用户侧报文带 tag，且配置的值与用户侧带的 tag 值相同，即 C-VLAN。

c. priority-tagged：VLAN Tag＝0，用户侧报文优先 pri＝0～7。

d. other-all：TLS(Transparent LAN Service)业务流，主要用于 QinQ 企业透传业务，除了系统中创建的已知流以外的所有流都由此通道承载。

③ 基于用户侧业务封装类型的多业务流：multi-service user-encap user-encap。

④ 基于 VLAN＋用户侧报文优先级(802.1p)的多业务流：multi-service user-8021p user-8021p [user-vlan user-vlanid]。

⑤ 基于 VLAN＋用户侧业务封装类型(user-encap)的多业务流：multi-service user-vlan { untagged | user-vlanid | priority-tagged } user-encap user-encap。

⑥ 基于业务流 Bundle＋用户侧 CoS 的多业务流：必须先使用 service-port-bundle 命令创建 Bundle。

bundle bundleid cos cos。

系统支持按业务流索引值进行配置，一个索引值对应一条业务流，不需要输入大量的流参数，从而简化业务流的配置。创建业务流时，index 表示业务流索引值，此值为选配，如果不输入，则由系统从当前已配置过的最大值(无论是否删除)开始自动分配空闲的索引值，超过最大取值范围后从 0 开始搜索。

VLAN 为业务 VLAN 即 S-VLAN，类型只能是 MUX VLAN 或 Smart VLAN，rx-cttr 和 outbound 含义和作用相同，表示从网络侧到用户接入侧的流量索引值。tx-cttr 和 inbound 含义和作用相同，表示从用户接入侧到网络侧的流量索引值。

3. 配置业务流的属性

根据需要进行选配。

① 使用 service-port desc 命令配置业务流的描述信息。为了方便维护，可以增加业务流的描述信息，描述信息一般为业务流的用途、相关业务信息等。

② 使用 service-port index adminstatus 命令配置业务流的管理状态。缺省情况下，业务流为激活状态。业务的开通基于两级开关，端口级和业务流级。如果要为某用户开通业务，则必须激活用户的接入端口和对应的业务流。

③ 使用 mac-address max-mac-count service-port 命令配置业务流的最大 MAC 地址学习，以限制同一账号下可上网的最大 PC 数。系统默认的最大 MAC 地址学习数为 1023。

例 6：MA5680T 的 EPON 端口 0/3/0 下接 ONT，其 ID 为 1。规划一个上网用户，ONT 为用户提供 2048Kbps 的上网单业务，业务 VLAN 为 100，最多只允许同时有 3 人使用同一账号上网。查询后发现系统中有合适的流量模板，直接引用此流量模板。此用户尚未开户，暂不为其开通业务。

```
huawei(config)#display traffic table ip from-index 0
{ <cr>|to-index<K> }:

  Command:
          display traffic table ip from-index 0
```

```
--------------------------------------------------------------------------
 TID CIR(Kbps) CBS(bytes) PIR(Kbps) PBS(bytes) Pri Copy-policy Pri-Policy
--------------------------------------------------------------------------
   0    1024      34768      2048      69536   6 -           tag-pri
   1    2496      81872      4992     163744   6 -           tag-pri
   2    512       18384      1024      36768   0 -           tag-pri
   3    576       20432      1152      40864   2 -           tag-pri
   4    64        4048       128        8096   4 -           tag-pri
   5    2048      67536      4096     135072   0 -           tag-pri
   6    off       off        off       off     0 -           tag-pri
--------------------------------------------------------------------------
Total Num : 7
huawei(config)# service-port 4 vlan 100 epon 0/3/0 ont 1 inbound traffic-table index 5 outbound
traffic-table index 5
huawei(config)# mac-address max-mac-count service-port 4 3
huawei(config)# service-port 4 adminstatus disable
```

例 7：MA5680T 的 EPON 端口 0/3/0 下接 ONT，其 ID 为 1。商业用户要求开通 4096Kbps 的上网业务，为了后续业务扩展，ONT 以多业务方式为此用户提供上网业务，基于用户侧 VLAN 来区分用户，S-VLAN 为 50，C-VLAN 为 10。查询后发现系统中没有合适的流量模板，新建 9 号流量模板。需要立即为用户开通上网业务。为了方便维护，增加业务流的描述信息。

```
huawei(config)# display traffic table ip from-index 0
{ <cr>|to-index<K> }:

Command:
        display traffic table ip from-index 0
--------------------------------------------------------------------------
TID CIR(Kbps) CBS(bytes) PIR(Kbps) PBS(bytes) Pri Copy-policy Pri-Policy
--------------------------------------------------------------------------
   0    1024      34768      2048      69536   6 -         tag-pri
   1    2496      81872      4992     163744   6 -         tag-pri
   2    512       18384      1024      36768   0 -         tag-pri
   3    576       20432      1152      40864   2 -         tag-pri
   4    64        4048       128        8096   4 -         tag-pri
   5    2048      67536      4096     135072   0 -         tag-pri
   6    off       off        off       off     0 -         tag-pri
--------------------------------------------------------------------------
Total Num : 7
huawei(config)# traffic table ip index 9 cir 4096 priority 4 priority-policy local-Setting
Create traffic descriptor record successfully
------------------------------------------------
TD Index                : 9
TD Name                 : ip-traffic-table_9
Priority                : 4
Mapping Priority        : -
Mapping Index           : -
CTAG Mapping Priority   : -
CTAG Mapping Index      : -
```

```
CTAG Default Priority   : 0
Priority Policy         local-pri
CIR                     : 4096 Kbps
CBS                     : 133072 bytes
PIR                     : 8192 Kbps
PBS                     : 264144 bytes
Referenced Status       : not used
-------------------------------------------------
huawei(config) # service-port 5 vlan 50 epon 0/3/0 ont 2 multi-service user-vlan 10 inbound traffic-table index 9 outbound traffic-table index 9
huawei(config) # service-port desc 5 description epon/Vlanid:50/uservlan/10
```

例 8：MA5680T 的 EPON 端口 0/3/0 下接 ONT，其 ID 为 2。用户要求开通 10240Kbps 的接入业务，基于用户侧 CoS 来区分业务，S-VLAN 为 100，C-VLAN 为 200，承载上网业务的 802.1p 优先级为 1、CoS 为 1，承载语音业务的 802.1p 优先级为 2、CoS 为 2。新建流量模板 10。

```
huawei(config) # traffic table ip index 10 cir 10240 priority 0 priority-policy local-Setting
Create traffic descriptor record successfully
-------------------------------------------------  TD Index            : 10
TD Name                 : ip-traffic-table_10
Priority                : 0
Copy Priority           : -   Mapping Index     : -   CTAG Mapping Priority: -   CTAG Mapping
Index                   : -   CTAG Default Priority: 0
Priority Policy         : local-pri
CIR                     : 10240 Kbps
CBS                     : 329680 bytes
PIR                     : 20480 Kbps
PBS                     : 657360 bytes
Referenced Status       : not used
-------------------------------------------------
huawei(config) # service-port-bundle 5
huawei(config) # service-port vlan 100 epon 0/3/0 ont 2 multi-service user-8021p 1 user-vlan 200 inbound traffic-table index 10 outbound traffic-table index 10 bundle 5 cos 1
huawei(config) # service-port vlan 100 epon 0/3/0 ont 2 multi-service user-8021p 2 user-vlan 200 inbound traffic-table index 10 outbound traffic-table index 10 bundle 5 cos 2
```

CHAPTER 8

第8章

VoIP 技术原理

本章学习目标

(1) 理解 VoIP 基本概念;

(2) 掌握各种 VoIP 通信协议(H.323、H.248、SIP)。

8.1 VoIP 基本概念

8.1.1 VoIP 概述

VoIP(Voice over Internet Protocol)简而言之就是将模拟声音信号(Voice)数字化,以数据封包(Data Packet)的形式在 IP 数据网络 (IP Network)上实时传递。它利用电话网关服务器之类的设备将电话语音数字化,将数据压缩后打包成数据包,通过 IP 网络传输到目的地;目的地收到这一串数据包后,将数据重组,解压缩后再还原成声音。这样,网络两端的人就可以听到对方的声音。

VoIP 是建立在网络技术和通信技术基础上的新业务,是 Internet 上的一种话音增值业务,是使用 IP 网络而不是传统的电路交换语音网络,采用存储转发的分组交换技术来传送语音信息。所以语音信号在 IP 网络上传送,首先要进行模拟语音信号的数字化处理,经过压缩处理后,被数据通信网中的 IP 电话网关"打包",形成分组,在每个分组中都有被叫电话号码所对应的目的网关的 IP 地址,形成 8Kbps 或更小带宽的数据流,然后才送到网络上进行实时传送。

VoIP 最大的优势是能广泛地采用 Internet 和全球 IP 互联的环境,提供比传统业务更多、更好的服务。由于 Internet 四通八达、无处不在,并具有免费传输信息的特点,因此,我们利用 Internet 廉价的上网费用和全世界无处不通的特点来传输语音,这样,国内和国际长途的费用将能降低到传统电话网电话费用的 50%以上。利用 VoIP 技术可以在 IP 网络上便宜地传送语音、传真、视频、和数据等业务,如统一消息、虚拟电话、虚拟语音/传真邮箱、查号业务、Internet 呼叫中心、Internet 呼叫管理、电视会议、电子商务、传真存储转发和各种信息的存储转发等。

8.1.2 VoIP 功能结构

VoIP 技术的主要目的是用于处理语音和信令,因此可以将它分为 4 个功能模块:语音包处理模块(Voice Package Module)、电话信令网关模块(Telephone Signaling Gateway Module)、网络协议模块(Network Protocol Module)和网络管理模块(Network Management Module)。

1. 语音包处理模块

一般而言,语音包处理模块主要是在数字信号处理器(DSP)芯片上运行,主要实现以下功能。

(1) 语音的编码及解码

(2) 静音检测

通过对无话音时的噪声进行检测,从而判断所接收的信号是否含有语音信号,如果没有检测到语音信号,将会反馈至"语音包处理器",让它发出一个含有"静音"的信息包,从而最大限度节省通信带宽。

(3) 回音抵消器

基于国际标准 G.165/G.168 实现语音通信中的回音抵消,以改善语音的通信质量。

(4) 自适应语音恢复

通过一个缓冲器,对接收到的延后语音信号进行语音恢复。从而达到抗"延时"、抗"时延抖动"的目的。并且可以自适应调节时延值,实现语音传输时延最小的目的,从而改善语音通信质量。当然,它同时必须支持"内插"算法,即当语音包在传输过程中丢失时,能够利用"内插"技术进行恢复。

(5) 语音包处理器

对经过编码后的语音信号进行"语音打包"处理,或是对接收到的语音包进行"拆包"处理,实际上它是一种封装协议的处理。

2. 电话信令网关模块

一般而言,电话信令网关模块主要是在 Host CPU 上运行。作为一个"网关处理器",它主要是作为电话信令,在电信设备与网络协议处理间进行协议转换。这些信令包括:挂机、摘机、呼入保持、来电显示等。它主要是指原有传统电话设备上的业务及其将来的增值服务。

3. 网络协议模块

这个模块主要是用于处理信令的信息。同时也可以将信令信息转换成相应的特殊网络的信令协议,通过交换网络传输。一般而言,国际上目前较通用的网络协议标准是:H.232 协议、MGCP 协议和 SIP 协议等。

4. 网络管理模块

主要是提供一个语音管理的接口,实现 VoIP 的配置及维护。管理信息是基于国际标准 ASN.1 及 SNMP 简单网络管理协议的要求所建立的。

8.1.3 VoIP 数据传输过程

VoIP 是以 IP 分组交换网络为传输平台,对模拟的语音信号进行压缩、打包等一系列的特殊处理，使之可以采用无连接UDP协议进行传输。传统的电话网是以电路交换方式传输语音，所要求的传输宽带为64Kbps。而所谓的VoIP是以IP分组交换网络为传输平台，对模拟的语音信号进行压缩、打包等一系列的特殊处理，使之可以采用无连接的UDP协议进行传输。

为了在一个IP网络上传输语音信号，要求几个元素和功能。最简单形式的网络由两个或多个具有VoIP功能的设备组成，这一设备通过一个IP网络连接。从图8-1中可以发现VoIP设备是如何把语音信号转换为IP数据流，并把这些数据流转发到IP目的地，IP目的地又把它们转换回到语音信号。两者之间的网络必须支持IP传输，且可以是IP路由器和网络链路的任意组合。

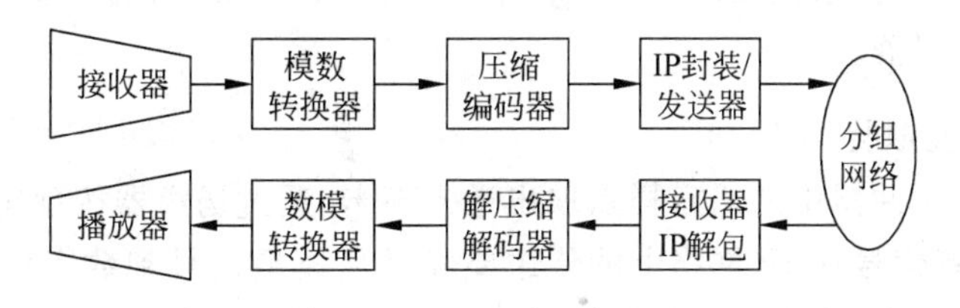

图8-1 VoIP传输的基本过程

VoIP的传输过程分为语音数字化、信号编码分组、信号打包传送、解包及解压缩、数字语音模拟化5个过程。

1. 语音数字化

语音信号是模拟波形，通过IP方式来传输语音，不管是实时应用业务还是非实时应用业务，都要首先对语音信号进行模拟数据转换，也就是对模拟语音信号进行8位或6位的量化，然后送入到缓冲存储区中，缓冲器的大小可以根据延迟和编码的要求选择。许多低比特率的编码器是采取以帧为单位进行编码，典型帧长为10～30ms。考虑传输过程中的代价，语间包通常由60ms、120ms或240ms的语音数据组成。数字化可以使用各种语音编码方案来实现，目前采用的语音编码标准主要是ITU-TG.711。源和目的地的语音编码器必须实现相同的算法，这样目的地的语音设备才可以还原模拟语音信号。

2. 信号编码分组

语音信号进行数字编码后，下一步就是对语音包以特定的帧长进行压缩编码。大部分的编码器都有特定的帧长，若一个编码器使用15ms的帧，则把从第一个来的60ms的包分成4帧，并按顺序进行编码。每个帧合120个语音样点(抽样率为8kHz)。编码后，将4个压缩的帧合成一个压缩的语音包送入网络处理器。网络处理器为语音添加包头、时标和其他信息后通过网络传送到另一端点。语音网络简单地建立通信端点之间的物理连接(一条线路)，并在端点之间传输编码的信号。IP网络不像电路交换网络，它不形成连接，它要求把数据放在可变长的数据报或分组中，然后给每个数据报附带寻址和控制信息，并通过网络发送，一站一站地转发到目的地。

3. 信号打包传送

在这个通道中，全部网络被看成一个从输入端接收语音包，然后在一定时间内将其传送到网络输出端的通道。传输时间可以在全范围内变化，反映了网络传输中的抖动。网络中的各节点检查每个 IP 数据附带的寻址信息，并使用这个信息把该数据报转发到目的地路径的下一站。网络链路可以是支持 IP 数据流的任何拓扑结构或访问方法。

4. 解包及解压缩

目的地 VoIP 接收设备接收这个 IP 数据并开始处理。首先，接收设备提供一个可变长度的缓冲器，用来调节网络产生的抖动。该缓冲器可容纳许多语音包，用户可以选择缓冲器的大小，小的缓冲器产生延迟较小，但不能调节大的抖动。其次，解码器将经编码的语音包解压缩后产生新的语音包，这个模块也可以按帧进行操作，完全和解码器的长度相同。如帧长度为 15ms，则 60ms 的语音包被分成 4 帧，然后它们被解码还原成 60ms 的语音数据流送入解码缓冲器。最后，在数据报的处理过程中，去掉寻址和控制信息，保留原数据，然后把这个原数据提供给解码器。

5. 数字语音模拟化

播放驱动器将缓冲器中的语音样点取出送入声卡，通过扬声器按预定的频率(8kHz)播出。简而言之，语音信号在 IP 网络上的传送要经过从模拟信号到数字信号的转换、数字语音封装成 IP 分组、IP 分组通过网络的传送、IP 分组的解包和数字语音还原到模拟信号等过程。

8.1.4 VoIP 系统的基本结构

对于传统语音业务，从呼叫方到接收方的所有功能全部由 PSTN 完成。IP 语音业务与之不同。

VoIP 系统的基本构成如图 8-2 所示，IP 语音网关提供 IP 网络和公用电话网(PSTN/ISDN)间的端口，用户通过 PSTN 连接到 IP 语音网关，由 IP 语音网关负责将模拟信号转换为数字信号并压缩打包，使之成为可以在 IP 网络上传输的分组语音信息，然后再经 IP 网络传送到被叫侧 IP 语音网关，由被叫端的 IP 语音网关将分组语音数据包还原为可识别的模拟语音信号，并通过 PSTN 传送给被叫电话终端，这样就完成了一个完整的电话到电话的通信过程。在实际 VoIP 组网中，还可能需要用到 GateKeeper(网守)，由它来完成路由和访问控制等功能。

图 8-2 VoIP 系统的基本构成

以下是 VoIP 应用程序处理的基本过程。

① 用户摘机，模块化语音插卡实时检测用户的摘机动作。

② 模块化语音插卡将摘机信号传递给路由器上的 VoIP 信号处理模块。

③ 用户听到 VoIP 的会话应用程序播放的拨号音，然后开始拨号(但应在拨号音超时之

前拨号)。

④ VoIP 会话应用程序收集用户拨打的号码。

⑤ VoIP 会话应用程序在收集号码过程中实时地与已配置的被叫号码模板进行匹配。

⑥ 当成功匹配某个已配置的被叫号码模板后,号码将被映射至某语音网关(此语音网关直接连接目的电话或用户小交换机 PBX)。

⑦ 主叫语音网关通过 IP 网络利用 H.323 建议向被叫网关发起语音呼叫,并为每路呼叫建立通道,用以发送和接收语音数据。

⑧ 被叫语音网关接收 IP 侧的 H.323 呼叫,同时根据自身已经匹配的被叫号码模板寻找呼叫目的,如果呼叫由 PBX 处理,就通过 PSTN 信令将呼叫传递给 PBX 处理,直到接通目的电话。

⑨ 在呼叫连接过程中的 H.323 阶段,两端协商所使用的语音编解码方式,并使用 RTP 协议传递语音数据。

⑩ RTP 语音通道用于在 IP 网络上传输呼叫过程中的提示信号及其他可在带内传输的信号。

⑪ 呼叫中的任何一方挂机时,VoIP 会话应用程序将结束会话,然后等待新的呼叫。

8.2　VoIP 通信协议

VoIP 是一个开放的体系,目前有两个国际组织负责制定 VoIP 通信协议,分别是:国际电信联盟远程通信标准化组织(ITU-T for ITU Telecommunication Standardization Sector),国际电信联盟 ITU-T 管理下的专门制定远程通信相关国际标准的组织。Internet 工程任务组(Internet Engineering Task Force,IETF),全球互联网最具权威的技术标准化组织,主要任务是负责互联网相关技术规范的研发和制定,当前绝大多数国际互联网技术标准出自 IETF。

两大组织制定了多种不同的 VoIP 通信协议,目前应用较多的 VoIP 通信协议主要有 H.323、H.248、MGCP、SIP 等。

(1) H.323 协议

目前全球大多数商用 VoIP 网络都是基于 H.323 协议构建的。H.323 协议是 ITU-T 为包交换网络的多媒体通信系统设计的(目前主要用于 VoIP),主要由网关、网守以及后台认证和计费等支撑系统组成。网关是完成协议转换和媒体编解码的主要设备,而网守则是完成网关之间的路由交换、用户认证和计费的控制层设备。

基于 H.323 协议的 VoIP 系统本身就是从电信级网络的角度出发设计的,有着传统电信网的多种优点,如易于构建大规模网络、网络的可运营可管理性较好、不同厂商设备之间的互通性较好等。然而在实际部署和实施时也遇到了一些问题,比如协议设计过于复杂、设备成本高、投资建设成本高和协议扩展较差等。

(2) H.248/MGCP 协议

在 VoIP 的研究过程中,几年前出现了所谓的"以软交换为核心的下一代网络"的说法。所谓软交换,其核心思想是控制、承载和业务分离,采用软交换进行控制,不同媒体网关通过媒体处理来提供音频、数据、视频等多媒体业务(甚至支持移动性)的实现方式。其核心协议是与媒体相关的控制协议,主流的协议是 ITU-T 制定的 H.248 和 IETF 制定的 MGCP。软交换的主要作用是逐步把传统电话网络 IP 化(到目前为止仍然只能提供话音业务),可以起到承上启下的作用,但当用户都以 IP 方式连接在网络上的时候,软交换就完成了其历史使命,因此软交换属于一种 VoIP 的过渡技术。

(3) SIP

在向下一代通信网络(NGN)的演进过程中,会话初始协议(SIP)越来越引起业务的关注,基于该协议开发的系统,用户终端无论在何处接入互联网,都可以通过域名找到其归属服务器来进行语音和视频等的通信。自 3GPP 在 R5 的 IP 多媒体子系统(IMS)中宣布以 SIP 为核心协议以来,ETSI 和 ITU-T 又在其 NGN 体系中采用了 IMS,使得 SIP 协议正在成为人们关注的热点。

SIP 协议本身在消息发送和处理机制上具有一定的灵活性,使得用 SIP 协议可以很方便地实现一些 VoIP 的补充业务,比如各种情况下的呼叫前转、呼叫转接、呼叫保持、呈现(Presence)、即时消息等业务。

8.2.1 H.323 协议

1. H.323 概述

H.323 是 ITU 的一个标准建议族,其中 H.323 V.1 于 1996 年由 ITU 的第 15 研究组通过; H.323 V.2 于 1998 年 3 月由 SG-16 制定并获得通过; 1999 年 5 月,IUT 发布了 H.323 V.3 的测试版本。H.323 标准包括了在无 QoS 保证的分组网络中进行多媒体通信所需的技术要求。作为软交换体系中的一大协议族,目前在 VoIP 等领域有广泛的应用,其在会议控制、视频业务等方面具有比较成熟和完善的定义和应用。

H.323 是介于传输层和应用层之间的协议。在 H.323 的多媒体通信系统中信息流包含音频、视频、数据和控制信息。具体地,H.323 控制协议包括 H.225.0、H.245 和 H.235、H.45x 等。而 H.225.0 包括 RAS 和 Q.931。Q.931 主要用于呼叫的建立、拆除和呼叫状态的改变,在呼叫信令流程的建立过程中所涉及的消息均在 H.225.0 及 H.245 中规定。H.245 是媒体会话控制协议,主要完成网关参数协商、控制语音逻辑通道打开或关闭、协商 RTP 端口等。而 H.235、H.45x 等完成加密、附加业务等信令规范和控制。

2. H.323 系统组成

H.323 是 ITU 制定的用于在分组交换网中提供多媒体业务的通信控制协议,呼叫控制是其中的重要组成部分,它可用来建立点到点的媒体会话和多点媒体会议。

H.323 定义了介于电路交换网和分组交换网之间的 H.323 网关、用于地址翻译和访问控制的网守(GateKeeper)、提供多点控制的多点会议控制器 MC、提供多点会议媒体流混合的多点处理器 MP,以及多点会议控制单元 MCU 等实体。H.323 系统组成如图 8-3 所示。

各部分的功能如下。

(1) 终端

终端(Terminal)是在分组网络上遵循 H.323 标准进行实时通信的端点设备。基于 IP 的网络的是一个客户端点。它需要支持以下 3 项功能: 信令和控制; 实时通信; 编码,即传

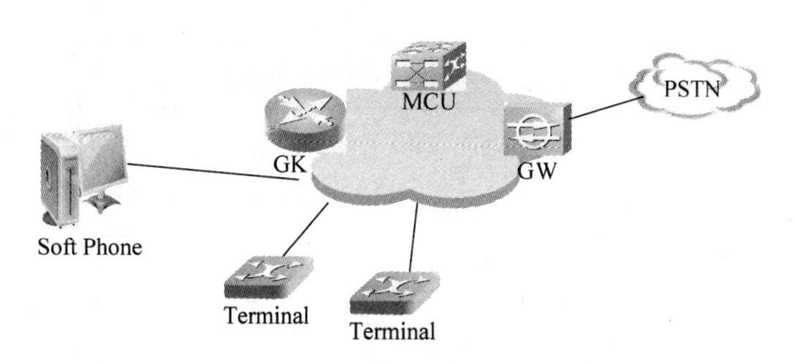

图8-3 H.323系统组成

前压缩，收后解压缩。

(2) 网关

网关(Gateway)负责不同网络间信令和控制信息转换以及媒体信息变换和复用。提供包交换网络和电路交换网络(Switch Circuit Network，SCN)之间的一个连接。

(3) 网守

网守(Gatekeeper)处于高层，提供对端点(终端、网关、多点控制单元统称为端点)和呼叫的管理功能，是H323电话网络系统中的重要管理实体，完成地址翻译、接纳控制、带宽控制、域管理4个必须功能。网守还支持呼叫控制信令、呼叫鉴权、带宽管理和呼叫管理，以及用户管理等可选的功能。

(4) 多点控制单元

多点控制单元(MCU)用作多媒体视讯会议(Video Conference)时所用到的设备，主要功能是协调及控制多个终端间的视频传输。多点控制单元支持3个以上的端用户进行会话。典型的MCU包括一个多点控制器(MC)和若干个(也可以没有)多点处理器(MP)。MC提供控制功能，如终端之间的协商。MP完成会话中的媒体流的处理，如音频的混合、音频/视频的交换。

3. H.323呼叫控制流程

H.323本身是一个庞大的协议集，包括许多相关的协议，形成了一个协议栈，如图8-4所示。媒体交换是通过运行在UDP上的RTP来实现的，只要有RTP则RTCP是不可少的。RTP协议为音频、视频等实时数据提供端到端的传递服务，可以向接收端点传送恢复实时信号必需的定时和顺序信息，RTCP协议能使网络运营商向收发双方通过QoS的手段进行检测，降低对网络带宽的需求。

实际中在H.323端点之间交换的消息是由H.225.0和H.245这两个协议定义的。H.225.0协议包括两个部分，一部分是ITU-TQ.931建议的变体，用于在H.323端点之间建立以及拆除连接，被称作呼叫信令或者Q.931信令。另一部分称作登录、许可和状态(RSA)信令，用于端点和网守之间，使网守用该信令来许可或是拒绝端点对网络资源的访问。H.245是用于两个或多个端点之间的控制协议，它可以确保一个实体只发送能够被另一个实体接收和理解的媒体，其运行在端点之间的一条或多条逻辑信道上。

上述这3个信令协议——RAS、Q.931和H.245，可用来建立呼叫、维持呼叫和拆除呼叫。不同协议消息的传递是交替进行的。图8-5简单描述了一个呼叫的建立过程以及呼叫过程中各相关协议的控制作用。可以这样理解：当一个端点要与另一个端点建立呼叫时，

音频/视频应用	终端/应用控制			
音频/视频编解码器	实时传输控制协议(RTCP)	H.225.0 RAS信令	H.225.0 呼叫信令	H.245 控制信令
实时传输协议(RTP)				
不可靠传输(UDP)			可靠传输(TCP)	
网络层(网络协议)				
数据链路层				
物理层				

图 8-4　H.323 协议栈

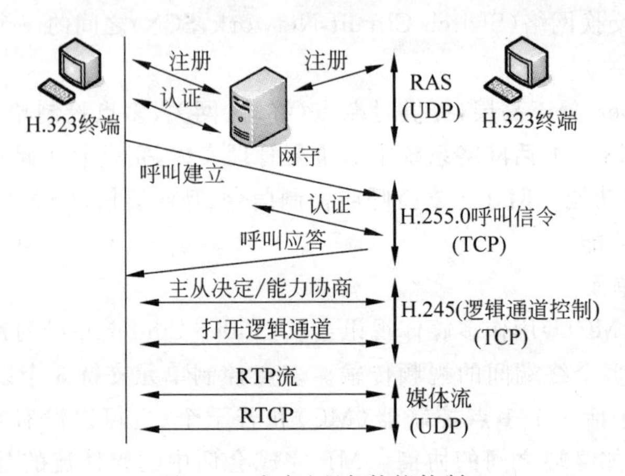

图 8-5　呼叫过程与协议控制

首先，源端点使用 RAS 信令来从一个网守那里获得许可；然后，源端点用 Q.931 信令来建立与目的端点的通信；最后，源端点使用 H.245 控制信令与目的端点协商媒体参数并建立媒体传送。

8.2.2 MGCP 协议

1. 基本概念

MGCP(RFC2705)是由 SGCP(Simple Gateway Control Protocol)和 IPDC(Internet Protocol Device Control)融合而成的网关控制协议。MGCP 定义了一种呼叫控制结构，该结构采用了分离网关思想，呼叫控制与业务承载分离，将以前信令和媒体集中处理的网管(Gateway)分解为两部分：MG 和 CA(Call Agent，又称 MGC)，如图 8-6 所示。

MG 负责处理媒体，而呼叫控制功能由 CA 独立完成，MGCP 定义了 CA 和 MG 的同步机制。MG 需要执行 CA 发出的命令，所以，从本质上说 MGCP 协议是一个主/从协议，由 CA 向 MG 发出要执行的命令，MG 将所搜集的消息上报给 CA。

MGCP 定义了一种呼叫控制框架。在这种框架中，呼叫控制只能在网关之外，由外部

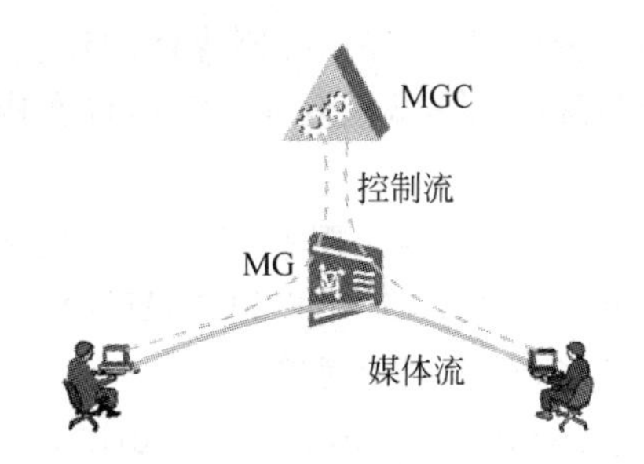

图 8-6　MGCP 协议概念示意图

呼叫控制元素(呼叫代理)所控制。MGCP 假定这些呼叫代理(Call Agent)能够相互配合地控制网关。具体怎样实现这种配合,MGCP 并没有说明。MGCP 是一个 master/slave 协议。呼叫代理相当于 master,网关(MG)相当于 slave。CA 分配给 MG 具体任务,并处理 MG 上交的请求。

为了建立 PSTN 与 Internet 之间的呼叫连接,网关不仅要建立媒体格式变换,还要进行信令转换。负责媒体变换的是媒体网关(MG),负责信令转换的是信令网关(SG),SG 只进行 PSTN/ISDN 信令底层转换,即从 TDM 电路方式转换成 TCP/IP 传送方式,并不改变其底层应用消息。转换后的信令传送给 CA,CA 根据信令来控制 MG 的连接与释放。因此,CA 才真正对信令消息进行分析与处理,并进行应用层的互通交换。

2. MGCP 的特点

MGCP 的优点包括以下几方面。

① 特别适合于配置大型应用系统,因为其本身就用于解决大型系统的具体问题。

② 应用 MGCP 可以实现与 SS7 网络良好的集成,为呼叫处理提供更大的控制和流通量。

③ MGCP 将媒体处理和信令功能分离,从而可由多个设备提供商开发更简洁的系统。

MGCP 协议的缺陷包括以下几方面。

① MGCP 对于小型应用系统过于复杂。

② MGCP 与 H.248/MeGaCo 标准存在竞争关系,而后者已于 2000 年年初由 IETF 和 ITU 签署认可。这样,需要 MGC 的运营商既可选用 MGCP,也可选用 H.248。

因此,H.248 或许最终能取代早期的 MGCP 版本。MGCP 的归宿是电信运营市场,由它实现成千上万路 IP 电话的传送。

8.2.3　H.248 协议

1. H.248 协议概述

H.248 协议是 2000 年由 ITU-T 第 16 工作组提出的媒体网关控制协议,它是在早期的 MGCP 协议基础上改进而成的。H.248/MeGaCo 协议是用于连接 MGC(媒体网关控制器)与 MG(媒体网关)的网关控制协议,应用于媒体网关与软交换设备之间及软交换与 H.248/MeGaCo 终端之间,是软交换应支持的重要协议。

H.248 协议是在 MGCP 协议的基础上,结合其他媒体网关控制协议 MDCP(媒体设备控制协议)的特点发展而成的一种协议,它提供控制媒体的建立、修改和释放机制,同时也可携带某些随路呼叫信令,支持传统网络终端的呼叫。该协议在构建开放和多网融合的 NGN 中发挥着重要作用。

由于 MGCP 协议在描述能力上的欠缺,限制了其在大型网关上的应用。对于大型网关,H.248 协议是一个好的选择。与 MGCP 用户相比,H.248 对传输协议提供了更多的选择,并且提供更多的应用层支持,管理也更为简单。

H.248 是可以应用于 SCN(Switched Circuit Network)、IP、ATM、有线电视网或其他可能的电路或分组网络中的任何两种或多种网络之间的媒体网关控制的协议。H.248 报文本身可以承载在任何类型的分组网络上,例如 IP、ATM、MTP 等。

H.248 和 MGCP 大致区别如下。

① H.248/MeGaCo 协议简单、功能强大,且扩展性很好,允许在呼叫控制层建立多个分区网关。

② MGCP 是 H.248/MeGaCo 以前的版本,它的灵活性和扩展性不如 H.248/MeGaCo。

③ H.248 支持多媒体,MGCP 不支持多媒体。应用于多方会议时,H.248 比 MGCP 容易实现。

④ MGCP 基于 UDP 传输,H.248 基于传输控制协议(TCP)、UDP 等。H.248 的消息编码基于文本和二进制,MGCP 的消息编码基于文本。

H.248 协议栈结构如图 8-7 所示,网络层协议一般采用 IP 协议,也可以采用 ATM 协议。传输层协议可以采用 UDP、TCP 和 SCTP 协议。H.248 定义的通信端口号固定为 2944(文本方式编码)和 2945(二进制方式编码)。

H.248 Message
UDP/TCP/SCTP
IP

图 8-7 H.248 协议栈结构

2. H.248 网关分解模型

H.248 网关分解模型如图 8-8 所示,H.248 将 IP 电话网关分离成三部分:信令网关 SG、媒体网关 MG 和媒体网关控制器 MGC。SG 负责处理信令消息,将其终结、翻译或中继;MG 负责处理媒体流,将媒体流从窄带网打包送到 IP 网或者从 IP 网接收后解包送给窄带网;MGC 负责 MG 的资源的注册和管理,以及呼叫控制。在这种分布式的网关体系结构中,MG 和 MGC 之间采用的是 H.248 协议,SG 和 MGC 之间采用 SIGTRAN 协议。

这些分离网关结构的重要特点是将控制智能集中到网络,即少量的 MGC 中,其思路和传统电信交换网类似。

MGC 的功能如下。

① 处理与网守间的 H.225 RAS 消息。

② 处理 No.7 信令(可选)。

③ 处理 H.323 信令(可选)。

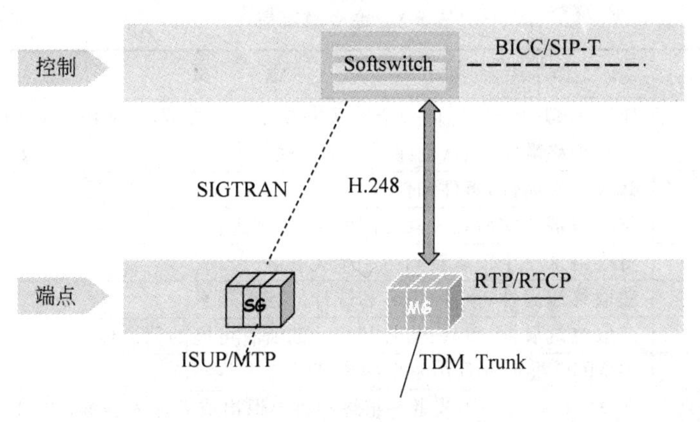

图 8-8　网关分解模型

MG 的功能如下。

① I 网的终端节点接口。

② 电路交换网终端节点接口。

③ 处理 H. 323 信令(在某类分解中)。

④ 处理带有 RAS(Registeration Admission Status)功能的电路交换信令(在某类分解中)。

⑤ 处理媒体流。

3. H. 248 呼叫控制流程

H. 248 协议定义了 8 个命令用于对协议连接模型中的逻辑实体(关联和终端)进行操作和管理。命令提供了实现对关联和终端节点进行完全控制的机制。H. 248 协议规定的命令大部分都是用于 MGC 对 MG 的控制,通常 MGC 作为命令的始发者发起,MG 作为命令的响应者接收。但是 Notify 命令和 ServiceChange 命令除外,Notify 命令由 MG 发送给 MGC,而 ServiceChange 命令既可以由 MG 发起,也可以由 MGC 发起,如图 8-9 所示。

命令的解释见表 8-1。

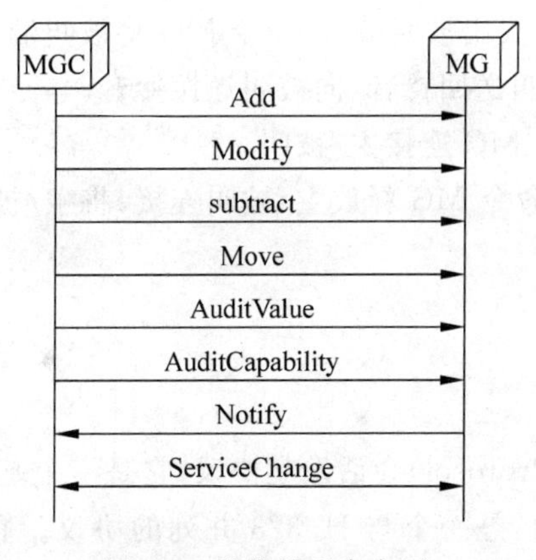

图 8-9　操作管理命令图

表 8-1 命令解释表

命 令	含 义
Add	使用 Add 命令可以向一个关联中添加一个终端，当使用 Add 命令向空关联中添加一个终端时，默认创建了一个关联
Modify	修改终端属性，事件和信号
Substract	删除终端与它所在关联之间的关联，并返回终端处于该关联期间的统计特性
Move	将终端从一个关联转到另一个关联
AuditValue	获取终端属性、事件、信号和统计的当前信息
AuditCapability	获取终端属性、事件、信号和统计的所有可能的信息值
Notify	向 MGC 报告 MG 中发生的事情
ServiceChange	向 MGC 报告一个或者一组终端将要退出或者进入服务，或 MGC 报告 MG 即将开始或者已经完成重启

当 MG 发起呼叫时，MGC 建立一个新的上下文，并使用 Add 命令将 RTP 流和模拟线这两个终端分别添加到上下文中。

当 MG 结束呼叫后，MGC 使用 Subtract 命令将终端从上下文中删除，释放资源。

用 Modify 命令可以修改终端的属性和信号参数。

Move 命令，将一个终端从一个上下文移到另一个上下文。

AuditValue 命令，返回终端特性的当前状态。

AuditCapability 命令，返回终端特性的能力集。

Notify 命令，允许 MG 将检测到的事件通知 MGC。

ServiceChange 命令，允许 MG 通知 MGC 一个或多个终端将要脱离或加入业务，也可以用于 MG 注册到 MGC 表示可用性，以及 MGC 的挂起和 MGC 的主、备转换通知等。

H.248 典型呼叫过程如下。

① MG 检测到主叫摘机后通过 Notify 命令将事件(Off-Hook)报告给 MGC。

② MGC 通过 Add 命令让 MG 将主叫端口加入一个 Context，并向主叫送拨号音。

③ 用户拨号，MG 将收到的号码通过 Notify 命令报告给 MGC。

④ MGC 分析被叫号码，找出被叫端口，命令 MG 将被叫端口加入一个 Context。

⑤ MGC 命令 MG 向主叫送回铃音，向被叫送振铃音。

⑥ 被叫摘机，MGC 命令 MG 连接主/被叫。

⑦ 主/被叫挂机，MGC 命令 MG 释放主/被叫连接，将主/被叫端口放空 Context。

8.2.4 SIP 协议

1. SIP 协议概述

SIP(Session Initiation Protocol)会话发起协议，它是一个基于文本的应用层控制协议，是另一套 IP 电话的体系结构，是一个与 H.323 并列的协议。它是一个工作在 TCP/IP 应用层的信令控制协议，用于建立、修改和终止 IP 网上的双方或多方的多媒体会话。

SIP 协议是一种基于文本的会话控制协议，它的消息都是由 ASCII 码组成的，因此易于阅读和理解。SIP 协议由 IETF 组织研究并提交 RFC，当前关于 SIP 协议的最新标准是 RFC3261。

SIP 协议支持代理、重定向、登记定位用户等功能，支持用户移动，与 RTP/RTCP、SDP、RTSP、DNS 等协议配合，可支持和应用于语音、视频、数据等多媒体业务，同时可以应用于 Presence(呈现)、Instant Message(即时消息，类似 QQ)等特色业务。

SIP 协议的主要目的是为了解决 IP 网路中的信令控制，以及同 SoftSwitch 的通信，从而构成下一代的增值业务平台，向电信、银行、金融等行业提供更好的增值业务。

2. SIP 协议模型

SIP 协议的结构模型如图 8-10 所示。

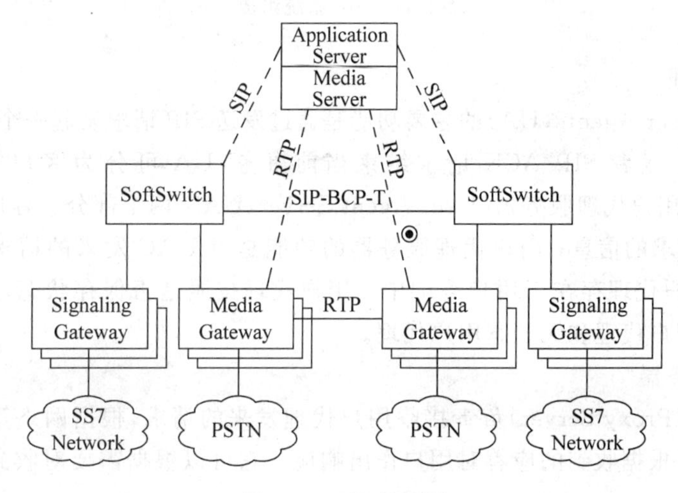

图 8-10 SIP 结构图

各功能模块说明如下。

① SoftSwitch：主要实现连接路由和呼叫控制，网守和带宽的管理，以及话务记录的生成。

② Media Gateway：提供电路交换网(即传统的 PSTN)与包交换网(即 IP、ATM 网)中信息转换(包括语音压缩、数据检测等)。

③ Signaling Gateway：提供 PSTN 网同 IP 网间的协议转换。

④ Application Server：运行和管理增值业务的平台，与 SoftSwitch 用 SIP 进行通信。

⑤ Media Server：提供媒体和语音资源的平台，同时与 Media Gateway 进行 RTP 流的传输。

使用 SIP 作为 SoftSwitch 和 Application Server 之间的接口，可以实现呼叫控制的所有功能。同时 SIP 已被 SoftSwitch 接受为通用的接口标准，从而可以实现 SoftSwitch 之间的互联。

SIP 协议虽然主要为 IP 网络设计的，但它并不关心承载网络，也可以在 ATM、帧中继等承载网中工作，它是应用层协议，可以运行于 TCP、UDP、SCTP 等各种传输层协议之上。

3. 基于 SIP 协议的网络架构

SIP 协议是一个 Client/Server 协议。按照逻辑功能分区，SIP 系统由 4 种元素组成：用户代理、代理服务器、重定向服务器以及注册服务器，如图 8-11 所示。

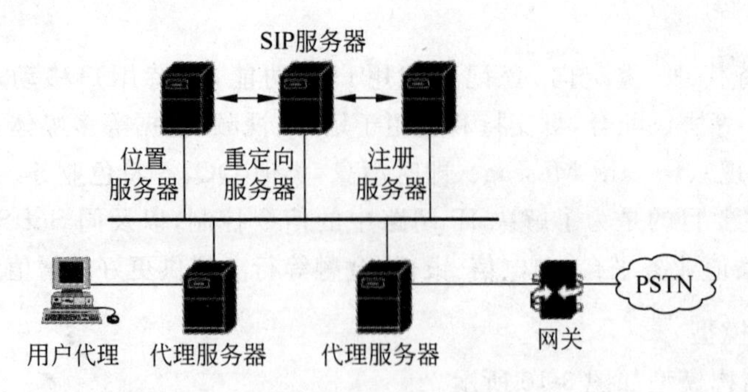

图 8-11　SIP 系统组成

(1) 用户代理

用户代理(User Agents,UA)的主要功能是通过发送 SIP 请求发起一个新的事务,发送 SIP Final answer 或者 SIP ACK 请求结束当前事务,UA 可分为客户端(User Agent Clients,UAC)和用户代理服务器(User Agent Server,UAS)两个部分。客户端的功能是向 UAS 发起 SIP 请求的信息;用户代理服务器的功能是对 UAC 发来的请求返回相应的应答。二者组成用户代理存在于用户终端中。用户代理按照是否保存状态可分为有状态代理、有部分状态用户代理和无状态用户代理。

(2) 代理服务器

代理服务器(Proxy Server)负责接收用户代理发来的请求,根据网络策略将请求发给相应的服务器,并根据收到的应答对用户作出响应。它可以根据需要对收到的消息改写后再发出。

从逻辑上来讲,代理最主要的功能是将 SIP 信息包转发给目的用户。它最低限度要包括 UA 功能。在具体实现中,它还应该实现以下功能。

① 呼叫计费,包括强制路由选择。

② 防火墙(可选)。

③ 通过查询 DNS 选择 SIP 服务器。

④ 检测环路。在路径上包含 Fork Proxy 服务器,可能会有环路产生,必须检测。

⑤ 非 SIP URI 解释功能:传递 SIP 包到适当的目的地址中去。

(3) SIP 服务器

SIP 服务器主要作为信息数据库,对 Proxy 提供服务。Server 主要分为以下三类。

① 位置服务器(Location Server):存储了 SIP 地址对一个或多个 IP 地址的映射,主要面向 Proxy Server 和 Redirect Server。

② 重定向服务器(Redirect Server):接收用户请求,把请求中的原地址映射为零个或多个地址,返回给客户机,客户机根据此地址重新发送请求。用于在需要的时候将用户新的位置返回给呼叫方,呼叫方可以根据得到的新的位置重新呼叫。

③ 注册服务器(Registrar Server):用于接收和处理用户端的注册请求,完成用户地址的注册。

以上几种服务器可共存于一个设备,也可以分布在不同的物理实体中。SIP 服务器完全是纯软件实现,可以根据需要运行在各种工作站或专用设备中。UAC、UAS、Proxy

Server、Redirect Server 是在一个具体呼叫事件中扮演的不同角色，而这样的角色不是固定不变的。一个用户终端在会话建立时扮演 UAS，而在主动发起拆除连接时，则扮演 UAC。一个服务器在正常呼叫时作为 Proxy Server，而如果其所管理的用户移动到了别处，或者网络对被叫地址有特别策略，则它将扮演 Redirect Server，告知呼叫发起方该用户新的位置。

除了以上部件，网络还需要提供位置目录服务，以便在呼叫连接过程中定位被叫方（服务器或用户端）的具体位置。这部分协议不是 SIP 协议的范畴，可选用 LDAP（轻量目录访问协议）等。

4. SIP 注册流程

(1) 注册注销过程

SIP 为用户定义了注册和注销过程，其目的是可以动态建立用户的逻辑地址和其当前联系地址之间的对应关系，以便实现呼叫路由和对用户移动性的支持。逻辑地址和联系地址的分离也方便了用户，它不论在何处、使用何种设备，都可以通过唯一的逻辑地址进行通信。

注册/注销过程是通过 REGISTER 消息和 200 成功响应来实现的。在注册/注销时，用户将其逻辑地址和当前联系地址通过 REGISTER 消息发送给其注册服务器，注册服务器对该请求消息进行处理，并以 200 成功响应消息通知用户注册/注销成功。

(2) 呼叫过程

SIP IP 电话系统中的呼叫是通过 INVITE 邀请请求、200OK 成功响应和 ACK 确认请求的 3 次握手来实现的，即当主叫用户代理要发起呼叫时，它构造一个 INVITE 消息，并发送给被叫，被叫收到邀请后决定接收该呼叫，就回送一个成功响应（状态码为 200），主叫方收到成功响应后，向对方发送 ACK 请求，被叫收到 ACK 请求后，呼叫成功建立。

呼叫的终止通过 BYE 请求消息来实现。当参与呼叫的任一方要终止呼叫时，它就构造一个 BYE 请求消息，并发送给对方。对方收到 BYE 请求后，释放与此呼叫相关的资源，回送一个成功响应，表示呼叫已经终止。

当主、被叫双方已建立呼叫，如果任一方想要修改当前的通信参数（通信类型、编码等），可以通过发送一个对话内的 INVITE 请求消息（称为 re-INVITE）来实现。

(3) 重定向过程

当重定向服务器（其功能可包含在代理服务器和用户终端中）收到主叫用户代理的 INVITE 邀请消息，它通过查找定位服务器发现该呼叫应该被重新定向（重定向的原因有多种，如用户位置改变、实现负荷分担等），就构造一个重定向响应消息（状态码为 3xx），将新的目标地址回送给主叫用户代理。主叫用户代理收到重定向响应消息后，将逐一向新的目标地址发送 INVITE 邀请，直至收到成功响应并建立呼叫。如果尝试了所有的新目标都无法建立呼叫，则本次呼叫失败。

(4) 能力查询过程

SIP IP 电话系统还提供了一种让用户在不打扰对方用户的情况下查询对方通信能力的手段。可查询的内容包括：对方支持的请求方法（Methods）、支持的内容类型、支持的扩展项、支持的编码等。

能力查询通过 OPTION 请求消息来实现。当用户代理想要查询对方的能力时，它构造一个 OPTION 请求消息，发送给对方。对方收到该请求消息后，将自己支持的能力通过响应消息回送给查询者。如果此时自己可以接收呼叫，就发送成功响应(状态码为200)，如果此时自己忙，就发送自身忙响应(状态码为486)。因此，能力查询过程也可以用于查询对方的忙闲状态，看是否能够接收呼叫。

5. SIP呼叫流程

下面结合具体场景介绍SIP呼叫的详细过程。

(1) 注册流程

SIP注册流程如图8-12所示。

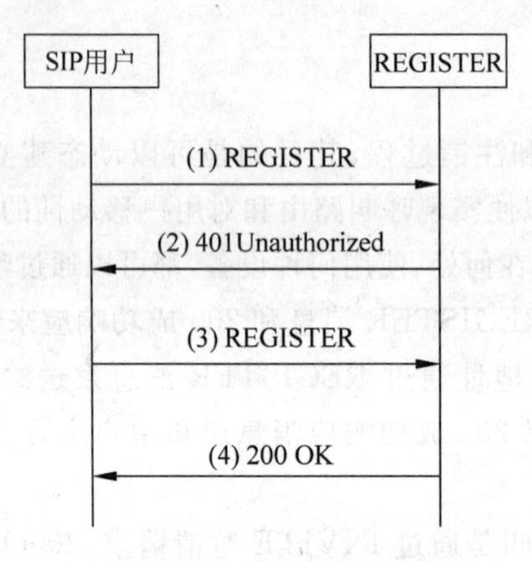

图8-12 SIP注册流程

① SIP用户向其所属的注册服务器发起REGISTER注册请求。在该请求消息中，Request-URI表明了注册服务器的域名地址，To头域包含了注册所准备生成的查询或修改的地址记录，Contact头域表明该注册用户在此次注册中欲绑定的地址，Contact头域中的Expires参数或者Expires头域表示了绑定在多长时间内有效。

② 注册服务器返回401响应，要求用户进行鉴权。

③ SIP用户发送带有鉴权信息的注册请求。

④ 注册成功。

(2) 代理方式呼叫流程

① 用户A向其所属的区域代理服务器(软交换)PROXY1发起INVITE请求消息，在该消息的消息体中带有用户A的媒体属性SDP描述。

② PROXY1返回407响应，要求鉴权。

③ 用户A发送ACK确认消息。

④ 用户A重新发送带有鉴权信息的INVITE请求。

⑤ 经过路由分析，PROXY1将请求转发到PROXY2。

⑥ PROXY1向用户A发送确认消息“100 TRYING”，表示正在对收到的请求进行处理。

8.2.5 3种协议分析

1. H.323协议的优缺点

H.323的核心优点在于其成熟性，这有助于诸多软件供应商开发性能稳定的设备，并且还有利于不同的供应商消除互操作中出现的问题，并在市场上推出各种支持 H.323 标准的设备。因为 H.323 标准包容了 Q.931 呼叫控制协议，许多在现有 ISDN 电话技术上具有丰富经验的开发商对该呼叫控制模型也非常熟悉。

在定义 H.323 时，设计人员是从终端设备的角度，而非现有 PSTN 的内部设备入手的，因此 H.323 不能与 SS7 集成，或补充 SS7 必须提供的强大功能。另外，H.323 的扩展性在超大型应用中也已证明确实存在问题。设计人员在使用含有成千上万个端口的网关时发现，集中状态管理是瓶颈。

市场对 H.323 的反应表明，H.323 的最佳应用应是位于或邻近端点并带有 1 至 200 个端口的系统。

2. MGCP 的优缺点

MGCP 的优点包括：特别适合于配置大型的应用系统，因为其本身就用于解决大型系统的具体问题。应用 MGCP 可以实现与 SS7 网络的良好的集成，为呼叫处理提供更大的控制和流通量。MGCP 将媒体处理和信令功能分离，从而可由多个设备提供商开发更简洁的系统。

MGCP 协议的部分缺陷包括：MGCP 对于小型应用系统过于复杂。MGCP 与 H.248 标准存在竞争关系，而后者已于 2000 年年初由 IETF 和 ITU 签署认可。这样，需要 MGCP 的运营商既可选用 MGCP，也可选用 H.248。因此 H.248 最终能取代早期的 MGCP 版本。MGCP 主要运用于电信运营市场。

3. SIP 的优缺点

SIP 的部分优点包括：该协议具有扩展特性，可以轻松定义并迅速实现新功能。可以简单易行地嵌入廉价终端用户设备。该协议可确保互操作能力，并使不同的设备进行通信。便于那些非电话领域的开发人员理解该协议。SIP 协议与其他协议协同使用时，具有较强的灵活性，与其他软件系统融合可以构建完整的统一通信解决方案。

SIP 的缺点是：SIP 协议还是一个发展中的协议，尽管大量应用于各行业的 VoIP 解决方案中，但许多功能协议还在完善中。

低成本终端产品无疑是 SIP 最自然的应用了，像无线电话、置顶分线盒、以太网电话及其他带有有限计算和内存资源的设备都能使用该协议。由于 SIP 是一种优越的呼叫控制协议，因此是当前取代 MGCP 呼叫控制协议的首选。

CHAPTER 9

第9章 语音业务融合接入方案

本章学习目标

(1) 掌握中兴平台接入网语音融合接入的配置方案;

(2) 掌握华为平台接入网语音融合接入的配置方案。

9.1 中兴平台接入网语音融合接入

1. 资源规划

数据规划见表 9-1。

表 9-1 数据规划表

类别	IP 地址	网关	TID	RTP 资源	电话号码
网元 1	10.76.250.1/24	10.76.254.253	AG58900～AG58915	RTP/00000～RTP/00015	888880100～888880115
网元 2	10.76.250.2/24	10.76.254.253	AG58900 ～AG58915	RTP/00000～RTP/00015	888880200～888880215
网元 3	10.76.250.3/24	10.76.254.253	AG58900 ～AG58915	RTP/00000～RTP/00015	888880300～888880315
网元 4	10.76.250.4/24	10.76.254.253	AG58900 ～AG58915	RTP/00000～RTP/00015	888880400～888880415
网元 5	10.76.250.5/24	10.76.254.253	AG58900 ～AG58915	RTP/00000～RTP/00015	888880500～888880515
网元 6	10.76.250.6/24	10.76.254.253	AG58900 ～AG58915	RTP/00000～RTP/00015	888880600～888880615
SS 地址：10.66.22.1 协议：H.248 ；MG 注册方式：IP 语音 VLAN：200 语音业务优先级：6					

2. 语音业务配置步骤

步骤一：在 OLT 上配置语音业务透传 VLAN(本例中使用 VLAN 200)。

(1) 人机命令方式

① 创建 VLAN 200。

```
ZXAN(config)# vlan 200
ZXAN(config-vlan)# exit
```

② 查看 VLAN 信息。

```
ZXAN(config)# show vlan summary
```

③ 将上联端口添加到 VLAN 200。

```
ZXAN(config)# interface gei_0/14/4
ZXAN(config-if)# switchport vlan 200 tag
ZXAN(config)# exit
```

④ 将 PON－ONU 端口添加到 VLAN 200。

```
ZXAN(config)# interface epon-onu_0/2/3:2
ZXAN(config-if)# switchport vlan 200 tag
ZXAN(config)# exit
```

(2) 图形化界面方式

ONU 详细注册步骤见 7.1.1 小节第三部分图形化网管配置方式。当 ONU 注册成功后，完成 VLAN 的注册步骤如下。

① 在“OAM 扩展属性配置”窗口中单击“VLAN 配置”按钮，如图 9-1 所示。

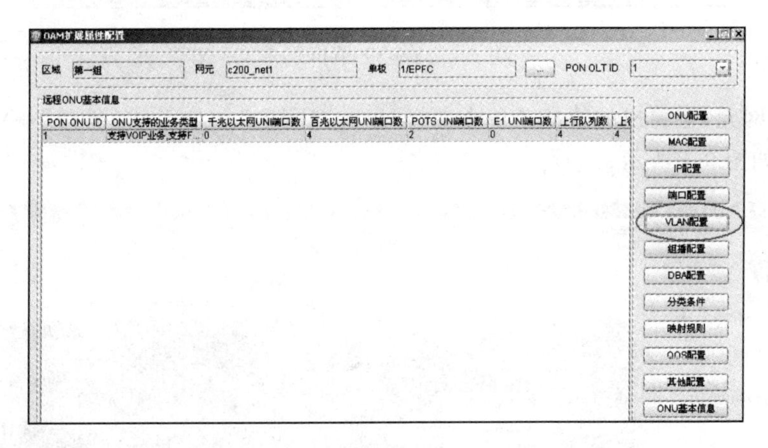

图 9-1　“OAM 扩展属性配置”窗口

② 在弹出的对话框中，对 ONU 的各个业务端口进行 VLAN 设置，选择端口，然后单击“修改”按钮，如图 9-2 所示。

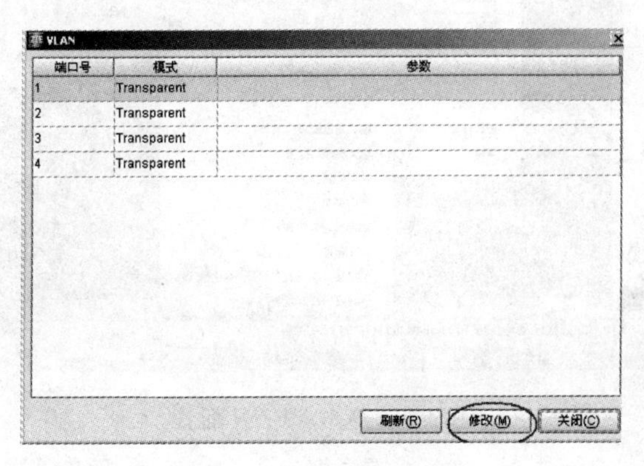

图 9-2　VLAN 端口配置

③ 在弹出的对话框中，选择端口模式为“Tag”，VID 值修改为相应的业务 VLAN，此处由于是在 2 号网元操作，给 2 号网元分配的 VLAN 值为“200”，故改为 200，单击“确认”按钮，如图 9-3 所示。

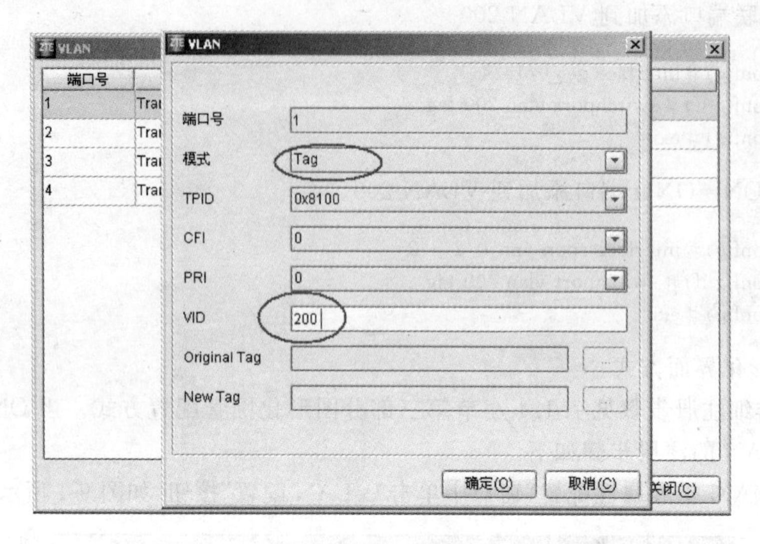

图 9-3　VLAN 数值配置

④ 右击网元，在弹出的快捷菜单中选择“以太网配置”→“VLAN 管理”→“静态 VLAN 配置”命令，如图 9-4 所示。

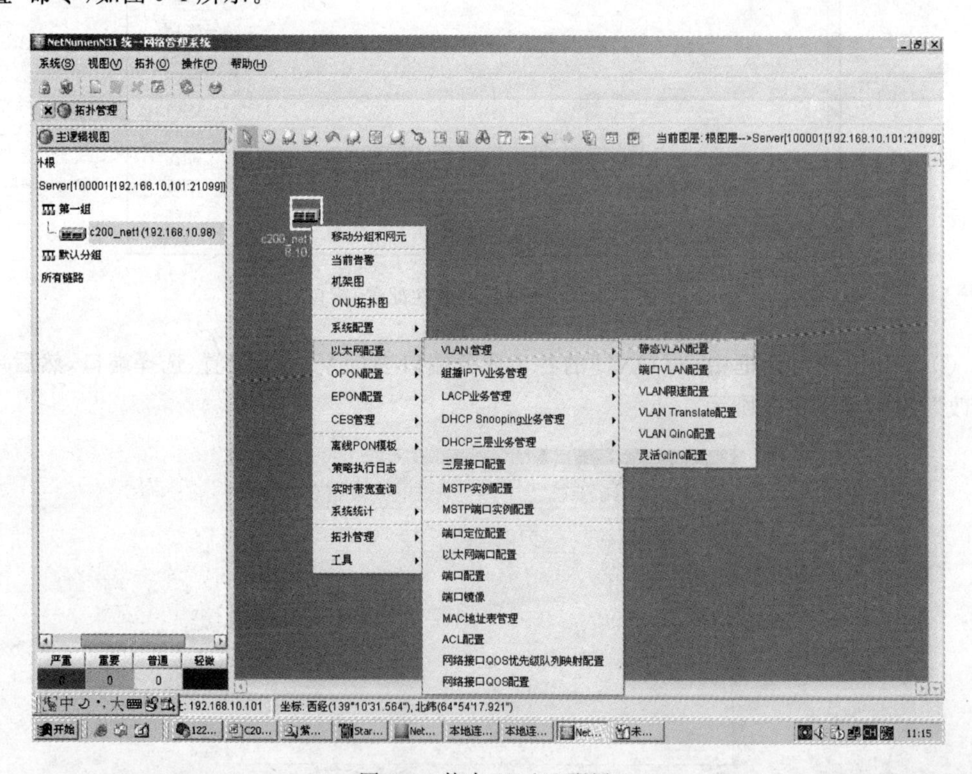

图 9-4　静态 VLAN 配置

⑤ 在弹出的对话框中单击“添加”按钮，然后输入 VLAN 值，这里输入“200”，如图 9-5 所示，单击“确定”按钮。VLAN 200 将被添加。然后单击“关闭”按钮，关闭该页面。

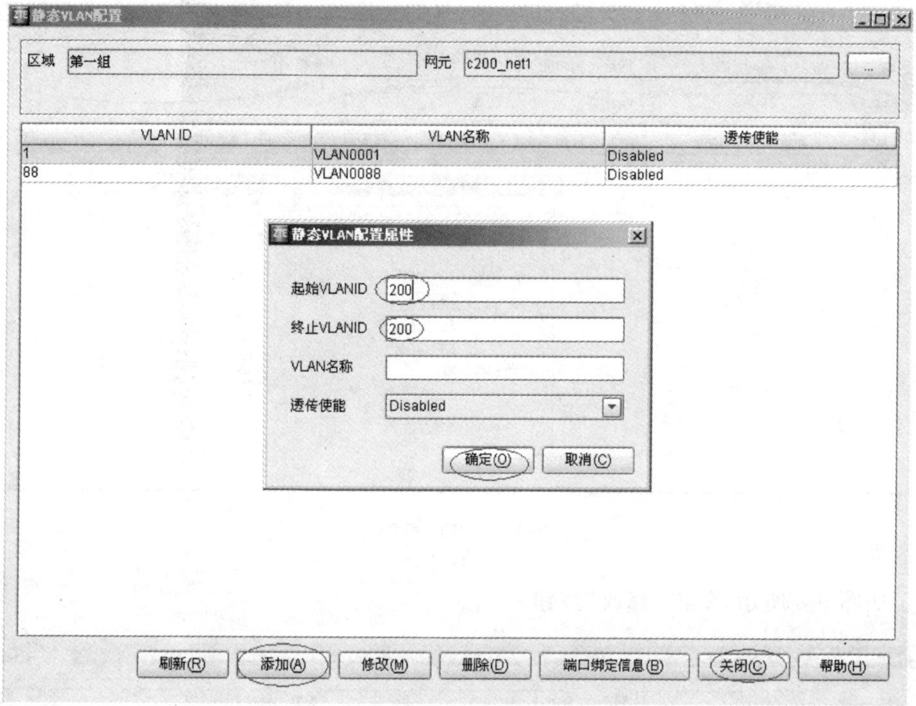

图 9-5 “静态 VLAN 配置属性”对话框

⑥ 右击网元，在弹出的快捷菜单中选择“以太网配置”→“VLAN 管理”→“端口 VLAN 配置”命令，如图 9-6 所示。

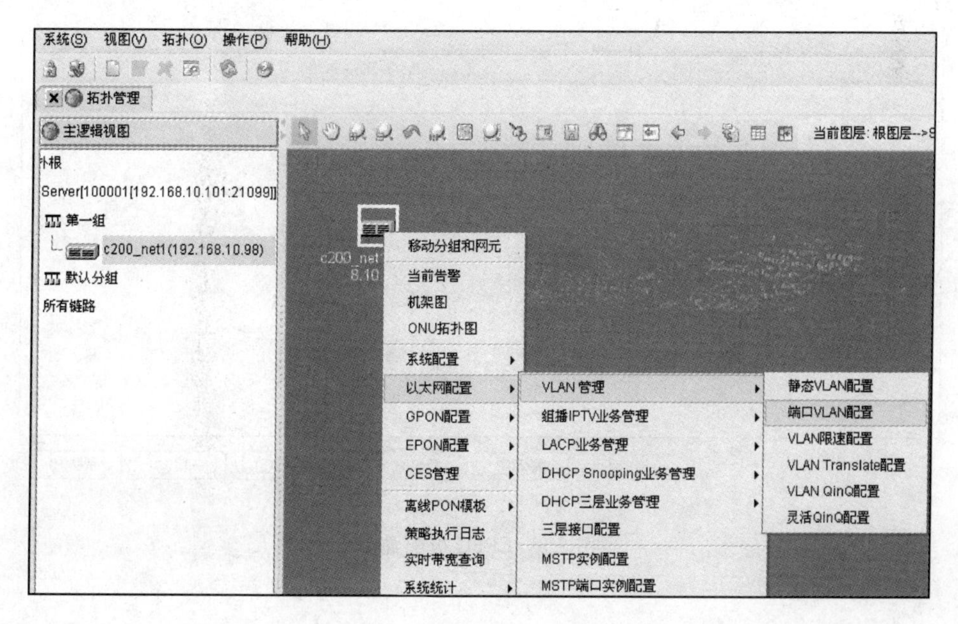

图 9-6 端口 VLAN 配置

⑦ 在弹出的对话框中，选择单板 1“/EPFC”，然后选择相应的 OLT 号（指具体该 EPON 单板的哪个光口）和 ONU 号（指该光口下具体哪个 ONU），如图 9-7 所示。

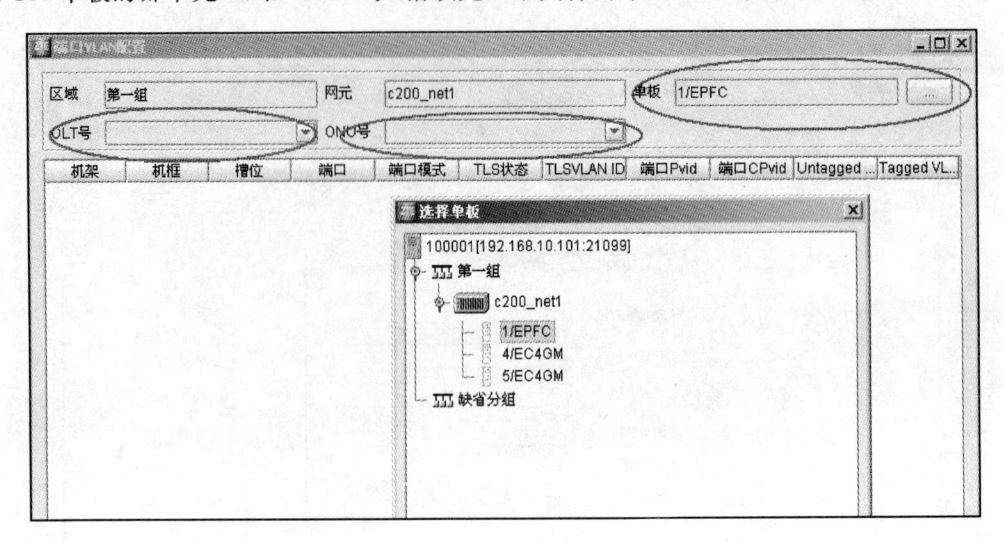

图 9-7　EPFC 板配置 1

⑧ 如图 9-8 所示，单击“修改”按钮。

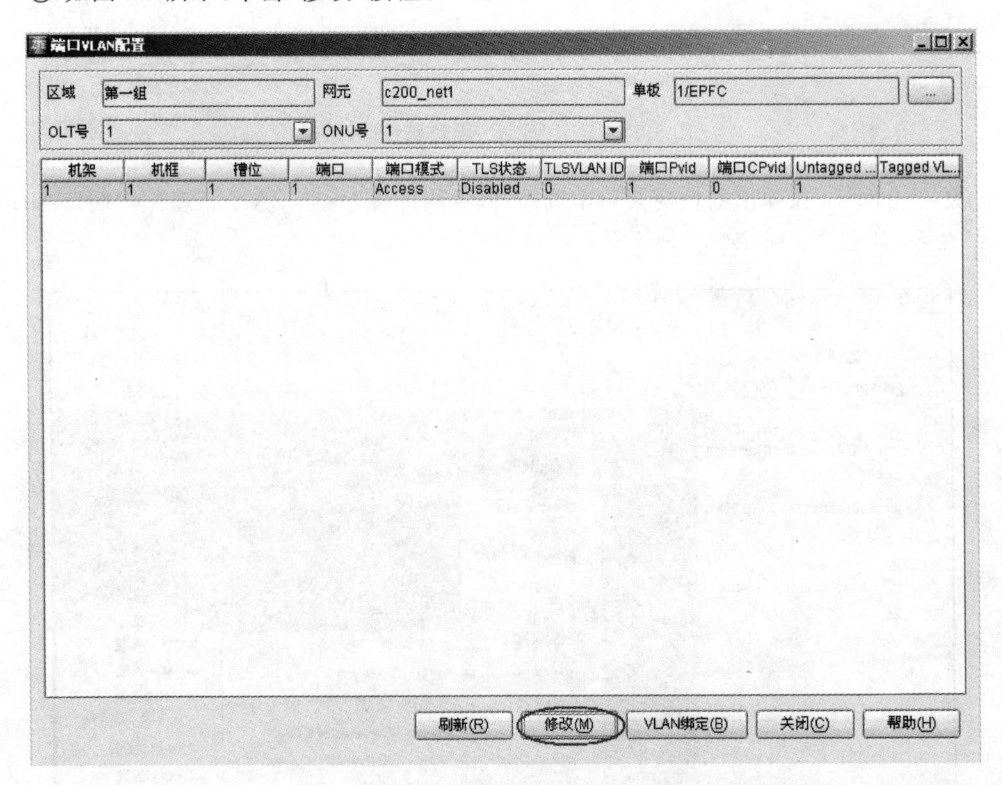

图 9-8　EPFC 板配置 2

⑨ 在“端口 VLAN 配置属性”对话框中把端口模式改为“Trunck”，如图 9-9 所示，单击“确定”按钮。

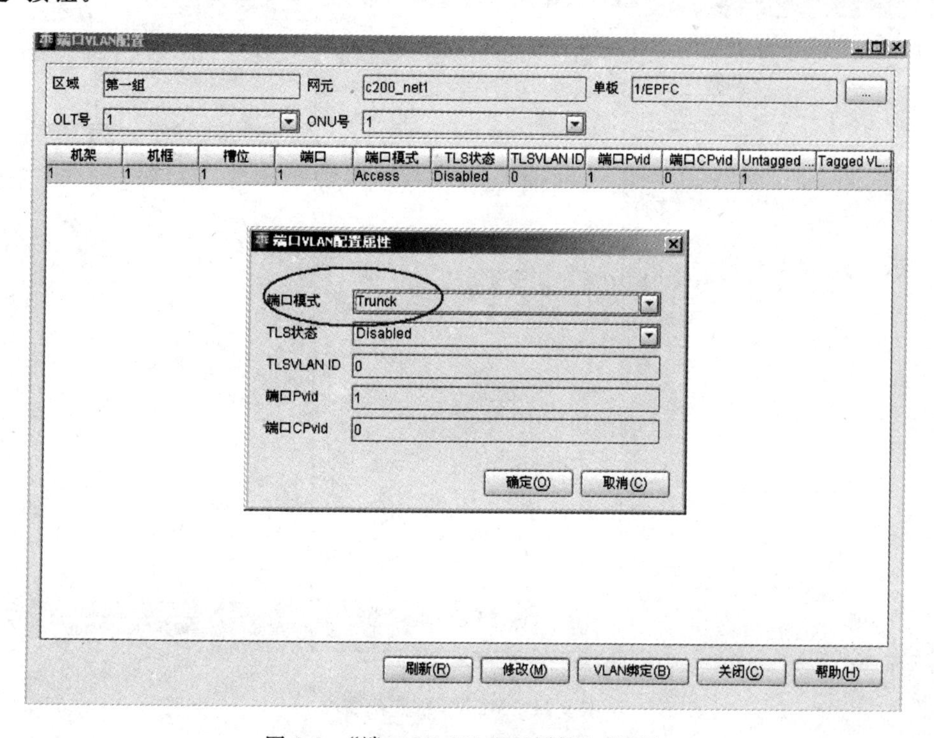

图 9-9　“端口 VLAN 配置属性”对话框

⑩ 单击“VLAN 绑定”按钮，在弹出的对话框中单击“添加”按钮，如图 9-10 所示。

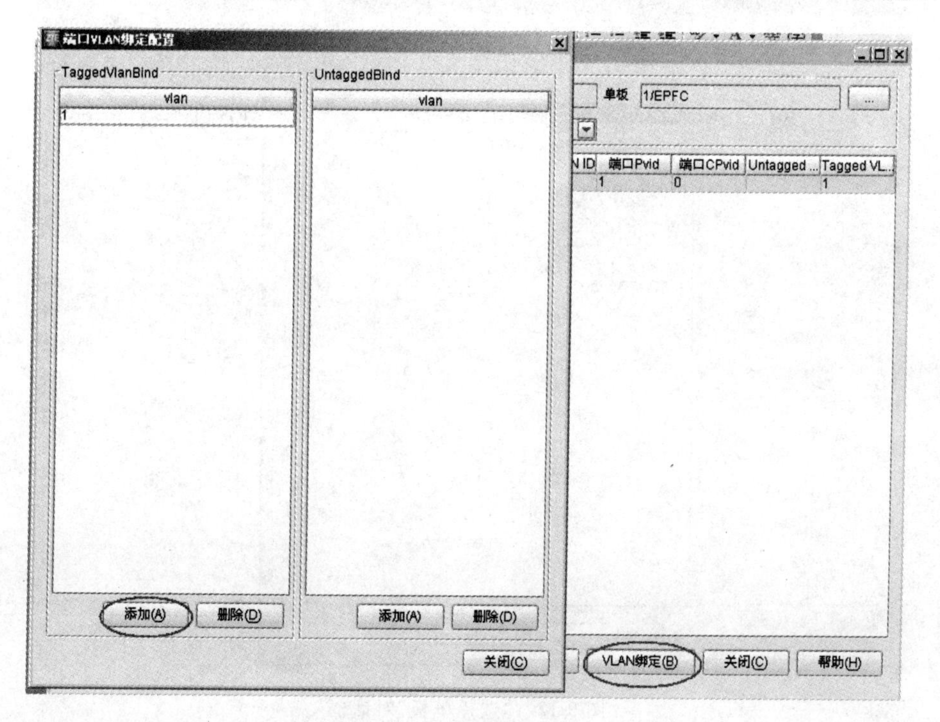

图 9-10　VLAN 绑定配置 1

⑪ 在添加对话框中选择 VLAN ID 为“200”，如图 9-11 所示，单击“确定”按钮。

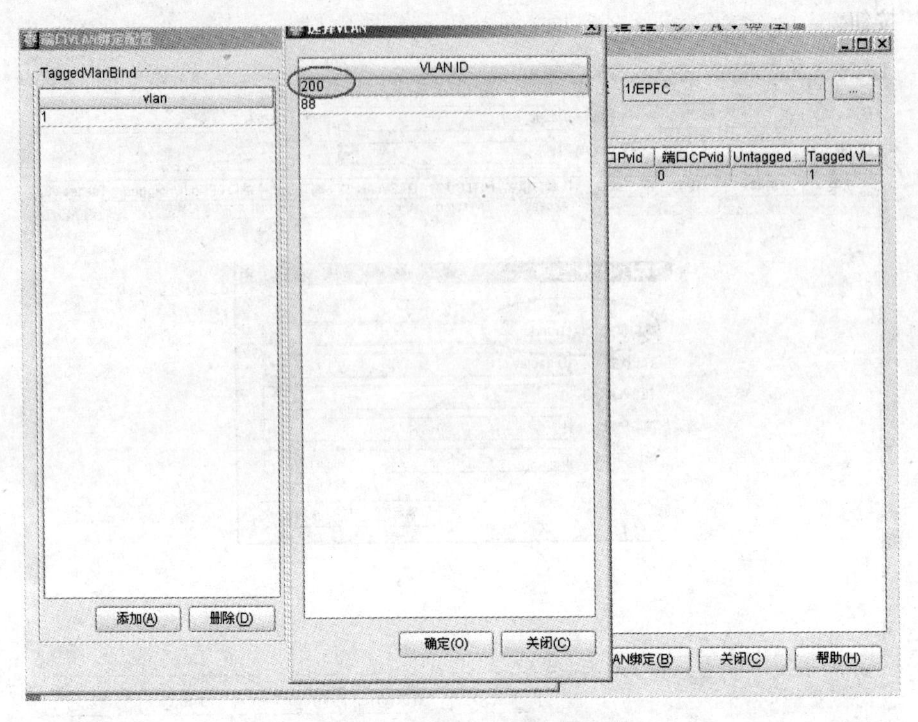

图 9-11　VLAN 绑定配置 2

⑫ 回到“选择单板”对话框，如图 9-12 所示，选择主控板“4/EC4GM”。

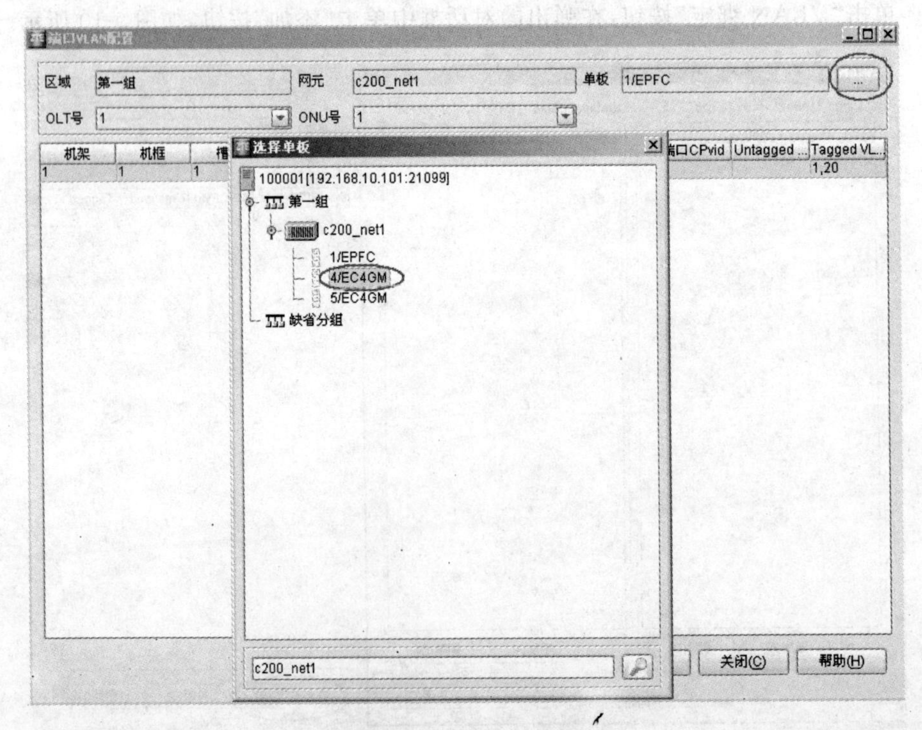

图 9-12　“选择单板”对话框

⑬ 选择 3 号端口(这里采用 3 号端口上行),单击“VLAN 绑定”按钮,如图 9-13 所示。

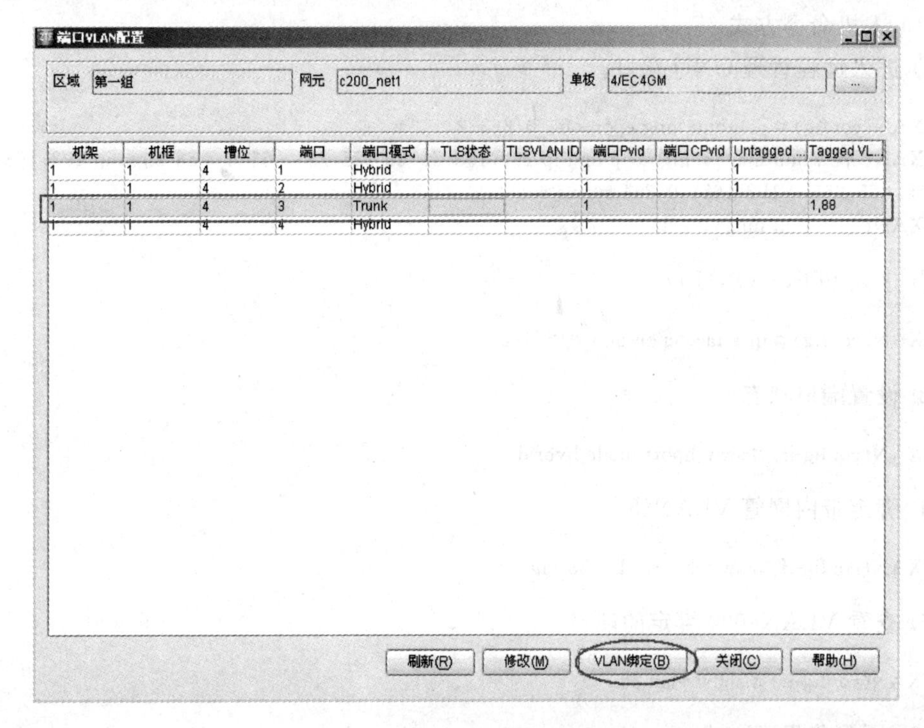

图 9-13 EC4GM 板与 VLAN 绑定

⑭ 单击“添加”按钮,添加 VLAN 200,然后单击“确定”按钮,如图 9-14 所示。

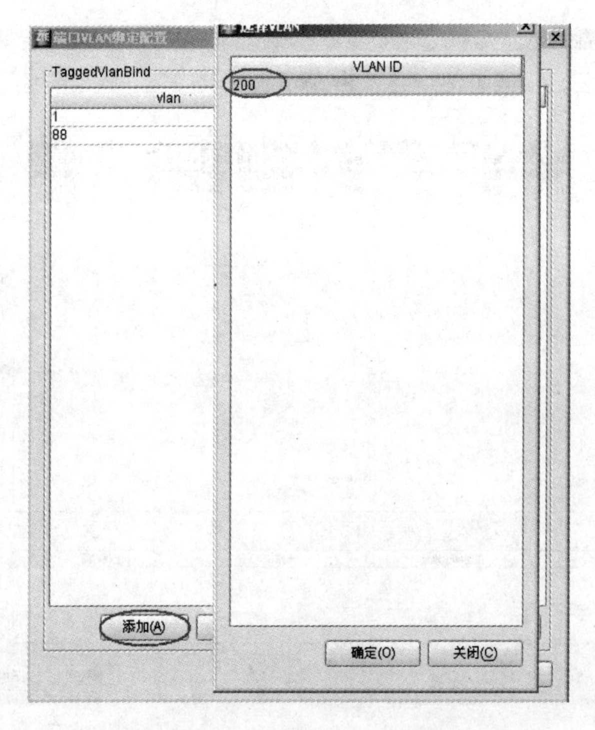

图 9-14 主板添加 VLAN 数值

步骤二：在 C200/C220 上通过 ONU 的远程管理设置 ONU 远程管理 IP 地址。

(1) 人机命令方式

① 进入远程管理 ONU 端口。

```
ZXAN(config)#pon-onu-mng epon-onu_0/2/3:2
ZXAN(epon-onu-mng)#mgmt-ip onu-ip 192.168.50.20 255.255.255.0 7 88 mgm-ip 192.168.50.0
255.255.255.0 192.168.50.254 status enable
ZXAN(epon-onu-mng)#exit
```

② 进入 PON－ONU 口。

```
ZXAN(config)#interface epon-onu_0/2/3:2
```

③ 设置端口状态。

```
ZXAN(config-if)#switchport mode hybrid
```

④ 绑定带内网管 VLAN88。

```
ZXAN(config-if)#switchport vlan 88 tag
```

⑤ 查看 VLAN4000 绑定的端口。

```
ZXAN(config-if)#show vlan 88
```

(2) 图形化界面方式

① 在 ONU 基本信息管理中选择需要配置的 ONU，进入 ONU 远程管理界面，如图 9-15 所示。

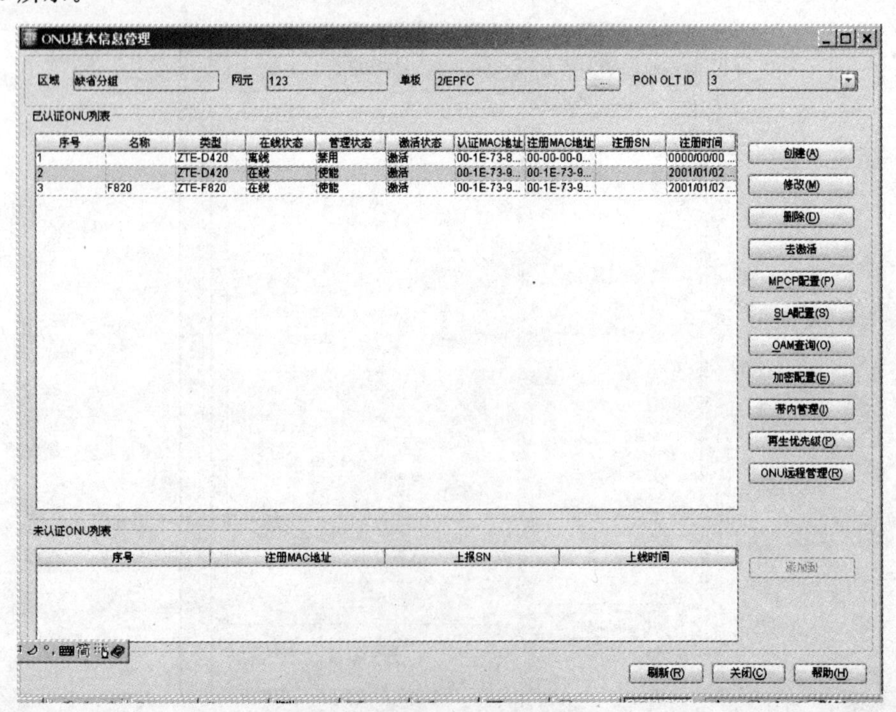

图 9-15　ONU 远程管理

② 打开“ONU IP 配置”对话框，如图 9-16 所示，将 epon-onu 端口和上联端口添加到管理 VLAN 88，透传 ONU 的网管信息。

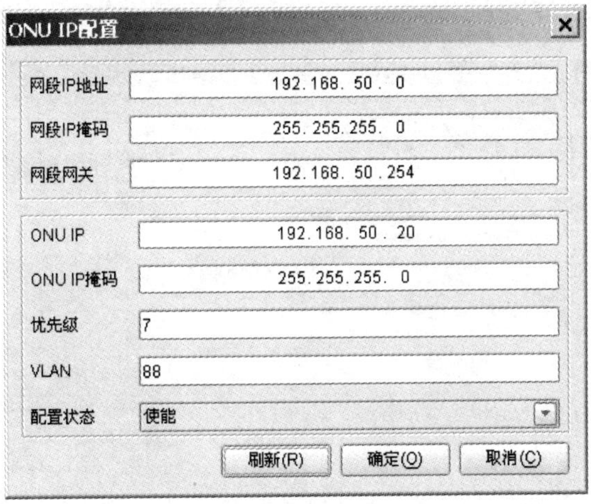

图 9-16　“ONU IP 配置”对话框

③ 设置成功后在网管上使用 IE 浏览器登录 D420，如图 9-17 所示，默认用户名、密码为 admin。

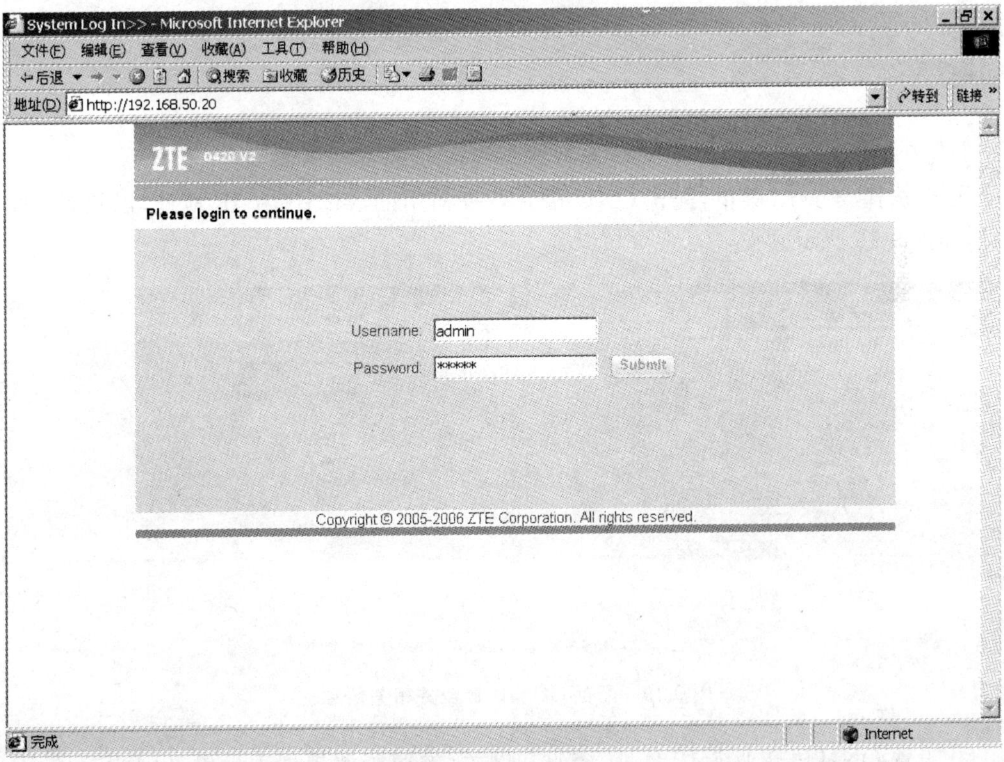

图 9-17　D420 登录界面

步骤三：在 D420 上配置 VoIP 音频业务。

① 将原来的配置数据清空，恢复到出厂值，如图 9-18 所示。

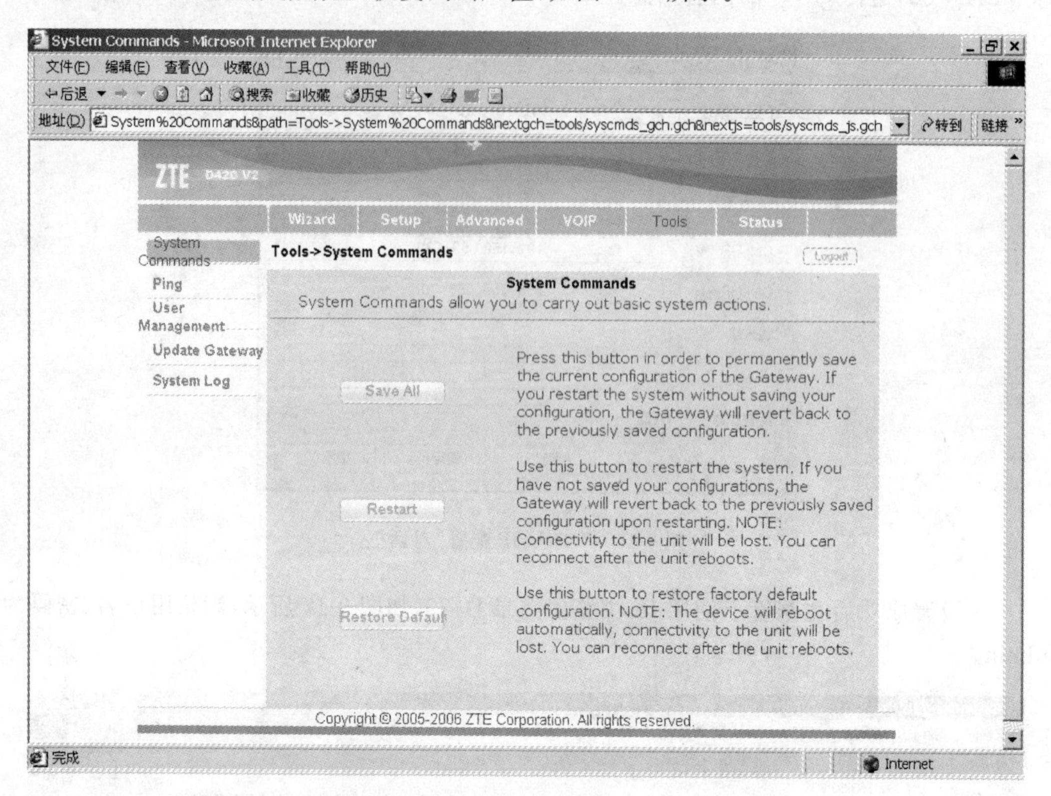

图 9-18 恢复出厂值

② 在选择 Wizard 菜单，配置 ONU 语音业务使用的 VLAN 和 IP 地址，以及 SS 的 IP 地址，如图 9-19 所示。

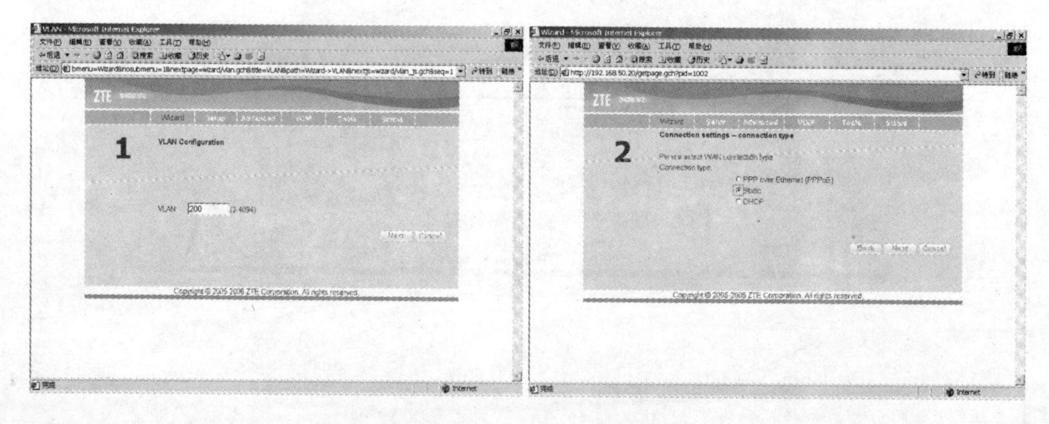

图 9-19 配置 OUN 语音业务相关信息一

③ 设置 ONU 语音业务 IP 地址、掩码和网关(按照资源规划表设置)以及 SS 的 IP 地址，这里以网元 5 为例，如图 9-20 所示。

④ 查看配置结果，并提交，如图 9-21 所示。

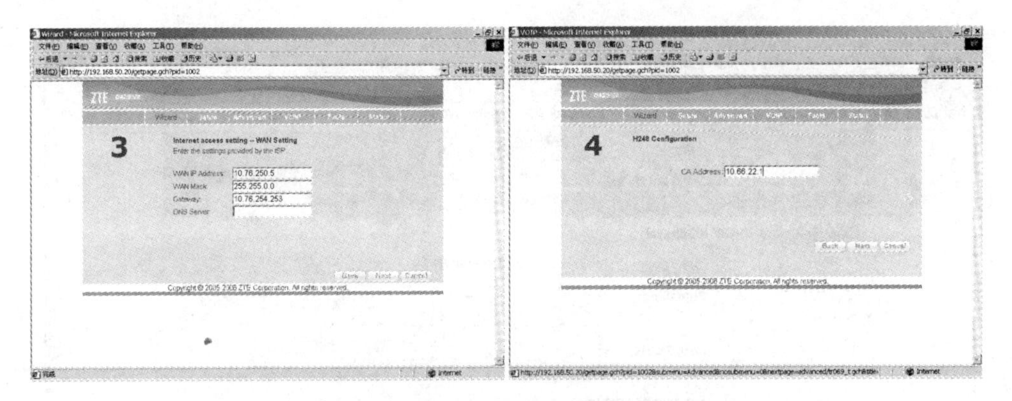

图 9-20　配置 OUN 语音业务相关信息二

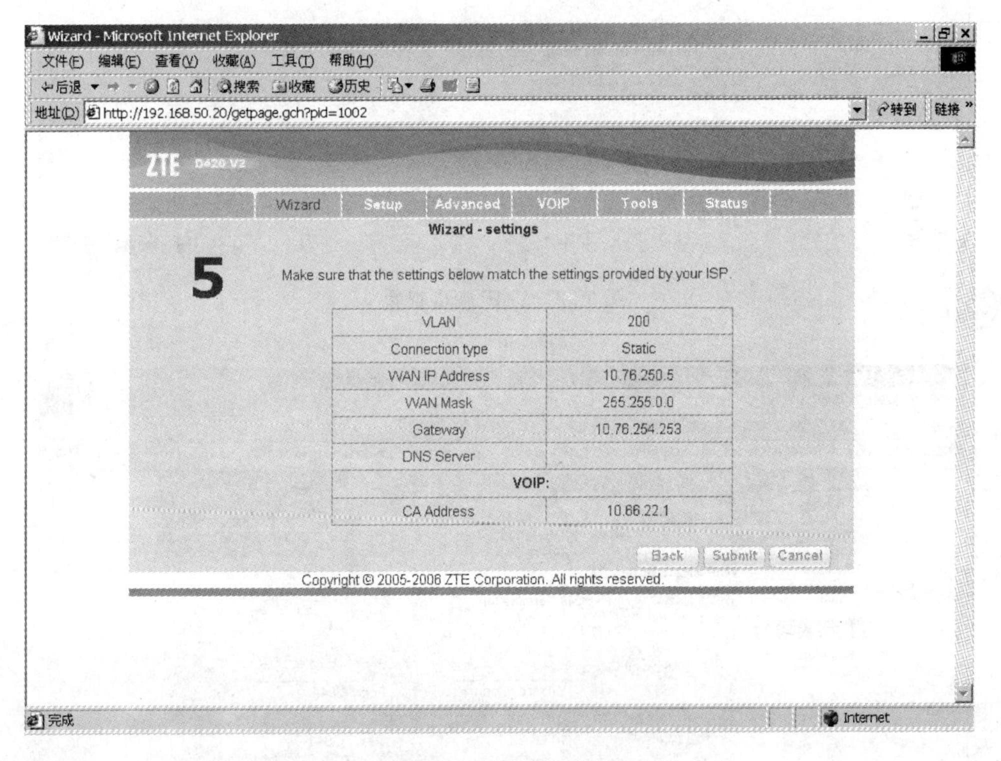

图 9-21　提交配置结果

⑤ VoIP 相关参数配置。选择 VoIP→General 命令，查看 VoIP 端口状态，如图 9-22 所示。

⑥ 设置 H.248 协议的基本参数。确认 SS 地址和端口号信息，选择 ONU 在 SS 上的认证方式，本例采用 IP 地址认证，如图 9-23 所示。

⑦ 查看 ONU 的 TID 和 RTP 资源，是否与 SS 一致，如果不一致需要修改，如图 9-24 所示。

⑧ Ping SS 的地址，测试是否能 Ping 通，如图 9-25 所示。

⑨ 查看 VoIP 端口状态，In Service 表示该 ONU 已经注册到 SS，如图 9-26 所示。

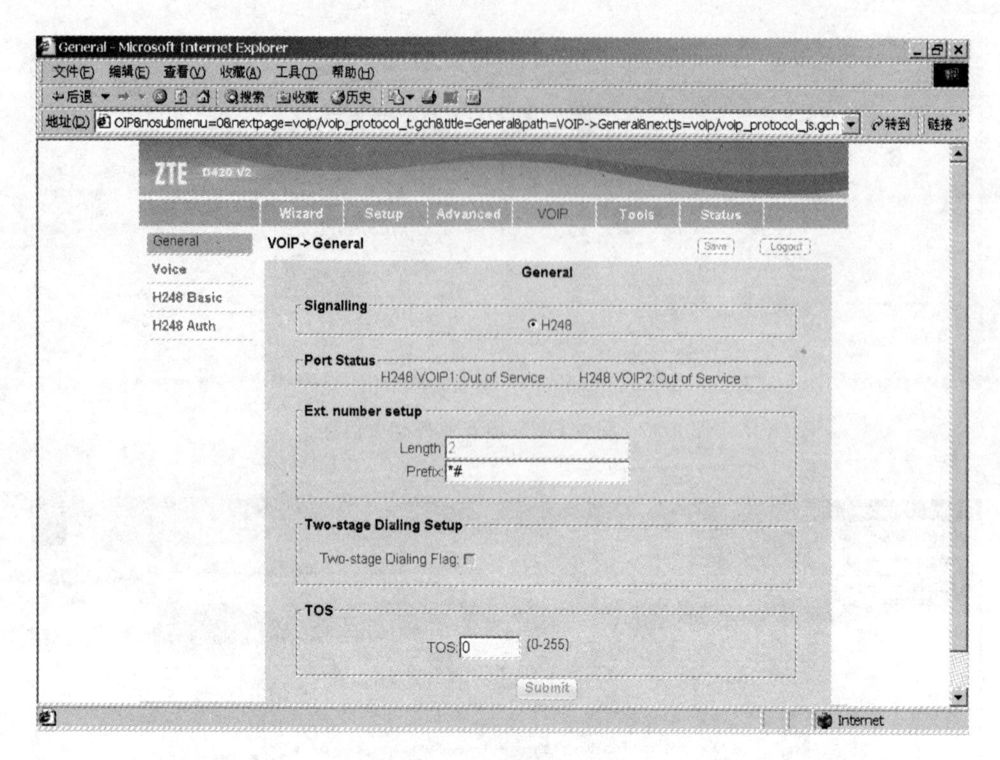

图 9-22 VoIP 端口查看

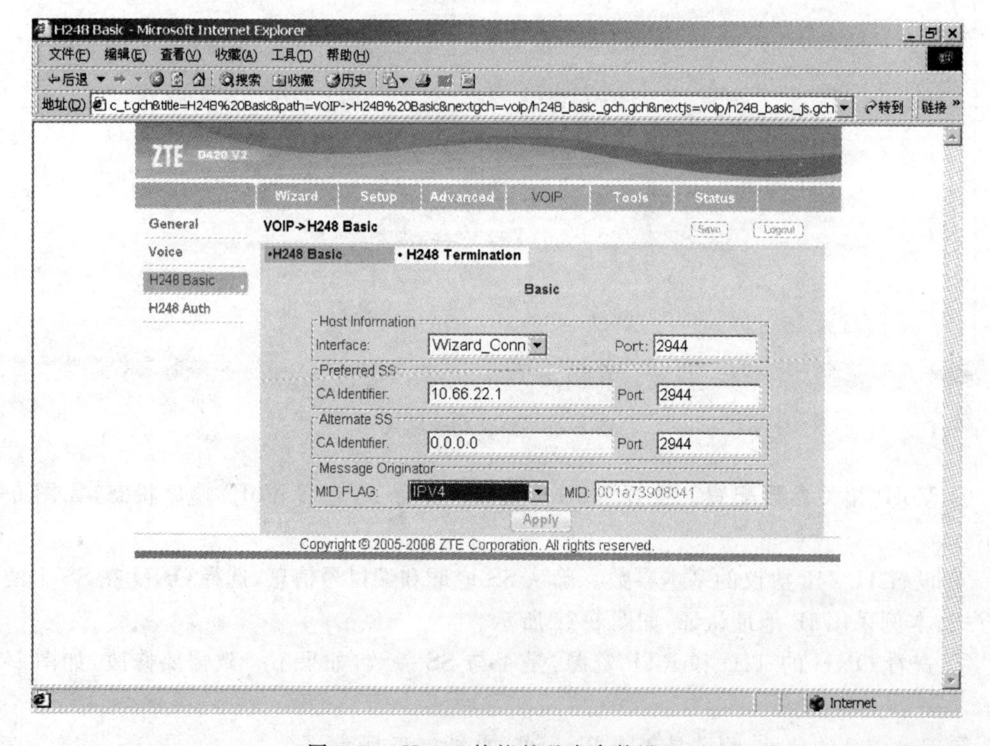

图 9-23 H. 248 协议的基本参数设置

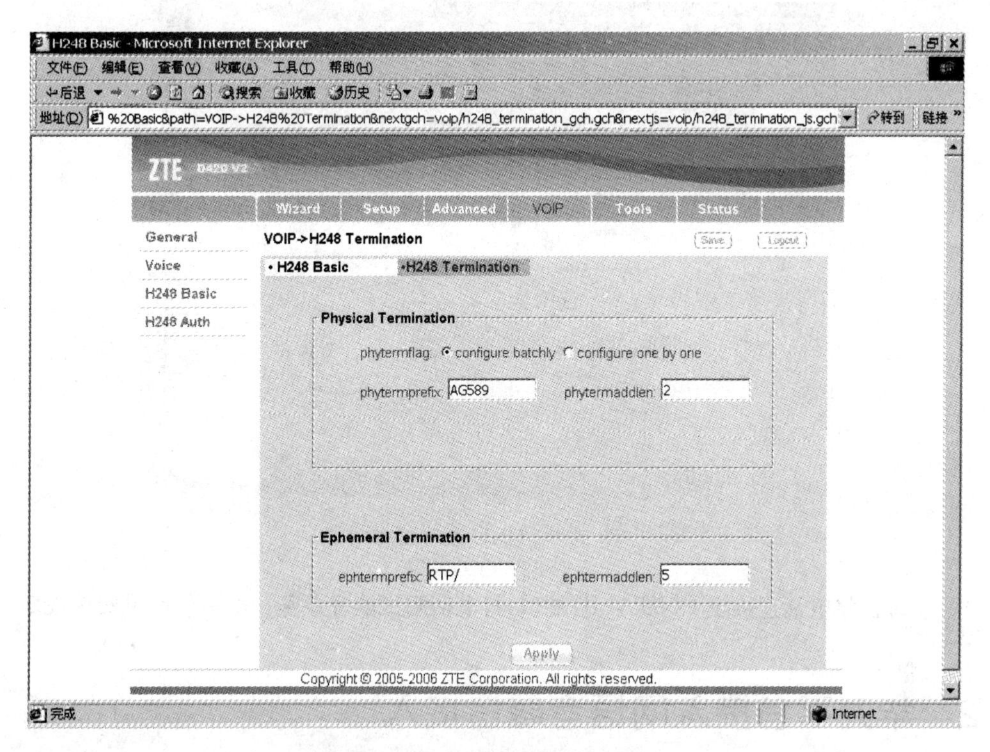

图 9-24　查看 ONU 相关资源

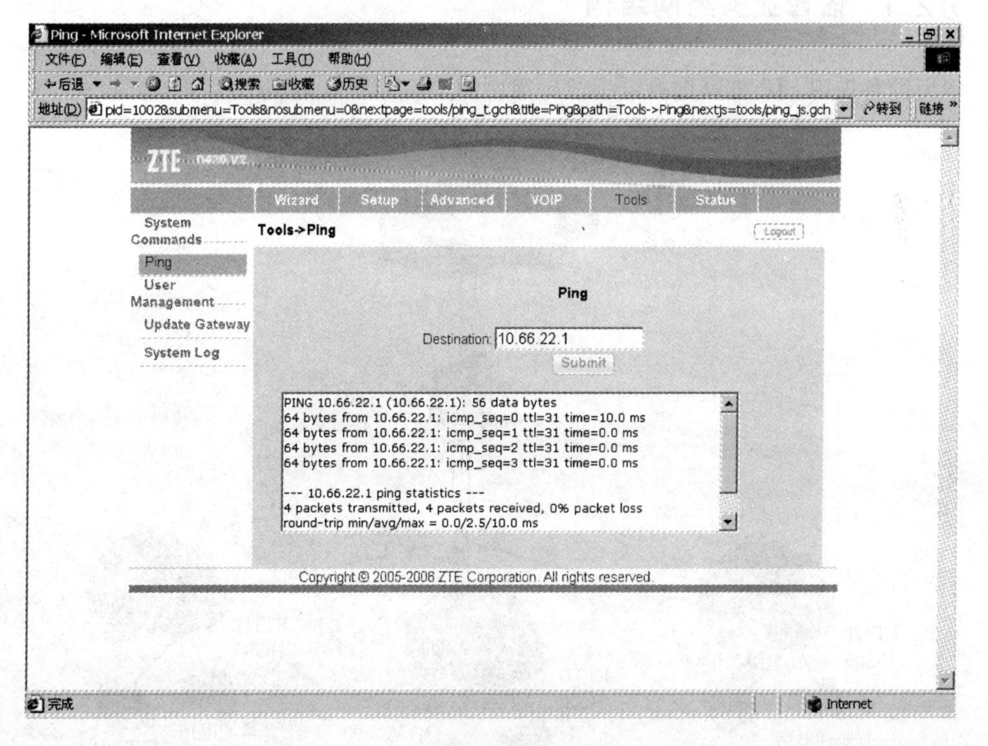

图 9-25　测试 SS

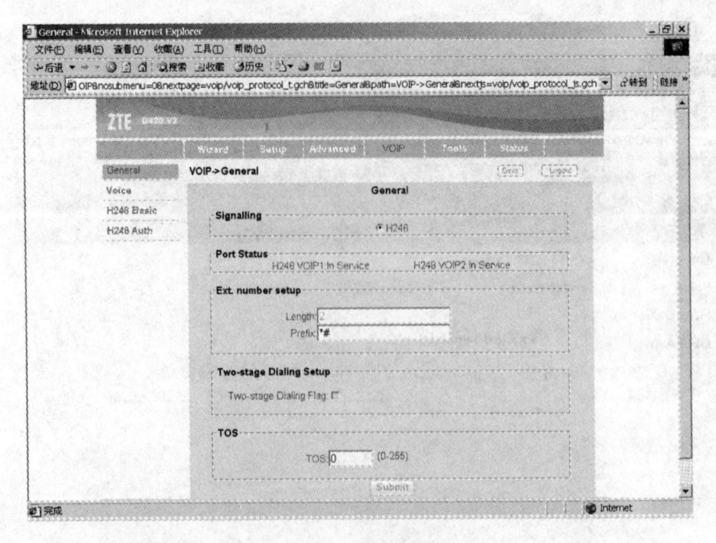

图 9-26 ONU 注册成功

⑩ 验证。将电话连接至 ONU VoIP 端口，打电话测试语音业务。电话号码见资源规划表。

9.2 华为平台接入网语音融合接入

9.2.1 语音业务组网结构

华为设备采用 SIP 协议进行语音业务组网的结构如图 9-27 所示。

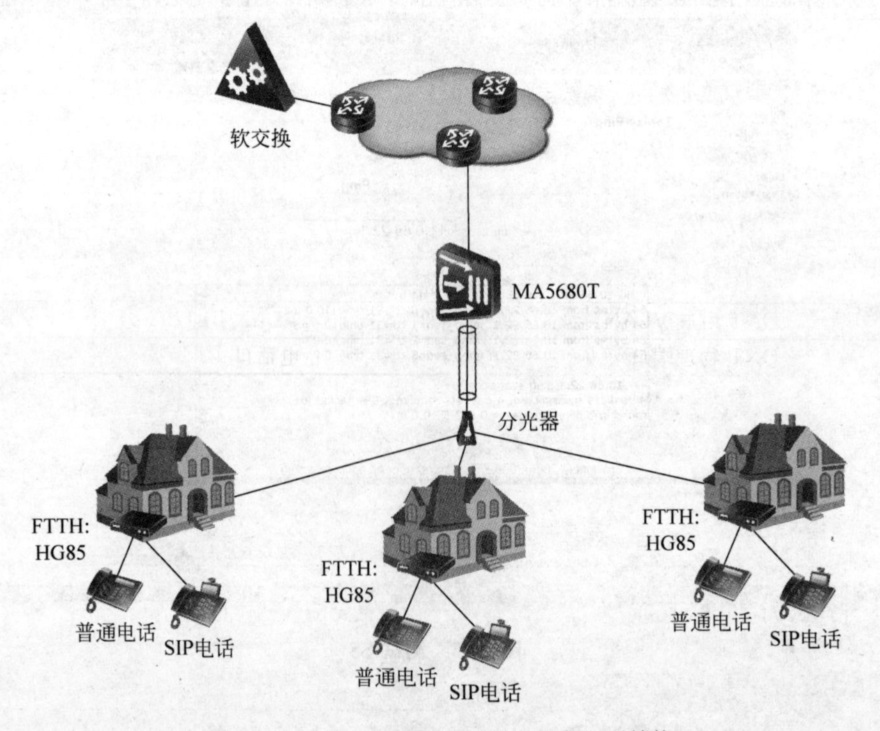

图 9-27 采用 SIP 协议进行语音业务组网结构

华为设备采用 H.248 协议进行语音业务组网的结构如图 9-28 所示。

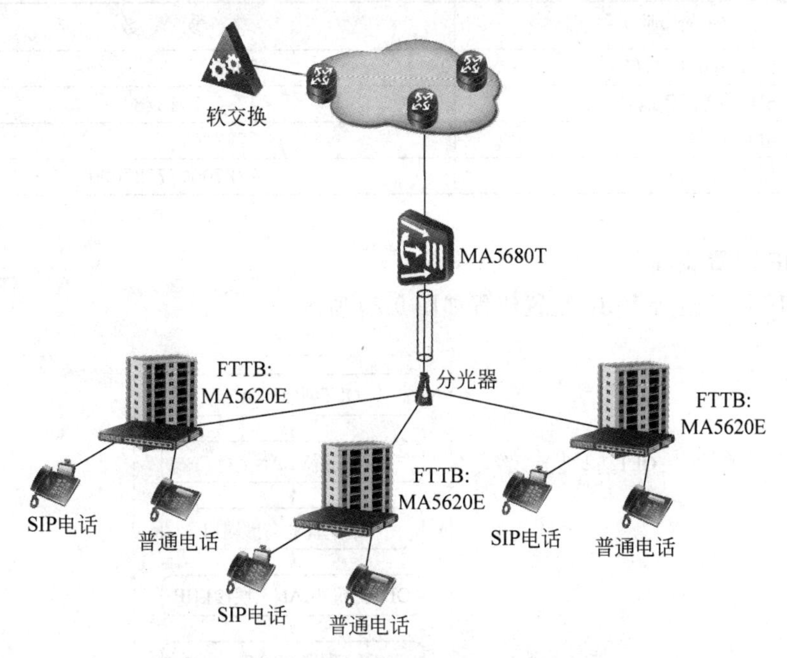

图 9-28 采用 H.248 协议进行语音业务组网结构

9.2.2 使用 SIP 协议进行语音业务配置流程

1. 数据规划

华为设备采用 SIP 协议进行语音业务数据规划详见表 9-2。

表 9-2 采用 SIP 协议进行语音业务数据规划表

配置项	数据
OLT 业务 VLAN	Smart VLAN VLANID：172
OLT 业务上行口	O/19/0
OLT 业务端口	EPBA 0/3/0
ONT	ONT ID：0
ONT 用户 VLAN	VLAN ID 172
ONT 物理端口	电话口 1

2. VoIP 语音参数规划

华为采用 SIP 协议进行 VoIP 语音业务参数详细规划见表 9-3。

表 9-3 采用 SIP 协议进行 VoIP 语音业务参数规划表

配置项	参数
OLT VLAN 三层接口 IP	17.1.0.1/8
网关	17.1.1.1/8
SoftSwitch IP	200.200.200.200

续表

配置项	参数
SoftSwitch 端口号	5060
SIP 终端 IP 地址	17.1.1.13/8
电话号码	7727001
用户名/密码	7727001/7727000

3. VoIP 配置流程

采用 SIP 协议进行 VoIP 配置流程如图 9-29 所示。

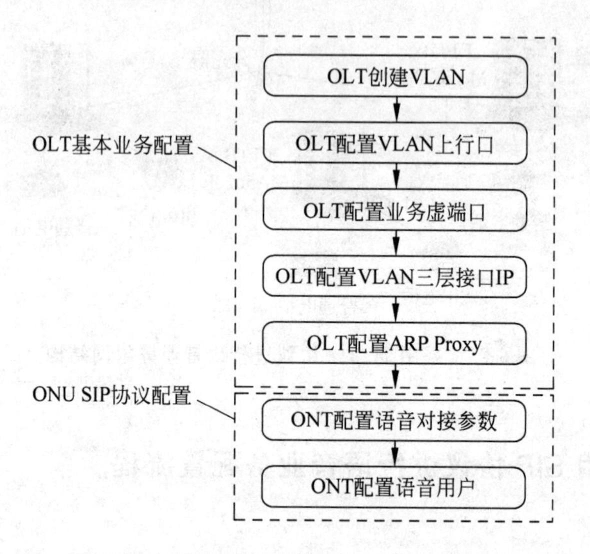

图 9-29 采用 SIP 协议进行 VoIP 配置流程

4. 语音业务配置步骤

(1) OLT 配置过程

① 建立一个 VLAN。

```
MA5680T(config)#vlan 172 smart
```

② 增加上行端口。

```
MA5680T(config)#port vlan 172 0/19 0
```

③ 增加业务端口。

```
MA5680T(config)#service-port vlan 172 epon 0/3/0 ont 0 multi-service user-vlan 172
```

④ 配置 VLAN 三层接口。

```
MA5680T(config)#interface vlanif 172
MA5680T(config-if-vlanif172)#ip address 17.1.0.1 8
```

⑤ 全局或三层接口下开启 ARP Proxy。

MA5680T(config)#arp proxy enable
或 MA5680T(config-if-vlanif172)#arp proxy enable

(2) ONU 登录过程

① 登录 HG850e,网址：http://192.168.1.1,用户名：admin,密码：admin,配置 SIP 终端,如图 9-30 所示。

图 9-30　登录界面

② 在 ONU 上进行 WAN 口配置,如图 9-31 所示。

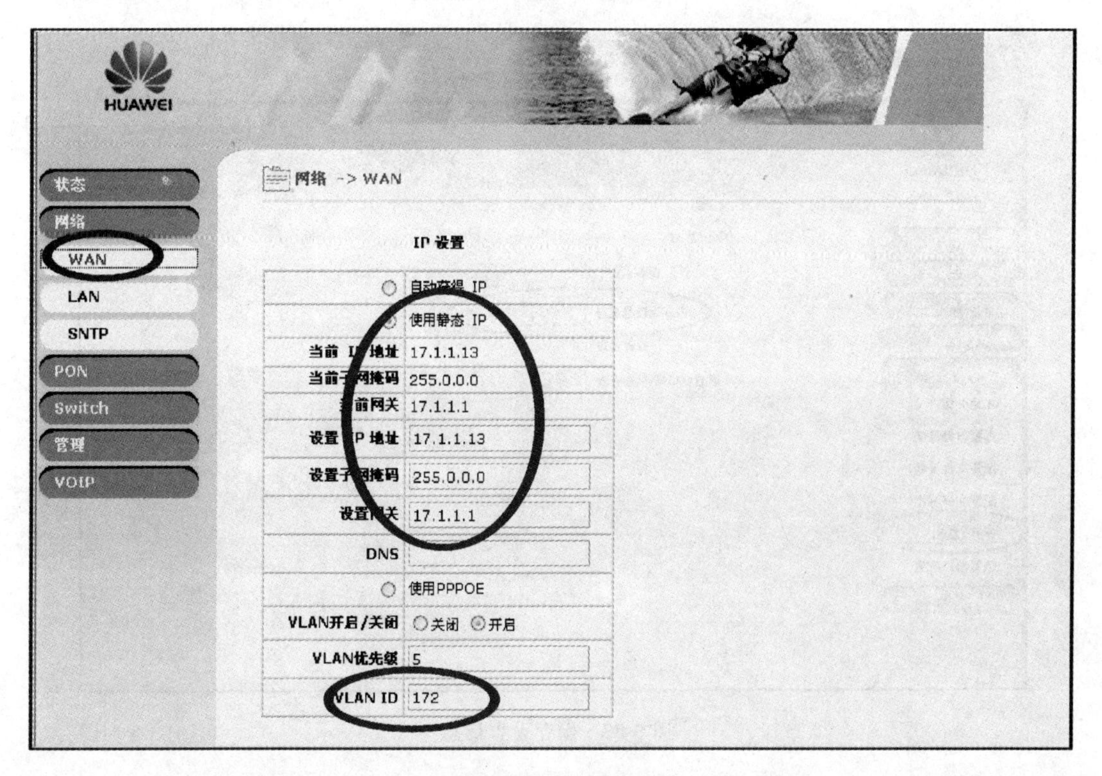

图 9-31　WAN 配置

③ ONU 基本信息配置，如图 9-32 所示。

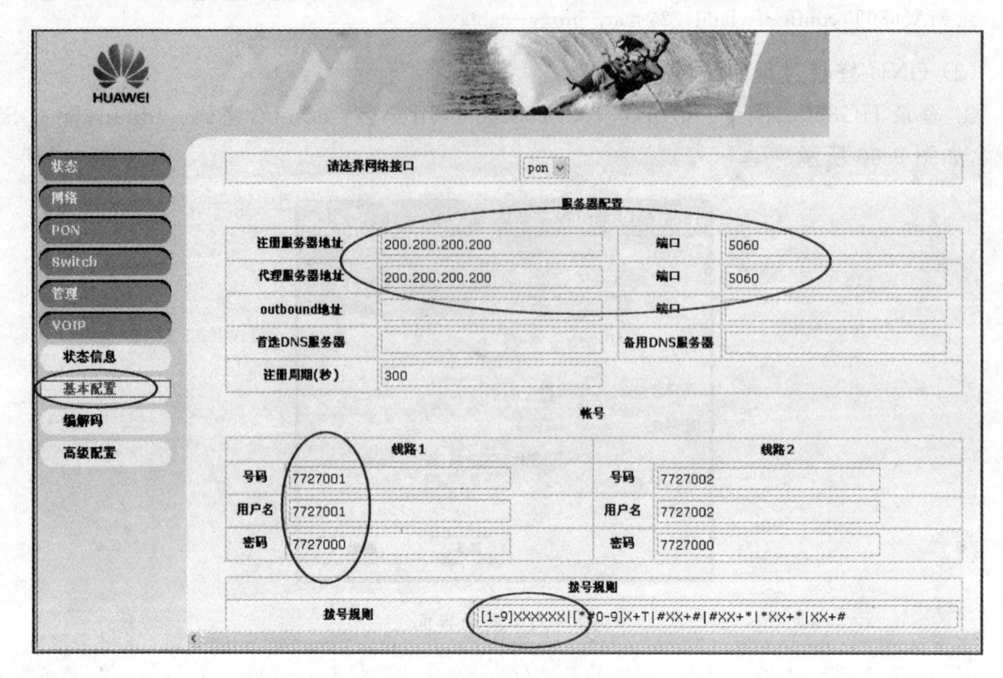

图 9-32　ONU 基本信息配置

④ 保存设置，如图 9-33 所示。

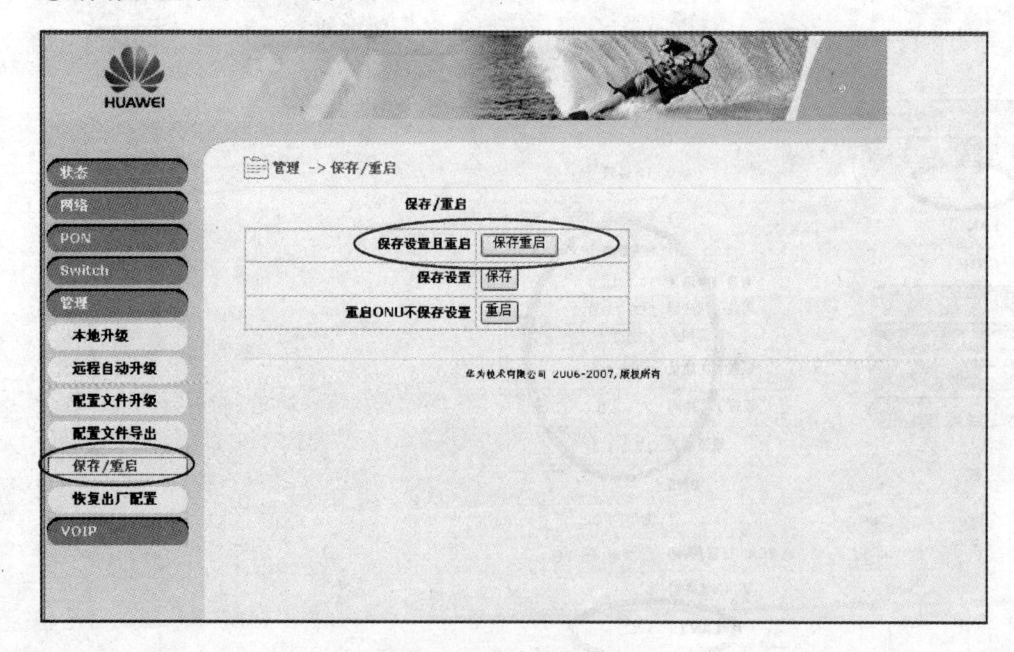

图 9-33　保存设置信息

⑤ 业务验证，如图 9-34 所示。

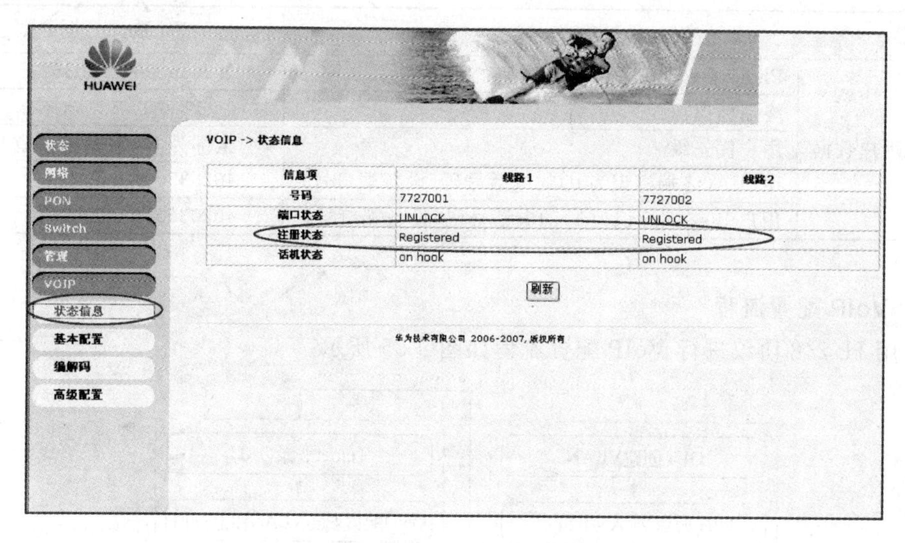

图 9-34　验证语音业务

9.2.3　使用 H.248 协议进行语音业务配置流程

1. 数据规划

华为设备使用 H.248 协议进行语音业务数据规划详见表 9-4。

表 9-4　采用 H.248 协议进行语音业务数据规划表

配置项		数据
VoIP 业务 VLAN	VLAN ID	172
VoIP 业务 VLAN 三层接口	IP 地址	17.1.0.1/8
上行板	GICF 单板所在槽位和上行端口号	0/19/0
EPON 单板	EPBA 单板所在槽位和 PON 端口号	0/3/0
MA5620E 语音业务板 ASMB	单板所在槽位	0/2

2. VoIP 语音参数规划

华为采用 H.248 协议进行 VoIP 语音业务参数详细规划见表 9-5。

表 9-5　采用 H.248 协议进行 VoIP 语音业务参数规划表

配置项		数据
MG 接口参数	MG 接口标识	15
	SoftX3000 与 MA5620E 之间采用的控制协议	H.248 协议
	SoftX3000 的 IP 地址	200.200.200.200/24
	MA5620E 的 IP 地址	17.248.42.15/8
	SoftX3000 侧 H.248 协议的本地 UDP 端口号	2944
	MA5620E 侧 H.248 协议的本地 UDP 端口号	2944

续表

配 置 项		数 据
PSTN 用户数据	Phone 1～Phone 24 电话号码	40203500～40203523
	终端标识	0～23
	用户优先级	全部为 Cat3(系统缺省)
	用户 A(终端标识为 0)的电话号码(设备端口号)	40203500 (0/2/1)
	用户 B(终端标识为 1)的电话号码(设备端口号)	40203501 (0/2/2)

3. VoIP 配置流程

采用 H.248 协议进行 VoIP 配置流程如图 9-35 所示。

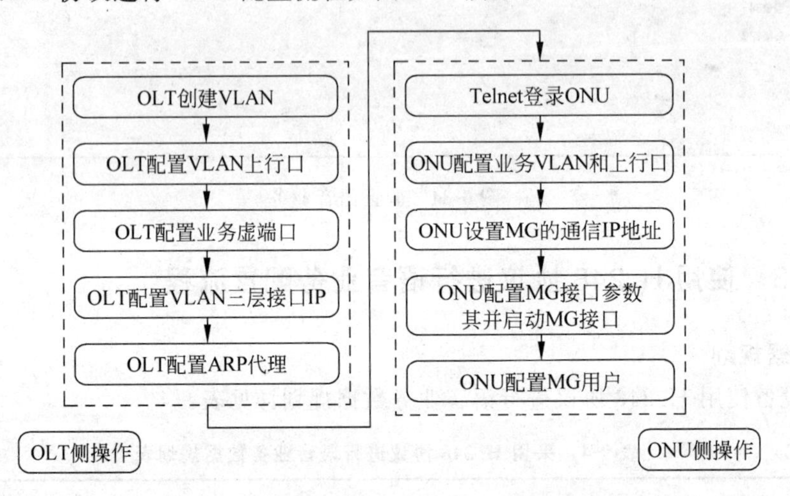

图 9-35 采用 H.248 协议进行 VoIP 配置流程

4. 语音业务配置步骤

(1) OLT 侧语音业务配置步骤

① 建立一个 VLAN。

```
MA5680T(config)＃vlan 172 smart
```

② 增加上行端口。

```
MA5680T(config)＃port vlan 172 0/19 0
```

③ 增加业务虚端口。

```
MA5680T(config)＃ service-port vlan 172 epon 0/3/0 ont 1 multi-service user-vlan 172
```

④ 配置 VLAN 三层接口 IP。

```
MA5680T(config)＃ interface vlanif 172
MA5680T(config-if-vlanif172)＃ ip address 17.1.0.1 8
```

⑤ 开启 ARP Proxy。

```
MA5680T(config)＃arp proxy enable
```

```
MA5680T(config-if-vlanif172)＃arp proxy enable
```

(2) ONU侧语音业务配置步骤

① 建立一个VLAN。

```
MA5620E(config)＃ vlan 172
```

② 增加上行端口。

```
MA5620E(config)＃ port vlan 172 0/0 1
```

③ 配置VLAN三层接口地址。

```
MA5620E(config-if-vlanif172)＃ ip address 17.248.42.15 8
```

④ 在VoIP模式下增加地址池。

```
MA5620E(config-voip)＃ ip address media 17.248.42.15 17.0.0.1
MA5620E(config-voip)＃ ip address signaling 17.248.42.15
```

⑤ 配置系统静态路由。

```
MA5620E(config)＃ ip route-static 200.200.200.200 24 17.0.0.1
```

⑥ 配置H.248接口。增加MG接口,配置MG接口属性以及启动MG接口。

```
MA5620E(config)＃interface h248 15
MA5620E(config-if-h248-15)＃if-h248 attribute mgip 17.248.42.15 mgport 2944 transfer udp mgcip_
1 200.200.200.200 mgcport_1 2944 mg-media-ip 17.248.42.15 code text start-negotiate-version 1
MA5620E(config-if-h248-15)＃reset coldstart
```

⑦ 配置0/2槽位的PSTN用户数据。

```
MA5620E (config)＃esl user
MA5620E (config-esl-user)＃mgpstnuser batadd 0/2/1 0/2/2 15 terminalid 0 telno 40203500
```

(3) 业务验证

① 主叫用户摘机可以听到拨号音。

② 主叫用户拨打被叫用户的电话号码,被叫用户可以正常振铃,主叫用户可以听到回铃音。

③ 主叫用户和被叫用户可以正常通话。

④ 被叫用户挂机后,主叫用户可以听到忙音。

CHAPTER 10

第10章

多媒体业务组播技术基础

本章学习目标

(1) 理解组播技术基本概念；

(2) 掌握组播地址的使用方法；

(3) 理解组播管理协议和组播路由协议。

10.1 组播概述

10.1.1 组播的应用背景

随着宽带多媒体网络的不断发展，各种宽带网络应用层出不穷，出现了大量新兴多媒体宽带网络应用。这样的应用包括以下几种。

① 多媒体、流媒体的应用，如：网络电视、网络电台、实时视/音频会议。

② 培训、联合作业场合的通信，如：远程教育、远程医疗。

③ 数据仓库、金融应用(股票)。

④ 其他任何“点到多点”的数据发布应用。

这些新兴多媒体宽带应用都对现有宽带多媒体网络的承载能力提出了挑战。传统网络中，主要支持在一个接收方和一个发送方之间运行的内联网应用，这被称为单播。在新型的多媒体网络应用中，普遍存在需要一个发送方同时将信息传输给一组接收方，这称为组播。

采用单播技术构建的传统网络已经无法满足新兴宽带网络应用在带宽和网络服务质量方面的要求，随之而来的是网络延时、数据丢失等问题。此时通过引入IP组播技术，有助于解决以上问题。组播网络中，即使组播用户数量成倍增长，骨干网络中网络带宽也无须增加。简单来说，成百上千的组播应用用户和一个组播应用用户消耗的骨干网带宽是一样的，从而最大限度地解决目前宽带应用对带宽和网络服务质量的要求。

作为一种与单播(Unicast)和广播(Broadcast)并列的通信方式，组播(Multicast)技术能够有效地解决单点发送、多点接收的问题，从而实现了网络中点到多点的高效数据传送，能够节约大量网络带宽、降低网络负载。

利用组播技术可以方便地提供一些新的增值业务，包括在线直播、网络电视、远程教育、远程医疗、网络电台、实时视频会议等对带宽和数据交互的实时性要求较高的信息服务。

10.1.2 单播、广播和组播的区别

TCP/IP 传送方式有 3 种：单播、广播、组播。

1. 单播

单播(Unicast)传输在发送者和每一接收者之间，需要单独的数据信道。如果一台主机同时给很少量的接收者传输数据，一般没有什么问题。但如果有大量主机希望获得数据包的同一份复制时却很难实现。这将导致发送者负担沉重、延迟长、网络拥塞；为保证一定的服务质量需增加硬件和带宽。

如图 10-1 所示，若在 IP 网络中采用单播的方式，信息源(Source)要为每个需要信息的主机(即 Receiver)都发送一份独立的信息复制。假设 Host B、Host D 和 Host E 需要信息，则 Source 要与 Host B、Host D 和 Host E 分别建立一条独立的信息传输通道。

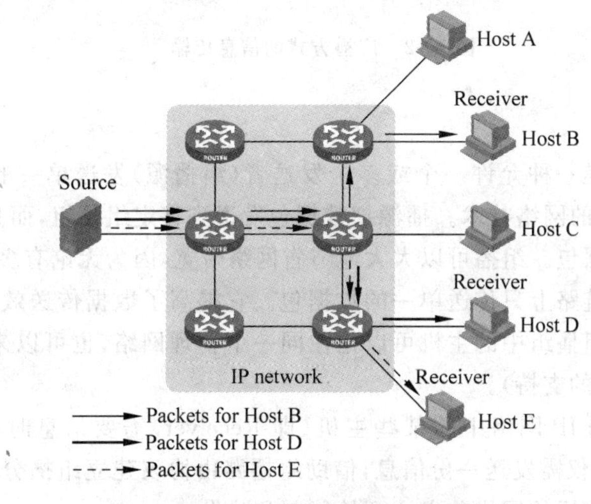

图 10-1　单播方式的信息传输

采用单播方式时，网络中传输的信息量与需要该信息的用户量成正比，因此当需要该信息的用户数量较大时，信息源需要将多份内容相同的信息发送给不同的用户，这对信息源以及网络带宽都将造成巨大的压力。从单播方式的信息传播过程可以看出，该传输方式不利于信息的批量发送。

2. 广播

广播(Broadcast)传输是指在 IP 子网内广播数据包，所有在子网内部的主机都将收到这些数据包。广播意味着网络向子网主机都投递一份数据包，而不论这些主机是否乐于接收该数据包。然而广播的使用范围非常小，只在本地子网内有效，因为路由器会封锁广播通信。广播传输增加非接收者的开销。如图 10-2 所示，在一个网段中若采用广播的方式，信息源(即 Source)将把信息传送给该网段中的所有主机，而不管其是否需要该信息。假设只有 Host B、Host D 和 Host E 需要信息，若将该信息在网段中进行广播，则原本不需要信息的 Host A 和 Host C 也将收到该信息，这样不仅信息的安全性得不到保障，而且会造成同

一网段中信息的泛滥。

因此，广播方式不利于与特定对象进行数据交互，并且还浪费了大量的带宽。

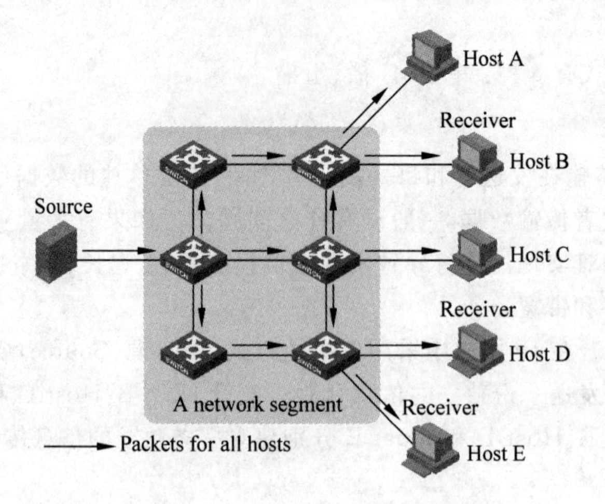

图 10-2　广播方式的信息传输

3. 组播

组播(Multicast)是一种允许一个或多个发送者(组播源)发送单一的数据包到多个接收者(一次的、同时的)的网络技术。播源把数据包发送到特定组播组，而只有属于该组播组的地址才能接收到数据包。组播可以大大地节省网络带宽，因为无论有多少个目标地址，在整个网络的任何一条链路上只传送单一的数据包。它提高了数据传送效率，减少了主干网出现拥塞的可能性。组播组中的主机可以是在同一个物理网络，也可以来自不同的物理网络(如果有组播路由器的支持)。

如图 10-3 所示，当 IP 网络中的某些主机(即 Receiver)需要信息时，若采用组播的方式，组播源(即 Source)仅需发送一份信息，借助组播路由协议建立组播分发树，被传递的信息在距离组播源尽可能远的网络节点才开始复制和分发。

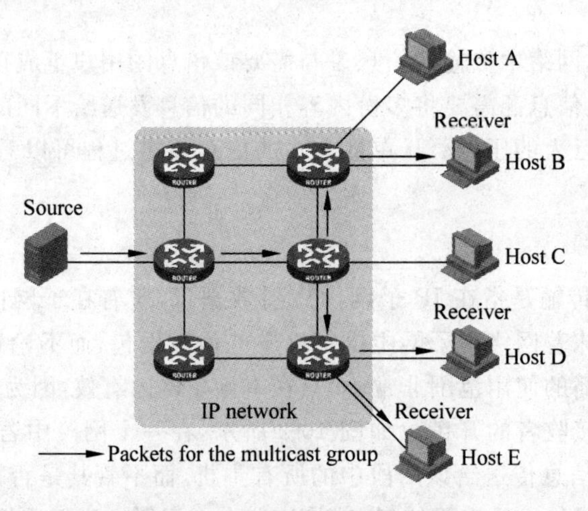

图 10-3　组播方式的信息传输

假设只有 Host B、Host D 和 Host E 需要信息，采用组播方式时，可以让这些主机加入同一个组播组(Multicast group)，组播源只需向该组播组发送一份信息，并由网络中各路由器根据该组播组中各成员的分布情况对该信息进行复制和转发，最后该信息会准确地发送给 Host B、Host D 和 Host E。

综上所述，组播的优势归纳如下。

① 相比单播来说，组播的优势在于：由于被传递的信息在距信息源尽可能远的网络节点才开始被复制和分发，所以用户的增加不会导致信息源负载的加重以及网络资源消耗的显著增加。

② 相比广播来说，组播的优势在于：由于被传递的信息只会发送给需要该信息的接收者，所以不会造成网络资源的浪费，并能提高信息传输的安全性；另外，广播只能在同一网段中进行，而组播可以实现跨网段的传输。

为了实现 IP 组播传输，组播源和接收者以及两者之间的下层网络都必须支持组播。这包括以下几方面。

① 主机的 TCP/IP 实现支持发送和接收 IP 组播。

② 主机的网络接口支持组播。

③ 有一套用于加入、离开、查询的组管理协议，即 IGMP(v1、v2)。

④ 有一套 IP 地址分配策略，并能将第三层 IP 组播地址映射到第二层 MAC 地址。

⑤ 支持 IP 组播的应用软件。

⑥ 所有介于组播源和接收者之间的路由器、集线器、交换机、TCP/IP 栈、防火墙均需支持组播。

10.2　组播地址

10.2.1　定义及分配

1. 组播地址定义

根据 Internet NIC 关于 IP 地址的规定，IP 地址分为 A～E 共 5 类，其中 A～C 类为目前应用的普通 IP 地址，E 类地址保留为将来使用，D 类地址即为组播地址，其网络号为固定的 1110(第 0～第 3 位)，第 4～第 31 位定义了某一特殊的组播地址，范围为 224.0.0.0～239.255.255.255，共有 2^{28} 即约 27 亿个地址。

单播数据传输过程中，一个数据包传输的路径是从源地址路由到目的地址，利用“逐跳”(hop-by-hop)的原理在 IP 网络中传输。然而在 IP 组播环中，数据包的目的地址不是一个，而是一组，形成组地址。所有的信息接收者都加入到一个组内，并且一旦加入之后，流向组地址的数据立即开始向接收者传输，组中的所有成员都能接收到数据包。组播组中的成员是动态的，主机可以在任何时刻加入和离开组播组。

IP 组播地址仅能作为目的地址。它们不能作为数据报的源字段或者出现在源路由和路由记录选项中。

2. 组播地址分配

组播组可以是永久的也可以是临时的。组播组地址中，有一部分由官方分配的，称为永久组播组。永久组播组保持不变的是它的 IP 地址，组中的成员构成可以发生变化。永久组播组中成员的数量都可以是任意的，甚至可以为零。那些没有保留下来供永久组播组使用的 IP 组播地址，可以被临时组播组利用。

组播地址分配如下。

① 224.0.0.0～224.0.0.255：为预留的组播地址（永久组地址），地址 224.0.0.0 保留不做分配，其他地址供路由协议使用。

② 224.0.1.0～224.0.1.255：是公用组播地址，可以用于 Internet。

③ 224.0.2.0～238.255.255.255：为用户可用的组播地址（临时组地址），全网范围内有效。

④ 239.0.0.0～239.255.255.255：为本地管理组播地址，仅在特定的本地范围内有效。

3. 预留组播地址

常用预留组播地址如下。

① 224.0.0.0：基准地址（保留）。

② 224.0.0.1：所有主机的地址。

③ 224.0.0.2：所有组播路由器的地址。

④ 224.0.0.3：不分配。

⑤ 224.0.0.4：DVMRP(Distance Vector Multicast Routing Protocol，距离矢量组播路由协议)路由器。

⑥ 224.0.0.5：OSPF(Open Shortest Path First，开放最短路径优先)路由器。

⑦ 224.0.0.6：OSPF DR(Designated Router，指定路由器)。

⑧ 224.0.0.7：ST (Shared Tree，共享树)路由器。

⑨ 224.0.0.8：ST 主机。

⑩ 224.0.0.9：RIP-2 路由器。

⑪ 224.0.0.10：EIGRP(Enhanced Interior Gateway Routing Protocol，增强网关内部路由线路协议)路由器。

⑫ 224.0.0.11：活动代理。

⑬ 224.0.0.12：DHCP 服务器/中继代理。

⑭ 224.0.0.13：所有 PIM (Protocol Independent Multicast，协议无关组播)路由器。

⑮ 224.0.0.14：RSVP(Resource Reservation Protocol，资源预留协议)封装。

⑯ 224.0.0.15：所有 CBT 路由器。

⑰ 224.0.0.16：指定 SBM(Subnetwork Bandwidth Management，子网带宽管理)。

⑱ 224.0.0.17：所有 SBMS。

⑲ 224.0.0.18：VRRP(Virtual Router Redundancy Protocol，虚拟路由器冗余协议)。

⑳ 239.255.255.255：SSDP 协议使用。

10.2.2　IP 组播地址与网络硬件组播地址的映射

以太网传输单播 IP 报文的时候，目的 MAC 地址使用的是接收者的 MAC 地址。但是在传输组播报文时，传输目的不再是一个具体的接收者，而是一个成员不确定的组，所以使用的是组播 MAC 地址。组播 MAC 地址是和组播 IP 地址对应的。IANA（Internet Assigned Number Authority）规定，组播 MAC 地址的高 24 位为 0x01005e，MAC 地址的低 23 位为组播 IP 地址的低 23 位。

由于 IP 组播地址的后 28 位中只有 23 位被映射到 MAC 地址，这样就会有 32 个 IP 组播地址映射到同一 MAC 地址上。主要规则如下。

将 IP 组播地址的低 23 位简单地代替特定的以太网地址 01.00.5e.00.00.00（十六进制）中的低 23 位，如图 10-4 所示。

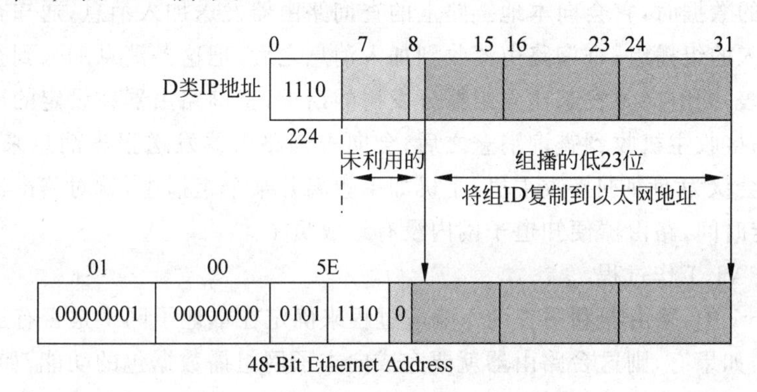

图 10-4　组播 IP 地址到 MAC 地址的映射

按此规则，IP 组播地址范围为 224.0.0.0～239.255.255.255，映射到以太网组播地址为 01.00.5E.00.00.00～01.00.5E.7F.FF.FF。

这样做一是因为映射方法简单，便于计算和实现；二是可以包括绝大部分组播地址；三是 IP 组播地址映射后仅使用以太网地址的固定部分，有利于排错和查找，不易与其他使用以太网的协议发生冲突和干扰。

10.3　组播协议

组播协议主要包括组管理协议（IGMP）、组播路由协议和组播高层协议。

10.3.1　组播管理协议

1. IGMP 概述

IGMP 用来动态地将各个主机注册到特定局域网中的一个组播组中。主机向本地的组播路由器发送 IGMP 消息来表明自己所属的组播组。在 IGMP 协议中，路由器侦听 IGMP

消息并周期地发出查询，以发现某个子网上哪些组是活动的，哪些是不活动的。

IGMP 消息在 IP 数据报内发送，用 IP 协议号 2 来标识。同时，将 IP 存活时间(TTL)字段值设定为 1，因此 IGMP 信息处于本地范围本子网内传送并且不会被路由器转发。

1989 年，IGMP 版本 1(RFCl112)第一次详细定义了 IGMP 规范。后来施乐公司对最早的 IGMP 版本 1 进行了大幅更新，产生了 IGMP 版本 2(RFC2236)。到目前为止 IGMP 版本 3 规范已经称为IETF 正式标准(RFC3376)，通用的是 IGMP v2。IGMP v1 实现简单，但是有离开延迟过大和选择查询路由器需要依赖组播路由协议的缺点，IGMP v2 对此进行了改进。IGMP v3 协议的主要目的是支持源特定组播，并进一步对 IGMP v2 进行完善。

2. IGMP v1

(1) IGMP v1 工作原理

在 IGMPvl 中定义了基本规则、组成员查询机制和报告机制。当某接收主机希望接收到某个组播组的数据时，它会向本地链路上的查询路由器发送加入消息，通知查询路由器本机希望申请加入的组播组；查询路由器收到加入消息之后，把这条消息加入到查询路由器所维护的状态列表，同时向源发起建立组播分发树的请求；查询路由器在设定的周期内发起组成员查询消息；接收主机收到查询消息之后，会向查询路由器发送报告消息来应答查询，否则查询路由器会认为不存在接收主机；主机如果想离开某个组播组，就对路由器的查询保持沉默，经过一定时间，路由器便知道子网内没有组成员了。

(2) IGMP v1 工作过程

在 IGMP v1 中，路由器利用查询—响应过程来确定在本地子网中是否有加入某个组播组的主机存在，如果有，则这台路由器就要完成向本子网组播数据包的功能；如果没有，则这台路由器就不必向此子网转发组播包。路由器周期性地向子网上的所有主机发送组播成员关系查询报文，希望加入某个组播组的主机就响应该查询，发送一个组播成员关系报告报文到子网上，在 IGMP 报文的组地址中加入想要加入的组播组的地址。路由器接收到来自主机的成员关系报告报文后，就知道在该子网上有主机要加入组播组，组播组地址在报文中可以获得，接下来，路由器就会根据所使用的路由协议建立起相应的转发状态。

当一个子网上有多台主机想加入同一个组播组时，就可以利用报告响应抑制功能，来减少子网中的重复信息传递。处理流程如下：主机接收到 IGMP 成员关系查询报文后，对加入的每个组播组启动一个倒数计时器。当计时器的值为 0 时，主机发送 IGMP 成员关系报告报文，通知路由器子网内仍有处于活动状态的组播接收者。当计时器到达 0 之前，若主机接收到来自其他主机发送的同一组成员关系报告报文，那么它就停止于该计时器得到的数，重新计时，这样，就避免了发送同一个成员关系报告报文给路由器。

如果在一个子网中有多个组播路由器，那么多个路由器都发送 IGMP 查询报文是一种浪费，所以确定一个路由器作为查询路由器就可以了。但是在 IGMP v1 中，没有提供选举查询路由器的机制，而是把这一任务留给了组播路由协议。由于不同的协议使用不同的选举机制，会造成在一个子网中出现多个查询路由器，这也是 IGMP v1 的缺点之一。

IGMP v1 的另一个缺点是缺乏显式的离开方式。当一台主机想要离开一个组播组时，并不显式地表示出来，而只是不再对路由器的查询报文进行响应。当一个网段内某个组播组的最后一个成员退出后，路由器还会继续组播这个组的数据，直到一段时间内路由器接收不到任何来自该组的成员响应，才会知道该组已经没有接收者了，然后停止转发该组的组播数据报文。因此，路由器中需要为子网中的每一个组维护一个计时器。当路由器接收到某台主机发送的报告报文时，就会将该组的计时器清零；当某个组的计时器超时后，就说明在本网段上已经没有接收者，于是停止转发该组报文。

下面是工作过程图解。

① 组成员加入，如图 10-5 所示。

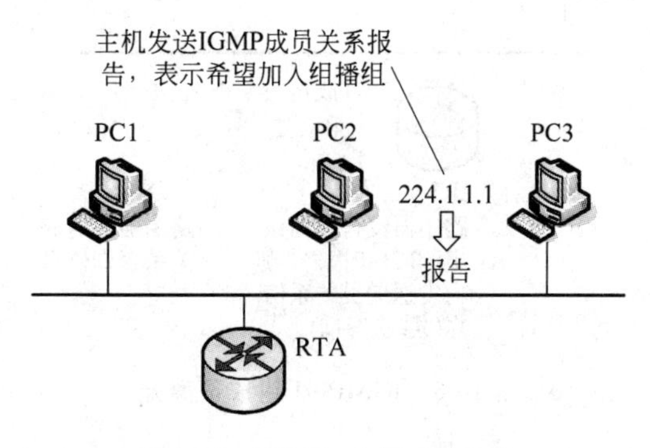

图 10-5　IGMP v1 组成员加入

② 查询与响应，如图 10-6 所示。

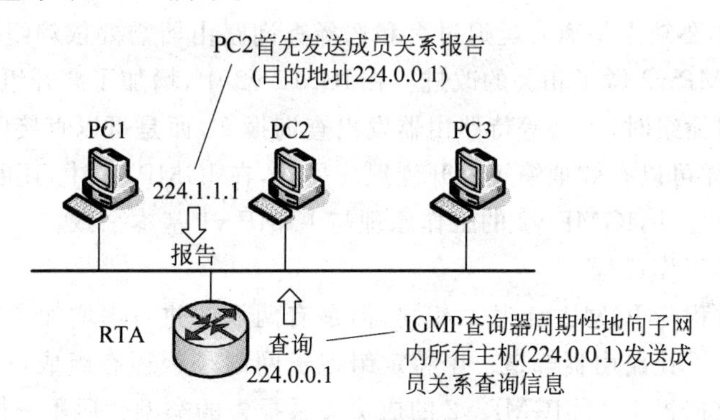

图 10-6　IGMP v1 组成员查询

③ 响应抑制机制，如图 10-7 所示。

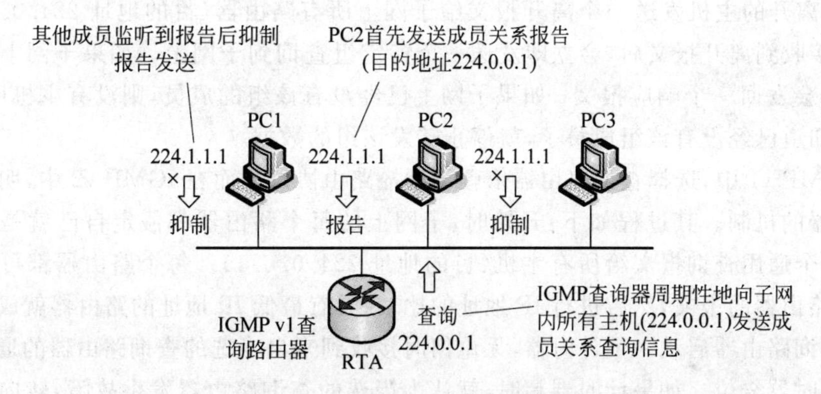

图 10-7　IGMP v1 响应抑制机制

④ 组成员离开，如图 10-8 所示。

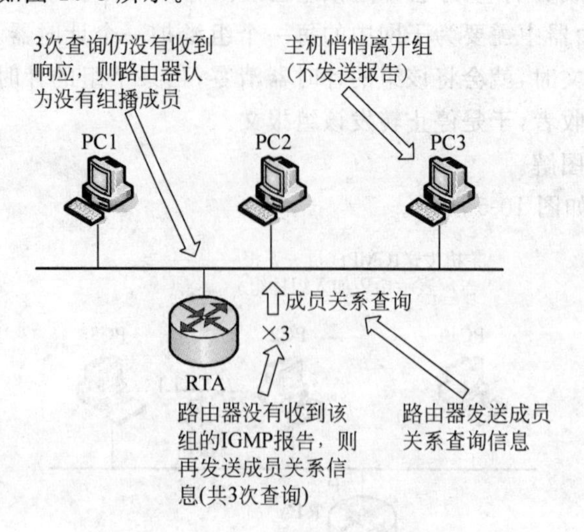

图 10-8　IGMP v1 组成员离开

3. IGMP v2

(1) IGMP v2 的工作原理

IGMP v1 的主要缺点是离开延迟过大和选择查询路由器需要依赖组播路由协议进行。针对这些缺点，IGMP v2 做了相关的改进。在 IGMP v2 中，增加了离开组的报文格式，当主机想要离开某个组播组时，不必等待路由器发出查询报文，而是可以直接向路由器发送成员关系报告报文，这样可以有效地缩短离开延迟。另外，在 IGMP v2 中，还明确了查询路由器的选举机制。除此之外，IGMP v2 的工作原理与 IGMP v1 基本一致。

(2) IGMP v2 工作过程

查询—响应过程与 IGMP v1 基本相同，但是有两点改进：①增加了特定组查询，特定组查询的目的是为了让路由器知道一个特定组在子网内是否还有组成员，以便判断是否还需要转发该组的数据报文；②IGMP v2 的成员关系报告的类型代码不一样。

IGMP v2 的组成员加入与 IGMP v1 中的完全一样。IGMP v2 离开过程与 IGMP v1 相比有了较大的改进。主机离开一个组时，需要显式地发送一个离开报文给路由器。其过程如下：要离开的主机发送一个离开报文给子网上所有路由器(目的地址 224.0.0.2)。查询路由器接收到离开报文后，会立即发送一个特定组查询到子网上。如果子网上还有该组的成员，则会发回一个响应报文；如果子网上已经没有该组的成员，则没有主机回应，于是路由器就知道已经没有该组成员了，就停止转发该组的数据。

在 IGMP v1 中，选择查询路由器依赖于组播路由协议。而在 IGMP v2 中，明确了选择查询路由器的机制。其过程如下：开始时，子网上的每个路由器都假定自己就是查询路由器，发送一个通用查询报文给所有主机(目的地址 224.0.0.1)。每个路由器都可以接收到来自其他路由器的报文，然后进行 IP 地址的比较，具有最低 IP 地址的路由器就成为查询路由器；非查询路由器启动一个计时器，无论何时接收到来自当选的查询路由器的通用查询报文，都将计时器复位。如果计时器超时，就认为当选的查询路由器发生故障，转向开始重新选择。计时器的取值一般为查询间隔的 2 倍。

图解工作过程如下。

① 组成员加入,如图 10-9 所示。

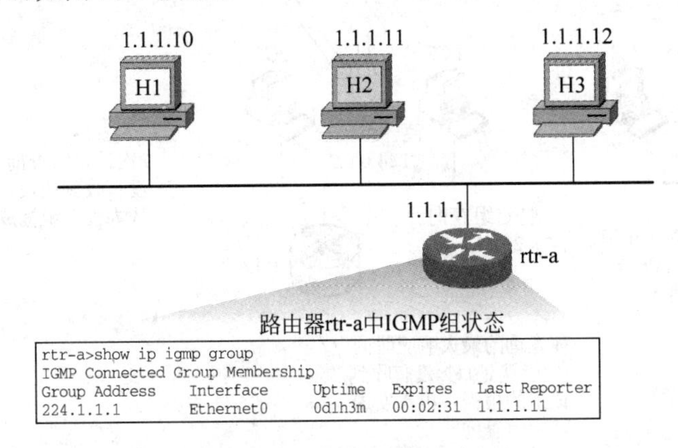

图 10-9　IGMPv2 组成员加入

② 查询与响应,如图 10-10 所示。

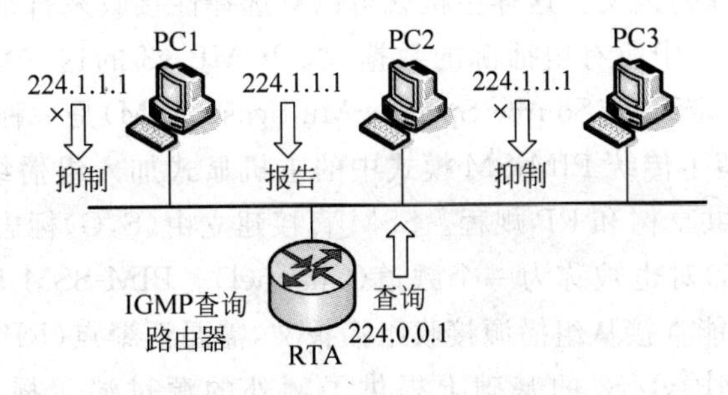

图 10-10　IGMP v2 组成员查询与响应

③ 查询器选举,如图 10-11 所示。

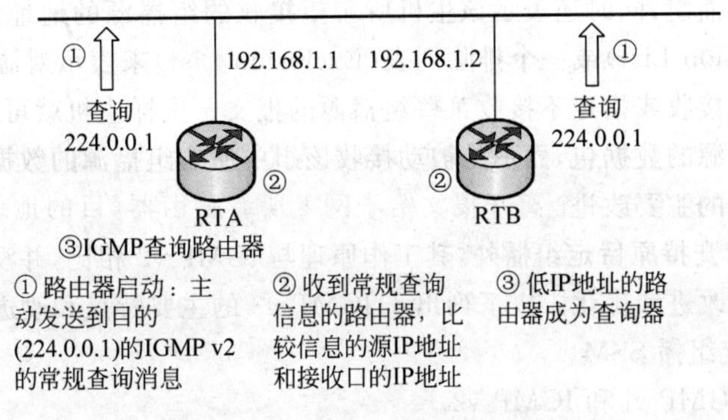

图 10-11　IGMP v2 查询路由器选择

④ 成员离开,如图 10-12 所示。

4. IGMP v3

(1) IGMP v3 的工作原理

IGMP v3 的提出,主要是为了配合源特定组播的实现,即组播组成员可以指定接收或

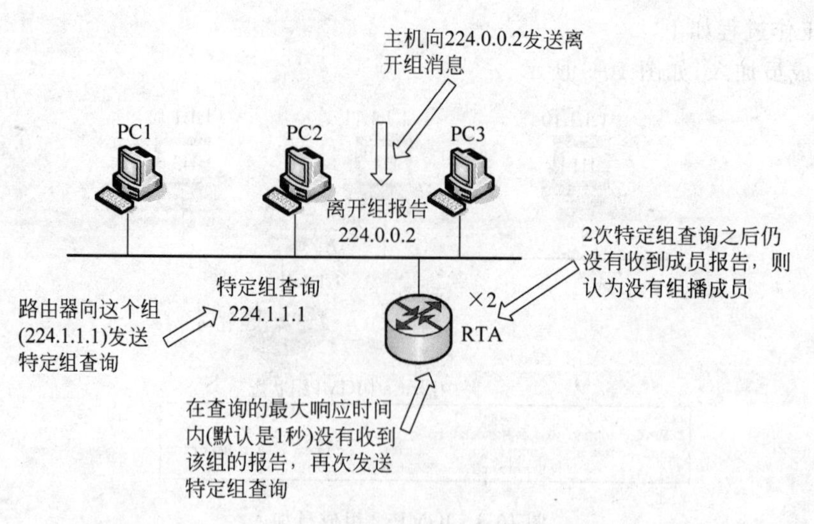

图 10-12 IGMP v2 组成员离开

指定不接收某些组播源的报文。这样主机就可以有选择性接收来自某个特定组播源的数据包,而不是被动接收该组中所有组播源的数据包。IGMP v3 的这一特性,可以实现源特定组播 SSM 技术。源特定组播(Source Specific Multicast,SSM)是一种区别于传统组播的新的业务模型,SSM 保留了传统 PIM-SM 模式中的主机显式加入组播组的高效性,但是跳过了 PIM-SM 模式中的共享树和 RP 规程。SSM 直接建立由(S,G)标志的一个组播最短路径树。SSM 的一个(S,G)对也被称为一个频道(Channel)。PIM-SSM 是对传统 PIM 协议的扩展,使用 SSM,用户能直接从组播源接收组播报文,需要汇聚点(RP)的帮助。

IGMP v3 在 IGMP vl/v2 的基础上提供了额外的源过滤组播功能(Source Filtered Multicast,SFM)。在 IGMP vl/v2 中,主机只根据组地址来决定加入某个组,并从任何一个源接收发给该组地址的报文。具有源过滤组播功能(SFM)的主机使用 IGMP v3 来表示主机所希望加入的组播组,同时还表示该主机所希望接收的组播源的地址。主机可以使用一个包括列表(Inclusion List)或一个排除列表(Exclusion List)来表示对源地址的限制,即组播组成员可以指定接收或指定不接收某些组播源的报文。这样主机就可以有选择性地接收来自某个特定组播源的数据包,而不是被动接收该组中所有组播源的数据包。

(2) IGMP v3 的主要改进

IGMP v3 除了支持原特定组播外,其工作原理与 IGMP v2 相比,并没有本质的改变,只是在某些地方做了改进和优化。以下列出了 IGMP v3 的主要特点和改进。

① 支持源特定组播 SSM。

② 向后兼容 IGMP vl 和 IGMP v2。

③ 主机可以定义要接收的组播源地址。

④ 非查询路由器可以与查询路由器保持参数值同步。

⑤ 最大响应时间从 25.5s 增加到 53min,适合于较大的网络。

⑥ 辅助数据字段为将来的应用预留了空间。

⑦ 关系成员报告报文发送给目的地址 224.0.0.22,可以帮助二层交换机更有效地实现 IGMP 监听 (IGMP Snooping)功能。

⑧ 报告报文中可以包含多个组记录,可以有效地减少网络通信量。

⑨ 在IGMP v3中,取消了前面版本中的响应抑制功能。

5. 网络二层组播协议

IGMP即Internet工作组管理协议,主要用来解决网络上广播时占用带宽的问题。当网络上的信息要传输给所有工作站时,就发出广播(broadcast)信息(即IP地址主机标识位全为1),交换机会将广播信息不经过滤地发给所有工作站;但当这些信息只需传输给某一部分工作站时,通常采用组播(multicast,也称多点广播)的方式,这就要求交换机支持IGMP。支持IGMP的交换机会识别组播信息并将其转发至相应的组,从而使不需要这些信息的工作站的网络带宽不被浪费。IGMP对于提高多媒体传输时的网络性能尤为重要。

PPPoE(Point-to-Point Protocol over Ethernet,以太网点对点协议)本身是一个点到点的协议,每一个用户与BAS之间都有一条PPP的链接,用户与BAS之间是通过这条链路经二层设备以单播的形式传输数据。但是随着网上视频业务的不断发展,人们对带宽的需求越来越大,PPPoE对组播的支持显得非常重要。PPPoE所支持的组播协议通常指的是二层组播协议IGMP Proxy或IGMP Snooping,采取的基本方法是对每个组播数据包分组传送,下面分析这两种协议的实现方式。

(1) 组管理协议窥探

组管理协议窥探(IGMP Snooping)是靠侦听用户与路由器之间通信的IGMP报文维护组播地址和VLAN的对应表的对应关系,它将同一组播组的活动成员映射为一个VLAN,在收到组播数据包后,仅向该组播组所对应的VLAN成员转发。主要操作流程如下。

① 主机与BAS进行PPPoE协商,通过PPPoE认证。

② 主机向路由器发送IGMP成员报告包,BAS监听到该包,并从PPPoE数据包中得到组播组的地址,将该用户添加到对应的VLAN,如果该用户是组播组的第一个用户,则为这个组播组产生一个组播条目,并将该报文转发至上层路由器以更新组播路由表。

③ BAS收到路由器的组播数据报文时,根据组播MAC地址和组播IP地址的对应关系,找到对应的VLAN,然后将数据包封装成PPPoE的会话包,向VLAN内的成员转发。

④ 当收到来自主机的申请离开组播组的包时,BAS把收到该包的端口从相应的VLAN中删除,若该用户是组播组最后一个用户(此时VLAN为空),则把该VLAN删除,并把该包内容通过上行端口转发出去。IGMP Snooping的规则比较简单,下行方向透传查询包,上行方向根据需要转发加入或离开包,但要求BAS必须有3层提取功能,它对于主机和路由器是透明的。

(2) 组管理协议代理

组管理协议代理(IGMP Proxy)与IGMP Snooping实现功能相同但机理相异。IGMP Snooping只是通过侦听IGMP的消息来获取有关信息,而IGMP Proxy是靠拦截用户和路由器之间的IGMP报文建立组播表,Proxy设备的上联端口执行主机的角色,下联端口执行路由器的角色。主要操作流程如下。

① 主机与BAS进行PPPoE协商,通过PPPoE认证。

② 上联端口执行主机的角色,响应来自路由器的查询,当新增用户组或者某组最后一个用户退出时,主动发送成员报告包或者离开包。

③ 下行方向的业务包按照组播表进行转发。

④ 下联端口执行路由器的角色,完全按照 IGMP v2 中规定的机制执行,包括查询者选举机制,定期发送通用查询信息,收到离开包时发送特定查询等。IGMP Proxy 在两个端口分别实现不同的功能,工作量相对较大,其优点是当网络中没有路由器时,IGMP Proxy 设备可以起到查询者的作用,而且如果要扩展组播路由功能,Proxy 比 Snooping 方便。考虑到 BAS 复制 PPPoE 多播数据对底层设备造成的巨大压力,而且当前的交换机和部分 DSLAM(尤其是以 IP 为内核的 DSLAM)已经开始支持二层组播,所以从发展的角度看采用 IGMP Proxy 更好一些。

10.3.2 组播路由协议

组播路由协议由两种协议构成。

因为组播中的组地址是虚拟的,所以不可能如同单播那样,直接从数据源一端路由到特定的目的地址。组播应用程序将数据包发送给一组希望接收数据的接收者(组播地址),而不是仅仅传送给一个接收者(单播地址)。

组播路由建立了一个从数据源端到多个接收端的无环数据传输路径。组播路由协议的任务就是构建分发树结构。组播路由器能采用多种方法来建立数据传输的路径,即分发树。根据网络的实际情况,组播路由协议可以分成两大类——密集模式和稀疏模式。

1. 密集模式组播

密集模式组播(PIM-DM)路由协议适用于小型网络。它假设网络中的每个子网都存在至少一个对组播组感兴趣的接收站点。因此,组播数据包被扩散到网络中的所有点。与此伴随着相关资源(带宽和路由器的 CPU 等)的消耗。为了减少这些宝贵网络资源的消耗,密集模式组播路由协议对没有组播数据转发的分支进行剪枝操作,只保留包含接收站点的分支。为了使剪掉的分支中有组播数据转发需求的接收站点可以接收组播数据流,剪掉的分支可以周期性地恢复成转发状态。为了减少等待剪枝分支恢复转发状态的延时时间,密集模式组播路由协议使用嫁接机制主动加入组播分布树。这种周期性的扩散和剪枝现象是密集模式协议的特征。一般说来,密集模式下数据包的转发路径是"有源树"——以"源"为根、组员为枝叶的一棵树。

密集模式下的典型路由协议是密集模式下的协议无关组播(Protocol-Independent Multicast-Dense Mode,PIM-DM)、距离向量组播路由协议(Distance Vector Multicast Routing Protocol,DVMRP)。

2. 稀疏模式组播

稀疏模式组播(PIM-SM)默认所有机器都不需要收组播包,只有明确指定需要的才转发。接收站点为接收到特定组的数据流,必须向该组对应的"汇聚点"发送加入消息,加入消息所经过的路径就变成了共享树的分支。发送组播时,组播报文发送到汇聚点,再沿以汇聚点为根的组员为枝叶的"共享树"转发。为避免共享树的分支由于不被更新而被删除,稀疏模式组播路由协议通过向分支周期性地发送加入消息来维护组播分布树。

发送端如果想要给特定的地址发送数据,首先要在汇聚点进行注册,之后把数据发向汇聚点。当数据到达了汇聚点后，组播数据包被复制并沿着分发树路径把数据传给对其感兴趣的接收者。复制仅仅发生在分发树的分支处，这个过程能自动重复直到数据包最终到达目的地。

稀疏模式下的典型路由协议是稀疏模式下的协议无关组播（Protocol-Independent Multicast-Sparse Mode，PIM-SM）。

10.3.3 组播的高层协议

流媒体的应用是组播重要的应用，譬如音频和视频的播放、视频会议、远程教学等，都属于这一范畴。针对这种类型的应用有一整套的协议支持。

IP组播不能保证数据的可靠传输，可能会出现报文的丢失、乱序、重复的情况。针对不同类型的应用，人们开发了相应的协议来支持流媒体应用。

1. RTP协议

RTP是用于Internet上针对多媒体数据流的一种传输协议。它既可以使用单播，也可以使用组播作为下层传输协议。RTP被设计为一对一或一对多的情况下工作，主要提供了时间信息和实现流同步，通常使用UDP来传送数据。RTCP属于RTP协议的一部分，它提供了流量控制和拥塞控制服务。

(1) RTP的特性

① 协议独立性。RTP是独立于底层协议的传输机制，可以在UDP/IP、ATM AAL5和IPX层上实现。

② 同步机制。RTP采用时间戳（Times tamp)来控制单一媒体数据流，但它本身并不能控制不同媒体数据流间的同步。若要实现不同数据流之间的同步，必须由应用程序参与完成。

③ 包传输路径回溯。RTP中使用了混合器（把多个视频流混合成一个视频流）和解释器（网关或传输路径上编码格式转换器），因此它提供了当分组到达接收端后进行包传输路径回溯的机制，这种机制主要通过RTP包头中的SSRC和CSRC域来完成。

④ 可靠性。由于RTP的设计目的是传输实时数据流，而不是可靠的数据流，因此它不提供有关数据传输时间、错误检测和包顺序监控的机制，也就是说RTP提供的实时服务没有资源预约，也没有QoS保证，这些任务依靠下层协议来完成。

⑤ RTP层不支持多路复用。多路复用由低层协议来完成，如：UDP。RTP信息包被封装在UDP中，当接收端同时收到来自不同地方的多个数据分组时，通过UDP实现多路复用、检查和服务。

⑥ 扩展性。支持单目标广播（Unicast）和多目标广播（Multicast）。

⑦ 安全性。RTP考虑到安全性能，支持数据加密和身份鉴别认证功能。

⑧ 灵活性。控制数据与媒体数据分离，RTP协议只提供完成实时传输的机制，开发者可以根据应用环境选择控制方式。

(2) RTP在网络中的传输

RTP依赖下层网络来多路传输RTP数据流和RTCP控制流，当下层协议为UDP

时，RTP使用一个编号为偶数的传输端口，相应的RTCP使用接下来编号为奇数的传输端口。

RTP对下层网络没有任何限制。但是为了使用UDP的端口号和检查和，执行RTP的程序常常运行在UDP的上层。如图10-13所示，RTP可以看成是传输层的子层。由多媒体应用程序生成的声音和电视数据块被封装在RTP信息包中，每个RTP信息包被封装在UDP消息段中，然后再封装在IP数据包中。

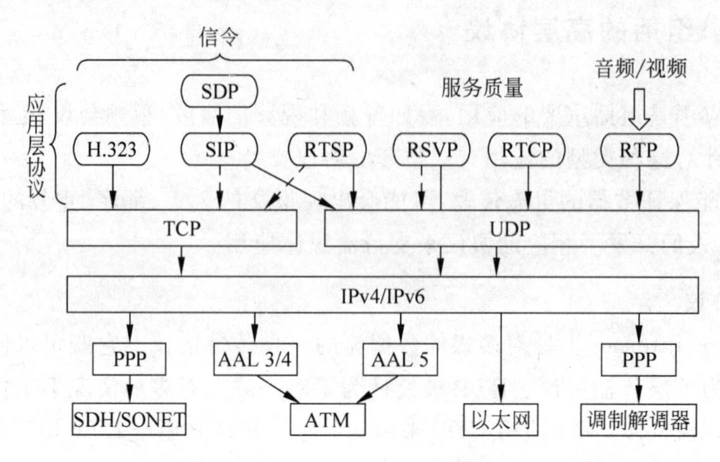

图 10-13　RIP 协议框架

RTP执行程序应该是应用程序的一部分，因为必须把RTP集成到应用程序中。在发送端，执行RTP协议的程序被写入到创建RTP信息包的应用程序中，然后应用程序把RTP信息包发送到UDP的套接端口(Socket Interface)；同样，在接收端，RTP信息包通过UDP套接端口输入到应用程序，因此，执行RTP协议的程序必须被写入到从RTP信息包中抽出媒体数据的应用程序。

RTP允许给每个媒体源分配一个单独的RTP信息包流，使得视频和音频可以分开单独编码。例如，有两个团体参与的电视会议，这就可能打开4个信息包流：两台摄像机传送电视流和两个麦克风传送声音流。然而，许多流行的编码技术，包括MPEG-1和MPEG-2在编码过程中都把声音和电视图像捆绑在一起以形成单一的数据流，一个方向就生成一个RTP信息包流。

RTP信息包可应用于单目标广播，也可以在一对多(One To Many)的多目标广播树或者在多对多(Many-To-Many)的多目标广播树上传送。例如，多对多的多目标广播，在这种应用场合下，所有发送端通常都把它们的RTP信息包流发送到具有相同多目标广播地址的多目标广播树上。

(3) RTP信息包的传输流程

RTP在接收方和发送方之间引入了两种类型的中间节点：混合器和解释器，通过它们来完成实时数据传输。

混合器是一个中间系统，它接收来自一个或多个发送方的RTP信息包，将这些包以某种方式组合，期间有可能会改变这些包的数据格式，然后转发一个新的RTP包。在多个发送方之间的定时一般是不同步的，混合器对各个流之间的定时加以调整，并为这个组合的流产生它自己的定时。因此，从一个混合器出来的所有数据包要用混合器作为它们的同步源来识别。来自不同发送方的信息包由于在网络中传输的路径不同,到达混合器可能是非同步的,混合器改变了媒体流的临时结构。RTP 混合器不能将不兼容媒体流合并成一个流。混合器的一个典型例子是将某个多点会议的多个音频源组合成一个音频流转发给所有接收方。

解释器是一个中间系统,它与混合器不同,解释器只改变信息包的内容,而并不把媒体流组合在一起。解释器只对单个媒体流进行操作,可能是编码转换或者协议翻译,它用完整的同步源标识符来转发 RTP 包。例如,多媒体会议中不同端系统之间的视频编解码转换器,以及防火墙中应用层的过滤器等。

2. RSVP 协议

RSVP 是由 RealNetworks 和 Netscape 共同提出的一个开放的标准,它扩展了现有的 Web 架构,提供了一种可控制的音频、视频的点播服务。它是应用层的协议,与 HTTP 很相似,HTTP 传送 HTML,而 RTP 传送的是多媒体数据。

资源预约协议 RSVP 是用于建立 Internet 上资源预留的网络控制协议,它支持端系统进行网络通信带宽的预约,为实时传输业务保留所需要的带宽。RSVP 是为保证服务质量(QoS)而开发的,主机使用 RSVP 协议代表应用数据流向网络请求保留一个特定量的带宽,路由器使用 RSVP 协议向数据流沿途所有节点转发带宽请求,建立并且维护状态以提供所申请的服务。RSVP 请求一般将导致沿数据路径的每一个节点预约保留资源,其基本的工作原理如图 10-14 所示。

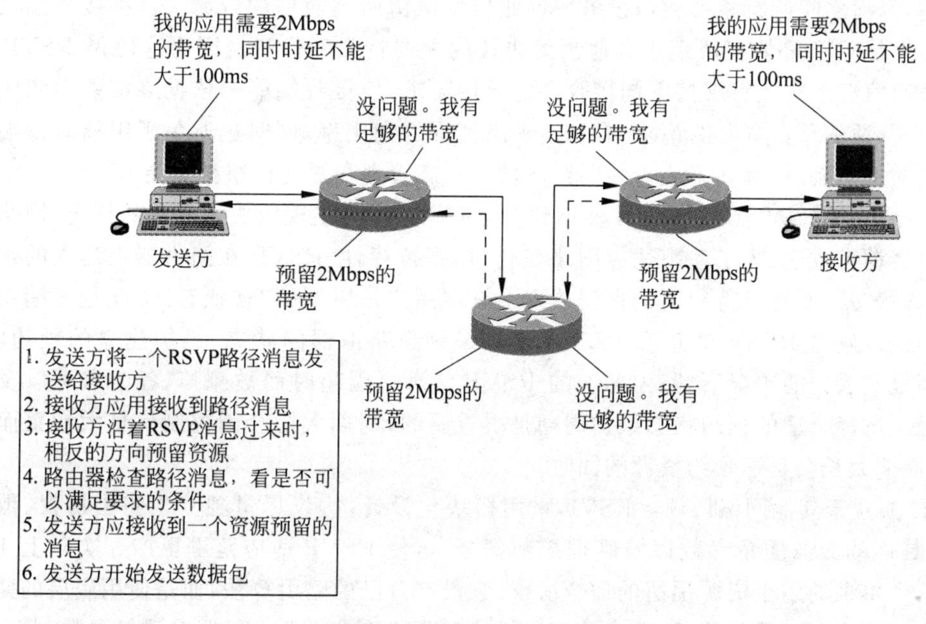

图 10-14　RSVP 工作原理

RSVP 运行在网络层 IPv4 或 IPv6 之上,但 RSVP 并不传送应用数据,它不是网络传送协议,也不是路由选择协议,RSVP 是一个 Internet 控制协议,类似于 ICMP(互联网络控制报文协议)和 IGMP(路由协议)。为了执行 RSVP 协议,在接收端、发送端和路由器中都必须要有执行 RSVP 协议的软件。

(1) RSVP的特征

① 可伸缩性(Scalability)。RSVP的一个重要特性是具有较好的可伸缩性,不需要为多目标播送的每一个接收方都预约资源,当数据流在树状节点集上传输时会合并,只要满足最高QoS的资源请求即可。在多目标广播情况下,各接收方根据自己的QoS要求提出资源预约,发出RSVP消息,RSVP的RESV消息不是盲目地寻找发送方,而是只要沿着PATH消息的路径反向发送即可。在多目标树的分支节点处,RSVP将来自不同接收方的预约请求合并,只有QoS要求最高的预约请求才继续传送,如图10-15所示。RSVP的可伸缩性有利于改善带宽、管理网络资源和减少网络负荷,使得RSVP不但适合于点对点传输,也同样适合于大规模的多点传输的网络。

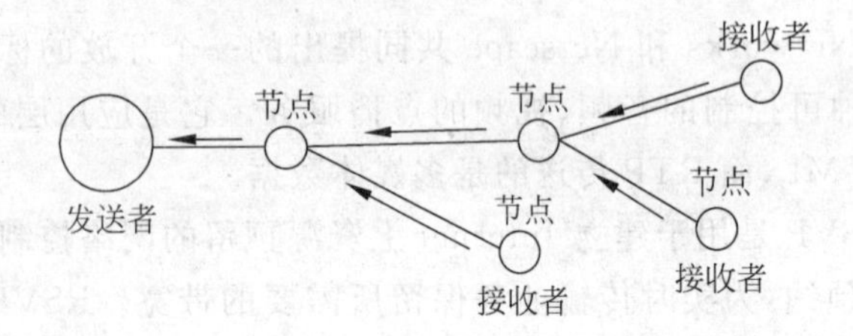

图10-15 资源预留请求在节点集上传输时会合并

② 接收端导向。也就是RSVP由数据流的接收端启动和维护资源的保留,因此,对于一条连接,RSVP只在一个方向上为数据流保留资源。接收端的资源需求以预留消息的形式传输,源宿之间所有相关通信设备依据此信息保留所需通信的资源。这种接收端驱动的预留思想是RSVP协议区别于其他预留协议的主要特点和优势。因为这使得RSVP协议在多播通信群组中能够支持不同接收端的异构需求,使接收端能够依据终端能力和应用需求,提出合适的预留资源的请求,有利于提高资源的利用率,同时也避免了组播时发端驱动易造成的发端瓶颈,有利于改善多播组成员的动态管理和提高群组扩充能力。

③ 预约状态是"软状态"。在多点到多点应用中经常出现组成员变化的情况,网络中路由器也会动态改变,为了动态适应网络变化,增强鲁棒性,RSVP在路由器上建立的预约状态是"软状态",而将维持预留的责任放到了终端用户。所谓的"软状态"也就是终端系统必须周期性地发送RESV消息和PATH消息来刷新路由器的状态,维护建立的预约状态。在刷新报文丢失的情况下,路由器上的RSVP状态会因超时而被删掉,各节点可以及时回收资源。选择合适的预约状态维护周期是很重要的,周期太短会因控制信息太频繁而加重负载,周期太长会延迟预约资源的回收。

④ 独立于其他网络协议。RSVP采用模块化设计,协议尽量独立于路由协议、数据流描述、具体的服务质量参数以及管理控制部分,这使RSVP适应范围更广。实际上RSVP就是一个单独的用于资源预留的信令协议,它没有自己的路由算法,而是使用底层的路由协议为它的路由消息寻找路径、承载数据流描述和预留请求者要求的服务质量参数,并由它上层的策略机制来进行控制、管理以及安全保障工作。

RSVP的特性如图10-16所示。该图表示的是一个多目标广播树(Multicast Tree),它的数据流向是从树的顶部到6个主机。虽然数据源来自发送端,但保留消息(Reservation Message)则发自接收端。当路由器向上给发送端转发保留消息时,路由器可以合并来自下面的保留消息。

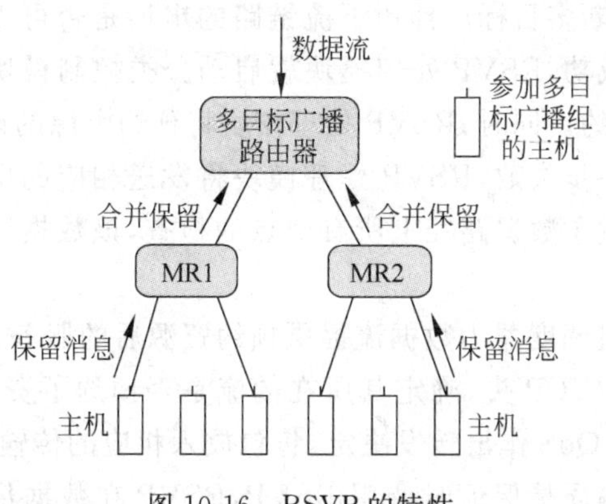

图 10-16　RSVP 的特性

必须要指出，RSVP 标准没有指定网络如何为数据流保留资源，这个协议仅是允许应用程序提出保留必要的链路带宽的一个协议。一旦提出要求保留资源，实际上是因特网上的路由器来为数据流保留带宽，路由器接口负责维护途经这个接口的各种数据流信息包。

(2) RSVP 协议的框架结构和工作过程

RSVP 协议的总体框架结构由 5 个模块组成，如图 10-17 所示。

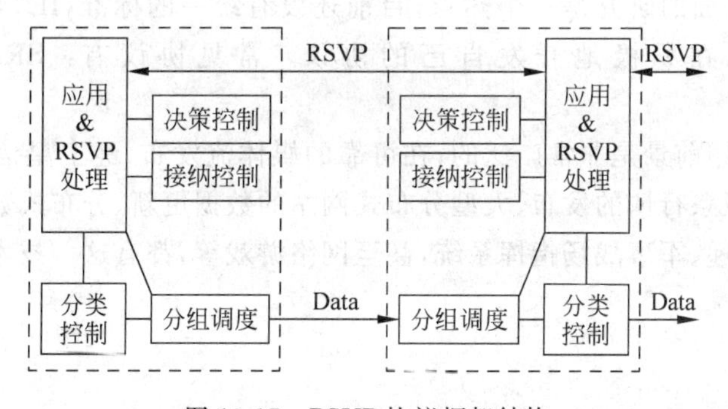

图 10-17　BSVP 协议框架结构

① 决策控制 (Policy Control)：决策控制用来判断用户是否拥有资源预留的许可权。

② 接纳控制 (Admission Control)：接纳控制则用来判断可用资源是否满足应用的需求，主要用来减少网络负荷。

③ 分类控制 (Classifier Control)：分类控制用来决定数据分组的通信服务等级，主要用来实现由 Filterspec 指定的分组过滤方式。

④ 分组调度 (Scheduler)：分组调度则根据服务等级进行优先级排序，主要用来实现由 flowspec 指定的资源配置。

当一个主机请求获得具有特殊 QoS 的数据流传输时，RSVP 就会对沿着数据流传输路径的每一个路由器发送此请求，并且使路由器和主机都保持各自的状态以便提供所需的服务。RSVP 带着此请求经过传输路径上每一个节点，在各个节点上，RSVP 都试着为数据流传输保留资源。

当 RSVP 处理模块收到预约资源的请求后，通过调用决策控制模块来检查用户预约资源的权限，调用接纳控制模块来检查是否有足够的资源来满足所请求的服务质量。由于路由器在链路上保留的带宽不能超过链路本身的能力，因此每当路由器接收一个新的预约资源请求时，它必须首先判断多目标广播树下流链路的申请是否可以被接纳。如果决策控制和接纳控制这两项检查成功，RSVP 处理模块就启动分类控制模块和分组调度器设置相应的连接参数，建立资源预约。同时，RSVP 处理模块将预约资源的请求转发给数据路径的下一个节点。其间如果有一步失败，RSVP 处理模块将发送相应的出错信息给申请资源的端系统。一旦资源预约通过了数据路径上所有节点的检查，该数据流的网络传输便可以获得其请求的 QoS 了。

分类控制模块和分组调度器为数据流提供预约资源后的服务。分类控制模块查看数据包、分析包的 IP 和 UDP/TCP 头，确定其所在的流是否预约了资源、可获得何种 QoS。然后，分组调度器按照包的 QoS 作出转发决定，将包放入相应的传输队列。

应用程序在需要传输质量保证时调用 RSVP，RSVP 在数据传输路径上建立必要的状态，由分组调度器为数据报文实施具体操作。应用程序发送的数据报文与 RSVP 无关，数据报文可以在预约还没有建立时发送，不过此时没有传输带宽的保证。

3. 可靠组播协议

流媒体应用中，对少量丢失组播报文不是很敏感。然而对于数据组播应用来说，组播的可靠性是十分重要的。如组播报文差错恢复、所有组播接收者收到的报文数量一致、顺序一致、实时性等。这方面的研究是一个热点，目前还没有统一的标准，IETF 正在努力推出标准，也有很多组织在积极地开发自己的协议。常见协议有：SRM、MDP、Bimodel Multicast 等。

可靠组播的应用前景是非常广泛的，在可靠的媒体流发布、经卫星信道的信息发布、机场空中管制系统、股票行情的发布、大型分布式网站的数据更新、分布式数据库的同步、分布式对象间消息的传递、军事战场指挥系统，甚至网络游戏等，都有这一技术的应用领域。

CHAPTER 11

第11章

组播业务融合接入方案

本章学习目标

(1) 掌握中兴平台接入网设备组播融合接入的配置方案；
(2) 掌握华为平台接入网设备组播融合接入的配置方案。

11.1 中兴平台接入网设备组播融合接入

11.1.1 组播业务组网结构

组播业务组网结构如图 11-1 所示。ZXDSL9210 设备分别接入以下用户：两路 ADSL 用户、一路以太网用户；网管 PC 通过线槽接到 HUB；9210 面板串口通过串口线接到串口服务器，串口服务器把串口数据转换成以太网数据，再接到 HUB 上；9210 面板带外网口通过网线接到 HUB 上。

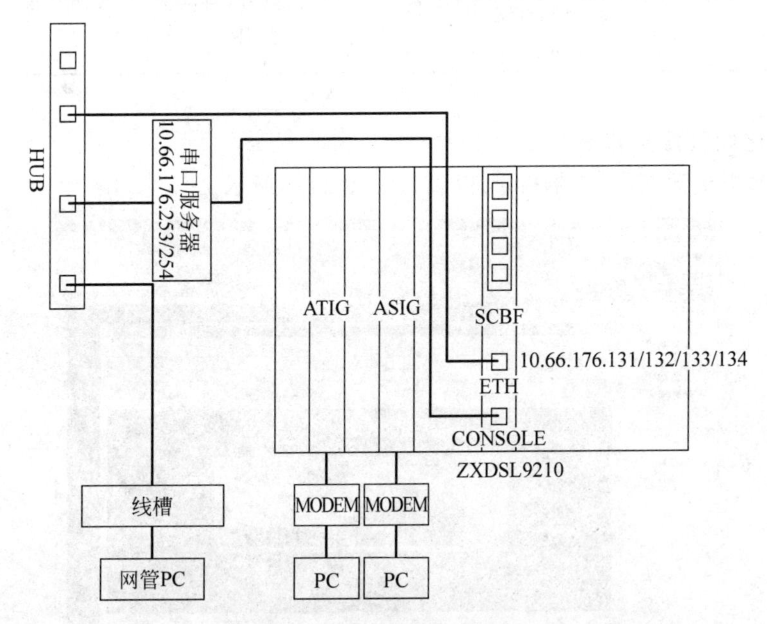

图 11-1 组播业务组网结构

11.1.2 组播业务配置流程

1. 数据规划

中兴设备开通组播业务数据规划见表 11-1。

表 11-1 中兴设备组播业务数据规划表

类别	网管 MAC 地址	网管 IP 地址	组播 VLAN	网管 VLAN	用户 IP 设定		VLAN
					拨号用户	固定 IP 用户	
网元一	00-D0-D0-11-22-33（带内）	192.168.10.1/24（带内）	100	88	使用 PPPoE 拨号，自动分配 IP	172.16.10.10-11	10
		10.66.176.131（带外）					
网元二	00-D0-D0-44-55-66（带内）	192.168.20.1（带内）	100	88	使用 PPPoE 拨号，自动分配 IP	172.16.10.40-41	20
		10.66.176.132（带外）					
网元三	00-D0-D0-11-33-55（带内）	192.168.30.1（带内）	100	88	使用 PPPoE 拨号，自动分配 IP	172.16.10.70-71	30
		10.66.176.133（带外）					
网元四	00-D0-D0-22-44-66（带内）	192.168.40.1（带内）	100	88	使用 PPPoE 拨号，自动分配 IP	172.16.10.100-101	40
		10.66.176.134（带外）					

2. 图形化网管配置步骤

① 确保单板正常工作。“单板管理”窗口如图 11-2 所示。

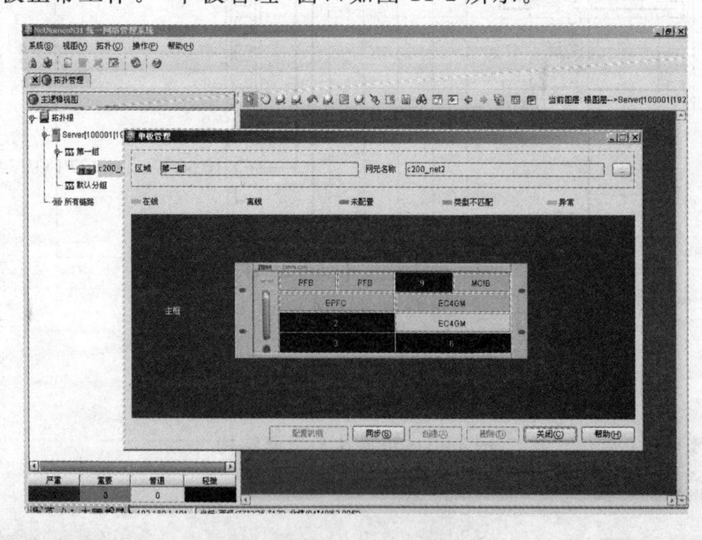

图 11-2 “单板管理”窗口

② 添加组播 VLAN，如图 11-3 所示。

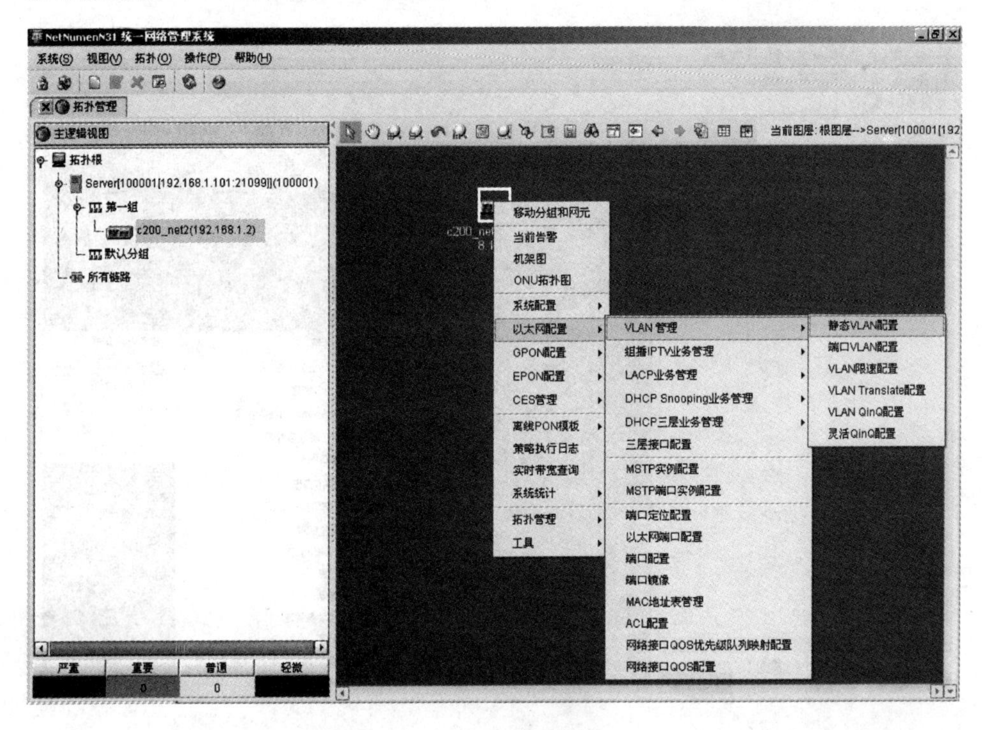

图 11-3　VLAN 配置

③ 在弹出的对话框中设置组播 VLAN 100，如图 11-4 所示。

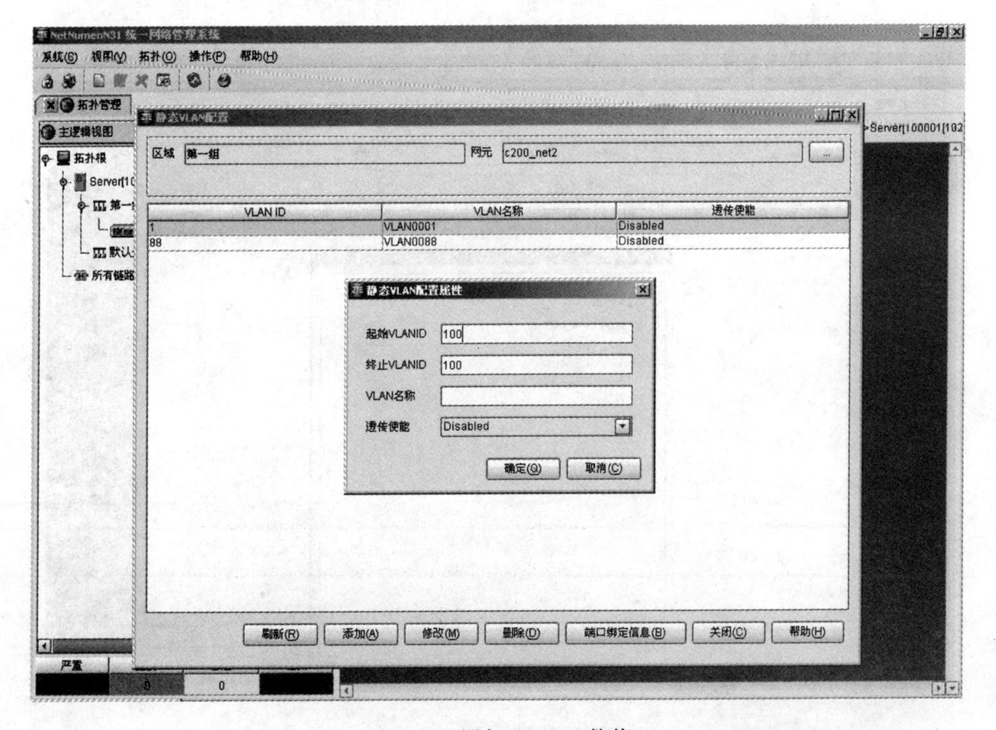

图 11-4　添加 VLAN 数值

④ 端口 VLAN 设置，如图 11-5 所示。

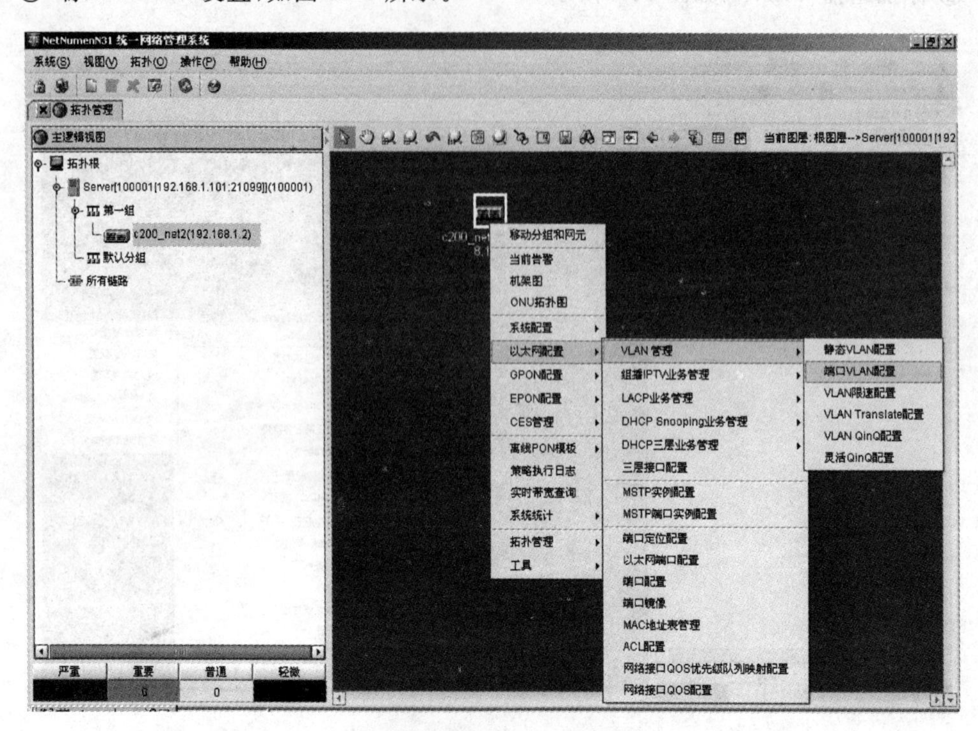

图 11-5 端口 VLAN 配置

⑤ 分别设置主控板上行口和 EPON 端口的 VLAN，如图 11-6 所示。

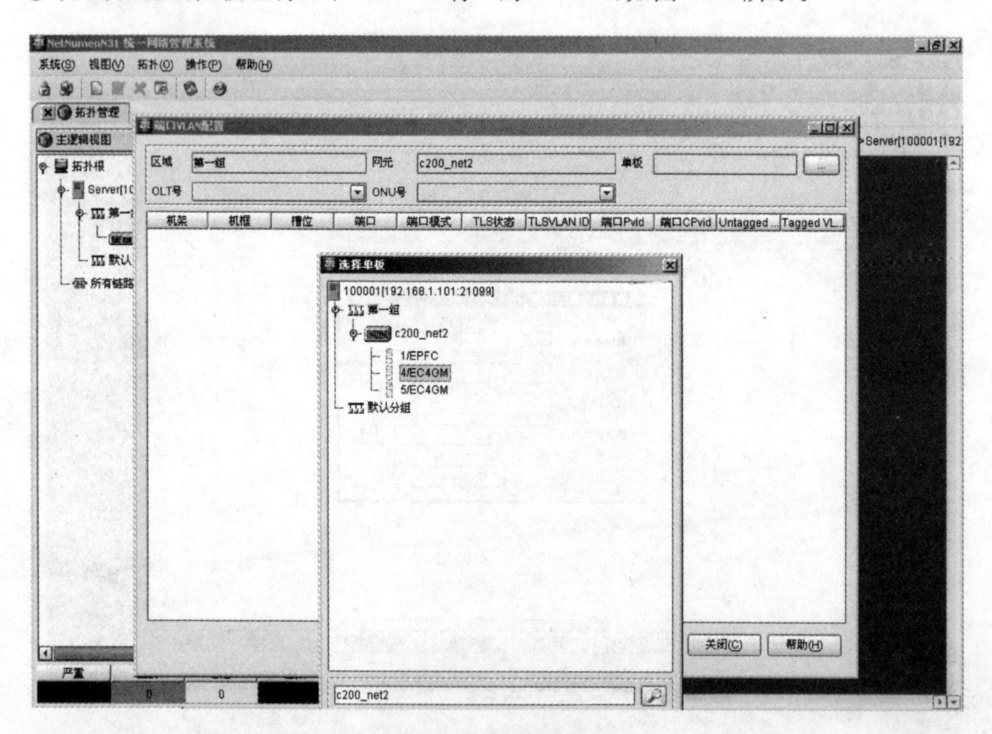

图 11-6 选择主控板

⑥ 设置主控板 VLAN，选择 3 号端口，单击“VLAN 绑定”按钮，如图 11-7 所示。

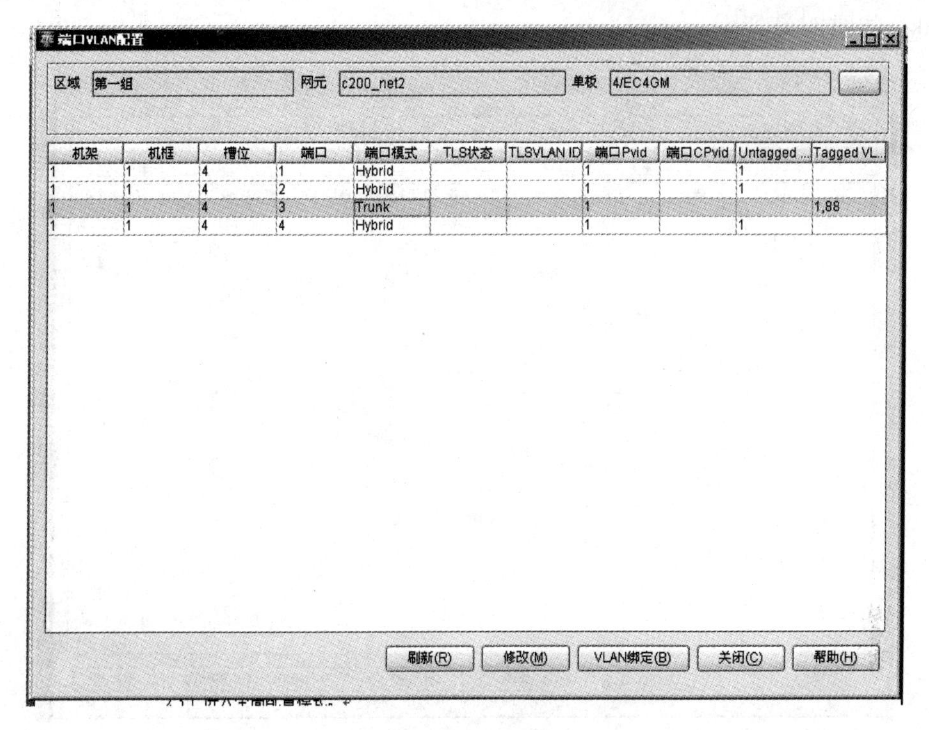

图 11-7　VLAN 绑定

⑦ 把 VLAN 100 添加到主控板的 3 号端口中，如图 11-8 所示。

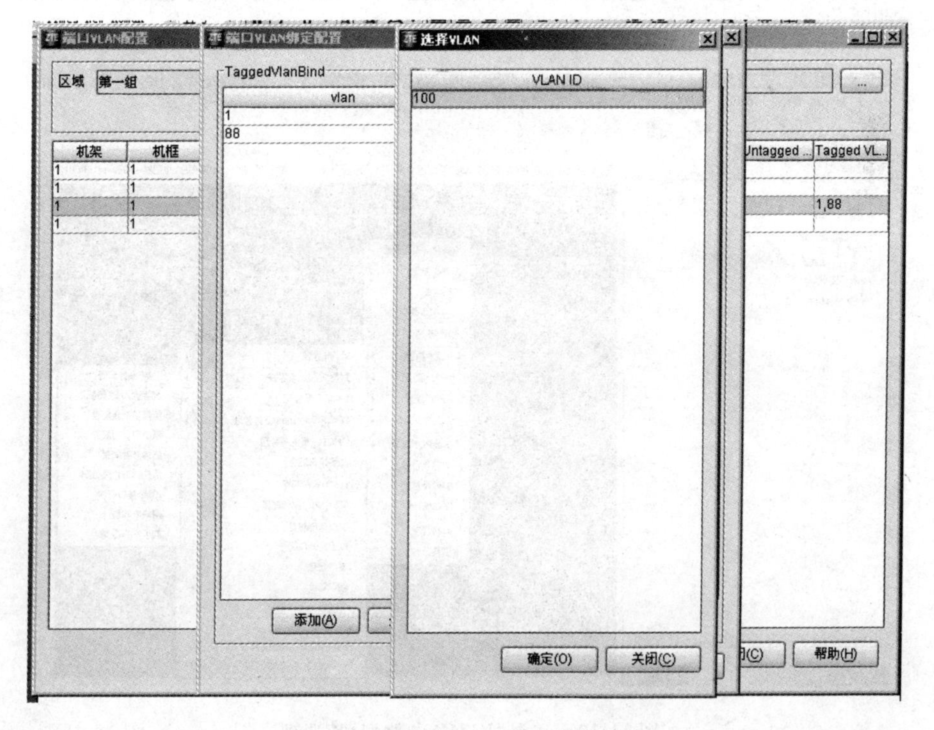

图 11-8　添加 VLAN 到主控板端口

⑧ 按同样的步骤把 VLAN 100 添加到 EPON 单板相应的端口中。请注意端口模式为“Trunk”，如图 11-9 所示。

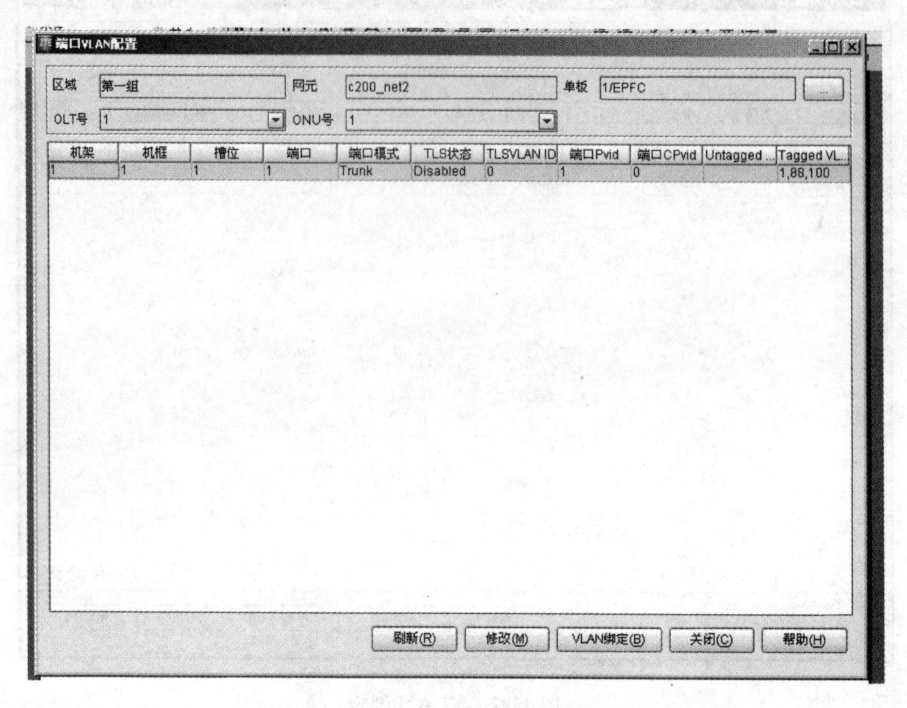

图 11-9　添加 VLAN 到 EPON

⑨ 选择“以太网配置”→“组播 IPTV 业务配置”→“IGMP 参数配置”命令，如图 11-10 所示。

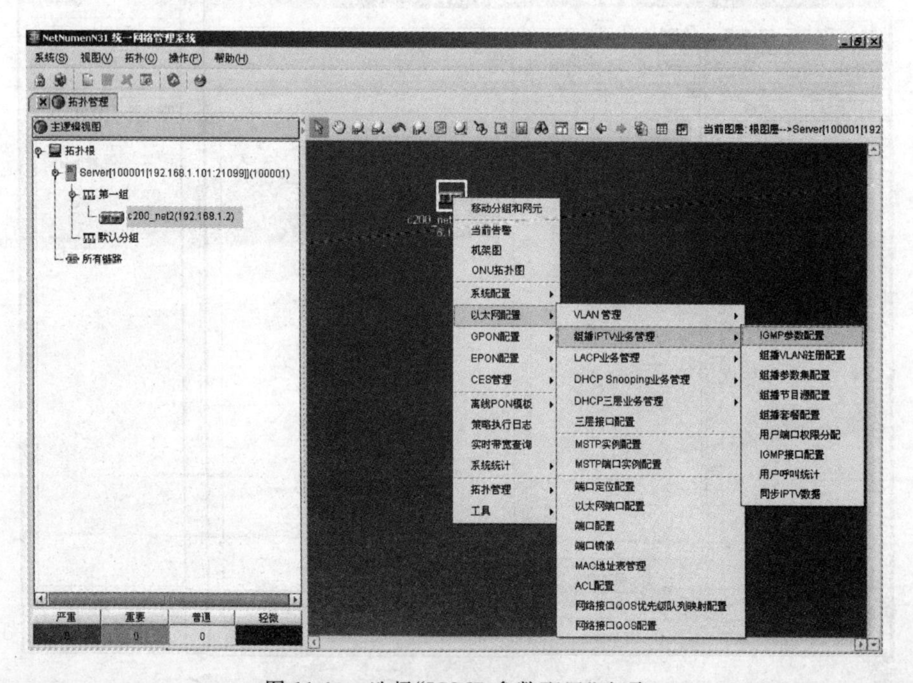

图 11-10　选择“IGMP 参数配置”选项

⑩ 确保“IGMP 协议使能”状态为“开启”，其他参数采用默认值即可，如图 11-11 所示。

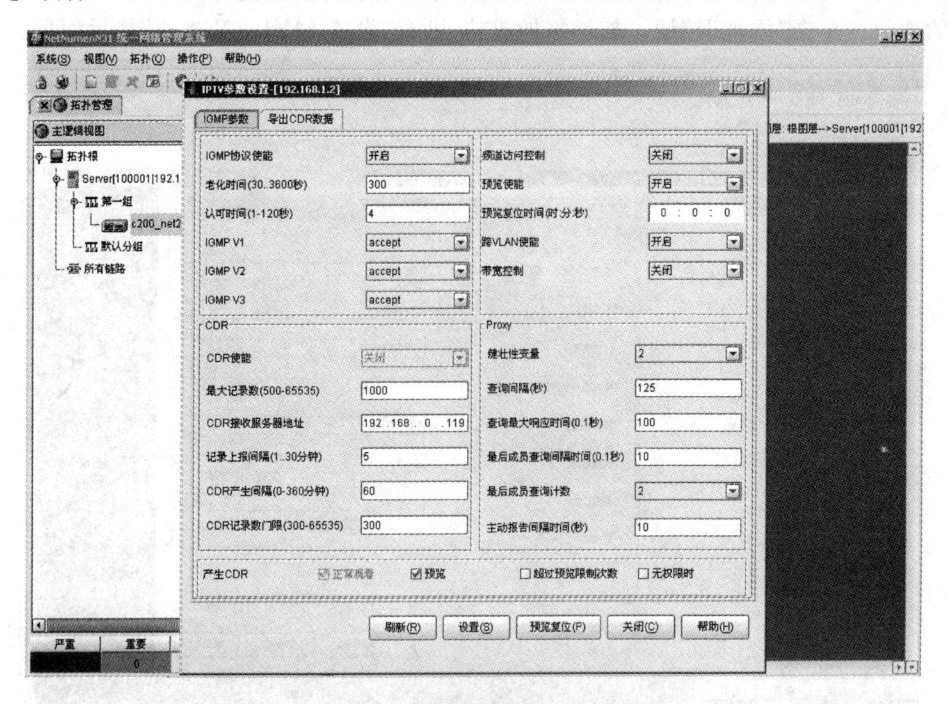

图 11-11　IGMP 参数配置

⑪ 选择“以太网配置”→“组播 IPTV 业务配置”→“组播 VLAN 注册配置”命令，如图 11-12 所示。

图 11-12　选择“组播 VLAN 注册配置”选项

⑫ 在弹出的对话框中单击左侧"NEW"按钮，如图 11-13 所示。然后按照图 11-13 输入右侧的数值。单击"添加"按钮。如果添加成功，则有"设置 MVLAN 成功"提示信息。

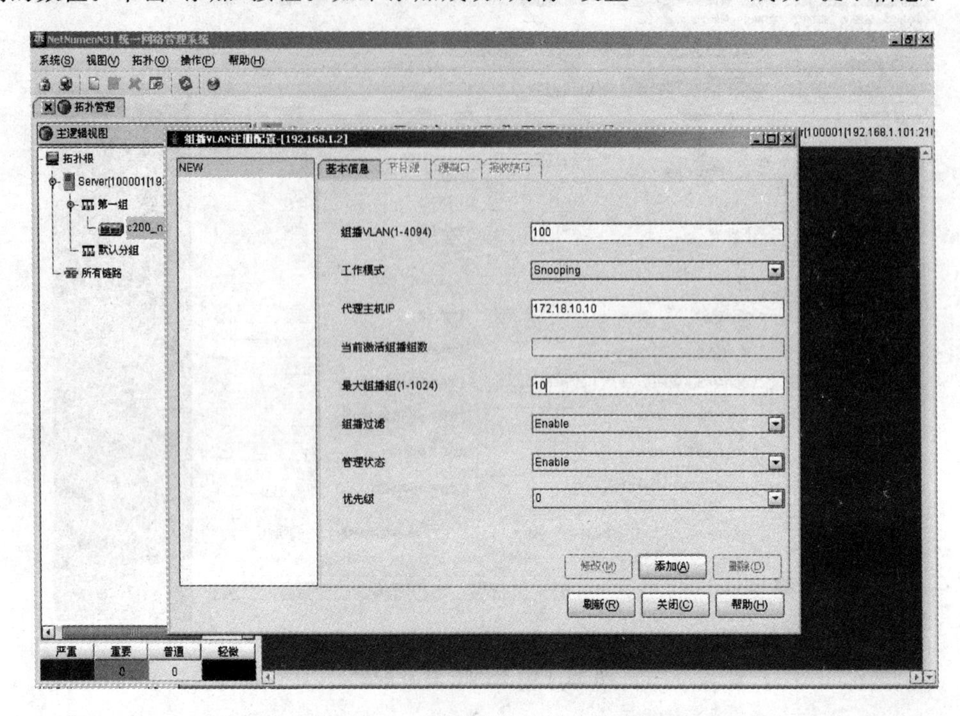

图 11-13 组播 VLAN 注册配置

⑬ 选择"节目源"选项卡。单击"添加"按钮，如图 11-14 所示。

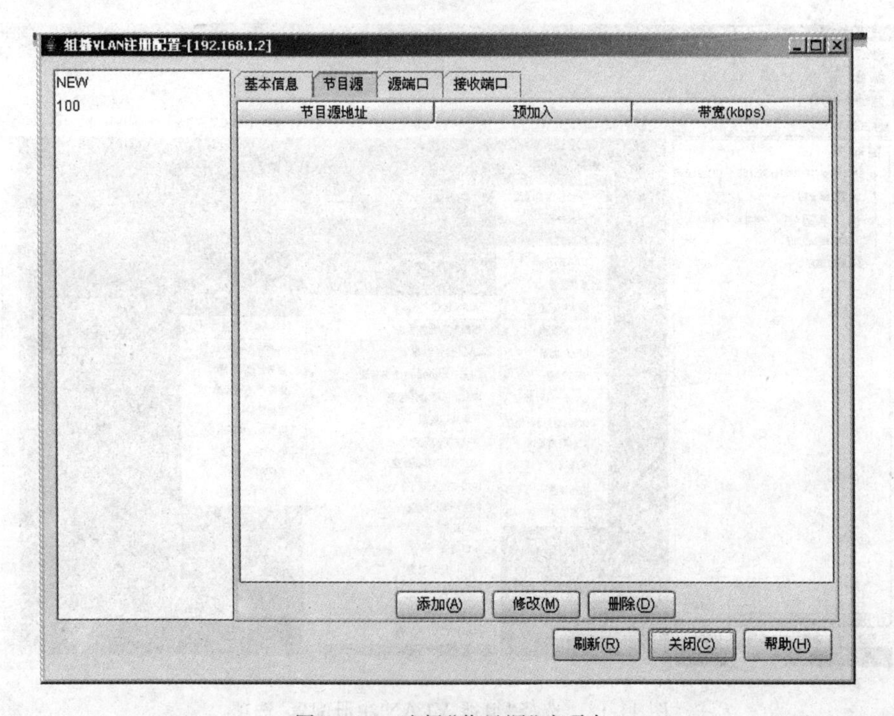

图 11-14 选择"节目源"选项卡

⑭ 输入节目源地址“239.1.2.3”，带宽“1000”。其他采用默认值即可。然后单击“确定”按钮，如图 11-15 所示。

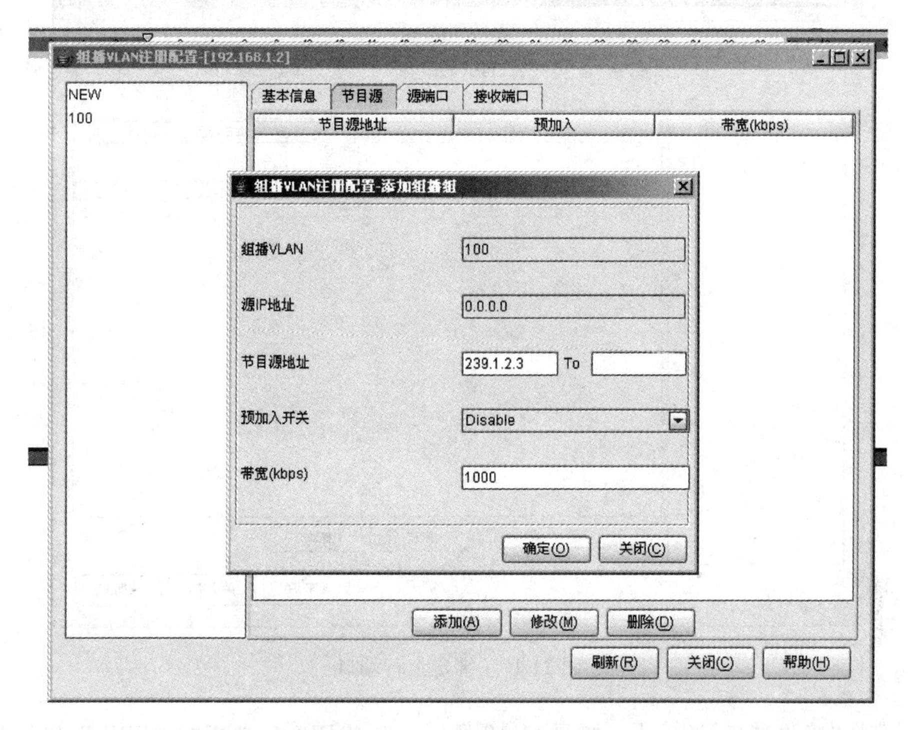

图 11-15 节目源信息配置

⑮ 选择“源端口”选项卡，如图 11-16 所示，选择主控板“4/EC4GM”。

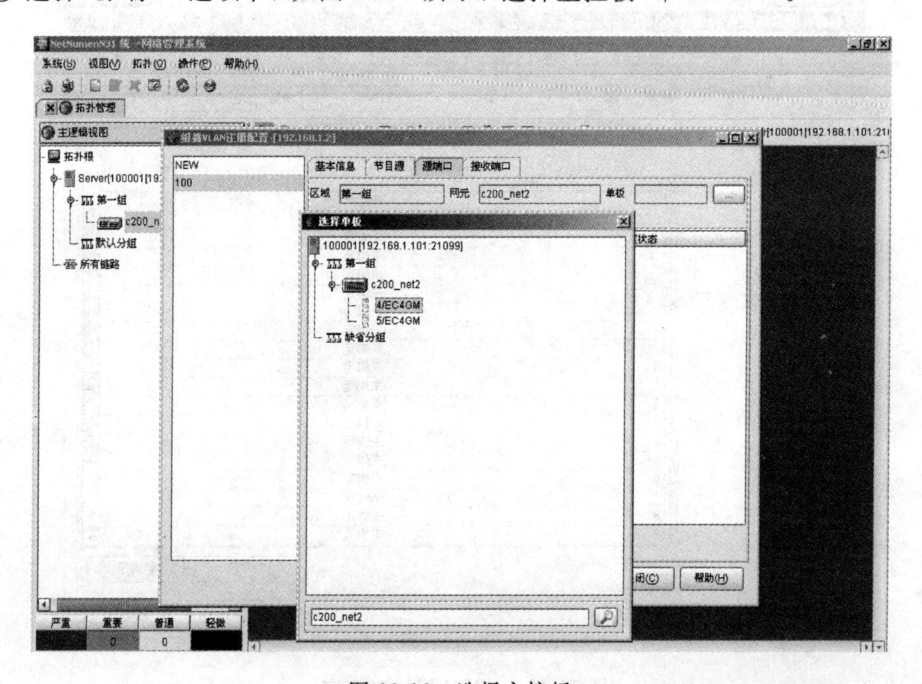

图 11-16 选择主控板

⑯ 绑定上行端口“3”,如图 11-17 所示。

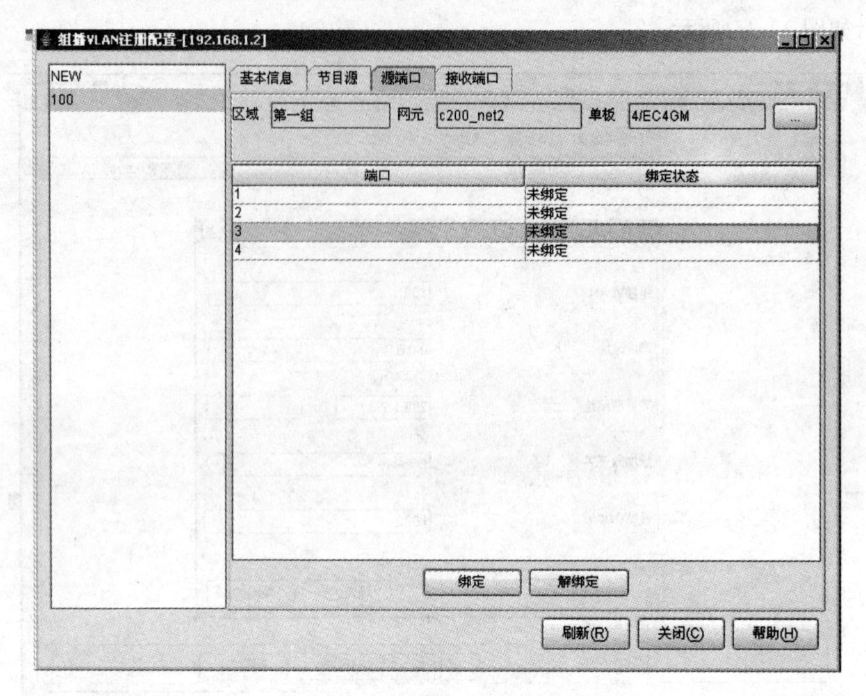

图 11-17　绑定上行端口

⑰ 选择“接收端口”选项卡，如图 11-18 所示。选择 EPON 单板“1/EPFC”,以及相应的 OLT 号和 ONU 号,选择相应的端口进行绑定。

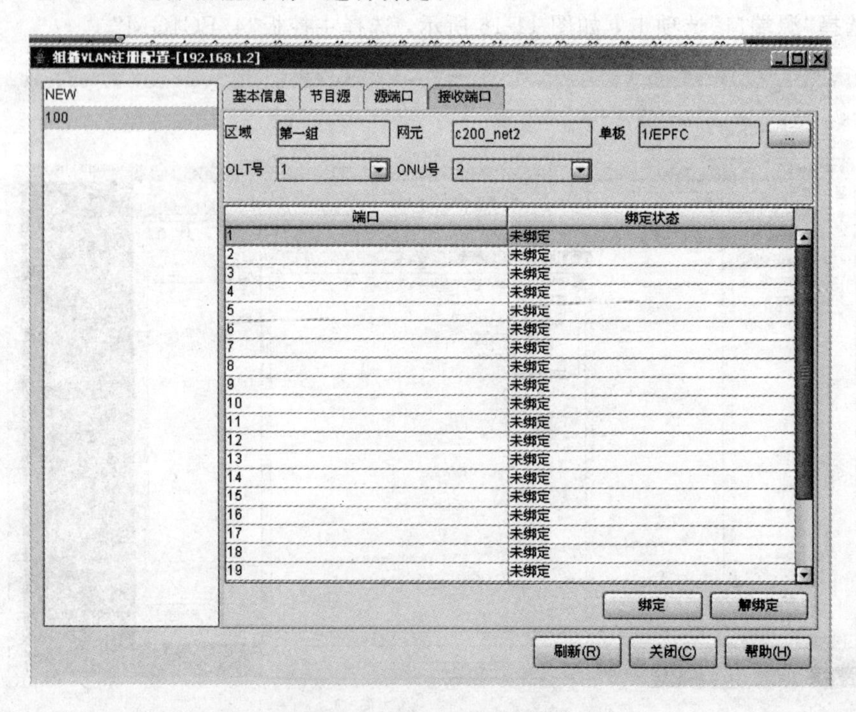

图 11-18　EPFC 板端口绑定

⑱ 选择“EPON 配置”→“EPON 远程管理”→“OAM 扩展属性配置”命令，如图 11-19 所示。

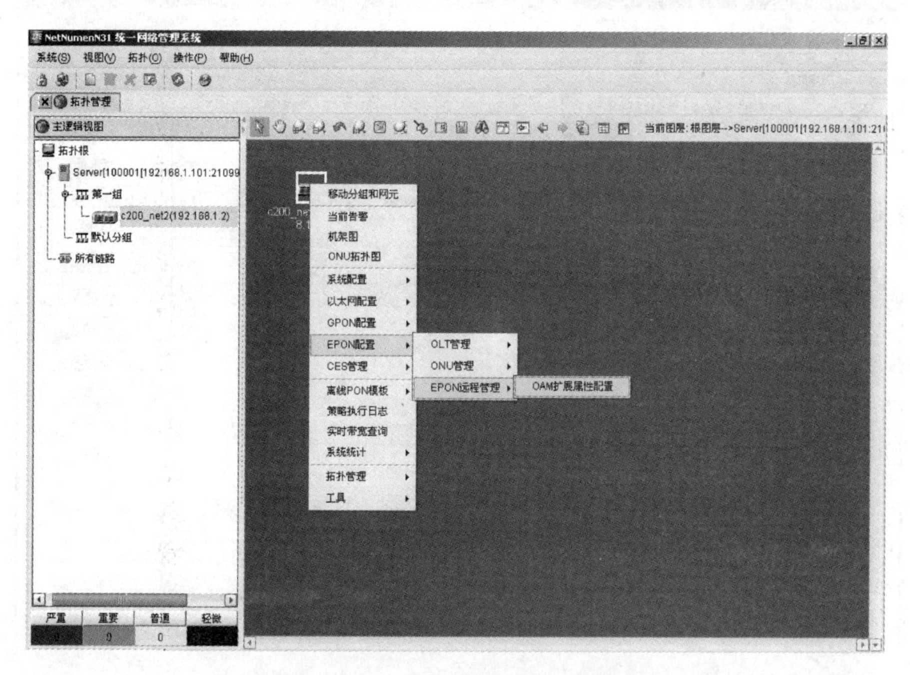

图 11-19　EPON 远程管理登录

⑲ 选择 EPON 单板、PON 光口，以及该光口下的具体 ONU，如图 11-20 所示，然后单击“组播配置”按钮。

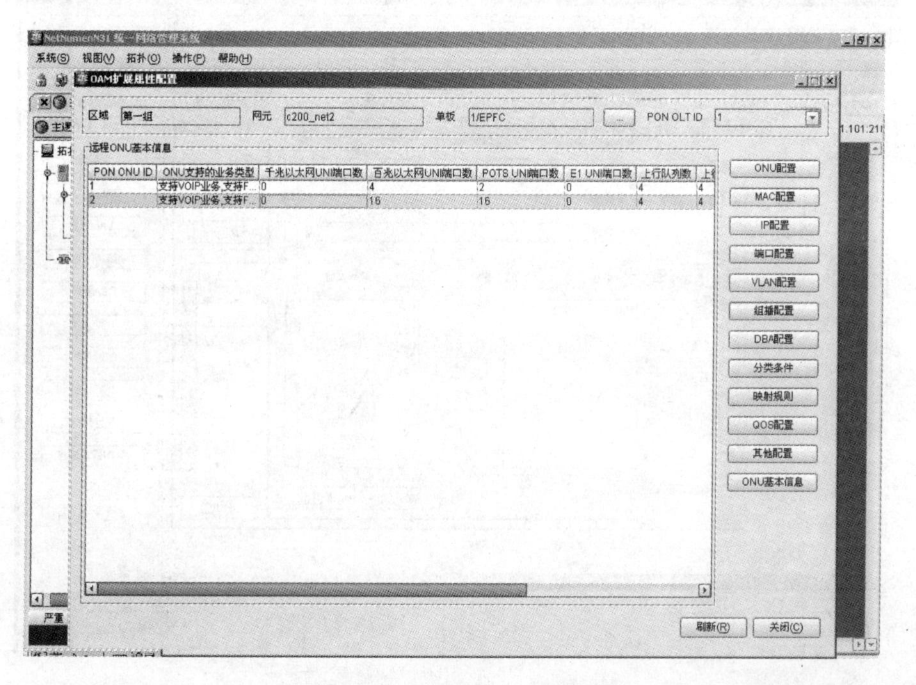

图 11-20　OAM 扩展基本属性配置

⑳ 选择相应的端口，单击“修改”按钮，如图 11-21 所示。

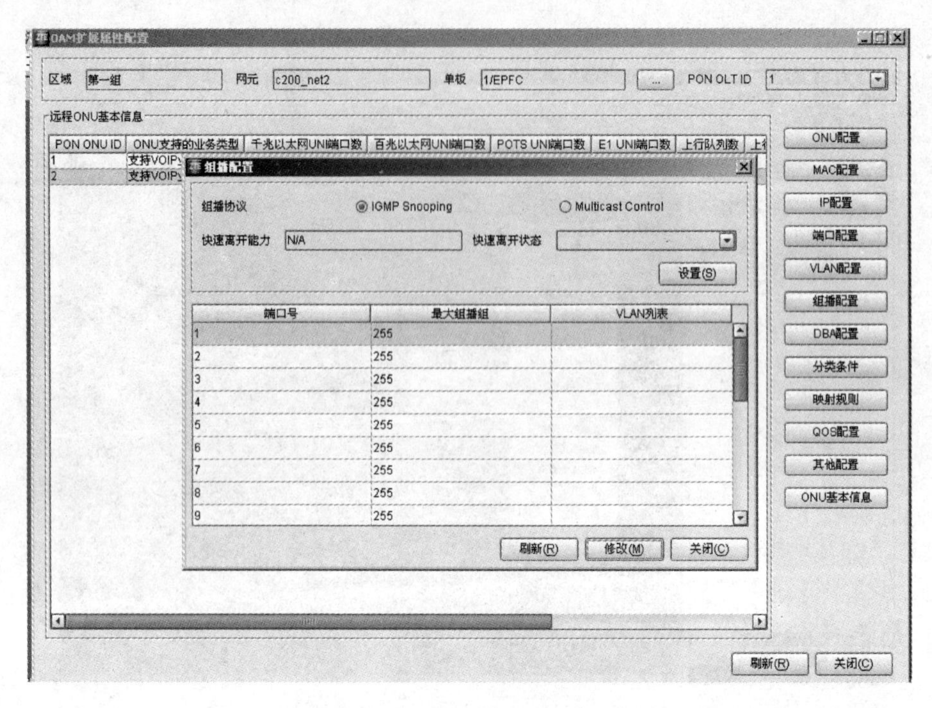

图 11-21 OAM 扩展修改端口

㉑ 把组播 VLAN 100 加入到该端口，如图 11-22 所示。

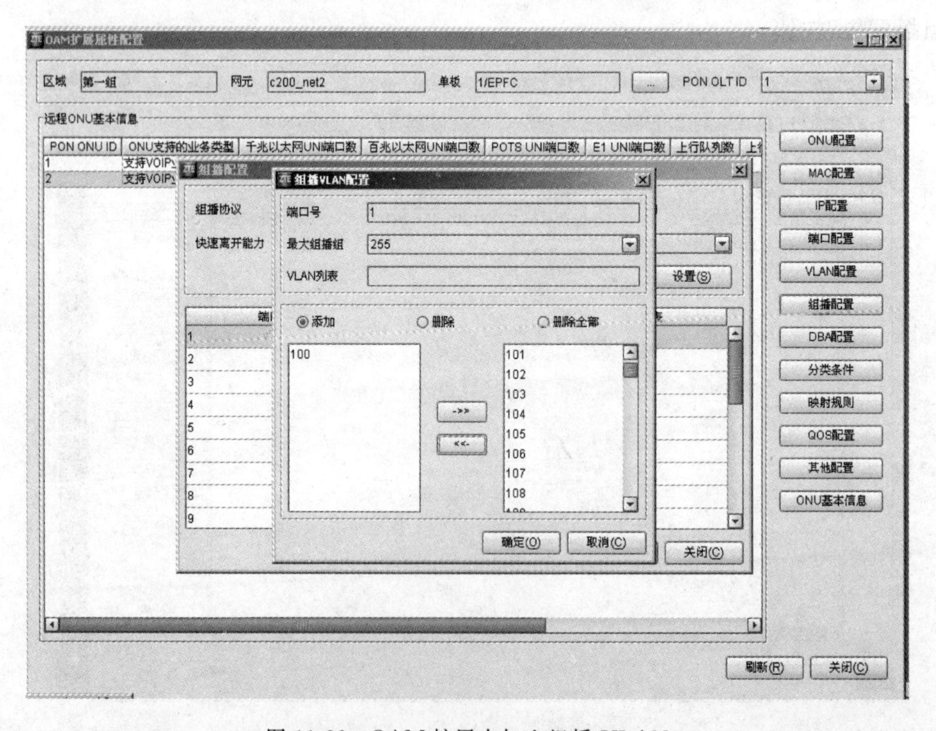

图 11-22 OAM 扩展中加入组播 VLAN

㉒ 回到 OAM 扩展属性配置页面，单击“端口配置”按钮，如图 11-23 所示。

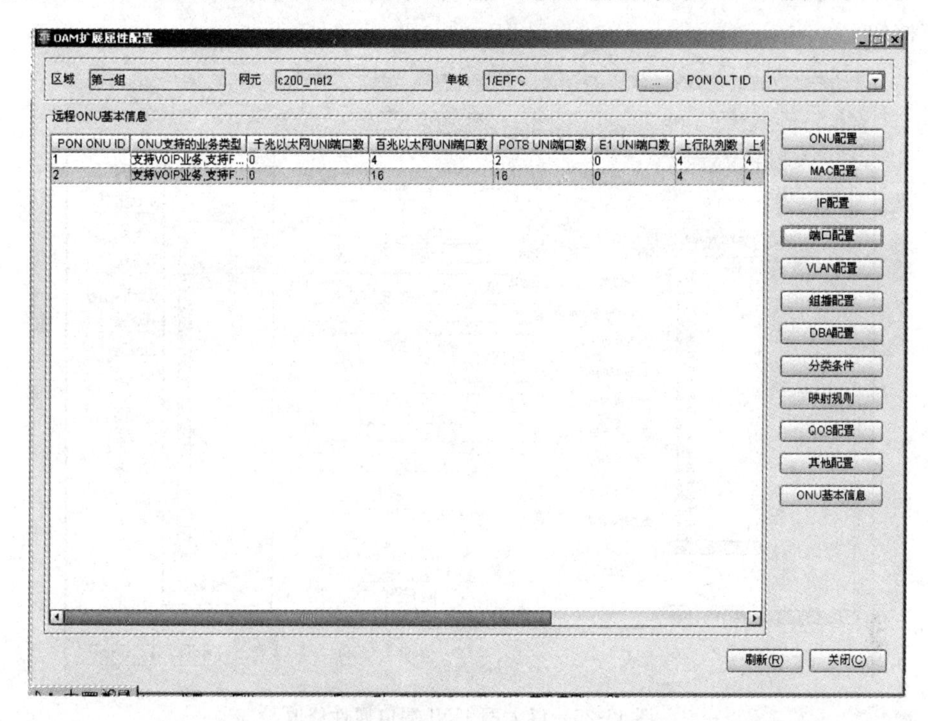

图 11-23　端口配置

㉓ 选择“以太网 UNI 端口”选项卡，然后单击“查询”按钮，如图 11-24 所示。

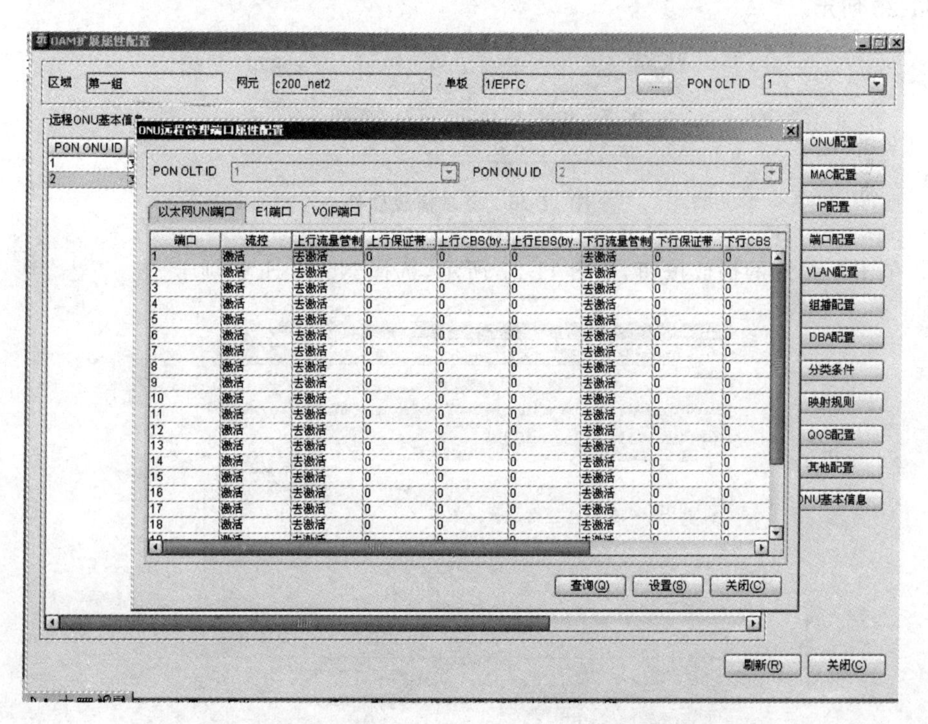

图 11-24　以太网 UNI 端口登录

㉔ 双击相应的端口，把最后一项“是否剥离 Tag”修改为“剥离”，如图 11-25 所示，单击“确定”按钮。

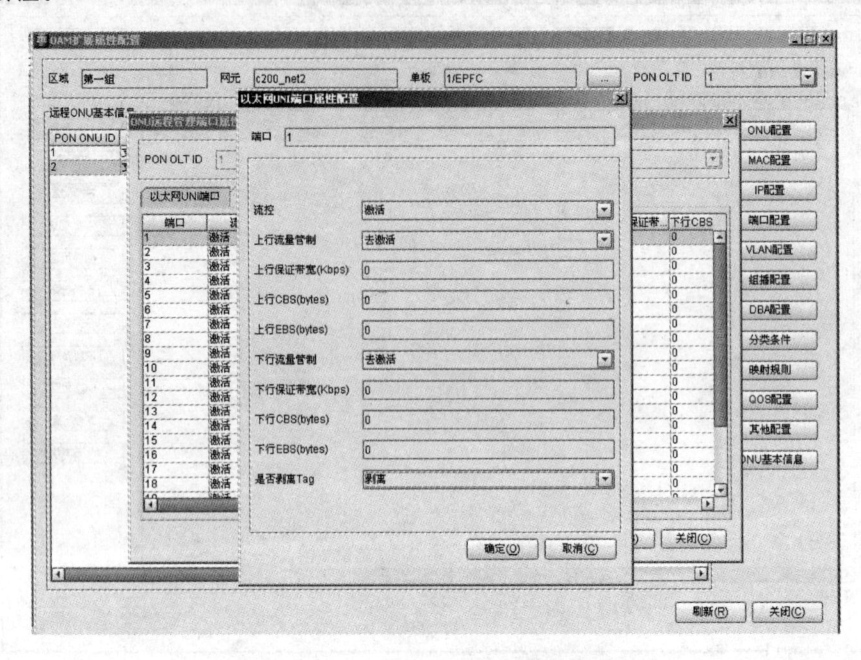

图 11-25　以太网 UNI 端口属性修改

㉕ 开启安装好的播放软件，播放组播视频。双击桌面的“VLC media player”播放器，如图 11-26 所示。

图 11-26　登录播放软件

㉖ 单击三角形的播放按钮，如图 11-27 所示，选择 Network 选项卡。

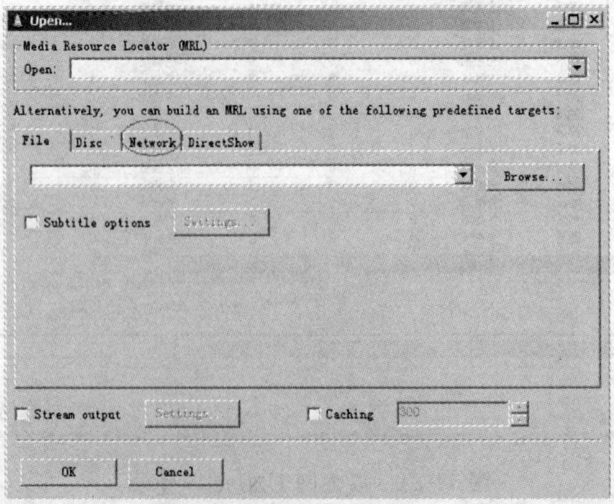

图 11-27　播放软件

㉗ 进行信息设置,如图 11-28 所示,单击 OK 按钮进行播放。

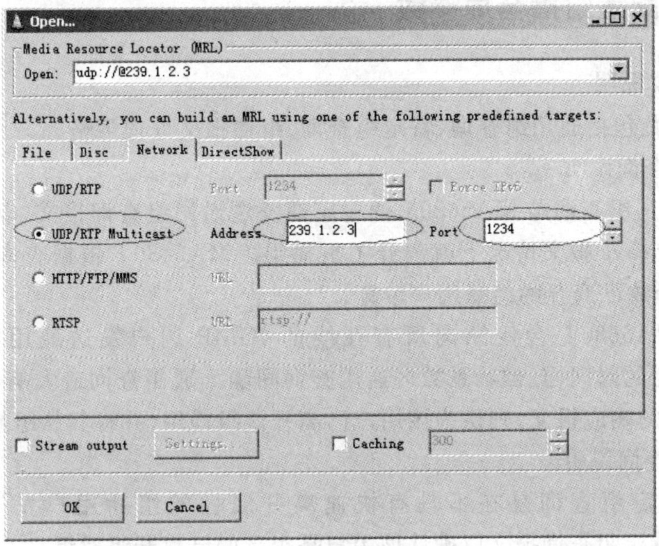

图 11-28 软件信息设置

11.2 华为平台接入网设备组播融合接入

目前 EPON 系统中,有两种基于 ONT 的组播方式,一种是 igmp-snooping,另外一种是 CTC(电信标准),两者都实现组播视频数据转发功能,但处理机制不同。

① IGMP Snooping 通过侦听用户与组播路由器之间通信的 IGMP 报文获取相关信息维护组播转发表项。

② IGMP Proxy 是靠拦截用户和组播路由器之间的 IGMP 报文并进行相关处理后,再将它转发给上层组播路由器。从组播用户的角度看,MA5680T 是一台组播路由器,完成 IGMP 协议中路由器部分的功能;从组播路由器来看,MA5680T 设备是一个组播用户。

MA5680T 具有电信级的组播运营能力,可以支持组播协议和可控组播,实现从用户到网络的全套协议支持,为宽带组播增值业务和组播业务管理开展提供了基础。MA5680T 提供可运营可管理的可控组播业务,支持 IGMP v2/v3,支持 IGMP Proxy、IGMP Snooping 两种模式。

MA5680T 同时支持通过 ETH 和 GIU 单板接入组播业务。

① 支持个组播组。

② 每个组播用户最多可同时加入 8 个组播组。

③ 支持频道预览功能,允许用户短时间预览频道,预览次数、预览时间、预览允许间隔可设置。

④ 支持收视统计功能。

⑤ 支持可控组播,控制用户可加入的组播组,节目权限分为观看、预览、禁止以及无权限 4 种。

11.2.1 配置组播全局参数

1. 全局参数说明

组播全局参数包括通用组查询、特定组查询、组播报文处理策略。

(1) 通用组查询说明

① 目的：通用组查询是MA5680T通过定期发送通用组查询报文，以确认是否有组播用户在没有发送leave报文情况下就离开了组播组。MA5680T根据查询结果定期更新组播转发表，及时释放已离开的组播用户带宽。

② 原理：MA5680T会定期向所有在线的IGMP用户发送通用组查询报文。若MA5680T在一定的时间内(健壮系数×通用查询间隔+通用查询最大响应时间)没有收到某一IGMP用户的响应报文，则认为该用户已离开该组播组，并将其从组播组中删除。

(2) 特定组查询说明

① 目的：特定组查询是在不具有快速离开属性的组播用户发送leave报文后，MA5680T发送特定组查询报文以确认该用户是否真的已离开组播组。

② 原理：当IGMP用户主动离开某组播组时，如切换频道，会主动向MA5680T发送离开报文。若该用户不具有快速离开属性，MA5680T将向该组播组发送特定组查询报文。若在一定的时间内(健壮系数×特定查询间隔+特定查询最大响应时间)没有收到该用户的响应报文，才将该用户从组播组中删除。

2. 操作步骤

在全局配置模式使用btv命令进入BTV模式，可实现组播全局参数配置。

(1) 配置通用组查询参数

① 使用igmp proxy router gen-query-interval命令设置通用组查询时间间隔。系统默认值为125s。

② 使用igmp proxy router gen-response-time命令设置通用组查询最大响应时间。系统默认值为10s。

③ 使用igmp proxy router robustness命令设置通用组查询次数。系统默认值为2。

(2) 配置特定组查询参数

① 使用igmp proxy router sp-query-interval命令设置特定组查询时间间隔。系统默认值为1s。

② 使用igmp proxy router sp-response-time命令设置特定组查询最大响应时间。系统默认值为0.8s。

③ 使用igmp proxy router sp-query-number命令设置特定组查询次数。系统默认值为2s。

(3) 配置组播报文处理策略

现在，某些运营商的游戏业务也是承载在组播上的，与IPTV业务不同在于没有配置组播节目，所以游戏用户的IGMP报文就变成了未知组播报文。

为了实现游戏业务的通畅，需要配置未知组播的透传策略，上行的未知组播报文，根据igmp mismatch命令配置的开关来处理。如果是“transparent”，那么就按照S-VLAN透传出去，而已知组播报文是带MVLAN的tag上行的。下行的带MVLAN的多播数据流正常按照多播转发表项转发，带S-VLAN的多播报文（游戏业务），根据S-VLAN以及业务流的未知多播透传策略（通过命令multicast-unknown policy设置）来决定是否要转发到用户端。组播业务采用缺省值，不需要修改。当配置其他业务时，如果要对组播报文转发进行控制，可以使用下面的命令进行设置。

11.2.2 配置组播VLAN和组播节目

1. 组播VLAN说明

组播业务应用中使用MVLAN（Multicast-VLAN）来区分不同的组播内容提供商。一般为每个组播内容提供商分配一个MVLAN，基于VLAN实现组播节目、组播协议、组播版本管理，以及实现组播域控制和用户权限控制。

创建组播VLAN，必须先创建普通VLAN。组播VLAN可以与单播VLAN相同，组播和单播共用一个业务流通道；组播VLAN可以与单播VLAN不同，组播与单播业务流使用不同的业务流通道。

一个用户端口可以同时加入到多个组播VLAN中，具有如下约束。

① 同一个用户端口的所有组播VLAN中，最多只允许有一个组播VLAN的节目是动态生成的。

② 同一个用户端口的所有组播VLAN支持的IGMP版本应该是一致的。

③ 同一个用户端口不允许属于多个IGMP v3 Snooping模式的组播VLAN。

MA5680T设备在处理组播业务时，发出组播报文的源IP地址有多种情况。

① 如果节目VLAN配置了三层接口的IP地址，则源地址为此IP地址，并且要保证此IP地址与BRAS和上层路由器在同一网段。

② 如果没有配置三层接口的IP地址，则源地址为组播节目源的"Hostip"。

③ 如果"Hostip"也没有配置，则取默认地址：0.0.0.0。

2. 操作步骤

(1) 创建组播VLAN

① 使用vlan命令创建VLAN。

② 使用multicast-vlan命令将已创建的VLAN配置为组播VLAN。

(2) 配置组播节目

组播VLAN的节目有静态配置和动态生成两种方式。

① 静态配置方式：为组播VLAN预先配置好节目列表，并将节目绑定权限模板实现节目权限管理。

a. 使用igmp match mode enable命令设置为静态配置方式。系统默认为静态配置方式。

b. 使用igmp program add [name name] ip ip-addr [sourceip ip-addr] [hostip ip-addr]命令增加组播节目。当组播VLAN的IGMP版本为v3时，该组播VLAN中的节目必须设置源IP地址；组播VLAN的IGMP版本为v2时该组播VLAN中的节目不能有源IP地址。

c. 增加权限模板。在BTV模式下使用igmp profile add命令增加权限模板。

d. 将节目绑定到权限模板。在BTV模式下使用igmp profile命令将节目绑定到权限模板，并设置节目观看权限。

② 动态生成方式：根据用户点播动态生成节目。这种方式不需要节目列表，但不支持节目和用户组播带宽管理、节目预览和预加入功能。

a. 使用 igmp match mode disable 命令设置为动态配置方式。

b. 使用 igmp match group 命令配置可动态生成节目组的节目地址范围。用户只允许点播在该组播节目地址范围内的节目。

(3) 配置组播上行口

① 使用 igmp uplink-port 命令指定组播上行口。对应组播 VLAN 的组播报文都从该上行口转发和接收。

② 在 BTV 模式下使用 igmp uplink-port-mode 命令更改组播上行口模式。系统默认为 default 模式，当采用 MSTP 组网时选用 mstp 模式。

a. default 模式：如果组播 VLAN 只包含一个上行口，上行的 IGMP 报文只从该端口发送；如果组播 VLAN 包含多个上行口，IGMP 报文向所有的上行口发送。

b. mstp 模式：用于 MSTP 组网。

(4) 选择组播协议

使用 igmp mode { proxy | snooping }命令选择二层组播协议。系统默认关闭组播功能。

当采用 IGMP Snooping 时，可以开启 report 报文、leave 报文代理功能，当组播用户加入或离开组播节目时，MA5680T 可实现组播代理功能。两个功能分开，独立控制。

① 使用 igmp report-snooping enable 命令开启 Snooping report 报文代理功能。当某节目的第一个用户加入时，经过鉴权后，MA5680T 把用户报文发送到网络侧，从组播路由器引入相应的组播流；该节目的后续加入请求，MA5680T 不再转发到网络侧。

② 使用 igmp leave-snooping enable 命令开启 Snooping leave 报文代理功能。当节目的最后一个用户离线时，MA5680T 把用户报文发送到网络侧，告知上层设备停止发送组播流；前面用户的离线请求，MA5680T 不转发到网络侧。

(5) 配置 IGMP Version

使用 igmp version{ v2 | v3 }命令配置 IGMP Version。系统默认是开启 IGMP v3，如果网络中上下层是 IGMP v2 设备，无法识别 IGMP v3 报文时，使用该命令进行切换。

IGMP v3 版本兼容 IGMP v2 版本报文处理。MA5680T 开启 IGMP v3 时，如果上层组播路由器切换为 v2，MA5680T 收到 v2 报文时，会自动切换为 IGMP v2。在设置的 v2 版本生存时间内没有再收到 v2 报文，系统又会恢复到 v3 版本。在 BTV 模式下使用 igmp proxy router timeout 命令设置 IGMP v2 版本生存时间。系统默认值为 400s。

(6) 更改 IGMP 报文转发优先级

使用 igmp priority 命令更改上行口转发 IGMP 报文优先级。系统默认优先级为 6，一般不需要更改。

① IGMP Proxy 模式下，向网络侧发送的 IGMP 报文的优先级采用组播 VLAN 下的本命令所设置的优先级。

② IGMP Sooping 模式下，向网络侧转发的 IGMP 报文采用用户所在的业务流的优先级。业务流优先级通过流量模板设置。

(7) 查询配置信息是否正确

① 使用 display igmp config vlan 命令查询组播 VLAN 各属性配置信息。

② 使用 display igmp program vlan 命令查询组播 VLAN 节目信息。

例 1：创建 VLAN 101，静态配置节目方式，节目 IP 为 224.1.1.1，节目带宽为 5000Kbps；该组播 VLAN 上行端口 0/19/0，采用 IGMP Proxy 协议，IGMP v3。

```
huawei(config)#vlan 101 smart
huawei(config)#multicast-vlan 101
huawei(config-mvlan101)#igmp match mode enable
huawei(config-mvlan101)#igmp program add name movie ip 224.1.1.1 sourceip 10.10.10.10
hostip 10.0.0.254 bandwidth 5000
huawei(config-mvlan101)#igmp uplink-port 0/19/0
huawei(config-mvlan101)#igmp mode proxy
   Are you sure to change IGMP mode?(y/n)[n]:y
huawei(config-mvlan101)#igmp version v3
```

例 2：创建 VLAN 101，动态配置节目方式，组播 VLAN 上行端口 0/19/0，采用 IGMP Proxy 协议、IGMP v3 版本。

```
huawei(config)#vlan 101 smart
huawei(config)#multicast-vlan 101
huawei(config-mvlan101)#igmp match mode disable
  This operation will delete all the programs in current multicast vlan
  Are you sure to change current match mode? (y/n)[n]: y
  Command is being executed, please wait...
  Command has been executed successfully
huawei(config-mvlan101)#igmp uplink-port 0/19/0
huawei(config-mvlan101)#igmp mode proxy
  Are you sure to change IGMP mode?(y/n)[n]:y
huawei(config-mvlan101)#igmp version v3
```

11.2.3　配置组播 EPON ONT

1. 配置说明

当设备下挂 ONT 或 MDU 设备时，需要配置组播对接数据，才能完成组播业务流的转发。在配置组播 EPON ONT 前，必须先正确添加该 ONT。

当 OLT 下挂 ONT，如 HG850e 等，MA5680T OAM 方式管理 ONT，需要配置 ONT 线路模板和 ONT 业务模板，并且在 ONT 业务模板中配置组播数据，与 ONT 绑定完成组播业务的下发。

当 OLT 下挂 MDU 设备，如 MA5620、MA5616 等，MA5680T 以 SNMP 方式管理 MDU，不需要配置 ONT 业务模板，而在 MDU 侧配置与 MA5680T 对接的组播数据，完成组播业务流的转发。

2. 操作步骤

(1) 配置 ONT 线路模板

具体配置可参见第 7 章。

(2) 配置 ONT 业务模板

ONT 管理模式为 SNMP 时,不需要配置业务模板。增加 EPON ONT 业务模板后直接进入 EPON ONT 业务模板模式,在此模式下配置组播相关数据。

① 使用 ont-port 命令配置 ONT 的端口能力集。能力集规划 ONT 支持的 ETH、POTS、TDM 类型的端口数,ONT 的端口能力集模板必须与 ONT 实际的能力集保持一致。

② 使用 port vlan 命令配置 ONT 的端口 VLAN。

③ 配置 ONT 组播模式。使用命令 multicast mode{igmp-snooping|ctc|transparent}选择组播模式。

a. igmp-snooping:通过侦听用户与组播路由器之间通信的 IGMP 报文获取相关信息维护组播转发表项。

b. ctc:中国电信 CTC 标准。ONT 点组播是基于组播用户索引号的,假设 ONT 的组播用户索引号为 0,使用这个组播用户点组播节目时,组播用户的组播报文从 ONT 发出时就切换为 VLAN 1(组播用户索引+1)。

c. transparent:对组播业务流不进行任何处理,直接透传。

④ 配置 ONT 端口的组播 VLAN。使用命令 port multicast-vlan 配置 ONT 端口的组播 VLAN。

⑤ 配置组播数据报文的 VLAN Tag 处理方式。

使用命令 port eth ont-portidmulticast-tagstripe { untag | tag } 配置组播数据报文的 VLAN Tag 处理方式。

untag:剥掉下行组播数据报文的 VLAN Tag。

tag:对下行组播数据报文进行透传。

⑥ 配置完成使用 commit 命令使配置的业务模板生效。

例 3:配置 ONT 业务模板 10,4 个 ETH 端口,2 个 POTS 端口,ETH 端口所属 VLAN ID 为 10。配置组播模式为 IGMP Snooping,组播端口 VLAN 为 VLAN 100。

```
huawei(config)#ont-srvprofile epon profile-id 10
huawei(config-epon-srvprofile-10)#ont-port eth 4 pots 2
huawei(config-epon-srvprofile-10)#port vlan eth 1 10
huawei(config-epon-srvprofile-10)#multicast mode igmp-snooping
huawei(config-epon-srvprofile-10)#port multicast-vlan eth 1 100
huawei(config-epon-srvprofile-10)#commit
huawei(config-epon-srvprofile-10)#quit
```

11.2.4 配置组播用户

1. 配置说明

配置组播用户及相关权限,进行组播业务发放。增加组播用户,并将组播用户与组播 VLAN 绑定建立组播成员;与权限模板绑定实现对组播用户鉴权。

在配置组播用户前,需要先建立业务通道,操作步骤包括:配置 VLAN、配置上行口、配置组播 EPON ONT、配置 EPON 用户端口、配置 EPON 业务流。

2. 操作步骤

首先需要在全局配置模式使用 btv 命令进入 BTV 模式。

(1) 配置组播用户及组播用户属性

① 增加组播用户。使用 igmp user add service-port 命令增加组播用户。

② 配置组播用户最大可观看节目数。

a. 使用 igmp user add service-portindex max-program { max-program-num | no-limit } 命令设置组播用户同时可观看的最大节目数。最多支持 8 个,默认支持 8 个。

b. 使用 igmp user watch-limit service-port { hdtv | sdtv | streaming-video }命令设置组播用户可观看各等级节目的数量。

③ 配置组播用户快速离开方式。

使用 igmp user add service-portindex quickleave { immediate | disable | mac-based } 命令设置组播用户离开方式。系统默认为 mac-based 方式。

a. immediate:系统收到组播用户的 leave 报文后立即将该组播用户从组播组中删除。该配置只适合在同一个端口下只有一个终端或终端使用的是 IGMP Proxy 模式的时候使用。

b. disable:系统收到组播用户的 leave 报文请求后,会发送确认报文确认用户已离开,才将其从组播组中删除。

c. mac-based:基于 MAC 的快速离开,系统检测用户的 leave 报文的 MAC 地址,如果与用户的 report 报文的 MAC 地址一致,则立即将用户从组播组中删除,如果不一致则不会将用户删除。支持多终端应用场景。

(2) 配置组播用户鉴权

需要对组播用户进行权限控制时可开启组播用户鉴权功能。

① 配置组播用户鉴权开关。使用 igmp user add service-port index { auth | no-auth } 命令配置某组播用户是否鉴权。系统默认为非鉴权。

② 将组播用户绑定全局模板。组播用户通过与权限模板绑定实现用户鉴权。使用 igmp user bind-profile 命令绑定,绑定后,组播用户使用绑定权限模板中配置的节目的相关权限。

(3) 将组播用户与组播 VLAN 绑定

在组播 VLAN 模式下,使用 igmp multicast-vlan member 命令绑定,使组播用户成为该组播 VLAN 的组播成员,可以点播该组播 VLAN 配置的节目。

配置结束后,可使用 display igmp user 命令查看组播用户相关信息配置是否正确。

例 4:增加组播 VLAN 101 的组播用户 0/1/1,对该用户进行鉴权、日志上报、最大带宽 10Mbps,并绑定权限名为 music 的权限模板。

```
huawei(config)# service-port 100 vlan 101 gpon 0/1/1 ont 0 gemport 1 rx-cttr 2 tx-cttr 2
huawei(config)# btv
huawei(config-btv)# igmp user add service-port 100 auth log enable max-bandwidth 10240
huawei(config-btv)# igmp user bind-profile service-port 100 profile-name music
huawei(config-btv)# quit
huawei(config)# multicast-vlan 101
huawei(config-mvlan10)# igmp multicast-vlan member service-port 100
```

接入网系统维护管理

CHAPTER 12

第12章

光接入网设备故障处理

本章学习目标

(1) 掌握接入网设备故障处理流程;
(2) 掌握 EPON 常见故障现象及处理方法。

12.1 EPON故障处理概述

由于涉及的设备类型比较多,业务应用的范围比较广,故障现象也就各有不同,这就给日常的维护和故障的处理带来了不小的困难。能否快速地解决故障,很大程度上取决于故障的定位是否准确,故障处理的思路是否清晰。

12.1.1 故障处理一般流程

常见故障的通用处理流程如图12-1所示。

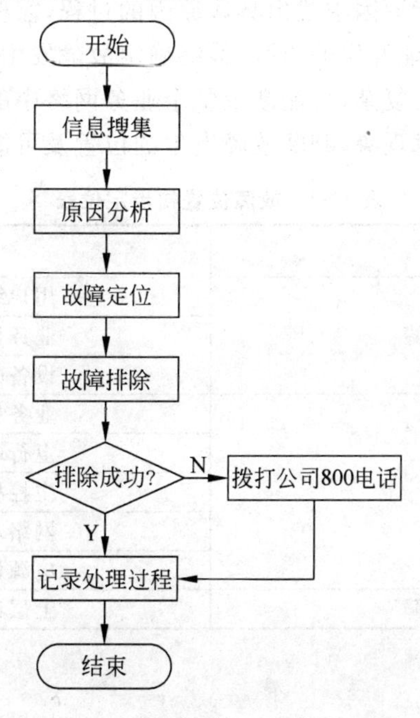

图12-1 常见故障通用处理流程图

通用处理流程的主要操作步骤如下。

1. 评估故障严重程度

故障出现后，首先对故障现象进行分析，确定故障的影响范围，从而决定下一步的处理。

确定是设备接入的所有用户出现故障还是部分用户出现故障：①如果是所有用户出现故障，进一步了解上级设备接入的其他设备或用户是否同时出现故障；②如果是部分用户出现故障，进一步了解故障用户的业务类型，其他业务是否出现故障；故障用户与正常用户使用的业务单板是否相同。

2. 收集信息填写故障报告

记录故障发生时设备的状态信息，并增加到故障报告中，为下一步处理提供充足的参考信息。在紧急故障处理时，要及时、准确记录必要的信息和处理步骤，以供后续分析故障原因所用；需要收集的信息如下。

① 版本信息，包括系统软件的版本、ONU 版本、相关单板版本。

② 提供现场设备的组网图，且特别说明上联口的情况，光口还是电口，半双工还是全双工，自适应还是强制方式；VLAN 划分情况，tag 还是 untag。

③ 描述设备基本配置情况，包括 ONU 数目、单板类型和数量，VLAN 划分，端口 tag 方式。

④ 详细描述故障现象。

⑤ 提供相关的告警。

同时，故障处理的过程信息如故障分析、采取的处理操作及结果、总结及建议也需要增加到故障报告中。

3. 定位故障原因

故障定位就是从众多可能原因中找出具体原因的过程，需要使用各种方法分析、比较各种可能的故障原因，排除不可能发生的原因，最终确定故障发生的具体原因。

业务出现故障的原因最为复杂，可能涉及整个业务网络中的所有设备，因此应该首先确认是否为设备故障。根据故障现象，判断故障发生的位置及可能原因，见表 12-1。

表 12-1 故障位置初步定位表

故障现象	可能原因
个别端口业务故障	用户终端或线路故障
	业务板端口故障
	设备的数据配置问题
整板业务故障	业务板故障
	上行端口光路问题
	主控板或上行板故障
	网络攻击
	电源供电问题
多台设备业务故障	上层设备问题

4. 排除故障

排除故障是指采取适当的措施或步骤清除故障、恢复系统的过程。在确定故障原因后，采用下面的方式处理故障：屏蔽或隔离故障，避免故障范围扩大，减少故障对业务的影响；可通过检修线路、更换部件、修改配置数据及复位单板等方式排除故障。

5. 查看故障是否已恢复

在完成故障排除的工作后，还需要根据故障影响的范围，对受影响的相关业务进行验证测试，确认故障现象是否消除。要进行全面验证，保证故障现象完全消失且没有引入新的问题。确认故障已经排除后，需要整理故障报告，及时进行案例总结。

6. 联系公司技术支持

故障处理过程中遇到难以解决的问题时，及时联系公司技术支持进行处理。

12.1.2 故障处理常用方法

故障处理常用方法包括：告警分析、性能分析、分段处理、仪表测试、对比分析、互换分析、配置数据分析及协议分析。

1. 告警分析法

设备告警系统通常以屏幕输出的形式为维护人员提供信息。通过分析告警，可以定位故障的具体部位或原因，也可以配合其他方法定位故障原因。告警信息涉及硬件、链路、业务等各个方面，信息量大且全，是进行故障分析和定位的重要依据之一。

告警信息包含告警的描述、告警发生的位置、告警发生的可能原因以及告警的修复建议。

2. 性能分析法

通过设备提供的性能统计手段，对发生故障的业务进行性能指标的分析，从而定位故障原因。多种故障的定位过程中都需要了解系统性能统计信息，针对不同的故障类别，需要查看不同的统计信息，这就要求我们必须掌握系统的结构和运行机制、系统能够提供哪些统计信息、如何查看及分析统计信息。

3. 分段处理法

当故障现象比较复杂(可能涉及多个环节)时，需使用分段处理的方法逐个排除正常的环节，最终定位故障。因此使用这种方法时要求我们对设备的系统结构和原理有深入的了解、对可能导致业务故障的各个环节全面了解、掌握环回操作以及熟练使用测试仪器。

4. 仪表测试法

使用各种仪器、仪表取得实际的各种性能参数，对照理论的参数值来定位和排除故障。由于仪器、仪表以直观、量化的数据直接反映设备运行状态，在故障处理过程中有着不可替代的作用。

常用的仪器、仪表包括：万用表、光功率计、示波器、可调光衰减器、线路测试仪及光时域反射仪等。

5. 对比分析法

对比分析是指将故障的部件或现象与正常的部件或现象进行比较分析，通过找出不同点来定位故障。对比分析适用于故障单一的场合。

6. 互换分析法

在更换备件后仍不能定位故障时，使用互换分析法定位和排除故障。互换是指将处于正常状态的部件（如单板、光纤等）与可能故障的部件对调，在以下情况使用此方法。

① 在更换部件后，仍然不能确定故障的范围或故障点时使用。

② 通过比较对调后二者运行状况的变化，确定故障的范围或故障点。

③ 适用于故障复杂的场合。

7. 配置数据分析法

配置数据分析是通过分析设备的配置数据来定位问题，数据配置错误或更改是引起故障的重要原因之一，配置数据分析是故障定位不可缺少的一个方法。在新开局点或更改配置后推荐使用此分析方法。

8. 协议分析法

协议分析是指通过信令跟踪、捕获数据包等手段对故障进行分析的方法。协议分析用于当设备和上层设备的对接出现问题时定位和排除故障。协议分析对维护人员有一定要求，维护人员需要对协议有深入的了解，掌握各种协议报文的交互流程，从而能够从获得的报文中定位故障。

故障处理过程中应该遵循以下原则。

① 先查看外部线缆连接是否正常，再查看设备各指示灯状态是否正常。

② 先通过控制台查看系统的整体运行状态，再查看各个模块的运行状态。

故障定位的各个过程及常用方法见表12-2。

表12-2 故障定位的过程及其方法

故障定位过程	常用方法	其他方法
排除外部设备故障	对比分析 互换分析 仪表测试 协议分析	告警分析 性能分析
故障定位到具体设备	分段处理 配置数据分析	告警分析 性能分析
故障定位到单板	分段处理 互换分析 仪表测试	协议分析

12.2 EPON故障处理方法

大体来说，故障分为硬件故障、系统故障和业务故障。

12.2.1　硬件故障处理

常见的硬件故障分为单板无法注册、带内网管不通、主控板反复重启、主备倒换不成功以及用户设备与设备三层接口链路不通这几种情况。

1. 单板无法注册

处理方法如下。

① 步骤一：检查版本配套情况。根据版本说明书检查单板软件和主机软件是否配套，如果不配套，请更换成配套版本。

② 步骤二：检查新插入的单板型号是否和该槽位原来已经注册的单板型号一致，如果不一致删除原来已经注册的单板。

③ 步骤三：检查电源和风扇。检查电源、室内温度、机框温度是否满足工程要求。检查是否是扩容单板引起电源供电不足，如是请进行电源整改。如果连接了风扇，检查风扇告警，如果状态不正常，请检查原因，必要时更换风扇。

④ 步骤四：检查单板指示灯。如果指示灯 1s 亮 1s 灭周期闪烁，说明单板正常。如果指示灯红色灯常亮，说明单板故障，可以采用软件复位、插拔单板、更换槽位、更换单板等方式尝试恢复业务。

⑤ 步骤五：查看单板状态。多次查看单板状态，如果一直是"Failed"状态，可以采用软件复位、插拔单板、更换槽位、更换单板等方式尝试恢复业务。

⑥ 步骤六：更换单板槽位，将单板拔出，插入到其他空槽位中。如果能注册则可能是所插槽位原来已经注册有单板，可以将原有的单板数据删除后重新添加单板。如果不能注册，则可能是单板损坏，可以采用更换单板的方式尝试恢复业务。

2. 带内网管不通

处理方法如下。

① 步骤一：确认故障范围。先确认相同组网或类似组网的其他设备是否也有网管不通的问题。如果有大面积设备出现网管不通，则检查网管与主机是否配套以及检查连接设备之间是否屏蔽了 162 端口。如果只有一台设备故障，则检查是业务和网管均不通还是只有网管不通，若业务和网管均不通直接从步骤二开始检查；若只有网管不通则从步骤三开始检查。

② 步骤二：检查上行板状态。如果上行单板指示灯 1s 亮 1s 灭周期闪烁，说明单板正常，否则表明单板状态不正常，请排除单板故障。

③ 步骤三：检查光纤问题。检查光口是否有告警信息或在上层设备上进行自环测试，确定端口数据收发正常，如果不正常说明光纤连接有问题，请更换光纤。

④ 步骤四：查看相关数据配置。查看设备上面的团体名设置是否与网管一致；查看 Trap 报文的目标主机 IP 地址是否包含网管地址；查看 Trap 报文是否允许发送；查看系统 Trap 报文源地址列表是否正确；查看 MTU 是否设置过小，请设置到 1500 以上，避免网管发过来的大数据包导致阻塞。

⑤ 步骤五：检查路由信息。查看设备是否有到网管的路由，如果没有请添加路由。检

查网管是否有到设备的路由，如果没有请添加。

⑥ 步骤六：查看上行路由器流量信息。从设备上 Ping 路由器，检查路由器上是否有数据流量，如果没有，请检查中间的连接设备和路由，保证路由正常。如果有数据流量，仍不通，可能是数据包格式兼容引起的，请比较正常设备和异常设备间的上行设备的流量信息。

⑦ 步骤七：检查主机配置的 ACL。查看设备配置与运行的 ACL 规则，检查是否限制了网管的访问。

3. 主控板反复重启

主控板反复重启的原因如下。

① 主控板组件损坏。

② 背板插针损坏。

③ 环境温度过高或过低。

④ 用户侧形成环网。

⑤ 主控板没有插紧。

⑥ 加载版本不正确。

建议重新启动系统，通过管理终端捕获设备初始化时在界面上的打印信息，并收集单板、版本信息，然后与公司技术支持工程师联系，获取支持。

4. 主备倒换不成功

处理方法如下。

① 步骤一：检查备用板和上行端口。检查备用单板状态是否正常，如果存在故障参考上述内容排除单板故障或者端口故障的原因。

② 步骤二：检查主备板的扣板。检查主备板的扣板版本是否一致、备板扣板工作是否正常，如果不一致更换扣板以保持主备扣板一致。

③ 步骤三：检查主备板软件版本。查看主备板的各软件版本是否一致，如果不一致将主备板的软件版本加载成一致的版本。

④ 步骤四：检查主备板数据同步状态。查看主备板数据是否已经同步，如果不同步，等待主备板数据同步完成后再进行主备倒换。

5. 用户与设备三层接口链路不通

处理方法如下。

① 步骤一：基本排查。

a. 检查用户端口是否处于激活状态。

b. 检查 ONT 状态。如果 ONT 运行状态为“down”，则按照 ONT 无法上线的处理步骤进行处理。如果 ONT 运行状态为“up”，但匹配状态为“mismatch”，则按照 ONT 匹配状态处理步骤进行处理。如果 ONT 运行状态为“up”，但匹配状态为“no resume”，则配置 ONT 的恢复策略。

c. 检查业务流的 MAC 地址学习数。查询业务端口的 MAC 地址学习数和 MAC 地址最大学习数，如果业务端口的 MAC 地址学习数大于 MAC 地址最大学习数，则重新配置该业务虚端口的 MAC 地址最大学习数，使其大于实际 MAC 地址学习数。

d. 检查安全特性配置。检查防 MAC 欺骗功能以及防 IP 欺骗功能。

② 步骤二：检查三层接口状态。正常情况下的三层接口状态应为“up”，如果三层接口状态为“down”，则检查三层接口链路状态以及是否配置了三层接口的IP地址。

③ 步骤三：检查ARP表项配置。检查ARP表项中是否存在对方的检查ARP表项，以及端口、VLAN配置是否正确。如果ARP表项能在其他端口学到，检测是否存在环网。

④ 步骤四：检查路由表项配置。如果用户的IP地址不在目的地址网段中，配置静态路由。

⑤ 步骤五：检查是否开启防IP、ICMP攻击。如果设备所处的网络环境是可信任的，则可以关闭防IP、ICMP攻击功能。

12.2.2　系统故障处理

常见的系统故障分为风扇状态为“Fault”、网管脱管、业务板状态为“Failed”、业务板反复重启以及主控板异常复位这几种情况。

1. 风扇状态为“Fault”

处理方法如下。

① 步骤一：查询告警历史记录中是否存在风扇堵转告警。

② 步骤二：根据风扇堵转的指导清除告警，然后观察故障是否清除。

③ 步骤三：确保风扇框插牢，观察故障是否消除。

④ 步骤四：查看风扇监控板配置的从节点号是否与风扇监控板硬件上的从节点拨码设置一致。

⑤ 步骤五：更换风扇框，观察新风扇框状态能否正常。

2. 网管脱管

处理方法如下。

① 步骤一：确认同一网管系统管理的其他设备是否也有网管脱管的问题。

② 步骤二：检查网管版本是否与主机版本配套。

③ 步骤三：Ping网管服务器。

④ 步骤四：检查是否存在到网管服务器的路由。

⑤ 步骤五：检查设备和网管的相关配置，确保配置正确，然后检查故障是否消除。

3. 业务板状态为“Failed”

处理方法如下。

① 步骤一：查询故障单板的名称，再查看机框上实际插入该槽位的单板类型，观察两者是否一致。

② 步骤二：如果确认系统配置无误，则在该槽位插入正确配置类型的单板；如果确认系统配置错误，则删除原配置，待系统提示自动发现该单板后，再确认单板。

③ 步骤三：检查业务板是否插牢。

④ 步骤四：检查机框供电是否正常。

⑤ 步骤五：更换单板，观察新单板能否正常启动。

4. 业务板反复重启

处理方法如下。

① 步骤一：查询故障单板的名称，再查看机框上实际插入该槽位的单板类型，观察两者是否一致。

② 步骤二：确认系统配置是否正确。

③ 步骤三：检查风扇是否正常工作。

④ 步骤四：检查业务板是否插牢。

⑤ 步骤五：检查机框供电是否正常。

⑥ 步骤六：将故障的业务板插到其他可以正常工作的槽位，观察是否能够正常启动且不重启。

⑦ 步骤七：将其他槽位一块正常的业务板插到故障单板的槽位，观察该单板能否正常启动且不重启。

5. 主控板异常复位

处理方法如下。

① 步骤一：主控板复位后，观察面板上的"RUN"指示灯是否为 1s 亮 1s 灭周期闪烁。

② 步骤二：查询是否人为下发命令复位主控板。

③ 步骤三：检查风扇是否正常工作。

④ 步骤四：检查机框供电是否正常。

⑤ 步骤五：检查上行口光纤或网线是否松动或脱落。

⑥ 步骤六：检查上层设备之间对接的端口是否工作正常。

12.2.3 业务故障处理

业务故障分类可以有两种方式：按业务类型分类和按故障发生位置分类。

① 按业务分类：可分为语音业务故障、数据业务故障和组播业务故障。

② 按故障发生位置分类：可分为 OLT 侧业务故障、ONU 侧业务故障、线路故障和用户终端设备故障。

下面对常见 EPON 故障的处理进行阐述。

1. OLT 基本故障处理

(1) 故障一

OLT 设备故障导致业务中断。

① 故障现象：网管显示该 OLT 设备断线；该 OLT 下挂的 ONU 在网管上也显示断线状态；发生大面积的用户投诉，且都集中在该 OLT 上。

② 可能原因：设备掉电；上联端口断链；主控板和用户板的硬件故障，软件版本故障。

③ 解决办法：若是设备掉电，则给设备上电，且观察启动情况，直至所有业务恢复正常；若是上联端口断链，则要从两个方面进行排查：a. 测量 OLT 侧和上层设备光模块的发光功率，如果测定值异常，请更换光模块。b. 对 OLT 和上层设备之间的传输通路进行分段排查，包括尾纤、法兰盘等中间介质，确保光信号损耗值在正常范围内；若是主控板(用户

板)的硬件故障或软件版本故障,则需查看主控板和用户板的软件是否有误或丢失,查看板卡运行状态、告警灯的状态。

注意由于 OLT 的业务量非常大,所以任何一个操作都要谨慎进行,尤其不要轻易重启主控板或 PON 板。

(2) 现故障二

OLT 设备故障导致用户业务受到影响。

① 故障现象: 发生大面积的用户投诉,且都集中在该 OLT 上; 在 OLT 上 Ping 上层设备丢包现象严重。

② 可能原因: 上行链路光信号损耗过大; EPFC 板卡故障或 PON 口故障; 上联端口和上层设备端口的工作模式不一致。

③ 解决办法: 若是上行链路光信号损耗过大,则测量光信号损耗,更换光纤(光模块)。若是 EPFC 板卡故障或 PON 口故障,检查 EPFC 板卡状态,插拔 PON 口光模块; 若 OLT 上联端口和上层设备端口的工作模式不一致,则需要查看上联端口和上层设备端口的工作模式是否一致,且端口工作模式要和上层设备端口的属性保持一致。

2. ONU 注册故障处理

PON 技术是通过将光纤的可用带宽分成不同时隙,每个时隙发送一个终端(ONU)的数据,因此在设计组网时应根据宽带、窄带用户业务量以及可能扩容后的业务量进行合理设计。一般 OLT 的一个光口下挂的 ONU 数量不建议超过 32 台,VLAN 数量不建议超过 512。

ONU 注册是 xPON 业务开通的基本步骤。ONU 的注册分为两个部分: 物理上 OLT 发现 ONU 和在 OLT 上注册 ONU。

与 ONU 相关的故障可以分为: ONU 不能发现(或注册后状态不正常)和 ONU 注册后状态不稳定。

(1) 故障一

ONU 无法注册。

① 故障现象: 已经配置的 ONU 不能进入在线状态或未配置的 ONU 接在 PON 口下的光网络中不能被发现。

② 可能原因分析: 光路问题(比如光纤连接错误、光纤中断、光纤距离过长、光纤衰减过大/小); 光模块问题(比如光模块损坏、光模块接收灵敏度过低、光模块分光功率过强/低、有 ONU 长发光或者下面接有长发光的其他设备); 数据配置问题(OLT PON 口被禁用、OLT 的认证模式); OLT 或 ONU 的其他故障。

③ 工程处理步骤: 出现 ONU 不能注册的故障时,首先应该判断故障范围,是所有 ONU 都不能注册还是个别 ONU 不能注册。对不同情况建议按下面不同的流程分别加以处理。

如果是所有 ONU 不能注册,则处理如下。

a. 在 OLT 上查看 OLT 接口状态,看端口是否被关闭,如果没有关闭的话直接进入下一步。如果 PON 口被关闭,使能 PON 口看是否能够注册,如果不能注册则进行下一步。

由于在工程开局中,某些 PON 口下未接 ONU(由于网络规划或者工程进度这样的情况很常见),这时在网管上会出现"PON 信号丢失"的告警。为消除这种无效告警,一般采用关闭 PON 口或者在网管屏蔽的方法。在 PON 口被关闭的情况下,如果已经配置且在线的 ONU 状态会变为离线,而未配置的 ONU 则在 OLT 上无法发现。

b. 检查 OLT 的认证模式,如果启用了硬件认证,可能导致 ONU 不能发现。如果未启用的话进入下一步。如果启用了,关闭硬件认证看能否发现 ONU,不能发现则进入下一步。

在启动硬件认证的情况下,如果没有通过 CLI 或网管已经配置过相关 ONU,那么物理上发现的 ONU 就会被 OLT 认为是非法 ONU 而直接拒绝。因此工程建议不使用硬件认证,禁止自动认证,改用软件认证。

c. 检查实际的光纤距离和 OLT 的 MAXRTT 设置。EPON 标准中规定支持 ONU 的最远距离为 20km,如果符合要求进入下一步。

最远距离是和 ONU 的测距密切相关的,如果 ONU 的距离过远,即使 ONU 侧的光功率在允许范围之内,也无法发现注册。解决方法是把 MAXRTT 调整大一些看能否发现 ONU(该操作可以用于定位故障,但是不建议采用光纤距离超过 20km 的组网)。虽然通过这种方式可以支持大于 20km 的组网,但是在组网规划时还是要严格控制在 20km 的范围,否则可能引起开通和维护的困难。在出现这种问题时,应优先考虑通过调整组网方案来满足 20km 的要求,超过 20km 的开局,要注意以下几点:光功率要足够;ONU 之间距离差不得大于 20km,保险的范围应该在 15km 以内;如果距离超过 30km,分光比不能超过 1:2,距离小于 25km,分光比不能超过 1:8,距离在 25 到 30km 之间,分光比不能超过 1:4。

d. 测试 OLT 处下行/上行光功率,看是否过高或者过低:如果下行光功率过低,可能光模块发光强度过低,更换光模块;如果下行光功率过高,有可能是 OLT 发光强度太高,更换光模块;如果上行无光,可能主干光纤损坏,更换光纤;如果上行光过强,或者分光比较低,要增加衰减。

在 PON 设备中必须保证 OLT 和 ONU 的接收发送光功率在正常范围之内,发送光功率和光模块有关,接收光功率和发送光功率强度以及 ODN 网络中的衰减有关。需要注意的是如果光功率过强,可能导致光器件的损坏。在使用光纤直连 OLT 和 ONU 时需要特别注意,此外 OLT 在 ONU 注册之后某些情况也会调整光功率,比如 ONU 的上行带宽被重新分配,可能也会导致 ONU 的收光过强,从而烧坏光模块。

e. 接到其他槽位或 PON 口上,看是否能搜索到。

f. 在断开 OLT 的情况下测试上行光功率,看是否上行长发光。如果和 OLT 断开上行还有光功率的,有可能光网络中不小心接入了光电转换器等长发光的设备或者下面有 ONU 长发光。

如果是个别 ONU 不能注册,则处理如下。

a. 检查是否启用了硬件认证:如果是的话,关闭硬件认证看能否发现 ONU。

b. 如果只有一个 ONU 能够注册,其他 ONU 无法注册,有可能是某个 ONU 长发光。

c. 测试 ONU 处下行/上行光功率,看是否过高或者过低:如果下行光功率过低,可能是光路衰减过大,需要对光路进行检查;如果下行光功率过高,有可能是 OLT 光强度太高或者分光比较低,要增加衰减;如果上行无光,可能是 ONU 光纤接头连接问题或者 ONU 损坏;如果上行光过强,ONU 光模块有问题,需要更换 ONU。

d. 在断开 OLT 的情况测试上行光功率，看是否上行长分光，如果和 OLT 断开上行还有光功率的，有可能光网络中不小心接入了光猫等长发光的设备或者下面有 ONU 长发光。

e. 更换 ONU，看是否 ONU 的问题。

f. 更换光纤分支，看是否光纤问题。

(2) 故障二

ONU 注册不稳定。

① 故障现象：ONU 注册不稳定表现为 ONU 状态不稳定，频繁上下线。

② 可能原因分析：光路问题(光纤距离过长、光纤衰减过大/小)；硬件问题(光模块损坏、光模块接收灵敏度过低、光模块分光功率过强/低)；数据配置问题(HEC 模式设置不匹配)；网络风暴引起 CPU 忙；OLT 或 ONU 其他故障。

③ 工程处理步骤：首先需要区分是所有 ONU 不稳定还是个别 ONU 不稳定。

如果是所有 ONU 不稳定，则处理如下。

a. 查看历史告警和历史时间，看伴随 ONU 上下线是否还有误码告警，如果有误码告警检查光路和更换光模块。常见的误码告警有如下 4 种：设备 OLT 端口比特错误率状态，表示 OLT 到 ONU 之间的物理链路上存在误码，可能有丢包；ONU 错误符号间隔事件，表示检测 ONU 物理层一个时间间隔内收到下行错误符号数，当超过门限值时产生此告警；ONU 错误帧间隔事件，表示检测 ONU MAC 子层一段时间内收到的下行错误帧数目，当超过门限值时产生此告警；ONU 上行链接比特错误，表示 ONU 上行比特误码率超过了门限值。如果光路出现轻微误码时链路上会丢包，严重时会导致链路不通，造成 ONU 掉线。

b. 检查 rx-hec 模式设置：如果 PON 口下接有非互通 ONU，HEC 应该采用 no 或者兼容模式。ROS 版本对非互 ONU 的注册原理如下：T12 以及之前版本对非互通 ONU，会使用 CTC 接口查询 ONU 性能，如果查询不到就会对 ONU 进行重启；T1P8 版本首先采用电信通用接口查询 ONU，如果没有消息环回就会使用非 CTC 接口查询 ONU 能力并清空 ONU 上的数据；HEC 指信元的头部错误校验位，关系到互通 ONU 和非互通 ONU 在 OLT 上的注册。

c. 查看 OLT 上接口统计，看总流量、广播、组播流量是否存在异常。如果存在异常，通过抓包分析包的特点和源头，进行有针对性的处理。

d. 测一下 OLT 发光功率是否在合理范围，如果不在有效范围的话，换光模块或者 PON 口尝试。

e. 在断开 OLT 的情况测试上行光功率，看是否上行长分光，如果和 OLT 断开上行还有光功率的，可能个别 ONU 光模块消光比不符合要求。

f. 在 ONU 处理检测光功率，如果下行光功率过高，可能光路分光比太小，需要增加衰减，如果光功率过低，可能衰减太大，需要检查光纤连接。

如果是个别 ONU 不稳定，则处理如下。

a. 查看历史告警和历史时间：看伴随 ONU 上下线是否还有误码告警，如果有误码告警，检查光路和更换光模块。

b. 检查 rx-hec 模式设置：如果该 ONU 为非互通 ONU，HEC 应该采用 no 或者兼容模式。

c. 在 ONU 处检测光功率：如果下行光功率过高，可能光路分光比太小，需要增加衰减。如果光功率过低，可能衰减太大需要检查光纤连接。如果光功率正常，换 ONU 试一下。

3. 语音业务故障处理

(1) 故障一

语音不能注册上软交换。

① 原因分析：网络不通；硬件故障；数据配置错误。

② 处理方法：检查 VOIP 单板 ALM 灯是否红灯常亮，红灯常亮表示没有注册上；检查 ONU 侧数据配置的正确性，同时和软交换侧确认数据配置是否正确；信令跟踪或者抓数据包分析。

a. 如果 ONU 发送注册消息给软交换，软交换不做应答。

检查 VOIP 单板到 SS 之间的网络是否可达。网络不通时 ONU 发的注册消息没有抵达 SS，因此 ONU 侧收不到 SS 的回应。

b. ONU 未发送注册消息给软交换。

如果 ONU 终端没有发送注册消息出去，可以确定问题肯定出在 ONU 终端侧。首先排查 VOIP 单板运行是否正常，如果单板运行不正常，需要检查是否硬件故障；如果正常，需要检查终端 VOIP 相关数据配置是否正确。

(2) 故障二

摘机无音。

① 故障现象：摘机后听不到拨号音。

② 原因分析：线缆故障；硬件问题；网络问题；数据配置错误。

③ 处理方法。

a. 摘机无馈电。ONU 下接电话机摘机无音，首先要检查电话机的指示灯是否亮，即检查话机是否有馈电。如果没有馈电，首先要检查用户线或者用户线电缆和话机以及 OUN 终端是否正确连接。如果正确连接，需要检查线是否是好用的。如果是电话线问题，可以考虑更换电话线。

b. 摘机有馈电，参照以下步骤进行排查。

如果是用户吊死，这种情况可以把这个用户作被叫，用其他话机拨打该用户看看是否能解决，如果不能，复位语音板；PON 和 SS 之间链路不通，导致 PON 上报的摘机消息 SS 没收到，所以就不会下放拨号音消息，这种情况应该检查网络是否有问题；检查 PON 和 SS 上的 TidName 配置是否一致，如果不一致摘机上报后 SS 会给 PON 回错，这种情况也会听不到拨号音。

(3) 故障三

摘机忙音。

① 故障现象：用户摘机忙音。

② 原因分析：ONU 未注册；软交换下发忙音信令；数据配置错误。

③ 处理方法：首先需要检查相关的数据配置，同时软交换侧也需要检查数据配置；检查 ONU 侧数据配置正确性，同时和软交换侧确认数据配置是否正确；确认双方数据配置没有问题时，再提供抓包进行分析，抓包时提供 MGCP 或者 H.248 协议即可。

(4) 故障四

呼叫失败。

① 故障现象：用户呼叫失败。

② 原因分析：话机问题；语法问题；ONU 配置问题；软交换数据配置问题。

③ 处理方法：如果是未拨完号码后失败，即 ONU 终端用户拨号后，号码没有拨完，就失败了，则更换话机进行测试；信令跟踪或者抓包查看号码图表是否存在语法问题；检查号码图表容量是否超大；检查 ONU 终端的长定时和短定时配置。如果是拨完号码后失败，而这类故障应该和 ONU 有关，主要原因在于软交换。进行信令跟踪或者抓包进行分析。

(5) 故障五

拨号后听忙音。

① 故障现象：拨部分号码或全部号码后听忙音。

② 原因分析：SS 号码表不匹配；信令上出错；同一个 PON 口下面不能互通。

③ 处理方法：拨部分号码后听忙音，应该是用户拨的号码在 SS 下的号码表中没有找到匹配的条目，或者 PON 上设置的位间定时器太长，导致 SS 认为收号超时；拨完全部号码后听忙音，跟踪 H.248 或 MGCP 信令，看看信令上是否有给 SS 回错的地方，如果信令上没错，则是 SS 找不到被叫或被叫给 SS 回错，需要从 SS 或被叫侧查起，如果被叫也是 PON，则可以跟踪信令，通过信令可以判断问题在哪里；检查是否是同一个 OLT、同一个 PON 下的不同 ONU 之间打电话，如果是则需要在 OLT 上启用 ARP Agent 或 ARP Proxy。

(6) 故障六

语音质量问题。

① 故障现象：通话正常接续，但是语音断续；通话正常接续，杂音；通话正常接续，串音；通话回音。

② 原因分析：网络问题；物理连接问题；用户所处环境问题。

③ 处理方法：如果语音断续，此类问题主要是丢包引起，遇到此类问题可以先从网络上进行排查。

a. 登录终端的语音地址，然后 Ping 被叫的网关的 IP 地址，用以判断是否存在丢包。同时可以依据抓包进行分析，将抓到的 RTP 包，使用 ethreal 工具进行 RTP 分析，判断是否丢包、哪个方向丢包。抓包时不做过滤处理。必要时需要在 ONU 和 OLT 侧同时抓包，进行对比分析，确认故障点。

b. 故障抓包时，如要确定丢包的故障点，必要时需要一段段排查。首先要排查是 ONU 还是 OLT 的问题。如果确认是承载网络的问题，可以协调局方数据维护人员一起排查故障。丢包还有可能因为设备内部丢包引起，这类故障的解决主要依靠升级终端版本，或者更换设备硬件。

如果是杂音，则首先需要排查外线、话机等问题，杂音问题较多的和这些有关；接地也会影响语音质量，设备须按照要求接地；确认上述方法无法解决后，要进行抓包分析，抓包时不做过滤处理。必要时需要在 ONU 和 OLT 侧同时抓包，进行对比分析，确认故障点。

如果是串音，则主要原因是网络引起的单通问题：可能是承载网络问题引起单通这类故障，需要从两个方向检测网络通断；还有可能是 OLT 上同时启用了 P2P 和 ARP Proxy。

如果是回音，则首先要排查是否为现场环境造成回声，判断方法可以考虑更换环境进行拨打对比测试；如果确认不是环境问题造成的，应该就是设备内部造成的回声，这类问题需要首先明确回声的方向，同时需要进行抓包；抓包时不做过滤处理。

(7) 故障七

VoIP 吊死。

① 故障现象：一般情况下，摘机有馈电，无音。打完电话、拨完号后无音，再次摘机无音。

② 原因分析：单板吊死；端口吊死；对接链路开关设置错误。

③ 处理方法。

如果是整个 VoIP 单板吊死，则处理如下。

a. 首先要判断 VoIP 单板和软交换之间是否还正常交互，是否可以 Telnet 到 VoIP 单板上去，判断 Ping 软交换地址通不通。

b. 进行单板复位，看是否可以恢复业务。如果不能恢复业务，查看单板运行是否正常；如果复位单板可以恢复业务，就需要观察此类故障是否可以复现。此类故障需要进行全程抓包分析，抓包需要包含单板运行正常到整个单板吊死的全过程。

c. 必要时需要采用 udpwatch 打印日志供研发人员分析。

如果是个别端口吊死，则处理如下。

a. 检查终端的命令配置是否正确。特别是和其他厂家设备对接时，链路检测等开关是否正确设置。

b. 全程抓包，抓包需要包含端口状态正常到吊死的全过程。

c. 同时需要采用 udpwatch 打印日志供研发人员分析。

(8) 故障八

POS、Modem 拨号、传真、智能公话问题。

① 故障现象：传真、Modem 都需要有从语音切换到传真、Modem 的过程，如果语音过程就有问题，参照本章其他章节的排查方法。

② 原因分析：这类故障的原因可能有很多种，以下将分别从传真、Modem 和 POS 机问题、智能公话问题 3 个方面的业务来说明。

③ 处理方法。

a. 传真问题。在解决传真问题之前，请先确认和了解以下三方面内容：确认 SS 和 TG 的厂家，了解他们的传真配置是全控还是自协商方法以及 TG 侧的传真模式；了解故障现象；确认用户的传真机没有问题。如果无法确认这一点，则用一个没有问题的传真机做测试。首先修改并确定传真切换方法和传真模式；检查信令和媒体包，确定媒体通道切换到了传真模式；检查丢包率和硬件环境。

b. Modem 和 POS 机问题。首先判断是否存在丢包，设备内部丢包还是外部丢包。必要时还需要在 ONU 和 OLT 侧同时抓包，确定丢包点在什么地方。排除丢包的可能性后抓包分析，抓包不要设置过滤条件，必要时还需要采用 udpwatch 打印日志供研发人员分析。提供信息步骤如下：检查信令上是否有正常的 Modem 事件上报；检查信令上是否有语音到 Modem 的切换过程；检查现场网络是否有丢包，传真、Modem 等业务对网络的要求比较高；如果上面都没有问题，需要抓 tdm trace、ip 包和 udpwatch 进行分析。

c. 智能公话问题。需要抓包供研发人员分析，抓包不要设置过滤条件，必要时还需要采用 udpwatch 打印日志供研发人员分析。排查步骤如下：如果是打电话过程中有问题，参照本章其他小节的方法排查；其他情况则要确认信令上是否有问题；抓 tdm trace、ip 包和 udpwatch 进行分析。

4. 数据业务故障处理

(1) 故障一

数据业务全阻。

① 故障现象：网管显示 ONU 断链，用户业务中断；出现大面积用户反映不能上网，而且都集中在该 ONU 上。

② 原因分析：设备掉电；上联端口断链；主控板/用户板硬件故障或者软件版本故障；线缆连接问题；ONU 没有注册上。

③ 处理方法：若是设备掉电，给设备上电，并且观察启动情况，直至所有业务恢复正常，若是上联端口断链则测量从分光器侧发送过来的光功率，测量 ONU 发出的光功率或查看是否有长发光的 ONU 以及检查光模块，更换光模块，查看上联口工作模式是否与上层设备端口模式一致；若是主控板/用户板硬件故障或者软件版本故障，则检查单板硬件状态是否正常，如果单板状态不正常，可以考虑重启设备看是否可以恢复业务，如果依然不行，需要考虑更换单板，或检查软件版本是否为最新版本，如果不是，可以考虑升级软件版本，或检查用户板和主控板的软件版本是否一致，检查硬件安装情况，重新插紧用户线缆插头，如果是 ONU 注册问题，请参看前述内容。

(2) 故障二

管理地址不通。

① 故障现象：ONU 管理地址无法 Ping 通。

② 原因分析：光损耗大；数据配置错误；IP 地址冲突，MAC 地址冲突。

③ 处理方法：首先检测光路是否正常，使用光功率计进行测试。维护的过程中曾经出现过一些光功率计测试指标符合标准，但是又注册不上的现象，后来发现测量使用的仪器有问题；检查数据配置是否正确；检查多个 ONU 是否存在 IP 地址或者 MAC 地址冲突问题。IP 地址冲突问题比较容易排查，使用常规手段即可诊断；EPON 终端侧检测 ONU 是否可以 Ping 通，从远端 OLT 侧 Ping ONU 的管理地址，此时在 ONU 侧进行镜像抓包，看看是否可以看到 OLT 侧发过来的 ICMP 包(Ping 包)，如果收到 ICMP 包，确认 Ping 不通即可确认是 ONU 的问题；如果没有收到 ICMP 包，即不是 ONU 的问题。

(3) 故障三

上网速度慢、丢包严重、经常掉线。

① 故障现象：打开网页、下载速度慢；用户 Ping DNS 丢包现象严重；经常掉线；拨号成功率低。

② 原因分析：上行链路光信号损耗过大；上联端口和上层设备端口的工作模式不一致；单板(主控板、用户板)硬件故障或者软件版本故障；ONU 的上下行带宽配置有误；洪泛转发问题；用户速率模板应用错误；MAC 地址环回。

③ 处理方法：如果是上联光纤(光模块)受损，导致光信号损耗过大，则测量光信号损

耗,更换光纤(光模块);若是上联端口和上层设备端口的工作模式不一致,则检查上联端口配置,端口状态必须是UP,工作模式必须和上层设备端口的工作模式一致;单板(主控板、用户板)硬件故障或者软件版本故障;在OLT上检查并修改针对ONU的上下行带宽;洪泛转发状态,有些组网环境下可能存在大量的未知包(比如OLT上启用了灵活QINQ,且关闭洪泛抑制),洪泛包可能与用户端口带宽冲突,建议关闭洪泛转发;检查用户速率模板,查看模板中上下行速率配置是否正确,交织模式应用是否正确;检查是否存在MAC地址环回(主要存在于相同的MAC地址,在同一PON口下的ONU中同时出现),环回产生后,终端拨号成功率非常低,多次拨号才可能有偶尔一次或者几次成功。

(4) 故障四

PPPoE拨号常见错误码排查。

① 拨号适配器未装。这种情况主要针对Windows ME和Windows 98而言,解决办法是在Windows 98下添加拨号适配器组件即可。对Windows ME而言,因为它没有直接添加拨号适配器的选项,所以必须在控制面板中先删除拨号网络组件,再添加拨号网络组件完成适配器的添加。

② 不能通过验证。可能的原因是用户的账户或者密码输入错误,或用户的账户余额不足,用户在使用时未正常退出而造成用户账号驻留,可等待几分钟或重新启动后再拨号。

③ 无法拨号,没有合适的网卡和驱动。可能的原因是网卡未安装好、网卡驱动不正常或网卡损坏。检查网卡是否工作正常或更新网卡驱动。

④ 找不到电话号码簿,没有找到拨号连接。这可能是没有正确安装PPPoE驱动或者驱动程序已遭损坏,或者Windows系统有问题。建议删除已安装的PPPoE驱动程序,重新安装PPPoE驱动,同时检查网卡是否正常工作。如仍不能解决问题,可能是系统有问题,建议重装系统后再添加PPPoE驱动。

⑤ 不支持PPPoE连接。它是Windows 2000特有的故障,建议重新启动后再进行连接,如仍不能排除故障,建议重装系统。

⑥ 网卡禁用。只要在设备管理中重新启用网卡即可。

⑦ 拨号时报错误。在Windows XP系统中网卡被禁用、系统检测不到网卡或者拨号软件故障,有时会报错。重新启用网卡、检查网卡工作是否正常或重装拨号软件即可解决。

⑧ 无法建立连接。这个故障比较复杂,用户和BRAS链路中任何一个环节有问题,都可能导致故障,应根据不同的情况作相应处理。

5. 组播故障处理

(1) 故障一

用户不能上线。

处理方法如下。

① 步骤一:查看IGMP报文。打开终端显示调试信息功能,打开终端显示信息中心发送的调试/日志/告警信息功能。如果有报文上报,在用户不能上线的时候,命令行将显示上线失败的原因,根据界面提示信息进行相应处理。如果没有报文上报,说明设备与用户之间通信故障,根据具体的接入方式排除链路故障,保证用户上网业务正常。如果仍收不到报文,则需要检查终端和组播业务配置数据。

② 步骤二：检查终端状态。检查用户使用的 PC 或 STB 是否工作正常，保证能够正常收发 IGMP 报文。检查接入终端是否工作正常。

③ 步骤三：检查 IGMP 模式。在组播 VLAN 模式下，检查 IGMP 模式是否正确。如果 IGMP 模式是"OFF"则用户肯定不能上线，根据具体情况将 IGMP 模式修改为"Proxy"或"Snooping"。

④ 步骤四：检查组播用户配置。检查组播用户是否需要认证，如果需要则检查该用户绑定的权限模板，确认用户是否有观看的权限。检查 IGMP 报文处理策略是否配置为"normal"。检查用户端口所加入组播的 VLAN，如果用户端口不在所点播节目的 VLAN 中，则必须将用户端口加入到组播 VLAN。

⑤ 步骤五：检查用户预览时间和次数。如果用户通过认证且对节目只有预览权限，则点播节目时受预览参数的限制：预览间隔时间内不能点播节目和超过预览次数后不能点播节目。

⑥ 步骤六：检查节目配置。检查应该配置的节目是否已经配置和 VLAN ID 是否正确。

⑦ 步骤七：检查带宽。在带宽管理开关开启的情况下，需要检查上行口的带宽和用户侧带宽：如果上行口和业务端口的可用带宽小于节目带宽，则无法承载节目，可导致用户不能上线；如果上行口和业务端口进行了限速，也会导致用户不能上线。

(2) 故障二

无法观看组播节目。

处理方法如下。

① 步骤一：检查组播用户是否在线。如果组播用户未观看指定节目，按照上述步骤处理；如果组播用户在线，参照下述步骤处理。

② 步骤二：检查组播流是否到达设备上行端口。查询组播节目运行状态，检查组播节目是否正常。检查到达设备上行端口的组播节目流量，如果流量统计结果为 0，表示组播流没有到达设备上行端口，检查网络侧(组播服务器)配置及连接状态；如果流量统计结果不为 0 且流量较小，表示组播流携带的 VLAN 与组播 VLAN 不一致，此时组播流可能没有携带 VLAN，则需要修改上行口的 Native VLAN 为组播 VLAN，再查看组播节目流量统计是否正常。

③ 步骤三：检查组播流是否到达用户端口。统计组播节目下行包数。如果下行包数较大且没有运行其他大流量业务，说明组播流报文已达用户端口，则需查看 Modem 的流量统计、PVC 配置、对组播报文的处理情况，查看 PC 或 STB 工作状态及链接情况是否正常。如果使用 VLC 等视频软件进行点播，可以通过在 PC 侧抓包方式查看组播流是否到达 PC。若到达 PC 则检查网卡的 IP 配置和 VLC 视频软件的 IP 配置是否一致；检查输入的组播源 IP 是否与实际一致。

(3) 故障三

用户在线但节目没有画面。

处理方法如下。

① 步骤一：检查终端设置。当承载 IGMP 和视频流的不是同一个"Service-port"时，检查终端设置。

② 步骤二：检查上行端口。检查上行端口状态是否正常，指示灯是否亮起。如果指示灯不亮，检查光模块和光纤的配合情况，要求单模光模块与单模光纤配合使用，多模光模块与多模光纤配合使用，且两端光模块类型要一致。检查上行端口数据配置是否正确，检查组播上行端口模式是否与上行组网一致。

③ 步骤三：检查节目信息。检查指定节目的详细信息，主要检查 VLAN ID、Hostip 等信息。如果上层路由器不接收带 VLAN Tag 的报文，则上行端口的 Native VLAN 需要设置和节目 VLAN 一致。如果上层路由器检查源 IP，则 Hostip 应与路由器接口在同一网段。

④ 步骤四：检查 MSTP 根端口。如果上行端口模式为 MSTP，检查通过 MSTP 协议选择的根端口是否为预期的上行端口。

⑤ 步骤五：检查视频服务器。检查视频服务器是否正确发送视频流，保证视频服务器工作正常。检查节目的 TTL 值是否够用，要求 TTL 值大于从视频服务器到用户的跳数。

(4) 故障四

节目有画面但画面质量不好。

处理方法如下。

① 步骤一：检查节目流量统计信息。查询组播节目的流量统计，如果查得的组播节目流量与节目实际流量相差不大，则说明节目流已经正常到达设备上行端口。如果查得的组播节目流量与节目实际流量相差很大，则可以直接将组播源接到设备上行端口，从用户侧进行节目点播。如果点播正常，说明问题出现在上层设备，如果点播不正常，说明问题出现在组播源或者设备本身。

② 步骤二：检查节目绑定带宽。查看节目绑定的带宽，正常情况下，节目绑定带宽要大于节目带宽实际值，如果节目绑定带宽小于节目带宽，则需要增加节目绑定带宽。

③ 步骤三：检查终端的速率和带宽。检查用户及 ONT 带宽参数，如果带宽设置过小，则需要修改。

④ 步骤四：检查组播用户分配带宽。查看端口分配给组播用户的带宽和组播用户实际占用端口的带宽，如果两次查询到的数值相差不大，则可能是给组播用户分配的端口带宽太小，需要修改组播用户分配的带宽，修改后的用户分配带宽在用户下次上线时生效。

CHAPTER 13

第13章

光接入网设备日常维护

本章学习目标

(1) 掌握日常维护的分类、常用方法及注意事项；

(2) 掌握设备的日常维护；

(3) 掌握网管的日常维护。

13.1 日常维护概述

13.1.1 维护目的

维护分为例行维护和现场维护，这两种维护类型各有特点。下面分别对这两种类型的维护以及它们之间的区别进行介绍。

1. 例行维护

例行维护的目的是为了及时发现并消除设备运行过程中可能存在的隐患，采集数据进行网络分析和优化，使系统能够长期安全、稳定、可靠运行。例行维护主要包括以下内容。

① 例行维护指导。

② 系统保存与备份操作。其中的例行维护指导，根据维护时间频度的不同又分为以下几类：每日维护、每周维护、月度维护以及季度维护。

2. 现场维护

现场维护是指现场维护工程师定期到站点对设备进行的例行维护操作，或对出现的业务故障进行的分析处理，以及因为设备故障需要检修、升级某个部件所执行的部件更换操作。现场维护主要包括三方面的内容。

① 例行维护。

② 部件更换。

③ 故障处理。

3. 例行维护和现场维护的区别

例行维护和现场维护既相互联系又具有各自的特点，下面从 3 个方面来介绍它们之间的区别。

(1) 维护项目

例行维护是介绍软件方面的维护，而现场维护是介绍设备硬件方面的维护。

(2) 实施主体

例行维护的实施主体是网络监控工程师，要求工程师基本熟悉设备和网管操作，掌握日常维护任务操作、告警含义和部分命令使用，并能操作网管查阅信息，进行简单的告警处理。现场维护的实施主体是现场维护工程师，仅要求其掌握基本的硬件基础知识。

从这可以看出两者对技能的要求不同：网络监控工程师侧重于设备特性知识方面的要求，而现场维护工程更侧重于硬件基础知识方面的要求。

(3) 内容规划

例行维护是一种周期性的维护活动，而现场维护除了包括周期性的例行维护中的硬件维护和环境维护外，还包括非周期性的部件更换和故障处理维护项目。

13.1.2 维护基本原则

维护基本原则包括4个方面的内容：操作准备、例行维护基本原则、部件更换原则和故障处理原则。

1. 操作准备

设备操作前需要做如下准备工作。

① 按照设备接地的要求，将设备正确接地。

② 按照要求使用防静电手腕，避免设备受到静电放电的损害。

③ 将所有还没有安装的单板或部件保存在防静电袋中。

④ 单板的端口防静电控制一样重要，操作端口的时候也需要佩戴防静电手腕或者防静电手套。外接线缆、端口保护套接入设备端口需要事先进行放电处理。

2. 例行维护基本原则

在例行维护过程中，应该遵循以下基本原则。

① 保持机房整洁，防止鼠、虫等小动物进入设备。

② 严禁在维护终端上安装与维护设备无关的软件。

③ 根据例行维护指导，对设备进行相应的每日、每周、月度、季度和年度维护，并填写相应的设备维护表格。

④ 对于在例行维护过程中发生突发性维护任务(如设备故障)，应根据故障处理流程及时处理，并做好相关记录。

⑤ 不要随意插拔、复位或加载单板。已故障的单板不能放在机柜内，避免引起其他故障。

⑥ 在修改数据前必须做好数据的备份，并填写相关记录。

3. 部件更换原则

在进行部件更换时，应该遵循以下基本原则。

① 确认操作的可行性。

a. 确认设备库房是否有被更换部件的可用备件。当设备库房中没有可用备件时，维护人员应及时联系相关技术有限公司驻当地办事处，以便能够快速获取公司的技术支持。

b. 部件更换操作只能由有资质的维护人员执行，即维护人员必须具备以下基本素质：熟悉设备各个部件的功能与作用；了解部件更换的基本操作流程；掌握部件更换的基本操作技能。

c. 确认本次更换操作的风险是否可以控制。部件更换是具有一定风险的维护操作，维护人员在执行部件更换操作之前，必须全面评估本次操作的风险，即评估在设备不掉电的情况下是否可以通过一定的技术保护措施来控制风险。只有在风险可控的情况下，维护人员方可执行更换操作，否则及时联系相关技术公司以便能快速获取公司的技术支持。

② 在进行更换故障部件或者升级部件之前应检查备件的可互换性。

③ 在拿放、运输备件时，必须使用专用的防静电包装袋和防静电周转箱。

④ 在日常维护中，应做好备件的整理、登记和送修工作，以便能够及时提供可更换的部件，尤其是比较重要的部件，如单板。

4. 故障处理原则

故障处理时，应该遵循以下基本原则。

① 维护人员要有收集相关信息的意识，在遇有故障时，一定要先弄清楚相关情况后再决定下一步的工作，切忌盲目处理。

② 在故障处理过程中，要对每一步操作内容及操作所产生的现象做详细记录。对处理过程尽可能详细地记录是申请哪家公司的进一步技术支援，可缩短进一步处理问题的时间。

③ 如果故障一时难以排除，请及时联系华为技术有限公司客户服务中心。同时，在向华为工程师反馈问题的时候，请提供或收集以下信息。

a. 故障局点的详细名称(全称)。

b. 联系人姓名、电话号码。

c. 故障发生的具体时间。

d. 故障现象的详细描述。

e. 相关设备的软件版本。

f. 故障后已采取的措施和结果。

g. 问题的级别及希望解决的时间。

13.1.3 维护工具

主要维护工具如下。

① 万用表：用于测量供电电压和电流。万用表外观如图 13-1 所示。

② 光功率计：用于测试光功率。光功率计外观如图 13-2 所示。

图 13-1　万用表

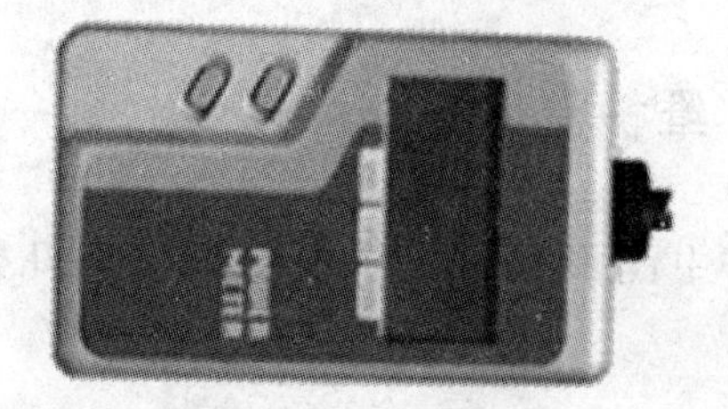

图 13-2　光功率计

③ 可调光衰减器：用于调节光的衰减。可调光衰减器外观如图 13-3 所示。

④ 防静电手腕：用于防静电保护。防静电手腕外观如图 13-4 所示。

图 13-3　可调光衰减器

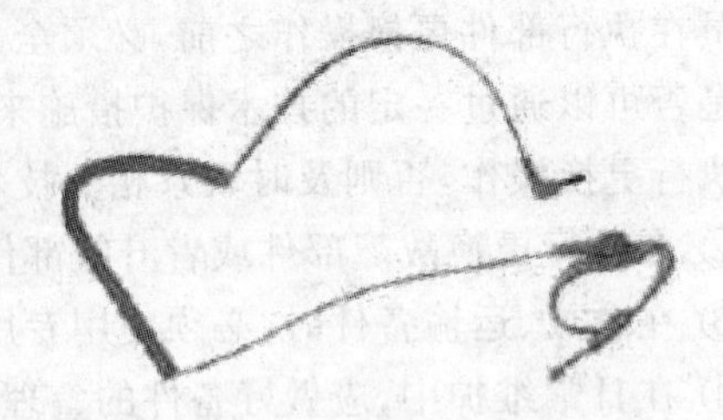

图 13-4　防静电手腕

⑤ 防静电手套：用于防静电。防静电手套外观如图 13-5 所示。

⑥ 一字形螺丝刀：经常用于紧固较小的螺钉、螺栓，批头为一字。一字形螺丝刀外观如图 13-6 所示。

图 13-5　防静电手套

图 13-6　一字形螺丝刀

⑦ 十字形螺丝刀：经常用于紧固较小的螺钉、螺栓，批头为十字。十字形螺丝刀外观如图 13-7 所示。

⑧ 扳手：用于紧固六角头或方头螺栓、螺母。

⑨ 斜口钳：用于剪切，还可用来代替剪刀剪切绝缘套管、电缆扎线扣等。斜口钳外观如图 13-8 所示。

图 13-7　十字形螺丝刀

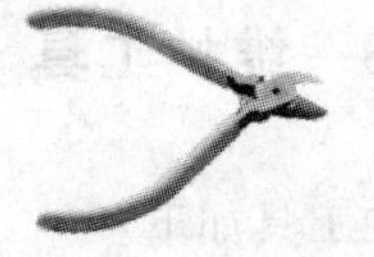

图 13-8　斜口钳

⑩ 线扣：用于绑扎线缆。

⑪ 光纤绑扎带：用于绑扎光纤。

⑫ 人字梯：在更换过程中，如果需要操作的部件位置较高，需要使用梯子。

13.1.4　维护常用方法

在日常维护中，常用的维护方法主要有以下几类。

1. 观察法

① 观察单板指示灯状态，例如，RUN，ALM 等指示灯。

② 观察告警箱告警指示灯状态。

③ 观察网管(维护台)的告警信息。

观察法是维护人员在遇到故障时最先使用的方法,也是处理故障的原始依据,对观察结果的正确判断是对故障正确分析和正确处理的关键环节。

2. 拔插法

对最初发现某种单板故障时可以通过拔插一下单板和外部接口插头的方法,排查因接触不良或单板运行异常的故障。

3. 替换法

替换法就是通过使用功能正常的单板来替换待查的单板以确定后者是否存在故障的方法。当用拔插法不能奏效时可以采用替换法。

4. 自环法

当系统的某些部分发生故障时,可以将与其相关的电路板或机框分离或甩开连接的电缆线,来判断是否是相互影响造成的故障。对于同时有输入和输出接口的单板通过自环单板的输入和输出接口来隔离、排除相关系统的问题。

5. 渐进法

渐进法就是先拔出机框内所有的单板只保留电源板,然后插入控制单板,等控制单板正常工作后依次插入用户单板,直到插入某块单板时故障复现,就可以肯定该单板或者单板所在的槽位引起故障,就可以作更换单板或者更换后背板处理。

6. 自检法

当系统或单板重新上电时,通过自检来判断故障。一般的单板在重新上电自检时,其面板上的指示灯会呈现出一定规律的闪烁,因此可以依此判断单板是否自身存在问题。

7. 交叉法

当子节点单元故障不能判断问题所在时,可采用交叉信号性质相同的线路来判断故障点及故障类型。例如,判断光纤是否有问题时,可以采用其他正常工作的光纤来判断故障所在。

8. 按压法

采用按压芯片、电缆接头等方法可以排查因接触不好所产生的故障。

9. 告警日志分析法

通过查看网管终端上显示出的当前告警和历史告警信息,判断系统是否正常运行,定位故障。故障排除后,当前的告警信息应该消除。

10. 112 测试法

通过 112 测试系统测量用户内线、外线以及终端的各项参数,并根据 112 测量结果判断线路和终端的状况。

11. 在线测试法

对于较难处理的故障通过在线测试的方法跟踪业务流程,判断定位故障。

12. “Ping”法

对于业务网络和网管网络的故障，通常可以用“Ping”各节点 IP 地址的方法定位故障。

13.2 设备例行维护

例行维护包括设备每日维护、设备每周维护、设备月度维护、设备季度维护以及设备年度维护，它是每日、每周、月度、季度和年度例行维护任务的操作指导、标准和异常处理方法。

13.2.1 每日维护

设备每日维护项目主要包括：环境监控维护和主设备运行状态维护两个部分，设备每日维护项目见表 13-1。

表 13-1 设备每日维护项目表

项目分类	检查项目
环境监控维护检查	电源电压
	机房温度
	机房湿度
	空调运行状态
	防尘措施
主设备运行状态维护检查	风扇运转状态
	各单板运行状态检查
	检测网管通道
	查看当前告警

1. 电源电压

(1) 仪表要求

万用表。

(2) 检测方法

维护人员用万用表测量设备输入电源的交流和直流电压，并记录相应的数值。

(3) 供电要求

① 机房应配备交、直流电源转换设备，根据设备要求提供工作电源。

② 为保障设备在市电停电后不中断工作，需要有相应的不间断供电措施，如油机发电机组、蓄电池组等。

③ 直流电源电压所含杂音电平指标应满足原邮电部技术规范要求。

④ 直流电源应具有过压/过流保护及指示。

(4) 异常处理

当测试结果不在标准范围内，应及时检查输入电源，并确保后备电源处于工作状态。

2. 机房温度

(1) 仪表要求

温度计。

(2) 检测方法

由于温度计通常安装在机房固定位置,因此维护人员只需查看当前值,并记录相应的数值。

(3) 正常结果

工作环境温度：－5℃～＋45℃。

(4) 异常处理

① 如果机房未安装空调,为保证设备长期稳定地运行,建议安装空调。

② 机房已安装空调,检查空调工作是否正常,如果空调工作正常,调节空调温度,建议设置温度范围：18℃～26℃；如果空调工作不正常,联系空调生产厂家,尽快恢复空调正常工作。

3. 空调运行状态

(1) 检查方法

① 设备若是安装在有人值守机房时,维护人员应每日查看空调(或其他温度和湿度调节设备)能否按照设定的温度(湿度)要求正常工作,如有故障,请及时联系处理。

② 若是安装在无人值守机房或户外,应至少每月检查一次空调运转情况,并作记录。

(2) 正常结果

能按照设定的温度(湿度)要求正常工作。

(3) 异常处理

如空调有故障,请及时联系空调维修人员检修。

4. 防尘措施

(1) 检查方法

观察机房灰尘浓度。

(2) 正常结果

直径大于 5μm 灰尘的浓度≤3×104 粒/m^3,不能有导电性、导磁性和腐蚀性灰尘。由于在日常维护过程中,灰尘浓度难以测量,主要通过维护人员肉眼观察,应保证设备不积灰、不受污染。

(3) 异常处理

建议通过给机房门窗边缘加装防尘密封橡胶条,采用双层玻璃密封窗户,进入机房更换工作装和换鞋等措施来减少灰尘,另外机房内及周围保证不存在强磁、强电或强腐蚀性物体,以免产生有害粉尘。对已经产生的粉尘,可通过吸尘器除去粉尘。

5. 风扇运转状态

(1) 检查方法

维护人员应每日查看机架风扇运行状态。若是安装在无人值守机房或户外,应至少每月检查一次机架风扇运行状态,并作记录。

(2) 正常结果

机架风扇正常工作。

(3) 异常处理

如果风扇有故障,检查风扇插箱的电源线连接是否正常,另外可考虑更换风扇插箱。如仍无法解决,请通知维护人员进行检修。

6. 各单板运行状态

根据各单板指示灯状态进行分析,以中兴 C200 设备的 EPFC 单板为例进行说明,见表 13-2。

表 13-2 EPFC 单板指示灯状态说明表

丝印	颜色	含义
RUN	熄灭	PON MAC 未激活
	绿灯闪烁	PON MAC 激活,接收到光信号
	红灯	已激活,未接收到光信号
ACT1	绿灯闪烁(1 秒闪 5 次)	1 号 PON 端口正常工作(ACTIVE)
	红灯	1 号端口已经激活,但未收到光信号
	熄灭	1 号端口没有激活
ACT2	绿灯闪烁(1 秒闪 5 次)	2 号 PON 端口正常工作(ACTIVE)
	红灯	2 号端口已经激活,但未收到光信号
	熄灭	2 号端口没有激活
ACT3	绿灯闪烁(1 秒闪 5 次)	3 号 PON 端口正常工作(ACTIVE)
	红灯	3 号端口已经激活,但未收到光信号
	熄灭	3 号端口没有激活
ACT4	绿灯闪烁(1 秒闪 5 次)	4 号 PON 端口正常工作(ACTIVE)
	红灯	4 号端口已经激活,但未收到光信号
	熄灭	4 号端口没有激活

7. 检测网管通道

(1) 检查方法

在本地超级终端管理界面中用 Ping 命令 Ping 网元的 IP 地址,以测试网元与网管的通信是否正常。

如果物理连接正常,则使用 SNMP Ping 命令检测网元与网管之间的逻辑链路是否正常。

(2) 正常结果

在本地超级终端管理界面中用 Ping 命令和 SNMP Ping 命令都可以 Ping 通网管服务器的 IP 地址。

(3) 异常处理

若测试网元与网管中心的通信不正常,请及时检查以下设备工作状态:网元、网管、网元与网管的连接网络。

8. 查看当前告警

(1) 检查方法

① 在网管终端上，选择相关的网元后，选择“视图”→“告警管理”命令，在弹出的界面上选择“告警查看”→“当前告警查询”命令，查看到当前网元的所有告警信息，选中其中的告警项，可以分别查看各告警的详细信息。

② 对于告警信息必须详细记录，并及时与技术人员联系，定位解决故障。

(2) 正常结果

无异常告警。

(3) 异常处理

若网管终端显示当前有告警，则可通过终端发现告警信息，此时必须详细记录告警信息。

13.2.2 每周维护

设备每周维护的主要项目见表 13-3。

表 13-3　设备每周维护的主要项目

项目分类	维护项目
硬件检查	检查远程维护端口连接状态
	检查 ACL 配置
数据整理	数据库文件备份
	配置文件备份
	操作日志整理

1. 检查远程维护端口连接状态

(1) 检查方法

① 如果通过以太网口进行维护，则检查是否可以成功 Telnet 到远端设备。

② 如果通过串口进行维护，则检查是否可以使用超级终端成功登录远端设备。

③ 如果发现以太网口或串口的连接状态有异常，请按照异常处理中的指导进行处理，直到故障排除。

(2) 正常结果

成功登录设备。

(3) 异常处理

如果是全部维护网口都不能登录到远端设备，请检查设备是否掉电、宕机。如果是个别维护端口不能登录到远端设备，可通过使用 Ping 命令测试与设备的连接情况。如果可以 Ping 通，检查中间链路上是否有设备禁止了 Telnet 端口。如果不能 Ping 通，可能是没有添加相应的网管路由。如果不能排除故障，请检查物理链路连接是否正常。

2. 检查 ACL 配置

(1) 检查方法

① 在全局配置模式下，检查 ACL 的配置是否与规划一致。

② 如果查询到的设备 ACL 配置信息与规划一致，则需要进一步检查用户端口的 ACL

规则和QoS配置是否正确。查询系统或指定端口当前所遵循的ACL规则及查询指定端口的QoS信息。

③ 如果查询到用户端口的ACL规则和QoS配置均正确，则检查是否可以通过ACL配置对特定的数据包进行过滤。

(2) 正常结果

设备ACL的配置与实际规划一致。端口当前所遵循的ACL规则与实际规划一致。端口当前的QoS配置信息与实际规划一致。

(3) 异常处理

如果ACL规则中允许访问设备的源IP地址或目的IP地址与规划的不一致，可在ACL模式下修改ACL规则。如果用户端口当前所遵循的ACL规则与实际规划不一致，可在全局配置模式下为指定的用户端口修改ACL规则。用户端口当前的QoS配置信息与实际规划不一致，可根据实际情况，在全局配置模式下对用户端口的QoS配置进行修改。

3. 数据库文件备份

(1) 检查方法

① 保存数据库文件。

② 在配置好文件的传输方式后，选择的文件传输方式将数据库文件备份到备份服务器。

③ 或者在配置好备份服务器后，设置数据库文件自动备份到备份服务器的备份周期和备份起始时间，数据库文件将按照设置的时间周期性地自动备份到备份服务器。

(2) 正常结果

在指定的路径下能找到备份的数据库文件。

(3) 异常处理

① 如果是采用FTP/TFTP/SFTP传输方式备份，请检查：输入的FTP/TFTP/SFTP服务器的地址是否正确；从FTP/TFTP/SFTP服务器是否可以Ping通主控板维护网口地址或某个VLAN的三层接口地址；加载服务器上是否打开FTP/TFTP/SFTP程序；FTP/TFTP/SFTP程序中的目录设置是否正确。

② 如果是采用Xmodem传输方式备份。请检查串口波特率与操作控制台的串口波特率是否一致。如果不一致，请将波特率设为一致。

③ 如果是采用数据库文件自动备份方式，请检查备份服务器的用户名、密码、备份文件路径、协议等参数是否正确。

4. 配置文件备份

检查方法及异常处理见“3. 数据库文件备份”。

5. 操作日志整理

(1) 检查方法

① 在普通用户模式下检查用户的操作记录。

② 如果发现有操作用户对设备进行过异常配置或修改，请按照异常处理中的指导进行处理，直到故障排除。

(2) 正常结果

用户日志显示出用户对设备的操作正常。

(3) 异常处理

如果发现有操作用户对设备进行过异常配置或修改，可根据用户日志显示的对系统有过操作的用户名、用户 IP 地址、用户操作的具体时间和所做的具体操作等基本信息，进行问题追踪和处理。

13.2.3 每月维护

每月例行维护的主要项目见表 13-4。

表 13-4 每月例行维护项目

项目分类	维护项目
硬件检查	清洁机柜
	检查电源线和地线
数据整理	单板数据备份
	网管数据备份
	操作日志整理
维护台整理	维护台磁盘空间整理
地阻测试	地阻测试

1. 清洁机柜

(1) 检查方法

观察机柜内部及表面清洁情况。

(2) 正常结果

机柜清洁良好，无积灰，无明显污渍和异物。

(3) 异常处理

使用无水酒精清洁机柜表面污渍，注意不要污染到内部板卡和元器件；将侧面和柜底防尘网拆下，用中性洗涤液清洗，并彻底干燥。同时检查机柜内部是否存留有异物并及时去除。如遇到不能自行处理的问题，应及时上报检修。

2. 检查电源线和地线

(1) 检查方法

检查电源线、地线连接是否牢固，是否有锈蚀。

(2) 正常结果

电源线、地线连接牢固，无锈蚀。

(3) 异常处理

当电源线、地线连接有问题，请立即重新连接或更换。

3. 单板数据备份

单板数据备份需要使用网管软件进行操作，本书以中兴平台 NetNumenN31 网管软件的操作步骤为例进行介绍。

(1) 备份方法

在网管主逻辑视图下,右击网元,在弹出的快捷菜单中选择"系统配置"→"FTP 数据传送管理"命令,弹出如图 13-9 所示界面。

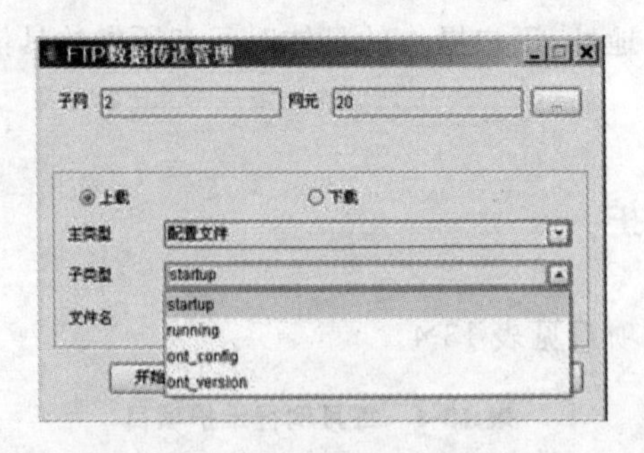

图 13-9 "FTP 数据传送管理"窗口

选择需要备份配置数据的网元,单击"上载"单选按钮,选择主类型为"配置文件",并根据备份需要选择相应的子类型,单击"开始传送"按钮,将网元配置数据备份到网管服务器上。

(2) 正常结果

成功上传,将网元数据保存到服务器。

(3) 异常处理

若不能上传数据,请检查单板工作情况。

4. 网管数据备份

单板数据备份需要使用网管软件进行操作,本书以中兴平台 NetNumenN31 网管软件的操作步骤为例进行介绍。

在网管主逻辑视图菜单下选择"视图"→"策略管理"命令,在弹出的界面上选择"操作"→"创建策略"命令,弹出如图 13-10 所示界面。

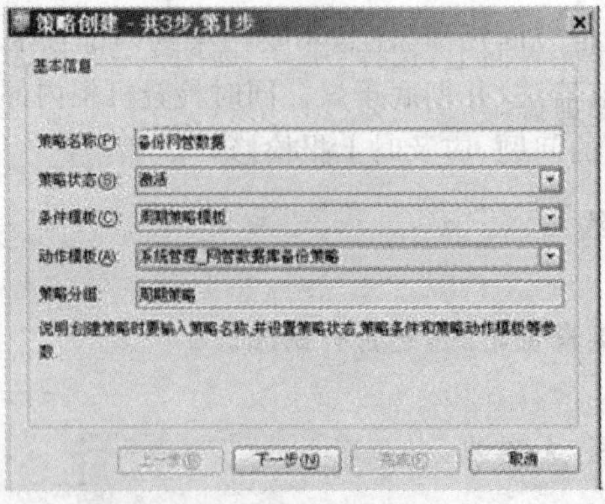

图 13-10 "策略创建"对话框 1

给出策略名称,选择动作模板为"系统管理_网管数据库备份策略",单击"下一步"按钮,在弹出的界面上配置备份的开始时间和其他参数,如图 13-11 所示。

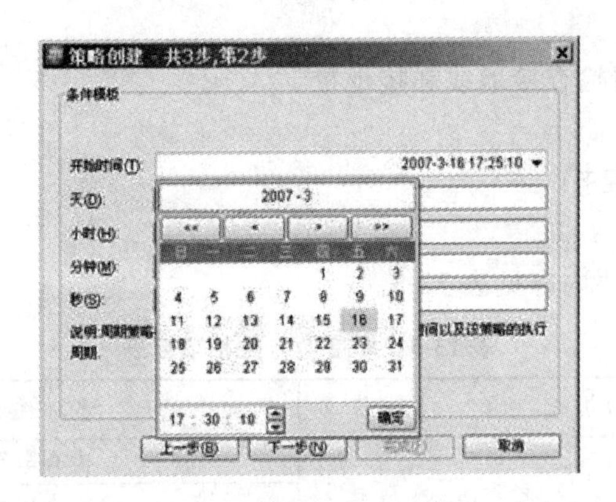

图 13-11 “策略创建”对话框 2

单击“下一步”按钮,在弹出的界面上单击“完成”按钮,策略创建完成。

策略执行的条件满足后,策略会执行,备份的网管数据默认情况下被保存在网管服务器的 D:\dbbackup 目录下。

5. 操作日志整理

(1) 整理方法

在网管主逻辑视图菜单下选择“视图”→“日志管理”命令,可浏览相关操作的开始时间和结束时间,右键单击某一日志,在弹出的快捷菜单中选择删除选中记录,可将选中的日志删除。

(2) 正常结果

删除网管数据中过期的操作日志记录。

6. 维护台磁盘空间整理

(1) 整理方法

进入 Windows 的资源管理器,右键单击计算机的各个硬盘分区的盘符,在弹出的快捷菜单中选择属性,显示各分区的硬盘空间使用情况。释放不必要的备份文件或将备份文件转移到其他存储介质中。

在相应磁盘分区的属性界面上,选择“工具”选项卡,单击“开始整理”按钮,系统开始对磁盘上存在的碎片进行整理。

(2) 正常结果

硬盘各个分区中的空闲空间应保持在该分区容量的一半。

7. 地阻测试

(1) 检查方法

用地阻仪对机房接地电阻进行测试。

(2) 正常结果

① 容量 10000 个 ONT 以上设备,地阻值应≤1Ω。

② 容量 2000 个 ONT 到 10000 个 ONT 间的设备,地阻值应≤3Ω。

③ 容量 2000 个 ONT 以下设备,地阻值应≤5Ω。

④ 如果用户由于条件所限,采取 3 种地线联合接地时,地阻值应<1Ω。

(3) 异常处理

如果地阻值过高,请检查接地线和接地桩。

13.2.4 季度维护

季度例行维护的主要内容见表 13-5。

表 13-5 季度例行维护项目表

项目分类	维护项目
硬件检查	检查电源模块
	检查风扇硬件状态
	检查蓄电池
	清洁防尘网
数据检查	更改操作用户口令
	检查系统时间

1. 检查电源模块

(1) 检查方法

清扫防尘面板的灰尘。检查各路电源输入指示灯,绿灯亮表示输入电压正常。

(2) 正常结果

防尘面板无灰尘,绿灯亮。

(3) 异常处理

如果发现电压异常:检查电源连接和插头接触是否良好;检查给机框供电的电源系统的输出是否正常。如果发现有损坏的电源模块,请更换新的电源模块。

2. 检查风扇硬件状态

风扇是机柜中单板和部件正常工作的重要保证,尤其是在炎热的夏天来临之前,必须仔细检查,保证每个风扇均能有效工作。

(1) 检查方法

检查机柜中风扇系统每一个组成部分,包括:传输盒内的风扇、用户框之间的风扇盒、电源模块内部风扇等。如果发现风扇运行状态有异常,请按照异常处理中的指导进行处理,直到故障排除。

(2) 正常结果

风扇框指示灯显示正常。风扇在正常工作状态下指示灯为绿色,且以 1 秒亮 1 秒灭的频率闪烁。风扇系统每一个小风扇运转良好,无异常声音。

(3) 异常处理

① 如果指示灯出现异常,处理方法如下。

a. 黄灯快闪,表示风扇框未注册或者加载中,可不处理。

b. 黄灯 1 秒亮 1 秒灭周期闪,表示有提示告警,但不影响业务,可根据告警进行相应处理。

c. 黄灯常亮,表示环境监控通信中断。应检查风扇框和监控板的通信连接情况。

d. 红灯快闪,风扇故障或温度过高告警。应更换故障风扇或将风速调大,降低温度。

② 如果风扇出现异常声音,可能是有异物阻塞或扇叶松动,请根据实际情况清除异物或更换故障的风扇。

③ 如果风扇损坏,请更换故障的风扇。

3. 检查蓄电池

(1) 检查方法

① 检查电池外观。

② 检查电池间连接件。

③ 检查环境和电池温度。

④ 测量系统浮充充电电压。

⑤ 切断交流输入,检查系统能否正常切换到蓄电池供电。

⑥ 每隔半年给蓄电池放电,有两种方式可供选择：自动放电测试,即设置自动放电测试周期。手动放电测试。蓄电池放电深度在 20%～30%。

(2) 正常结果

① 电池的外壳清洁、无破损,电池端子应无压弯变形,电池间距应≥10mm。

② 电池间连接处有无松动、腐蚀现象。

③ 蓄电池工作温度为－20℃～＋50℃。

④ 电池充电电压在电池极柱根部测量,电池组典型浮充电压为 13.38V。

⑤ 系统能正常切换到蓄电池供电。

(3) 异常处理

① 如果发现电池外壳不清洁,请立即进行清除。

② 如果发现电池外壳渗漏与变形,请立即将该电池更换掉。

③ 如果发现电池端子弯曲或损坏,请立即将该电池更换掉。

④ 如果发现电池间连接件有松动、腐蚀现象,请根据实际情况固定或更换连接件。

4. 清洁防尘网

(1) 检查方法

① 将防尘网前侧、左右侧的卡扣提起。

② 将防尘网稍稍抬起后并向外拔出。

③ 将更换的防尘网上的灰尘拍打掉,并用吸尘器将灰尘吸净；或者用清水冲洗干净,并晾干。

④ 调整防尘网位置,使各卡扣对准位置,并向下压入,重新装上防尘网。

(2) 正常结果

散热系统的进风、排风通畅。

(3) 异常处理

如果防尘网破损,请更换新的防尘网。

5. 更改操作用户口令

通过本任务更改操作用户口令,以保障设备安全。

(1) 检查方法

使用命令更改操作用户的口令。如果更改操作用户口令出错，请按照异常处理中的指导进行处理，直到故障排除。

(2) 正常结果

可以使用更改后的口令登录到设备。

(3) 异常处理

如果更改操作用户口令的命令执行不成功，请检查是否符合以下条件：管理员可以修改任何用户的口令，修改口令时必须输入待修改的用户账号，但不必输入原口令。非管理员只能修改自己的口令，并且要输入原口令。

6. 检查系统时间

通过本任务检查系统时间与标准时间是否一致。

(1) 检查方法

查看当前系统日期和时间，检查当前系统日期和时间与标准时间是否一致。如果发现系统时间与实际时间不一致，请按照异常处理中的指导进行处理，直到故障排除。

(2) 正常结果

检查当前系统时间与标准时间偏差不超过 10min。

(3) 异常处理

如果时间偏差超过 10min，重新设置系统时间，并与标准时间保持一致。

13.2.5 年度维护

年度例行维护的项目主要是主备倒换。通过本任务进行主备倒换。

(1) 检查方法

检查主备板间的数据是否已经完全同步。在主备板间数据完全同步的情况下，进行主备倒换。如果发现主备倒换有异常，请按照异常处理中的指导进行处理，直到故障排除。

(2) 正常结果

原主用主控板复位。原主用主控板降为备用主控板，原备用主控板升为主用主控板。倒换后，原业务恢复正常。

(3) 异常处理

如果主备倒换不成功，请检查主备板软件版本是否一致：在全局配置模式下，查看主备板的各软件版本是否一致；如果不一致请将主备板的软件版本加载成一致的版本。

13.3 设备现场维护

现场维护是指现场维护工程师定期到站点对设备进行的例行维护操作，或对出现的业务故障进行的分析处理，以及因为设备故障需要检修、升级某个部件所执行的部件更换操作。现场维护主要包括三方面的内容：例行维护、部件更换和故障处理。

13.3.1 例行维护

现场例行维护任务见表 13-6。

表 13-6 现场例行维护任务表

维护周期	例行维护任务
月度	检查机柜
	检查通信线缆连接情况
	检查电源线缆连接情况
	检查线缆标签
	检查地线
	检查地阻
	检查防鼠板
季度	检查风扇
	清洁机柜底部防尘网
	清洁机柜门上的防尘网

各部分详细内容不再赘述，见 13.2 节。

13.3.2 部件更换

1. 更换插框

(1) 部件一

更换风扇框。

① 注意事项。

a. 更换前需做好防静电准备。

b. 风扇不能单个更换，只能整框更换。

c. 严格控制更换风扇框的操作时间，建议不超过 15min。

d. 更换风扇框时，禁止触碰正在转动的风扇。

e. 插拔风扇框时，需缓慢水平操作，避免发生碰撞。

② 推荐工具：防静电手腕或防静电手套、十字形螺丝刀。

③ 准备操作。更换前确认已按下面步骤做好保护措施及准备。

a. 从包装盒中取出新配件，检查并确认无部件损坏和元器件脱落现象。

b. 正确设置风扇监控板上的拨码开关或跳线。

④ 操作步骤。

a. 佩带防静电手腕，并将其插头一端插入机柜上的 ESD 插孔，或者佩带防静电手套。

b. 用螺丝刀沿逆时针方向松开待更换风扇框上的面板螺钉。

c. 拉住待更换风扇框面板前的拉手，使待更换风扇框与背板连接器脱离。

d. 待风扇停转后，拉住风扇框拉手将风扇框拉出业务框。

e. 查看更换下来的风扇框的型号、风扇个数，确认新风扇框与其相同。

f. 根据更换下来的风扇框拨码开关的状态，确认新风扇框的拨码开关设置正确。

g. 将更换下来的部件放入防静电袋中，在防静电袋上贴维护标签，标注该部件的名称及故障现象。

h. 将新的风扇框插入到对应插槽。

i. 用螺丝刀沿顺时针方向拧紧风扇框两边的面板螺钉。

⑤ 后续处理。更换后请按下面步骤验证更换是否成功。

a. 查看风扇框面板上的状态指示灯。

b. 指示灯为绿色且1s亮1s灭周期闪烁，表示该风扇框运行正常。

c. 指示灯为黄色且0.3s亮0.3s灭快闪，表示风扇正在加载中。

d. 指示灯为红色且0.3s亮0.3s灭快闪，表示风扇框出现故障或出现温度告警。

(2) 部件二

更换配电框。

① 注意事项。

a. 更换配电框会中断设备的所有业务。

b. 更换前需做好防静电准备。

c. 更换操作建议安排在业务量较少的时间段进行，如00:00am到06:00am之间。

d. 操作过程中需要断开配电框面板上的所有输出控制开关。

e. 操作过程中要确保已切断配电框的直流输入电源。

f. 更换前对允许动用的开关要加上临时标识牌。

g. 插拔配电框时，需缓慢水平操作，避免发生碰撞。

② 推荐工具：防静电手腕或防静电手套、十字形螺丝刀、一字形螺丝刀以及万用表。

③ 准备操作。

更换前确认已按下面步骤做好保护措施及准备。

a. 断开配电框所有输出控制开关。

b. 断开配电框直流输入电源。

c. 记录线缆的位置，并查看各线缆上的标签是否正确、清晰和整洁。如果标签不易识别则需重新制作并粘贴标签，避免连接线缆时出错。

④ 操作步骤。

a. 佩戴防静电手腕，并将其插头一端插入机柜上的ESD插孔，或者佩戴防静电手套。

b. 确认直流配电框的所有输出控制开关已断开，确认外部－48V输入电源已断开。

c. 拆除环境监控电缆。

d. 用十字形螺丝刀拆下配电框的环境监控板。

e. 用一字形螺丝刀拆下待更换配电框上输入、输出端子上的电源线。

f. 托着待更换配电框的下部，用十字形螺丝刀将需更换配电框的4个M6×12面板螺钉拧下。

g. 托着待更换配电框的下部，将配电框拉出机柜。

h. 将更换下来的部件放入防静电袋中，在防静电袋上贴维护标签，标注该部件的名称及故障现象。

i. 从包装箱中取出新配件，检查并确认无部件损坏和元器件脱落现象。

j. 将新的配电框从机柜正面放到机柜中最上面的机框上，然后托住配电框的底部，将配电框缓慢推入机柜中。

k. 略微抬起新配电框，调整配电框的高度，使配电框的安装弯角与机柜方孔条接触，将安装弯角上的4个腰形孔和装在机柜方孔条上的浮动螺母对齐，然后拧入4个M6×12的面板螺钉。

l. 重新连接配电框的馈电电缆、外部电源线和地线。

m. 重新安装环境监控板和环境监控线缆。

⑤ 后续处理。更换后请按下面步骤验证更换是否成功。

a. 接通配电框输入电源。

b. 闭合直流配电框的第一路－48V输出控制开关，用万用表测量直流配电框的第一路－48V输出端子之间的电压，确认输出电压在正常范围内。

c. 依次闭合直流配电框上的其他－48V业务框开关。检查各个输出端子电压，确认输出电压在正常范围内。

d. 直流配电框上电检查完成后，断开所有已闭合的输出控制开关。

e. 连接配电框和业务框之间的馈电电缆，闭合配电框上对应的输出控制开关。

f. 打开配电框上对应业务框的控制开关。

g. 确认各单板指示灯状态是否正常。

2. 更换单板和模块

(1) 部件一

更换电源转接板。

① 注意事项。

a. 更换前需做好防静电准备。

b. 更换操作建议安排在业务量较少的时间段进行，如00:00am到06:00am之间。

c. 更换电源转接板前确保业务数据已保存。

d. 更换前先断开配电框上对应该电源转接板－48V输出控制开关。

e. 操作过程中注意防止金属引起的短路，如操作工具放置不当，螺丝掉入机框内等。

f. 插入单板时注意对准导轨，沿导轨推入方能与背板准确对接。

② 推荐工具：防静电手腕或防静电手套、十字形螺丝刀及防静电袋。

③ 准备操作。

a. 电源转接板单配时，为避免业务完全中断，将新的电源转接板更换到备用的电源转接板槽位；电源转接板双配时，确认备份的电源转接板工作正常。

b. 记录并断开配电框上对应待更换的电源转接板的控制开关。

④ 操作步骤。

a. 佩戴防静电手腕，并将其插头一端插入机柜上的ESD插孔，或者佩戴防静电手套。

b. 确认电源转接板对应的配电框的输出控制开关已断开。

c. 用十字形螺丝刀拆下电源转接板上连接的馈电电缆的连接器。

d. 用十字形螺丝刀沿逆时针方向拧开单板面板的两颗紧固螺钉。

e. 将拉手条的扳手外翻，沿插槽导轨平稳拉出电源转接板。

f. 将更换下来的部件放入防静电袋中，在防静电袋上贴维护标签，标注该部件的名称及故障现象。

g. 从包装盒中取出新配件，检查并确认无部件损坏和元器件脱落现象。

h. 将新电源转接板对准机框槽位。

i. 将新电源转接板的拉手条的扳手外翻，沿插槽导轨平稳插入电源转接板。

j. 当新单板完全插入后，将新单板扳手内翻，靠扳手与机框定位孔的作用力，将单板推入机框，直到拉手条的扳手与拉手条面板平行。

k. 用十字形螺丝刀沿顺时针方向拧紧紧固螺钉。

l. 重新连接相应馈电电缆的连接器。

⑤ 后续处理。更换后请按下面步骤验证更换是否成功。

a. 闭合新电源转接板对应的配电框的输出控制开关。

b. 查询系统中的告警和性能事件，确认无新增的异常告警和性能事件。

(2) 部件二

更换主控板。

① 注意事项。

a. 更换前需做好防静电准备。

b. 在一般情况下，维护人员只能对处于故障状态的主控板进行更换操作，严禁直接更换处于运行状态的主控板。

c. 更换操作建议安排在业务量较少的时间段进行，如 00:00am 到 06:00am 之间。

d. 单主控板配置时，更换主控板前确保业务数据已备份。

e. 为避免业务完全中断，建议将新主控板插入备用的主控板槽位。

f. 更换前确认新的主控板无损坏或原件脱落现象。

g. 操作过程中注意防止金属引起的短路，如操作工具放置不当，螺丝掉入机框内等。

h. 插入单板时注意对准导轨，沿导轨推入方能与背板准确对接。

② 推荐工具：防静电手腕或防静电手套、十字形螺丝刀及防静电袋。

③ 准备操作。更换前确认已按下面步骤做好保护措施及准备。

a. 通过单板 PCB 板丝印，查看并记录单板的类型，确认更换前后的单板可以兼容。

b. 记录线缆的位置，并查看各线缆上的标签是否正确、清晰和整洁。如果标签不易识别则需重新制作并粘贴标签，避免连接线缆时出错。

④ 操作步骤。

a. 佩戴防静电手腕，并将其插头一端插入机柜上的 ESD 插孔，或者佩戴防静电手套。

b. 拆下待更换单板上的线缆。

c. 用螺丝刀沿逆时针方向拧松拉手条上的紧固螺钉。

d. 将拉手条两侧扳手外翻，使单板和背板分离。

e. 握住扳手沿着插槽导轨平稳拉出单板。

f. 将更换下来的部件放入防静电袋中，在防静电袋上贴维护标签，标注该部件的名称及故障现象。

g. 从包装盒中取出新配件，检查并确认无部件损坏和元器件脱落现象。

h. 将新单板的拉手条两侧扳手外翻，沿着插槽导轨平稳滑动插入。

i. 当新单板完全插入时，将新单板两侧扳手内翻，靠扳手与机框定位孔的作用力，将单板推入机框，直到拉手条的扳手与拉手条面板平行。

j. 用螺丝刀沿顺时针方向拧紧紧固螺钉，固定单板。按照记录的顺序连接新单板上的线缆。

⑤ 后续处理。更换后请按下面步骤验证更换是否成功：观察新插入单板指示灯状态，"RUN ALM"灯为绿色且 1s 亮 1s 灭周期闪烁，则说明单板已经正常运行。查询系统中的告警和性能事件，确认无新增的异常告警和性能事件。

(3) 部件三

更换业务板。

更换业务板方法参见"更换主控板"。

3. 更换线缆

(1) 部件一

更换外部电源线。

① 注意事项。

a. 更换电源线的过程中，设备下电会导致所有业务中断。

b. 更换电源线前确保业务数据已保存。

c. 操作过程中一定要切断所有的电源输入，操作过程中对需要动用的开关要加上标识牌。

d. 直流线路端子节点及其他不必要的裸露处，应充分绝缘。

e. 更换操作建议安排在业务量较少的时间段进行，如 00:00am 到 06:00am 之间。

② 推荐工具：十字形螺丝刀、一字形螺丝刀、防静电手腕或防静电手套、M8 扳手、斜口钳、线扣以及万用表。

③ 准备操作。

a. 记录待更换线缆的两端位置、走线方式。

b. 制作新的外部电源线或地线。

c. 按原线缆上的标签内容制作新标签。

d. 根据输入电源数，作相应处理：对于 4 路电源输入，确认与待更换电源线冗余备份的电源线工作正常；对于 2 路电源输入，关闭配电框上待更换电源线对应的控制开关，并拔掉对应机框上的馈电电缆的连接器，拔出对应机框的风扇框、单板。

e. 断开配电框或交流电源的输出控制开关。

f. 断开配电框或交流电源的待更换电源线对应的外部输入电源。

④ 操作步骤。

a. 佩戴防静电手腕，并将其插头一端插入机柜上的 ESD 插孔，或者佩戴防静电手套。

b. 确认外部输入电源已断开。

c. 用螺丝刀沿逆时针方向拧松配电框面板上的两颗固定螺钉，然后以转动轴为中心，将前面板向外旋转。

d. 对于 I 型配电框，用一字形螺丝刀拧松配电框输入端子上的固定螺钉，将电源线的冷压端子拔出。对于 B 型配电框，先拧掉上面的接线柱帽，再用 M8 扳手拧松配电框输入端子上的固定螺母,依次取下固定螺母、弹垫和平垫,将电源线的 OT 端子拆下。

e. 用斜口钳剪断捆绑电源线的线扣,将电源线从机柜进线孔中抽出。

f. 进行安装前,在新的电源线两端粘贴上临时标志,以防混淆。

g. 将新的电源线从相应的孔穿入机柜。

h. 对于 I 型配电框,将冷压端子连接到配电框的电源输入端子上,用一字形螺丝刀拧紧输入端子上的固定螺钉。对于 B 型配电框,将 OT 端子连接到配电框的电源输入端子上,将平垫、弹垫和固定螺母依次穿过接线柱,用 M8 扳手拧紧输入端子上的固定螺母,拧紧接线柱帽。

i. 用线扣将电源线捆绑好,并将线扣多余部分剪断。

j. 在电源线上将标签粘贴在电源线两端的线扣标识牌上。

k. 关闭直流配电框面板,用螺丝刀沿顺时针方向拧紧配电框面板上的两颗固定螺钉。

⑤ 后续处理。更换后请按下面步骤验证更换是否成功。

a. 检查直流配电框的电源输入线连接是否正确。

b. 接通直流配电框或交流电源的外部输入电源。

c. 打开直流配电框或交流电源的输出控制开关。

d. 如果无法上电,请通过万用表进行线缆导通性测试。

e. 用万用表检测输入端子正负极两端的电压是否正常。

f. 对于 2 路电源输入,重新插上对应业务框的电源输入插头并闭合机柜直流配电框上的对应负载分路开关,重新安装好风扇框和单板。

g. 查看各个风扇框的风扇是否开始运行,确认风扇框面板上的绿色风扇运行状态指示灯是否正常闪烁。

h. 查看主控板的“RUN ALM”指示灯,如果为绿色且 1s 亮 1s 灭周期闪烁,表示主控板正常,同样确认其他单板运行状态是否正常。

i. 查询系统中的告警和性能事件,确认无新增的异常告警和性能事件。

j. 将更换下来的电源线妥善处理。

(2) 部件二

更换中继电缆。

① 注意事项。

a. 更换中继电缆的过程中,此中继电缆承载的业务将暂时中断。

b. 更换操作建议安排在业务量较少的时间段进行,如 00:00am 到 06:00am 之间。

② 推荐工具:一字形螺丝刀、斜口钳、线扣、防静电手腕或防静电手套及万用表。

③ 准备操作。

a. 记录待更换线缆的两端位置、走线方式。

b. 取出新中继电缆,查看标签,确认中继电缆类型与待更换电缆一致,中继电缆分 75Ω 和 120Ω 两种。

c. 按原线缆上的标签内容制作新标签。

④ 操作步骤。

a. 佩戴防静电手腕,并将其插头一端插入机柜上的 ESD 插孔,或者佩戴防静电手套。

b. 用螺丝刀按逆时针方向松开中继电缆连接单板一端的连接器上的螺钉。

c. 双手握住连接器，将其拔出。

d. 用斜口钳剪断捆绑线缆的线扣，抽出中继电缆。

e. 将新的中继电缆按照原走线方式布放。

f. 按记录的位置将中继电缆连接器插入接口，用螺丝刀按顺时针方向拧紧连接器上的螺钉。

g. 用线扣将线缆捆绑好，并将线扣多余部分剪断。

h. 在新中继电缆上粘贴标签。

⑤ 后续处理。更换后请按下面步骤验证更换是否成功。

a. 查询系统中的告警和性能事件，确认无新增的异常告警和性能事件。

b. 查询更换的线缆连接的单板承载的业务是否正常。

c. 如果有告警事件或业务不正常，需要通过万用表进行线缆导通性测试。

d. 如果线缆导通正常，并且存在告警事件或业务不正常的情况，请参看相关故障指导进行处理。

e. 将更换下来的线缆妥善处理。

(3) 部件三

更换网线。

① 注意事项。

a. 更换网线的过程中，网线连接的设备间的通信将暂时中断。

b. 更换操作建议安排在业务量较少的时间段进行，如00:00am到06:00am之间。

② 推荐工具：斜口钳、线扣、防静电手腕或防静电手套及万用表。

③ 准备操作。

a. 记录待更换线缆的两端位置、走线方式。

b. 取出新网线，确认网线类型与待更换网线一致：交叉网线或直通网线。

c. 按原线缆上的标签内容制作新标签。

④ 操作步骤。

a. 佩戴防静电手腕，并将其插头一端插入机柜上的ESD插孔，或者佩戴防静电手套。

b. 握住待更换网线连接器，拔出网线连接器。

c. 用斜口钳剪断捆绑线缆的线扣，抽出网线。

d. 将新的网线按照原走线方式布放。

e. 按记录的位置将网线连接器插入网口，发出"咔"的响声表示连接成功，网口的绿色指示灯常亮，链路正常。

f. 在新的网线上粘贴标签。

g. 用线扣将线缆捆绑好，并将线扣多余部分剪断。

⑤ 后续处理。更换后请按下面步骤验证更换是否成功。

a. 如果通信不正常，请通过万用表进行线缆导通性测试。

b. 如果线缆导通正常，请检查设备是否正常。

c. 将更换下来的网线妥善处理。

(4) 部件四

更换光纤。

① 注意事项。

a. 更换光纤的过程中，此光纤承载的业务将暂时中断。

b. 更换操作建议安排在业务量较少的时间段进行，如 00:00am 到 06:00am 之间。

c. 光纤插拔过程中需要小心操作，注意不要损伤光纤连接器。

d. 进行光接口板及光纤的安装、维护等操作时，严禁眼睛靠近或直视光接口或光纤接头。

e. 光纤的曲率半径应大于光纤直径的 20 倍，一般情况下曲率半径≥40mm。

f. 光纤连接器类型有 LC 型、SC 型，连接时根据接口类型选择不同连接器的光纤。

② 推荐工具：斜口钳、光纤绑扎带及防静电手腕或防静电手套。

③ 准备操作。

a. 记录待更换光纤的两端位置、走线方式。

b. 取出新光纤，确认光纤类型与待更换光纤一致：橙色为多模光纤，黄色为单模光纤。

c. 按原光纤上的标签内容制作新标签。

④ 操作步骤。

a. 佩戴防静电手腕，并将其插头一端插入机柜上的 ESD 插孔，或者佩戴防静电手套。

b. 握住光纤连接器将其拔出，在连接器上盖上防尘帽。

c. 取下新光纤连接器上的防尘帽，妥善保管，以便下次使用。

d. 将新的光纤按照原走线方式布放。

e. 按记录的位置将光纤连接器插入光口。

f. 在新光纤上粘贴标签。

g. 将新光纤在机柜中布放整齐，用绑扎带绑扎好，注意绑扎松紧适度，间距均匀。如果光纤有余长，将余长的部分在 ODF 处进行绑扎。

⑤ 后续处理。更换后请按下面步骤验证更换是否成功。

a. 查看光口的"LINK"指示灯，绿灯亮说明接口链路正常。

b. 查询已更换光纤所在单板的业务是否正常。如果业务正常，说明更换成功。

c. 查询系统中的告警和性能事件，确认无新增的异常告警和性能事件。剪掉旧光纤两端的连接器。

d. 将剪下来的连接器妥善处理。

13.4 网管日常维护

网管系统的维护包括每日例行维护和每月例行维护两部分，本书以中兴平台 NetNumenN31 网管软件的日常维护为例进行介绍。

13.4.1 每日例行维护

日常维护包括当前告警实时监控和网管服务器性能监控两部分内容。

1. 当前告警实时监控

(1) 前提

启动网管服务器,建立对网元的管理。

(2) 相关信息

实时地监控系统的告警。

(3) 步骤

① 选择“视图”→“告警管理”命令,进入“告警管理功能”视图。

② 选择“告警查看”→“当前告警实时监控”命令,弹出“当前告警实时监控”界面,如图 13-12 所示。

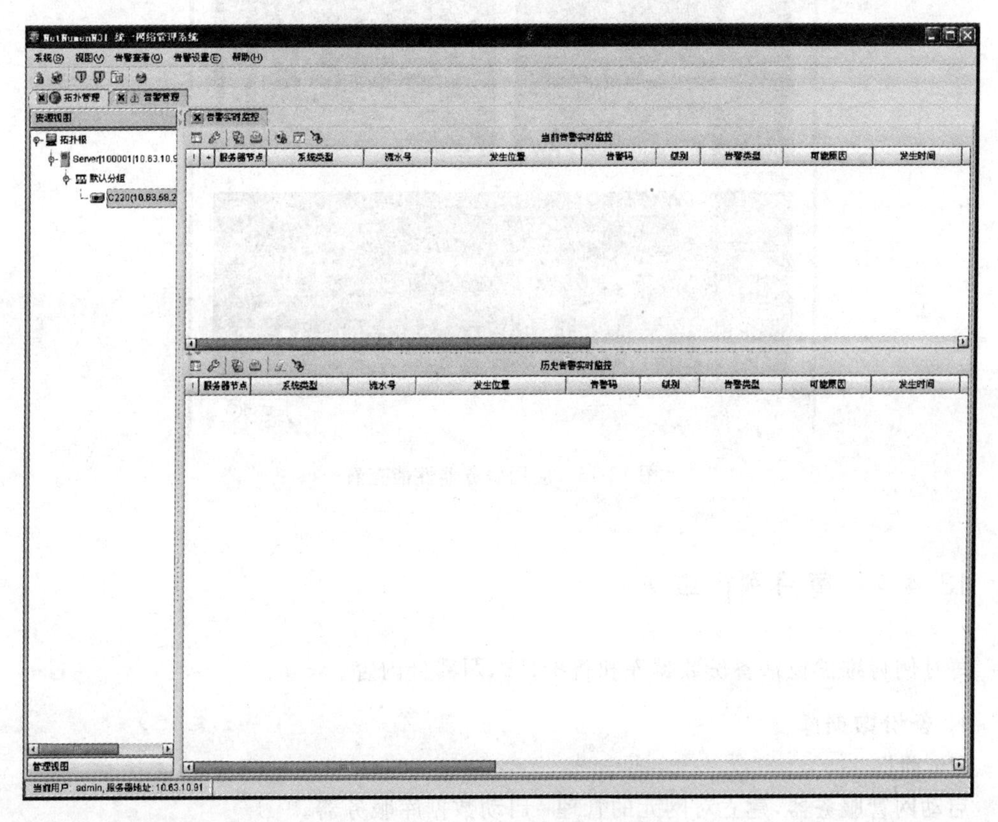

图 13-12　当前告警实时监控

③ 在“告警实时监控”界面上,可以实时地监控系统的告警。

2. 网管服务器性能监控

(1) 前提

启动网管服务器,建立对网元的管理。

(2) 相关信息

监控网管服务器性能。

(3) 步骤

① 在系统管理视图中选中“网管服务器”图标,在右键菜单中选择“查询服务器性能”选

项，或选择“应用服务器维护”→“查询服务器性能”命令，弹出如图 13-13 所示窗口。

② 通过监控了解网管服务器当前的性能状况。

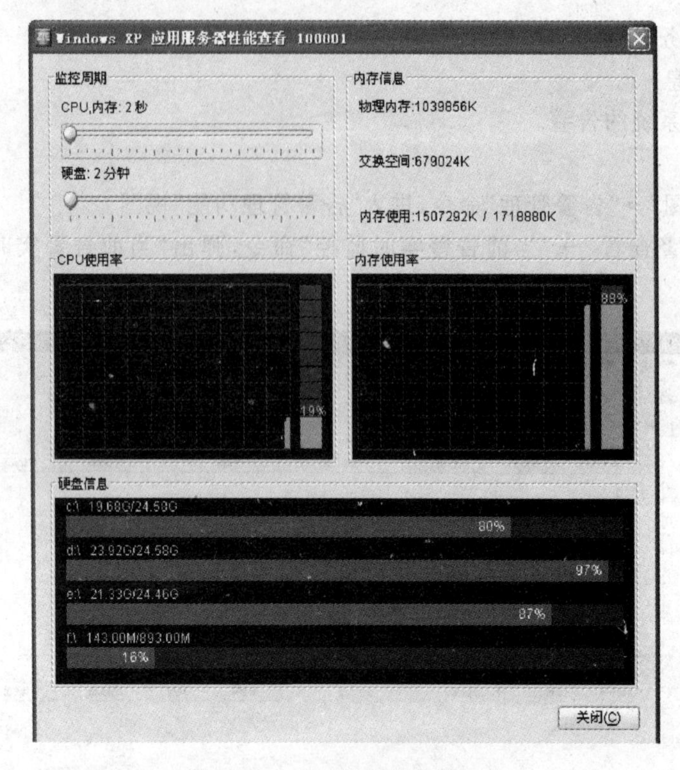

图 13-13 应用服务器性能查看

13.4.2 每月例行维护

每月例行维护包括备份数据库和备份日志两部分内容。

1. 备份数据库

(1) 前提

启动网管服务器，建立对网元的管理；启动数据库服务器。

(2) 相关信息

备份网管数据库。

(3) 步骤

① 在主逻辑视图中选择“视图”→“策略管理”命令，进入“策略管理”界面。

② 在“策略管理”界面左边的树目录中右击“周期策略”选项，在弹出的快捷菜单中选择“创建策略”选项，弹出“策略创建”对话框。

③ 在“策略创建”对话框中，输入策略名称，在“动作模板”下拉菜单中选择“系统管理_网管数据库备份策略”选项，如图 13-14 所示。然后单击“下一步”按钮。

④ 设置第一次执行策略的时间以及策略执行周期，如图 13-15 所示。然后单击“下一步”按钮。

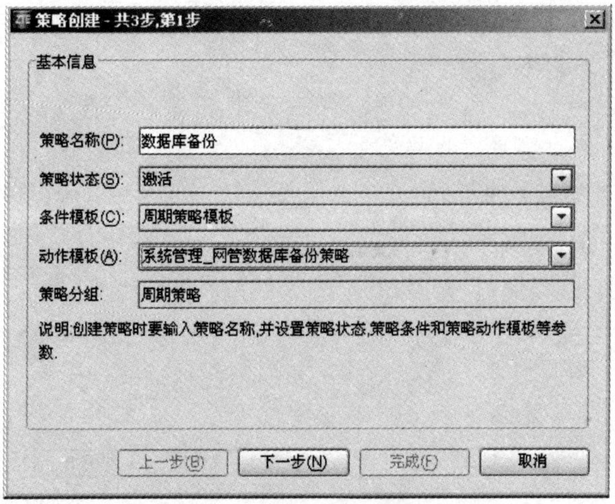

图 13-14　“策略创建”对话框(第 1 步)

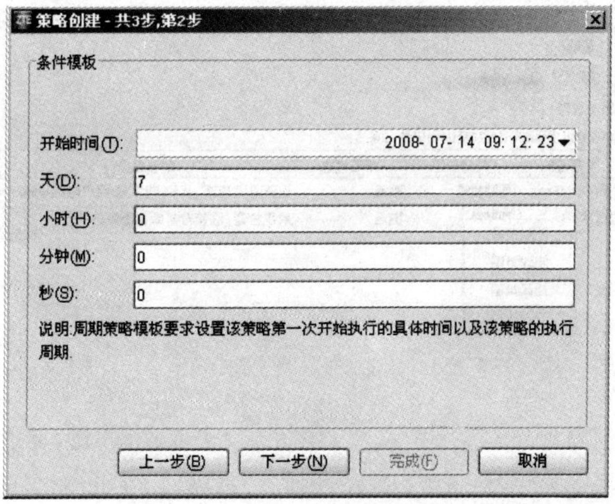

图 13-15　“策略创建”对话框(第 2 步)

⑤ 在如图 13-16 所示的界面中,单击“完成”按钮。

⑥ 如需立即备份数据库,在“策略管理”界面中,右击“数据库备份策略”选项,在弹出菜单中选择“立即执行”选项,如图 13-17 所示。

2. 备份日志

(1) 前提

启动网管服务器,建立对网元的管理。

(2) 相关信息

备份日志。

(3) 步骤

① 进入网络管理平台主界面,选择“视图”→“日志管理”命令,弹出日志管理界面,可以查看操作日志、安全日志、系统日志。

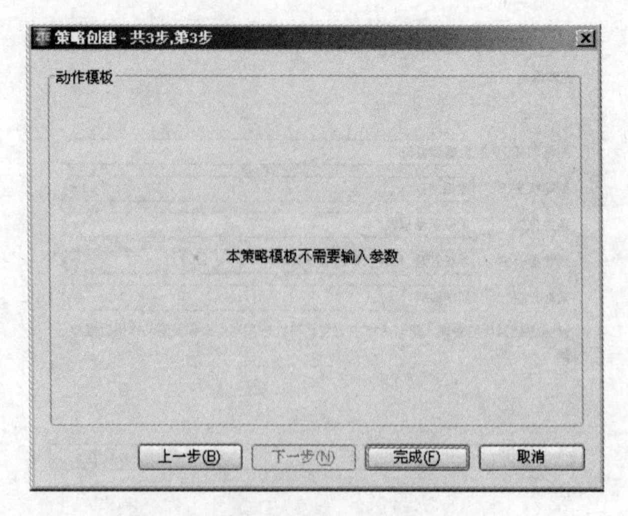

图 13-16 “策略创建”对话框(第 3 步)

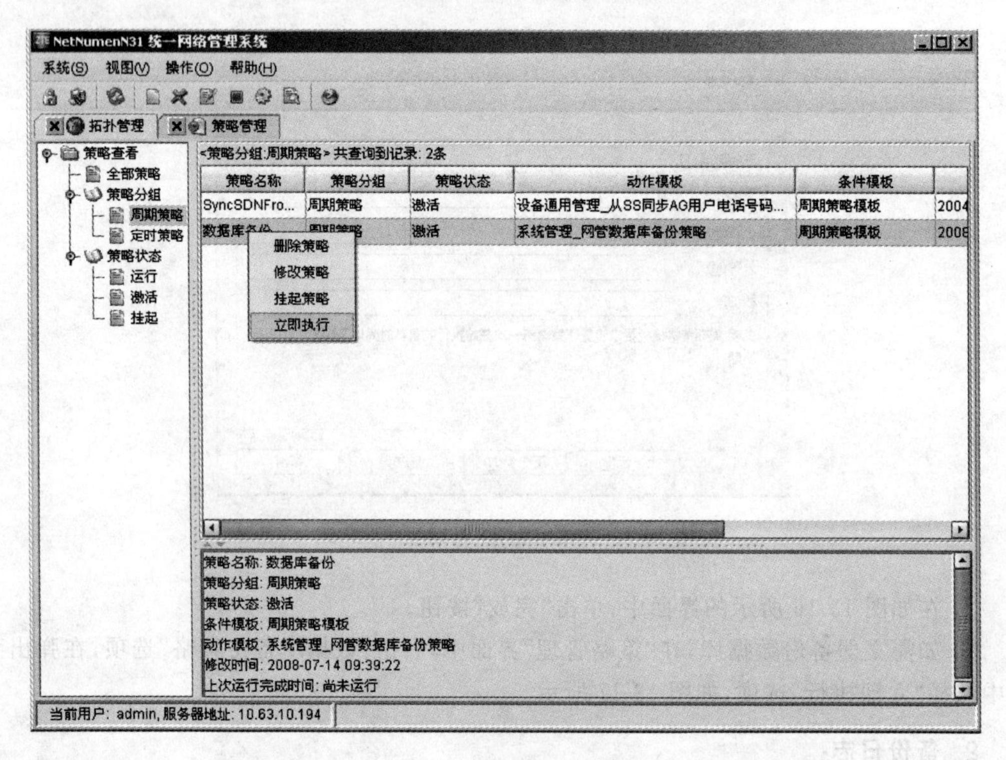

图 13-17 “策略管理”界面

② 单击工具栏“保存”按钮,弹出“保存”对话框,如图 13-18 所示。

③ 在窗口输入文件名,在“文件类型”下拉菜单中选择导出文件所保存的文件类型,单击“保存”按钮导出文件。如果成功,会有提示信息,如图 13-19 所示。

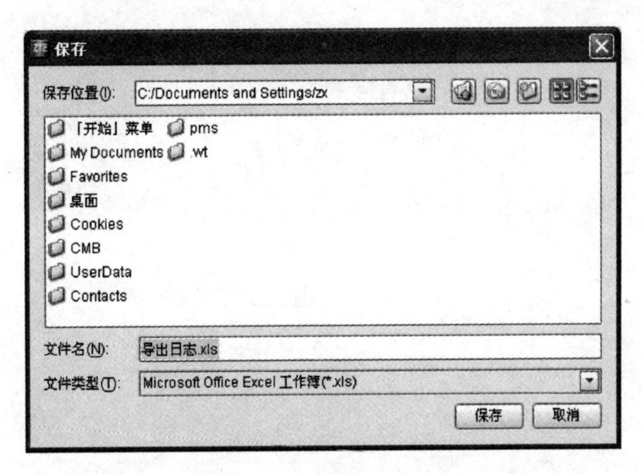

图 13-18　“保存”对话框

图 13-19　导出结果提示框

接入网系统工程实践

CHAPTER 14 第14章

接入网系统设计案例

本章以两个小区不同接入方案规划设计为例，讲述光接入网系统的一般设计规范和设计模式。

14.1 A小区实例

14.1.1 项目背景

A小区为新建小区，目前建设共13栋楼，其中：

① 1、6栋12层住宅楼，共17个单元。

② 2、5栋10层住宅楼，共10个单元。

③ 3、2栋22层住宅楼，共3个单元。

④ 另外，还有待建的4栋22层住宅楼，共8个单元。

整个小区的物理拓扑结构如图14-1所示。

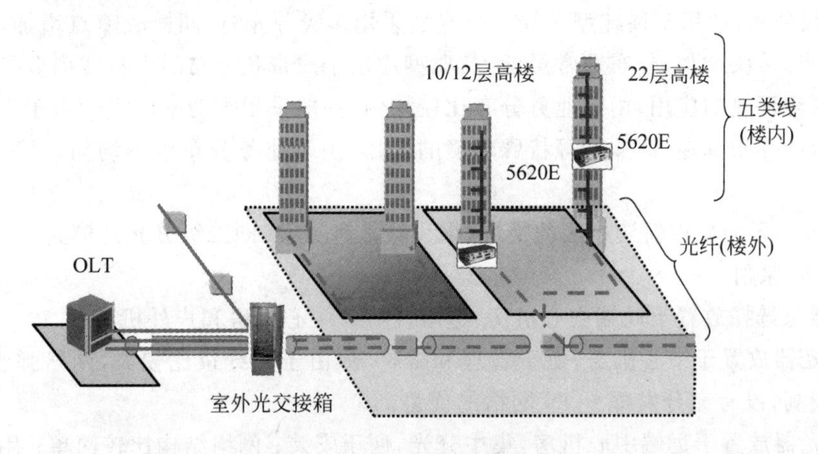

图14-1 A小区物理拓扑结构

14.1.2 小区EPON组网方案

1. OLT布放原则

OLT位置的选择，与实际的应用场景有一定关系，可放置于局端中心机房、远端(小区)中心机房和户外机房。

(1) OLT 放置于局端中心机房

其特点为覆盖范围大，维护与管理最为方便，节省运维成本，同时便于资源共享，节省资源。但是这种方案中，OLT 与 ONU 的距离相对较远，消耗的光纤数量较多，故一般适于早期接入用户比较少、分布稀疏的阶段。

(2) OLT 放置于远端中心机房

其特点为覆盖范围适中，操作和管理相对容易，同时兼顾容量和资源，是一个折中的方案。

(3) OLT 放置于户外机房或小区大楼机房

其特点为节省光纤，但管理和维护困难，覆盖范围比较小，需要解决供电问题，一般适用于接入用户比较密集的小区或商务办公楼。

由于 A 小区为新建小区，当前用户入住率并不高，故接入用户有限，应当采用第 1 种方案，即 OLT 放置于局端中心机房。

2. 分光器布放方式

(1) 分光模式

分光器可采用一级或多级分光，分光方式一般采用等功率方式，也可采用不等功率的方式，主要取决于地形和潜在用户分布等因素的影响。

① 一级分光适用于密型布局。分光器采用一级分光时 PON 端口一次利用率高，易于维护，其典型应用于需求密集的城镇，如大型住宅区或商业区。

② 二级分光，适用于稀疏型布局。分光器采用二级分光时，故障点增加，维护成本高，熔接点/接头增加，分布较灵活。典型应用于需求分散的城镇，如小型住宅区或中小城市。

③ 多级分光，适用于稀疏型布局。分光器采用多级分光时，同样故障点增加，维护成本很高，熔接点/接头增加，分布非常灵活，其典型应用于成带状分布的农村或商业街。对于城市住宅小区等环境的应用，由于业务分布比较均匀，一般采用等功率分光。对于农村、矿区、沿海或河床的养殖基地、商业街等特殊环境的应用，由于业务分布极不均匀，可采用不等功率分光。

根据 A 小区为城市新建小区的情况，采用第 2 种方案，即二级分光的模式。

(2) 布防原则

分光器可选择放置于局端中心机房、远端(小区)中心机房和户外机房。

① 分光器放置于中心机房，便于管理和维护，但由于光纤量比较大，网络弹性不足，实施费用比较高，没有充分发挥 PON 网络的优势。

② 分光器放置于远端中心机房，集中分光，便于安装；网络结构比较简单；用户密度比较高时，总的建设费用较低，这是一个折中的方案。

③ 分光器放置于室外机房或小区大楼机房，最节省光缆，充分发挥了 EPON 的优势，建设费用很低，但管理与维护工作量较大。

根据 A 小区为城市新建小区的情况，选择将分光器放置在远端中心机房，这是一个兼顾当前用户数量和未来用户发展需要的合理方案。

3. ONU 布放原则

根据 ONU 布放的位置，分为以下几种场景：FTTH、FTTB＋LAN、FTTB＋DSL。

(1) FTTH 方式

FTTH 即光纤到户方式，此时组网方式一般采用从局端的 OLT 引出光缆到用户区，在用户区内一个相对中心位置放置分光器，然后通过小芯数管道光缆或新型的小芯数直埋光缆连至用户家中的 ONU，可以根据用户需求在用户家中连接交换机或集线器(HUB)供多个设备连接。FTTH 可以提供较大的接入带宽，是比较高的建设标准。

(2) FTTB＋LAN 方式

FTTB＋LAN 方式适用于在单栋商务楼用。一般的组网方式为从局端 OLT 引出光缆到商务楼附近的光缆交接箱，在光缆交接箱中放置分光器，从交接箱引光缆至大楼。ONU 放置在大楼交接间，通过交换机为商务楼内用户提供宽带上网业务。在这种情况下，建设时需要根据用户带宽需求及数量选择合理的分路比。

(3) FTTB＋DSL 方式

FTTB＋DSL 方式则是较为传统的方式，是低成本的投资方案，在满足用户带宽需要的前提下，采用数字用户线(DSL)技术，尽量使用长的双绞线，以提高 ADSL 接入复用器(DSLAM)节点的用户容量，从而减少节点数量，减少投资和维护成本。

根据 A 小区为城市新建小区且是住宅楼的情况，并不存在过往的电缆线路投资，同时结合未来多种业务应用对接入宽带的需要，应主要采用 FTTH 接入方案，即 ONU 放置在用户终端侧。

14.1.3　小区 EPON 系统具体网络规划

1. 网络拓扑规划

本组网方案采用树型拓扑结构，树型拓扑结构可以认为是多级星型结构组成的，只不过这种多级星型结构自上而下(从核心交换机或骨干层到会聚层，再到边缘层)是呈三角形分布的，也就是上层的终端和集中交换节点少些，中层的终端和集中交换节点多些，而下层的终端和集中交换节点最多。

大中型网络通常采用树型拓扑结构，它的可折叠性非常适用于构建网络主干。由于树型拓扑具有非常好的可扩展性，并可通过更换集线设备使网络性能迅速得以升级，极大地保护了用户的布线投资，因此非常适合于作为网络布线系统的网络拓扑。

树型拓扑结构除了具有星型结构的所有优点外，还具有以下自身优点。

(1) 扩展性能好

其实这也是星型结构的主要优点，通过多级星型级联，就可以十分方便地扩展原有网络，实现网络的升级改造。只需简单地更换高速率的集线设备，即可平滑地从 10Mbps 升级至 100Mbps、1000Mbps，甚至 10Gbps。实现网络的升级。正是由于这两条重要的特点，星型网络才会成为网络布线的当然之选。

(2) 易于网络维护

集线设备居于网络或子网络的中心，这也正是放置网络诊断设备的绝好位置。就实际应用来看，利用附加于集线设备中的网络诊断设备，可以使得故障的诊断和定位变得简单而有效。

树型结构的缺点就是对根(核心，或者骨干层)交换机的依赖性太大，如果根发生故障，则全网不能正常工作。同时,大量数据要经过多级传输,系统的响应时间较长。

2. 业务规划

可将 OLT 规划为两类:一类为 A 类,另一类为 C 类。其区别(接入场景不同)在于:A 类为 FTTB 接入,C 类为 FTTO、FTTH 接入。

(1) A 类 OLT 的业务承载

A 类 OLT 的业务分为公客业务和商客业务两种。

① 公客业务:公客 PPPoE 拨号上网、IPTV、家庭网关管理、语音业务(MDU_AG 组网)、语音业务(BAC 组网)。

② 商客业务:拨号上网(不对称)业务(PON+LAN、PON+DSL)、不对称专线上网(PON+LAN、PON+DSL)、对称专线上网(PON+LAN)、VoIP 业务(类似 AG 组网)等。业务路径:公客 PPPoE 终结在公客 BRAS 上,商客 PPPoE 终结在商客 BRAS 上,对称/不对称专线上网及 AP 专线(固定 IP 地址)VLAN 终结在商客 BRAS 上等。

(2) C 类 OLT 的业务承载

C 类 OLT 的业务也分为公客业务和商客业务两种。

① 公客业务:公客 PPPoE 拨号上网、IPTV、家庭网关管理、VoIP 业务(类似 IAD 组网)。

② 商客业务:对称专线上网业务(FTTO)、VPN 专线、TDM 业务。业务路径:公客 PPPoE 终结在公客 BRAS 上,商客 PPPoE 终结在商客 BRAS 上等。

随着业务推广的深入,用户开通率逐步提高,一个头端不能满足整个小区的需求,可把据端设备向网络终端处下移。同时随着信息技术的发展和互动业务的不断开展,在网络中同时开展各项双向个人增值业务必然对带宽提出新的需求,今后每户网络带宽需求分析见表 14-1。

表 14-1 用户网络带宽需求

高速数据业务	互动游戏业务	视频业务	每户总带宽需求
4Mbps	1Mbps	5Mbps	10Mbps

为了满足每个用户足够的带宽保证,可逐步将局端设备安装于楼栋。在本项目中,应当采用 C 类业务的规划方案。

3. 统一网管规划

EPON 网管系统的实现包括管理站网管软件的实现和代理站软件的实现。

(1) 管理站网管软件的实现

管理站网管系统是为用户提供友好的交互式界面,包括通信模块、数据采集/处理模块、显示模块利用 SNMP 协议对代理进程实现管理的控制实体。

通信模块的功能是按照 SNMP 协议,对网络中的代理站(OLT 和 ONU)发送、接收 SNMP 报文,从而获取或设置代理站中 MIB 库的相应信息。一方面,它将上层的操作、信息封装成对应的 PDU(协议数据单元),向网络中发送。另一方面,它接收代理发给自己的 PDU,并解析成上层可识别的信息,向上传递。对应于 5 种消息类型,SNMP 有 5 种类型:数据采集、处理模块负责将采集的数据分析、处理、存储或者送往上层。对各种采集到的数据,要按照配置、性能、故障几个模块的需求进行转换,向上传送。一些数据直接可以给上层显示使用;一些采集到的数据需要处理后,再送往上层显示。如通过访问接口 MIB,可以得到每个接口在每个时刻的总流量。可以设置每隔一秒取一次值,然后计算秒间总流量差值,得到接口每秒钟的流量。有些数据暂时不需要显示,需要存储在数据库中,供以后查询使用。

显示模块是面向用户的。它按照配置管理、性能管理、故障管理、安全管理几个模块分类,以图形化界面形式显示各项信息,并且提供人机接口,供配置使用。

(2) 代理站软件的实现

SNMP 在代理站的实现工作主要包括代理进程软件的实现和 MIB 的设计与组织。

代理进程软件实现 SNMP 协议,并管理 MIB。它实际上是一个执行无限循环的守护进程,在循环中,它接收管理站的 SNMP 请求,然后进行相应的操作,并作出响应。同时,代理进程能够根据自身管理的 MIB 信息,主动向管理站发送陷阱报文(Trap),以通知管理站所管理的网络设备发生了异常事件,实现故障告警。

在开发过程中可以使用一些软件开发包来缩短产品开发周期。ucd-snmp 软件包是一个广泛使用的实现 SNMP 代理开发的免费软件包,它支持 SNMP v1/v2/v3,支持分布式代理的开发,支持 MIB-II。它包括 SNMP 协议模块和 MIB 管理模块,实现了 SNMP 代理站的基本框架。

14.1.4　系统测试

EPON 工程主要由两个子系统组成:光缆子系统和安装设备子系统。EPON 中的光缆子系统和传统光缆建设的不同之处在于,在光缆不同的节点上根据需要安装相应分光比的分光器,城市电信网络主要采用 1∶8 和 1∶32 的分光器:1∶8 分光器用于 PON+DSL+POTS;1∶32 分光器用于 FTTO/FTTH。

1. 光缆子系统的测试

EPON 网络是一个单纤双向的光传输系统,即 OLT 与 ONU 之间只通过一芯光纤进行光传输,下行采用广播方式,上行采用 TDMA(时分复用选址)方式。特别是在 EPON 网络中,可叠加 1550nm 传输第三方波长,用于承载 CATV(有线电视)业务。因此,运营商对光回损应有足够的关注。

EPON 网络使用 3 个波长传输光信号:1490nm 波长用于下行数据业务的传输;1310nm 波长用于上行数据的传输;1550nm 波长用于 CATV 的传输。这就要求在工程验收时工程人员必须对上述波长进行测试。

测试人员要使用专门针对 FTTx/PON 网络的光功率计,它具备触发光功率的能力。在测试中测试人员将该光功率计串在光分与 ONU 之间,就能测出 OLT 下发的光功率和 ONU 上行的光功率。

OLT 光功率的参数指标为:输出光功率为 2～7dbm;接受灵敏度优于－27dbm;损耗门限 4dbm(最大)。ONU 光功率的参数指标为:输出光功率为－1～4dbm;接受灵敏度优于－26.5dbm;损耗门限 2dbm(最大)。如果测试数据不在上述范围内,测试人员就必须查找故障点，根据施工统计，故障点主要在 NOU 光收发板上或光跳纤没插紧。

2. 安装设备子系统测试

设备系统测试主要由两部分组成：OLT 的测试和 ONU 的测试。OLT 设备系统测试主要包括：光纤保护倒换功能；OLT 电源冗余保护；OLT 主控板卡冗余保护；OLT 工作业务板卡热插拔；OLT 非工作业务板卡热插拔；系统配置恢复；OLT 上联口的链路聚合和负载分担功能；系统 E1 通道的性能测试。ONU 测试主要包括：ONU 光口的收发功率、PPPoE 拨号上网、ITMS、语音拨打。

测试中遇到的主要问题有：光功率不达标主要是由光缆线路和光模块问题引起的；PPPoE 不通主要是因为 ONU 的 VLAN 配置不正确及用户板卡损坏；ITMS 测试时用户端获取不到 DHCP 地址，其问题主要是网管数据出错。

通过了性能测试，EPON 在业务开通时还会存在许多隐性问题，而这些问题在用户安装调测中才能发现。

14.1.5 项目评估

1. 合理性评估

光纤接入未来的发展趋势，解决了双绞线接入的带宽瓶颈问题；解决了双绞线接入的长距离覆盖的问题；全光纤接入可以满足用户长距离、高带宽、全业务的需求。

EPON 技术目前已成熟，在中国已顺利完成多次互通测试，目前应用的主要问题在设备稳定性、组网和运维等方面，而这些问题是任何新技术都会面临的。EPON 的成本优势必将随着规模应用逐渐体现出来。EPON 基于吉比特以太网的无源光网络技术，继承了以太网的低成本和易用性以及光网络的高带宽。EPON 是当前实现光接入网众多技术中性价比相对较高的一种。但从传输速率、提供业务情况看，EPON 能很好地满足目前大多数用户的介入要求。

针对小区具体的情况，采用 EPON 组网方式，能很好地满足当地居民的介入要求，还能根据发展要求和技术的成熟度提高接入速率和容量，并且还可以节省 EPON 的建设成本和运维成本，同时，也方便 EPON 网络的管理与维护。

2. 可靠性评估

因 EPON 特有的技术，在 EPON 中，从 OLT 到多个 ONU 下行传输数据的过程采用数据广播方式发送。数据以变长信息包的形式从 OLT 下行广播到多个 ONU。依据 IEEE 802.3 协议，信息包最长为 1518 字节。每个信息包带有一个 EPON 包头，唯一标识该信息包是发给 ONU-1、ONU-2 还是 ONU-3，也可标识为广播信息包发给所有 ONU 或发给特定的 ONU 组(多点传送信息包)。当数据到达 ONU 时，ONU 通过地址匹配，接收并识别发给它的信息包，丢弃发给其他 ONU 的信息包。例如，ONU-1 接收信息包 1、信息包 2 和信息包 3，但只将信息包 1 传输给最终用户 1。

EPON 上行数据传输采用时分复用技术，每个 ONU 上行数据分配一个专用时隙，使得在数据汇合到公共光纤的时候，从 ONU 来的信息包不会互相干扰。在 QoS 性能方面，各厂家能够按照标准较好地实现业务流分类、标记、排队和调度；OLT 支持严格优先级和权重优先级或者两者混合调度，ONU 支持严格优先级调度。

3. 可扩展性评估

基本假定如下。

① 总共用户有 2000 户。

② 用户带宽为 2 Mbps，5Mbps，10Mbps，20Mbps。

③ EPON 的一个 PON 口传输速率为 1250Mbps。

④ 开户率为 40%。

⑤ 并发率为 60%。

⑥ 每个 ONU 带 32 户。

在整个发展的过程中，只需要增加 OLT 的 PON 口的数量和局端的数量，就可以满足不同时期的网络发展的需求，还可满足周边地区的发展需求。

14.2　B 小区实例

14.2.1　项目背景

B 小区规模 10 万 m^3，共 21 幢楼宇，71 个单元，楼宇层高为 4～6 层，一层 2 户，共有 371 户。本小区采用 GPON(FTTB+LAN)的方式接入。

本工程为 B 小区 MDU(Multi-Dwelling Unit)设备安装工程，小区内部光缆工程中在弱电井中安装 33 个综合业务接入箱，本工程在相应综合业务接入箱内安装测试 8FE+8POTS 配置的 MDU 设备 31 套、16FE+16POTS 配置的 MDU 设备 2 套，并在配线模块上卡接 MDU 设备的 POTS 用户电缆。

1. 设计依据

① (YD/T 1619-2007)《宽带光接入网总貌》。

② (YDJ 44-1989)《电信网光纤数字传输系统施工及验收暂行技术规定》。

③ 建设单位提供的相关设计基础资料。

④ 现场勘查取得的有关数据和资料。

2. 设计内容、范围及分工

(1) 本设计内容及范围

MDU 设备的安装调测，上行至分光器的跳纤连接，下行 POTS 用户电缆卡接，设备电源线的布放。MDU 下行的五类线本期工程暂不布放，后期根据业务开通情况再进行布放，由其他工程负责。

(2) 设计分工

本设计与 OLT 设备专业的分工以上联光纤分配架的光纤熔接点为界(含固定接头)，熔接点以内部分由本设计负责(成端接头的工程量列入线路册)。

3. 主要工作量

本项目主要工作量见表 14-2。

表 14-2 主要工作量

序号	项目名称	单位	数量
1	安装 ONU 设备	台	33
2	ONU 设备窄带端口测试(24 线以下)	每 10 线	28
3	ONU 设备宽带端口硬件测试(24 线以下)	每 10 线	28
4	配合调测 ONU 设备	台	33
5	放、绑软光纤-光纤分配架内跳纤	条	35
6	卡接大对数对绞电缆(配线架侧)-非屏蔽	百对	2.8
7	室内布放电力电缆(单芯相线截面积)－16mm² 以下	10m 条	33
8	室内布放电力电缆(3 芯相线截面积)－16mm² 以下	10m 条	33
9	敷设塑料线槽－100 宽以下	100m	5.2

14.2.2 小区 GPON 组网方案

1. 主要设计标准

(1) 通信系统

本工程通信系统主要由综合业务接入箱、MDU 设备、配线模块等组成。

本期工程将线路工程中预留的尾纤连接 MDU 设备的上行 PON 口，与分光器的连接通过中间站光配线单元的跳接完成。

MDU 下行的 POTS 用户电缆本次工程布放并卡接在配线模块上。

通信系统、终端光(电)口在相应光(电)配线架上的安排详见 MDU 设备通信系统布线图。

(2) 设备选型

MDU 设备为多个住宅用户提供以太网和 POTS 接口，适合安装在多层、中高层和高层住宅等住户密度高的建筑中。考虑到实装率及市场占有率，初始端口数量配置不宜过高。对于新建住宅，一般按 50%左右住户数配置，对于成熟小区，一般按 30%左右住户数配置，以后根据实装情况增加，特殊情况可按需配置。其形态及适用场合见表 14-3。

表 14-3 MDU 设备形态及适用场合

以太网＋POTS 口数量	设备形态	适用场合(初始覆盖住户数)	
		新建住宅	成熟小区
8＋8	1U，盒式	20 户	32 户
16＋16	1U，盒式	21～40 户	33～64 户
24＋24	1U，盒式	41～60 户	65～96 户
24/32/48/72	2～3U，插板式		

B 小区楼宇层高为 4～5 层，一层 2 户，按每 2～3 个单元设置一台 MDU 设备计算，MDU 设备覆盖住户数为 30 户，采用 8FE＋8POTS 配置的 MDU 设备；层高为 6 层，一层 2 户，按每 3 个单元设置一台 MDU 设备计算，MDU 设备覆盖住户数为 36 户，采用 16FE＋16POTS 配置的 MDU 设备。MDU 设备安装示意图如图 14-2～图 14-5 所示，MDU 设备配置清单见表 14-4。

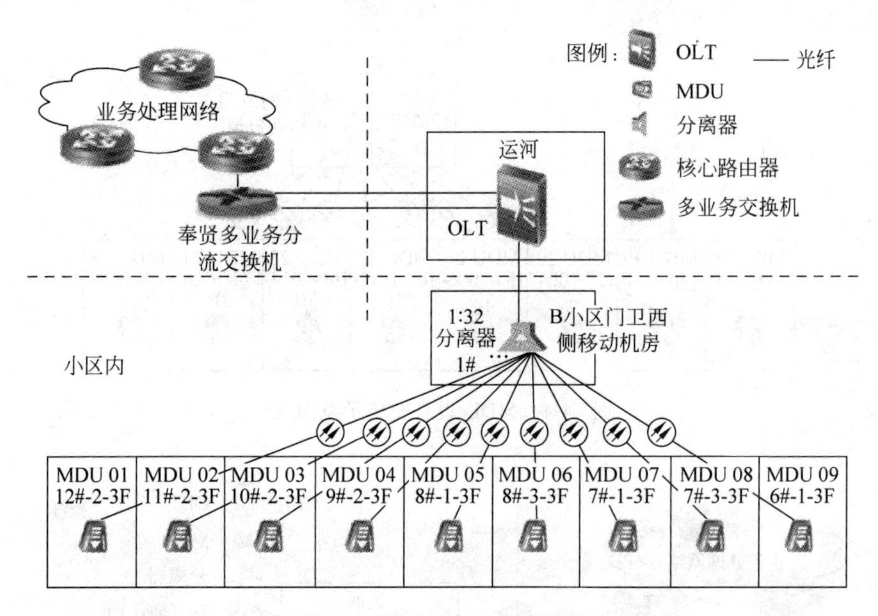

图 14-2　MDU 设备安装示意图一

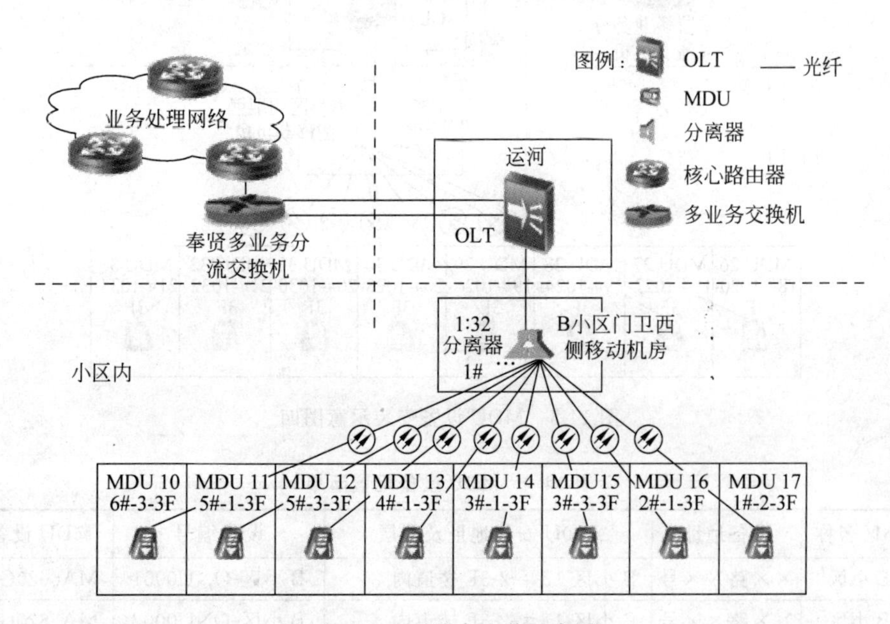

图 14-3　MDU 设备安装示意图二

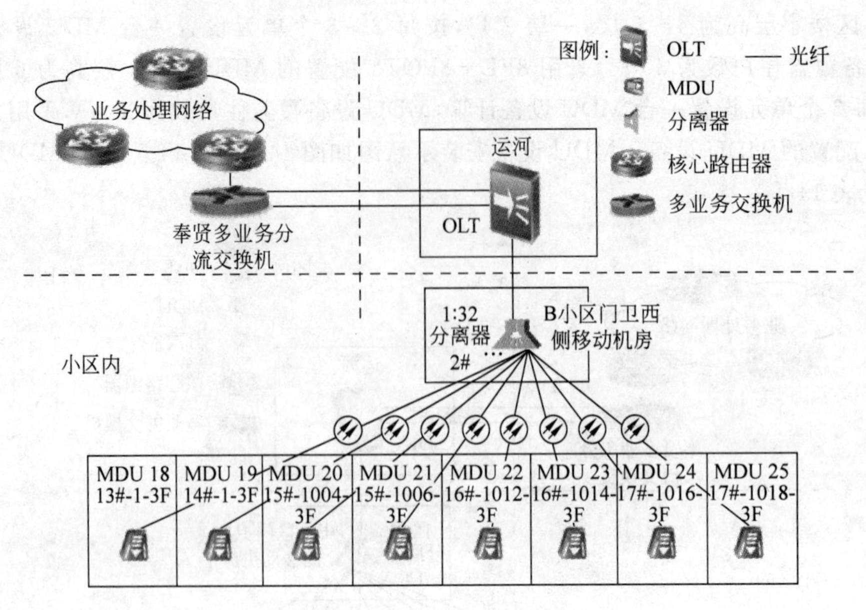

图 14-4　MDU 设备安装示意图三

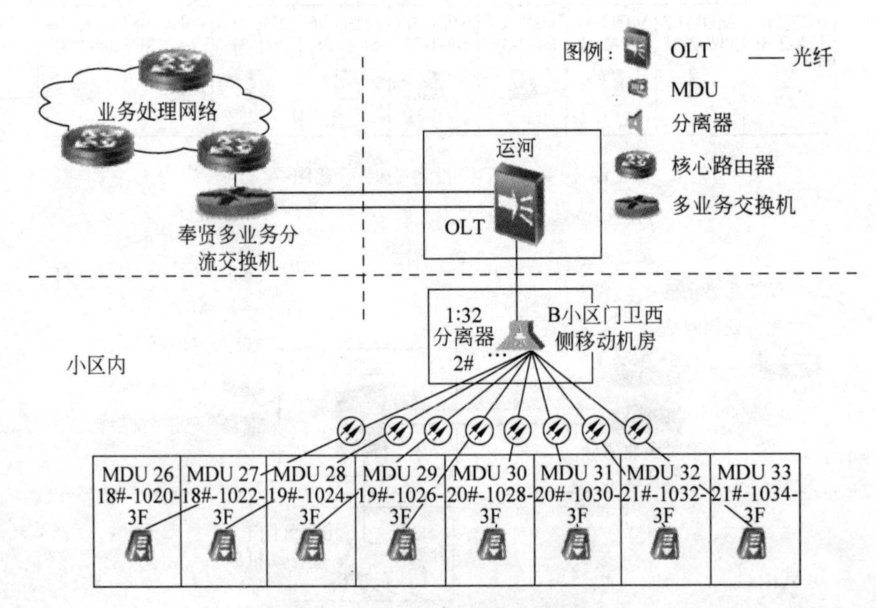

图 14-5　MDU 设备安装示意图四

表 14-4　MDU 设备配置清单

序号	小区名称	设备地址	MDU 安装地址及楼层	设备编号	MDU 设备类型
1	B 小区	××路××号	B 小区 12＃-2-3F 楼道内	B 小区-ONU0001	MA5620G-16 口
2	B 小区	××路××号	B 小区 11＃-2-3F 楼道内	B 小区-ONU0002	MA5620G-8 口
3	B 小区	××路××号	B 小区 10＃-2-3F 楼道内	B 小区-ONU0003	MA5620G-8 口
4	B 小区	××路××号	B 小区 9＃-2-3F 楼道内	B 小区-ONU0004	MA5620G-8 口

续表

序号	小区名称	设备地址	MDU 安装地址及楼层	设备编号	MDU 设备类型
5	B小区	××路××号	B小区 8#-1-3F 楼道内	B小区-ONU0005	MA5620G-8 口
6	B小区	××路××号	B小区 8#-3-3F 楼道内	B小区-ONU0006	MA5620G-8 口
7	B小区	××路××号	B小区 7#-1-3F 楼道内	B小区-ONU0007	MA5620G-8 口
8	B小区	××路××号	B小区 7#-3-3F 楼道内	B小区-ONU0008	MA5620G-8 口
9	B小区	××路××号	B小区 6#-1-3F 楼道内	B小区-ONU0009	MA5620G-8 口
10	B小区	××路××号	B小区 6#-3-3F 楼道内	B小区-ONU0010	MA5620G-8 口
11	B小区	××路××号	B小区 5#-1-3F 楼道内	B小区-ONU0011	MA5620G-8 口
12	B小区	××路××号	B小区 5#-3-3F 楼道内	B小区-ONU0012	MA5620G-8 口
13	B小区	××路××号	B小区 4#-1-3F 楼道内	B小区-ONU0013	MA5620G-8 口
14	B小区	××路××号	B小区 3#-1-3F 楼道内	B小区-ONU0014	MA5620G-8 口
15	B小区	××路××号	B小区 3#-3-3F 楼道内	B小区-ONU0015	MA5620G-8 口
16	B小区	××路××号	B小区 2#-1-3F 楼道内	B小区-ONU0016	MA5620G-8 口
17	B小区	××路××号	B小区 1#-2-3F 楼道内	B小区-ONU0017	MA5620G-16 口
18	B小区	××路××号	B小区 13#-1-3F 楼道内	B小区-ONU0018	MA5620G-8 口
19	B小区	××路××号	B小区 14#-1-3F 楼道内	B小区-ONU0019	MA5620G-8 口
20	B小区	××路××号	B小区 15#-1004-3F 楼道内	B小区-ONU0020	MA5620G-8 口
21	B小区	××路××号	B小区 15#-1006-3F 楼道内	B小区-ONU0021	MA5620G-8 口
22	B小区	××路××号	B小区 16#-1012-3F 楼道内	B小区-ONU0022	MA5620G-8 口
23	B小区	××路××号	B小区 16#-1014-3F 楼道内	B小区-ONU0023	MA5620G-8 口
24	B小区	××路××号	B小区 17#-1016-3F 楼道内	B小区-ONU0024	MA5620G-8 口
25	B小区	××路××号	B小区 17#-1018-3F 楼道内	B小区-ONU0025	MA5620G-8 口
26	B小区	××路××号	B小区 18#-1020-3F 楼道内	B小区-ONU0026	MA5620G-8 口
27	B小区	××路××号	B小区 18#-1022-3F 楼道内	B小区-ONU0027	MA5620G-8 口
28	B小区	××路××号	B小区 19#-1024-3F 楼道内	B小区-ONU0028	MA5620G-8 口
29	B小区	××路××号	B小区 19#-1026-3F 楼道内	B小区-ONU0029	MA5620G-8 口
30	B小区	××路××号	B小区 20#-1028-3F 楼道内	B小区-ONU0030	MA5620G-8 口
31	B小区	××路××号	B小区 20#-1030-3F 楼道内	B小区-ONU0031	MA5620G-8 口
32	B小区	××路××号	B小区 21#-1032-3F 楼道内	B小区-ONU0032	MA5620G-8 口
33	B小区	××路××号	B小区 21#-1034-3F 楼道内	B小区-ONU0033	MA5620G-8 口

(3) 网管系统

iManager N2000 固定网络综合网管系统(以下简称 iManager N2000)是华为技术有限公司开发的网管系统,能对华为公司的宽带接入、综合接入等多类网元设备进行统一管理。

iManager N2000 通过 SNMP(Simple Network Management Protocol)与 MA5680T 通信,实现对 MA5680T 设备的维护管理功能。

iManager N2000 可以通过带内方式、带外方式与 MA5680T 组网。在实际应用中,可以综合这两种方式与MA5680T组网。

带内组网是指利用被管理设备提供的业务通道完成网络设备管理的组网方式。在这种方式下，网管交互信息通过设备的业务通道传送。带内组网示意图如图14-6所示。

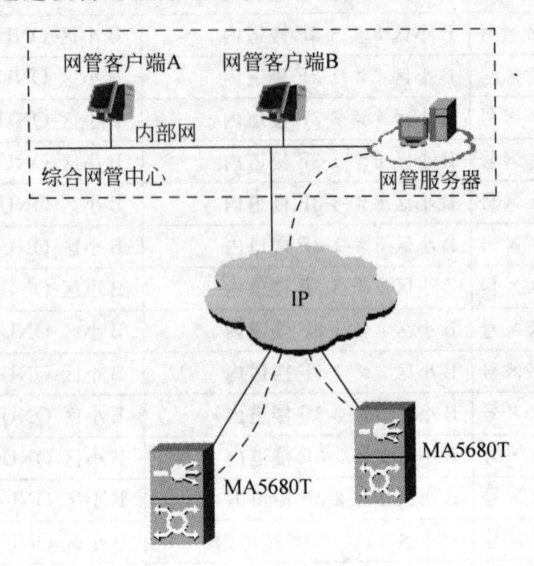

图14-6 带内组网示意

本期工程采用带内方式进行组网。

(4) 供电系统

本工程设备所采用的电源为220V/AC，站点内设备电源直接从综合业务接入箱内的电源插座引入。

2. 设备说明

(1) 设备简介

MA5620G在GPON接入系统中作为MDU设备，上行方向与OLT配合提供高速率和高质量的数据、语音和视频业务，实现FTTB接入。

为更好地满足客户对FTTB组网中MDU设备的需求，华为技术有限公司推出SmartAX MA5620G GPON远端光接入单元。MA5620G可以支持以下业务接入方式。

① 基于VoIP的POTS(Plain Old Telephone Service)接入。

② 基于以太网的LAN接入。

(2) 接入能力

MA5620G提供高速的LAN接口，为居民居住密集的地区提供更高速的宽带网络服务。

LAN接入方式具有以下优点。

① 高速率。LAN接入方式是采用以太网技术，通过光纤和双绞线进行综合布线，用户可以获得最高100Mbps的带宽。具备高速率的特点，将更加方便地开展IPTV或视频聊天等业务，为用户提供高质量的视频服务。

② 高稳定性。LAN接入方式相对于xDSL接入，不存在回传噪声或线路之间的串扰问题，数据传输的稳定性更高。具备高稳定性的特点，能够为用户提供更高质量的网络服

务，特别是对于线路稳定性敏感的在线服务（例如网络游戏）。

(3) 工作原理

MA5620G 通过 GPON 子系统、汇聚子系统和语音子系统的交互完成所有业务的处理。工作原理如图 14-7 所示。

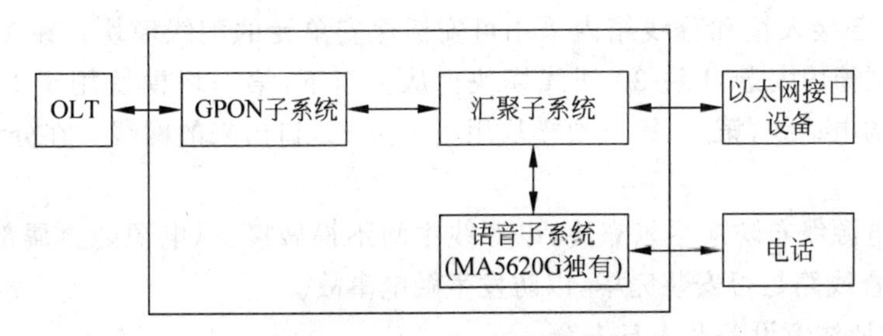

图 14-7　工作原理

MA5620G/MA5626G 的工作原理如下。

① OLT 通过光纤连接到 MA5620G 的 GPON 接口，完成业务通道的对接。

② GPON 子系统实现光电与电光转换和 MAC 协议处理等功能，与汇聚和接口子系统进行对接。

③ 汇聚子系统完成以太网数据的交换汇聚以及高层协议处理，实现以太网用户的接入，并与语音子系统进行对接。

④ 语音子系统（MA5620G 独有）完成对语音数据的处理，同时负责呼叫过程的管理，实现语音业务的接入。

(4) 设备参数

设备参数有电源要求、功耗要求、接口指标、外形尺寸以及环境要求等。

① 电源要求。电源为 220V/AC，输入电压要求范围：100～240V。

② 功耗。最大功耗为 41.1W。

③ GPON 接口指标。速率：上行 1.244Gbps，下行 2.488Gbps。工作模式：单模。工作波长：发送 1310nm，接收 1490nm。传输距离：20km。接口类型：SC/UPC。

④ 以太网接口。具有 1×8 路或 1×16 路 FE 接口。接口类型：100BASE-TX。连接器：RJ-45。

⑤ POTS 接口。具有 1×8 路或 1×16 路 POTS 接口。接口类型：POTS。连接器：D 型连接器（68PIN 公头）。

⑥ 外形尺寸。机架尺寸：482.6mm×220mm×43.6mm。机架重量：3.2kg。

⑦ 环境要求。温度：－10℃～＋55℃。湿度：5%～95%RH。

3. 施工要求

(1) 设备安装

① 本工程设备安装在综合业务接入箱内，综合业务接入箱作为用户家庭综合布线汇聚点，其容量、型号、安装位置应符合设计文件要求，必须安装在建筑物的公共部位，光缆和布线应进出方便、安全可靠、便于维护。

② 本工程设备加固应满足抗地震 7 度的要求，即机架对地用膨胀螺栓进行加固，机架

顶部用固定件与型材进行加固,机架间用型材连成一体。

③ 为便于维护管理,施工时需在设备侧电缆上按端口编号贴上标签,标识线缆走向、对应服务地址,标识要符合资源管理要求。

④ 本工程新增设备及其配套设备包括走线架等铁件均需严格接保护地气。

⑤ 综合业务接入箱和分线箱内采用可安插保安单元的配线模块。在 1-A 型、1-B 型、3-A 型和 3-B 型箱内安装 3 块 30 回线模块。从上至下,第一块模块用于卡接 ONU 设备 POTS 口出来的电话线,第二、第三块模块用于卡接 FE 口出来的网线。在分线箱内安装 50 回线模块。

⑥ 220V 电源线布防应尽量靠边,电源线中间不得做接头,电源的金属部分不得外露,通电前必须检查线路是否安装完毕,以防发生触电事故。

⑦ 施工时请注意设备及人身安全。

(2) 光跳线的敷设

① 光跳线的规格、程式应符合设计文件的要求。

② 光跳线的走向、路由应符合设计文件的规定。

③ 光跳线两端的余留长度应统一并且符合工艺要求。

④ 光跳线布放时,应尽量减少转弯,在走线架上敷设应加套管或者线槽保护。无套管保护部分宜用活扣扎带绑扎,扎带不宜过紧。光跳线应保持自然顺直,无扭绞现象,并绑扎至横铁上。尾纤在 ODF 和设备侧的预留应分别不超过 500mm,并在其两端分别固定永久性标签。

⑤ 光纤布放时不得受压,不得把光纤折成直角,需拐弯时,应弯成圆弧,圆弧直径不得小于 60mm,光纤应理顺绑扎。

⑥ 光跳线与设备及 ODF 架的连接应紧密,并且应有统一、清楚的标识。

⑦ 暂时不用的光纤头部要用护套套起,整齐盘绕,用宽绝缘胶带缠在 ODF 架上。

(3) POTS 用户电缆的布放

① POTS 用户电缆不得与电力电缆交越,布放应顺直,无明显扭绞和交叉。

② 综合业务接入箱内采用可安插保安单元的配线模块。在 1-A 型、1-B 型、3-A 型和 3-B 型箱内安装 3 块 30 回线模块,从上至下,第一块模块用于卡接 MDU 设备 POTS 用户电缆,POTS 用户电缆卡接示意图如图 14-8 所示。

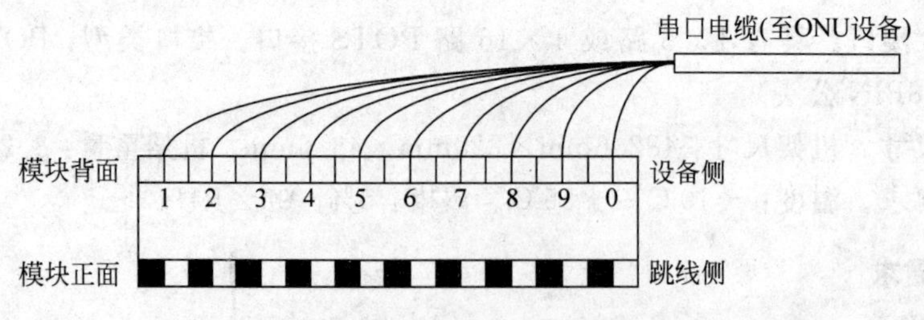

图 14-8 POTS 用户电缆卡接示意

③ POTS 用户电缆内部接线关系采用色谱方式,见表 14-5。本次工程使用 8FE+8POTS 和 16FE+16POTS 的 MDU 设备,分别卡接 0-7 号和 0-15 号端口。

表 14-5　POTS 用户电缆接线关系

X1 的插针	绑扎带颜色	芯线颜色及绞线关系		端口号
35	蓝	白	互绞	0
36		蓝		
37		白	互绞	1
38		橙		
39		白	互绞	2
40		绿		
41		白	互绞	3
42		棕		
43		白	互绞	4
44		灰		
45		红	互绞	5
46		蓝		
47		红	互绞	6
48		橙		
49		红	互绞	7
50		绿		
1		红	互绞	8
2		棕		
3		红	互绞	9
4		灰		
5		黑	互绞	10
6		蓝		
7		黑	互绞	11
8		橙		
9		黑	互绞	12
10		绿		
11		黑	互绞	13
12		棕		
13		黑	互绞	14
14		灰		
15		黄	互绞	15
16		蓝		
53	橙	白	互绞	16
54		蓝		
55		白	互绞	17
56		橙		
57		白	互绞	18
58		绿		
59		白	互绞	19
60		棕		
61		白	互绞	20
62		灰		

续表

X1 的插针	绑扎带颜色	芯线颜色及绞线关系		端口号
63	橙	红	互绞	21
64		蓝		
65		红	互绞	22
66		橙		
67		红	互绞	23
68		绿		
19		红	互绞	24
20		棕		
21		红	互绞	25
22		灰		
23		黑	互绞	26
24		蓝		
25		黑	互绞	27
26		橙		
27		黑	互绞	28
28		绿		
29		黑	互绞	29
30		棕		
31		黑	互绞	30
32		灰		
33		黄	互绞	31
34		蓝		

14.2.3 小区工程预算方案

1. 预算编制说明

(1) 工程概况

本预算是为 B 小区 MDU 设备安装工程一阶段设计所编制。本工程预算投资为51666元人民币。

(2) 投资分析

本工程预算投资结构见表 14-6。

表 14-6 概预算表

项　　目	投资额(元)
国内安装设备费	334
建筑安装工程费	37668
其他费	12169
预备费	1495
总投资	51666
勘察设计费	8437

续表

项　　目	投资额(元)
监理费	3221
造价审计费	136
安全生产费	377

(3) 编制依据

① 工信部规[2008]75 号"关于发布《通信建设工程概算、预算编制办法》及相关定额的通知"。

② 中华人民共和国工业和信息化部 2008 年 5 月发布的《通信建设工程概算、预算编制办法》。

③ 中华人民共和国工业和信息化部 2008 年 5 月发布的《通信建设工程费用定额》。

④ 中华人民共和国工业和信息化部 2008 年 5 月发布的《通信建设工程施工机械、仪表台班费用定额》。

⑤ 中华人民共和国工业和信息化部 2008 年 5 月发布的《通信建设工程预算定额》。

⑥ 国家发展改革委、建设委颁布发改价格[2007]670 号文《关于建设工程监理与相关服务收费管理规定》。

⑦ 国家计委、建设部计价格[2002] 10 号文《工程勘察设计收费管理规定》的通知。

⑧ 沪移规中[2006]第 5、第 8 号文《关于取消采购及保管费等费用的补充说明》。

⑨ 造价审计费,按沪建计联[2005]834 号"关于发布《上海市建设工程造价服务和工程招标代理服务收费标准》的通知"执行。

⑩ 中国移动通信集团上海有限公司工程部印发《关于 GPON 系统 ONU 设备设计定额及设备单价取定的通知》。

(4) 有关费用的取定标准及计算方法

本设计预算按原工信部规[2008]75 号文件规定的编制办法及预算定额列出工程量后依据规定进行编制,除编制办法已明确规定外,其余有关费率、费用的取定说明如下。

① 材料价格以中国移动通信集团上海有限公司提供的框架计取。

② 国内器材及需要安装的设备按采购距离 100km 以内考虑,其费率取定见表 14-7。

表 14-7　国内器材及需要安装的设备、仪表、工器具费率(%)

序号	费率项目名称	光缆	钢材及其他材料	塑料及塑料制品	水泥及水泥制品	需要安装的设备
1	运杂费率	1.0	3.6	4.3	18	0.8
2	采购及保管费率	0.0	2.8	2.8	2.8	0.0
3	运输保险费率	0.1	0.1	0.1	0.1	0.4

③ 工程监理费按规定计取。

2. 预算表

本工程详细预算表见表 14-8～表 14-13。

表 14-8 预算表一

序号	表格编号	费用名称	小型建筑工程费	需要安装的设备费	不需安装的设备、工器具费	建筑安装工程费	其他费用	预备费	总价值	
			元						人民币/元	其中外币
Ⅰ	Ⅱ	Ⅲ	Ⅳ	Ⅴ	Ⅵ	Ⅶ	Ⅷ	Ⅸ	Ⅹ	Ⅺ
1	090600275Y—GCF	建筑安装工程费				37 668			37 668	
2	090600275Y—SB	国内安装设备费		334					334	
3		工程费		334		37 668			38 002	
4	090600275Y—QT	工程建设其他费					12 169		12 169	
5		合计		334		37 668	12 169		50 171	
6		预备费[合计×3%]						1 495	1 495	
7		总计		334		37 668	12 169	1 495	51 666	

表 14-9　预算表二

序号	费用名称	依据和计算方法	合计/元		序号	费用名称	依据和计算方法	合计/元
Ⅰ	Ⅱ	Ⅲ	Ⅳ	Ⅴ	Ⅰ	Ⅱ	Ⅲ	Ⅳ
	建筑安装工程费	一+二+三+四	37 667.69		8	夜间施工增加费	相关人工费×2.00%	231.22
一	直接费	(一)+(二)	25 789.39		9	冬雨季施工增加费	相关人工费×0%	
(一)	直接工程费	1+2+3+4	23 662.16		10	生产工具用具使用费	人工费×2.00%	231.22
1	人工费	(1)+(2)	11 561.08		11	施工生产用水电蒸汽费	人工费×0%	
(1)	技工费	技工工日×48	10 520.64		12	特殊地区施工增加费	总工日×3.2	
(2)	普工费	普工工日×19	1 040.44		13	已完工程及设备保护费	按实计列	
2	材料费	(1)+(2)	8 801.08		14	运土费	按实计列	
(1)	主要材料费	见表 14-11	8 544.74		15	施工队伍调遣费	2×[定额×调遣人数]	
(2)	辅助材料费	主要材料费×3.00%	256.34		16	大型施工机械调遣费	2×[总吨位×运距×0.62]	
3	机械使用费	见表 14-10			二	间接费	(一)+(二)	7 167.87
4	仪表使用费	按实计列	3 300.00		(一)	规费	1+2+3+4	3 699.55
(二)	措施费	1～16 之和	2 127.23		1	工程排污费	按实计列	
1	环境保护费	人工费×0%			2	社会保障费	人工费×26.81%	3 099.53
2	文明施工费	人工费×1.00%	115.61		3	住房公积金	人工费×4.19%	484.41
3	工地器材搬运费	人工费×1.30%	150.29		4	危险作业意外伤害保险费	人工费×1.00%	115.61
4	工程干扰费	相关人工费×0%			(二)	企业管理费	人工费×30.0%	3 468.32
5	工程点交、场地清理费	人工费×3.50%	404.64		三	利润	人工费×30.0%	3 468.32
6	临时设施费	人工费×6.00%	693.66		四	税金	(一+二+三)×3.41%	1 242.11
7	工程车辆使用费	人工费×2.60%	300.59					

表 14-10　预算表三

序号	定额编号	项目名称	单位	数量	单位定额值		合计值	
					技工	普工	技工	普工
Ⅰ	Ⅱ	Ⅲ	Ⅳ	Ⅴ	Ⅵ	Ⅶ	Ⅷ	Ⅸ
1	YDZG—001	安装 ONU 设备	台	33	2	0	66	0
2	YDZG—002	ONU 设备窄带端口测试(24 线以下)	每 10 线	28	0.35	0	9.80	0
3	YDZG—003	ONU 设备宽带端口硬件测试(24 线以下)	每 10 线	28	1.2	0	33.6	0
4	YDZG—004	配合调测 ONU 设备	台	33	2	0	66	0
5	TSY1—073	放、绑软光纤-光纤分配架内跳纤	条	35	0.13	0	4.55	0
6	TXL7—047	卡接大对数对绞电缆(配线架侧)-非屏蔽	百对	2.8	1.13	0	3.16	0.0
7	TSW1—038	室内布放电力电缆(单芯相线截面积)－16mm^2 以下	10m/条	33	0.18	0	5.94	0
8	TSW1—038B	室内布放电力电缆(3 芯相线截面积)－16mm^2 以下	10m/条	33	0.36	0	11.88	0
9	TXL7—011	敷设塑料线槽－100 宽以下	100m	5.2	3.51	10.53	18.25	54.76
		合计					219.18	54.76

表 14-11　预算表四

序号	名　称	规格程式	单位	数量	单价/元	合计/元
Ⅰ	Ⅱ	Ⅲ	Ⅳ	Ⅴ	Ⅵ	Ⅶ
1	MDU 设备	8FE＋8POTS	台	31	10	310
	MDU 设备	16FE＋16POTS	台	2	10	20
	小计(器材原价)					330
2	[1]运杂费(器材原价 ×1.00%)					3.30
	[2]运输保险费(器材原价 ×0.10%)					0.330
	小计					333.630
	合计					333.630

表 14-12　预算表五

序号	名　称	规 格 程 式	单位	数量	单价/元	合计/元
Ⅰ	Ⅱ	Ⅲ	Ⅳ	Ⅴ	Ⅵ	Ⅶ
1	铜芯阻燃聚氯乙烯护套软电缆	RVVZ 1kV－3×2.5mm^2	m	330	5.97	1 970.10
2	铜芯阻燃聚氯乙烯护套软电缆	RVVZ 1kV－1×16mm^2	m	330	10.41	3 435.30
	小计 1(器材原价)					5 405.40
	[1]运杂费(器材原价 ×1.50%)					81.081 00
	[2]运输保险费(器材原价 ×0.10%)					5.405 40
	[3]采购保管费(器材原价 ×1.10%)					59.459 40
	[4]采购代理服务费					0
	小计 1					5 551.345 80
3	PVC 线槽 20×10		m	520	3.25	1 690.00
	小计 2(器材原价)					1 690.00
	[1]运杂费(器材原价 ×4.30%)					72.670 00
	[2]运输保险费(器材原价 ×0.10%)					1.690 00
	[3]采购保管费(器材原价 ×1.10%)					18.590 00
	小计 2					1 782.950 00
4	单模光跳纤	3m/条	条	35	33	1 155
	小计 3(器材原价)					1 155
	[1]运杂费(器材原价 ×3.60%)					41.580
	[2]运输保险费(器材原价 ×0.10%)					1.155
	[3]采购保管费(器材原价 ×1.10%)					12.705
	小计 3					1 210.440
	合计(小计 1～3 小计之和)					8 544.735 80

表 14-13　预算表六

序号	费用名称	计算依据及方法	金额/元	备　注
Ⅰ	Ⅱ	Ⅲ	Ⅳ	Ⅴ
1	建设用地及综合赔补费		0	参见:当地土地征用使用税标准
2	建设单位管理费		0	
3	可行性研究费		0	计价格[1999]1283 号文件
4	试验研究费		0	
5	勘察设计费		8 436.5	设备单价按集采计取
6	环境影响评价费		0	计价格[2002]125 号文件
7	劳动安全卫生评价费		0	
8	建设工程监理费		3 220.53	设备单价按集采计取
9	安全生产费	建安费×1.0%	376.68	财企[2006]478 号文件
10	工程质量监督费	建安费×0.07%	0	计价格[2001]585 号文件
11	工程定额测定费	建安费×0.14%	0	计价格[2001]585 号文件
12	引进技术及引进设备其他费		0	
13	工程保险费		0	
14	工程招投标代理费		0	计价格[2002]1980 号文件
15	专利及专利技术使用费		0	
16	光缆信息录入费	光缆长度×2	0	
17	光缆进楼费(本端)		0	
18	光缆进楼费(对端)		0	
19	造价审计费		135.6	
	合计		12 169.31	
20	生产准备及开办费(运营费)	设计定员×生产准备费指标(元/人)	(0)	

参考文献

[1] 严晓华. 现代通信技术基础[M].第 2 版.北京：清华大学出版社，2010.

[2] 余智豪. 接入网技术[M]. 北京：清华大学出版社，2012.

[3] 张中荃. 接入网技术[M].第 2 版.北京：人民邮电出版社，2009.

[4] 张鹏，阎阔. FTTx PON 技术与应用[M]. 北京：人民邮电出版社，2010.

[5] 张沛. 下一代光接入网[M]. 北京：北京邮电大学出版社，2012.

[6] 唐雄燕. 面向新型业务的宽带接入网[M]. 北京：电子工业出版社，2012.

[7] 杜文龙. 宽带接入网设备安装与维护[M]. 西安：西安电子科技大学出版社，2010.

[8] 林幼槐. 信息通信系统接入网维护管理概要[M]. 北京：人民邮电出版社，2012.